基本
運用術
【二訂版】

本田 啓之輔 原著・淺木 健司 著

海文堂

はしがき
―二訂7版にあたって―

　本書は，原著者である本田啓之輔先生が，海技試験の合格を目指す方を対象に『受験運用術』として執筆され，その後，運用術に関する基本事項について広く学べるよう『基本運用術』に改められた書を，時代の変化に合わせ新しくしたものです。

　原書が，1974年の初版以来，約40年にわたり運用術を学ぶ方々の教科書として活用されてきたことを踏まえ，本書においてもその構成を踏襲しました。

　「運用術」は，船の保守・整備，載貨，操船及び保安応急等に関する分野で，いずれも海技者が習得すべき必須項目です。これらには，船が海という大自然を舞台に活動することから，変わることなく先人の知恵として継承されるべき内容と，技術の進歩に伴って必要性が変化するものの二つがあり，記載内容の取捨選択に大いに迷ったところです。執筆にあたり，これから本格的に勉強を始めようとする方や，海技資格の取得を目指す方だけでなく，既に海上勤務に就かれている方についても基本事項の確認に役立つよう配慮しました。例えば，正確なイメージが伝わるよう3D描画の図を多く取り入れ，また法令等に定められた事項は，それらの名称や条番号も可能な限り記載しています。

　この度の重版においては，最近の動向を踏まえいくつかの項目を改めたほか，図も追加または修正しました。

　本書が，運用術に関する理解と関心を深めるきっかけになるとともに，船舶の安全運航に少しでも寄与できることを期待してやみません。

　最後に，執筆並びに出版という貴重な機会を与えて下さった本田先生並びに海文堂出版株式会社編集部の岩本登志雄様をはじめ皆様に心から感謝致します。

2023年8月10日

著　者

目　　次

第 1 章　船の種類，構造及び主要目 *1*
- 1.1　船の種類 *1*
  - 1.1.1　用途別の分類 *1*
  - 1.1.2　法令上の分類 *2*
  - 1.1.3　推進器による分類 *4*
  - 1.1.4　主推進機関による分類 *5*
- 1.2　船型と船体各部の名称 *5*
  - 1.2.1　船楼と甲板室 *5*
  - 1.2.2　船型 *6*
  - 1.2.3　甲板や舷側の反り *7*
  - 1.2.4　船首及び船尾の形状 *8*
  - 1.2.5　船体各部の名称 *9*
  - 1.2.6　甲板の名称 *10*
  - 1.2.7　船内の区画 *11*
- 1.3　船体の主要寸法 *13*
  - 1.3.1　長さ *13*
  - 1.3.2　幅 *14*
  - 1.3.3　深さ *15*
  - 1.3.4　喫水 *16*
  - 1.3.5　船体の肥え方を表す係数 *16*
- 1.4　満載喫水線 *17*
  - 1.4.1　乾舷と満載喫水線 *17*
  - 1.4.2　満載喫水線とその標示 *17*
  - 1.4.3　各種の満載喫水線 *18*
- 1.5　喫水とトリム *22*
  - 1.5.1　喫水の読み取り *22*
  - 1.5.2　平均喫水 *23*
  - 1.5.3　トリム *23*
- 1.6　船のトン数 *24*
  - 1.6.1　船のトン数の種類 *24*
  - 1.6.2　各種のトン数 *25*
- 1.7　船体構造 *27*

	1.7.1	船体に働く力と強度 27
	1.7.2	船体の構造様式と主要部材の配置 28
	1.7.3	主要部材の役割 32
	1.7.4	船首部の補強構造 35
	1.7.5	船尾部の補強構造 37
	1.7.6	二重底の構造 38
	1.7.7	各部の補強構造 39

第2章　船の主な設備と属具 41

2.1 係留設備 41
- 2.1.1 舶用アンカー 41
- 2.1.2 アンカーチェーン（錨鎖） 44
- 2.1.3 いかり作業の関連用具 49
- 2.1.4 アンカーチェーンの取り扱いと保守・整備 50
- 2.1.5 ウインドラス（揚錨機） 51
- 2.1.6 ムアリングウインチ（係船機） 53
- 2.1.7 ウインドラス及びムアリングウインチ使用上の留意点 54
- 2.1.8 その他の係留設備 55

2.2 舵と操舵装置 56
- 2.2.1 舵の種類 56
- 2.2.2 舵の支持 59
- 2.2.3 操舵装置 60

2.3 救命設備 66
- 2.3.1 救命器具 66
- 2.3.2 進水装置及び乗込装置 71
- 2.3.3 信号装置 73

2.4 消防設備 76
- 2.4.1 消火の基礎知識 76
- 2.4.2 消防設備の基本方針 77
- 2.4.3 持運び式の消火器具 77
- 2.4.4 固定式の消火装置 78
- 2.4.5 その他の消防設備等 81

2.5 法定船用品の型式承認制度 82

第3章　船用品とその取扱い 83

3.1 ロープ 83
- 3.1.1 ロープの基本 83
- 3.1.2 繊維ロープ 84
- 3.1.3 ワイヤロープ 86

	3.1.4	ロープの寸法と重さ 90
	3.1.5	ロープの強度 91
	3.1.6	ロープの使用基準 95
	3.1.7	ロープの取扱い 96
3.2	滑車	 97
	3.2.1	滑車の種類 97
	3.2.2	滑車の構成 98
	3.2.3	滑車及び通索の寸法 99
	3.2.4	滑車の取扱い 100
3.3	テークル	 100
	3.3.1	テークルの種類 101
	3.3.2	テークルの倍力 102
	3.3.3	テークルの安全使用力の求め方 105
3.4	塗料と塗装法	 106
	3.4.1	塗料の役割 106
	3.4.2	塗料の構成 107
	3.4.3	塗料の乾燥 108
	3.4.4	主な船舶用塗料の種類 110
	3.4.5	塗装作業 113
	3.4.6	塗装計画上の参考 115

第 4 章 船体の保存手入れと船の検査 119

4.1	船体の保存手入れと入渠 119
	4.1.1 入渠の目的 119
	4.1.2 鋼船の衰耗 119
4.2	入出渠作業 121
	4.2.1 ドックの種類 121
	4.2.2 入渠作業 123
4.3	船体関係図面 127
	4.3.1 図面の基本 127
	4.3.2 主な船体関係図面 128
4.4	船の検査 129
	4.4.1 船舶検査の適用を受ける船 129
	4.4.2 船舶検査の種類 130
	4.4.3 船舶検査に関する証書等 133
	4.4.4 船級協会 134
4.5	作業の安全 134
	4.5.1 関係法令 134
	4.5.2 保護具 135

  4.5.3 ガス検知 137

第 5 章　操船性能に関する基礎知識 139
5.1 舵の作用 139
  5.1.1 船の操縦性 139
  5.1.2 操舵号令 140
  5.1.3 旋回運動 144
  5.1.4 旋回運動と操船 147
5.2 操船に及ぼすスクリュープロペラの作用 152
  5.2.1 操船に及ぼすスクリュープロペラの各作用 ... 153
  5.2.2 舵とスクリュープロペラの総合作用の 5 要素 ... 156
  5.2.3 1 軸船の操船上の特性（1 軸船における総合作用） ... 157
  5.2.4 2 軸船の操船上の特性 161
  5.2.5 可変ピッチプロペラとその作用 163
  5.2.6 総合推力を利用した操船（ジョイスティックによる操船） ... 164
5.3 船の運動性能 165
  5.3.1 船体抵抗，馬力，速力の関係 166
  5.3.2 船の速力 169
  5.3.3 船の惰力 170
  5.3.4 最短停止距離（急速停止距離） 171
  5.3.5 速力・惰力・操縦性の各試験法 172
5.4 アンカーの把駐力 177
  5.4.1 アンカーの用法 177
  5.4.2 アンカーの把駐性能 178
  5.4.3 アンカーによる船の係駐力 179
5.5 操船に及ぼす外力の影響 181
  5.5.1 風の影響 182
  5.5.2 波浪の影響 184
  5.5.3 潮流の影響 185
  5.5.4 水深の影響 185
  5.5.5 制限水路の影響 187
  5.5.6 2 船間の相互作用 188

第 6 章　港内操船と停泊法 191
6.1 港内操船に関する基本事項 191
  6.1.1 港内操船上の注意 191
  6.1.2 アンカーによる減速法と投錨回頭法 192
  6.1.3 タグの使用 193
  6.1.4 ターニング・ベースン（船まわし場） ... 196

- 6.2 錨泊法 197
  - 6.2.1 錨泊の方法 197
  - 6.2.2 単錨泊の投錨法 198
  - 6.2.3 双錨泊の投錨法 200
  - 6.2.4 錨地の選定と正確な位置の投錨法 201
  - 6.2.5 単錨泊と双錨泊の比較 202
  - 6.2.6 錨鎖の伸出量 206
  - 6.2.7 守錨法 207
  - 6.2.8 絡み錨鎖とその解き方 207
  - 6.2.9 走錨 209
  - 6.2.10 捨錨と探錨 210
  - 6.2.11 深海投錨法 210
  - 6.2.12 揚錨法と揚錨状態の呼び方 211
- 6.3 係船岸の横付け法 212
  - 6.3.1 船の係留施設 212
  - 6.3.2 横付け操船（着岸操船） 213
  - 6.3.3 係留索 216
  - 6.3.4 離岸のための一般的な操船法 220
  - 6.3.5 特殊な場合の横付け 221
- 6.4 ブイ係留法 222
  - 6.4.1 係留ブイ 222
  - 6.4.2 ブイ係留法 223
  - 6.4.3 ブイ係留の解らん法 226
- 6.5 係留中の荒天対策 228
  - 6.5.1 荒天時における係留法の比較 228
  - 6.5.2 荒天錨泊法 229
  - 6.5.3 係留施設に係留中，荒天になったときの処置 232
  - 6.5.4 係留中における長周期波に対する注意 233

第 7 章 航海当直と船舶通信 235

- 7.1 出入港作業 235
  - 7.1.1 出港準備作業 235
  - 7.1.2 入港準備作業 237
  - 7.1.3 出入港作業 238
- 7.2 航海当直 238
  - 7.2.1 航海中の当直勤務 239
  - 7.2.2 航海日誌 243
- 7.3 BRM 244
  - 7.3.1 BRM とは 244

	7.3.2	リソースマネジメントの考え方	245
	7.3.3	エラーチェーンを断ち切るための基本原則	246
	7.3.4	BRM の具体的行動例	247
7.4	船舶通信		247
	7.4.1	国際信号書	247
	7.4.2	旗りゅう信号	248
	7.4.3	VHF 無線電話（国際 VHF）	253

第 8 章　特殊操船 259

8.1	荒天航行の操船		259
	8.1.1	荒天航行における危険性と対策	259
	8.1.2	荒天航行中の操船法	260
	8.1.3	荒天航行が困難になったときの処置	266
	8.1.4	台風圏内における本船位置の判断と避航法	269
	8.1.5	避難港の選定と避難入港するときの注意	272
8.2	狭水道，狭視界，空船等の航行		272
	8.2.1	狭水道航行	272
	8.2.2	河川航行	275
	8.2.3	狭視界航行	276
	8.2.4	軽喫水航海	278
	8.2.5	礁海域航行	279

第 9 章　保安応急処置 281

9.1	防火		281
	9.1.1	船舶火災の特殊性	281
	9.1.2	船内の防火対策	281
	9.1.3	火災が発生したときの一般的な処置	283
	9.1.4	消火作業	284
9.2	衝突・浸水時の応急処置		285
	9.2.1	衝突事故後の処置	285
	9.2.2	衝突直後における操船上の処置	286
	9.2.3	浸水に対する処置	286
9.3	座礁時の処置		288
	9.3.1	座礁後の処置	288
	9.3.2	座礁直後の機関使用の危険性	290
	9.3.3	離州方法	290
	9.3.4	船固め方法	291
9.4	油流出時の処置		292
	9.4.1	油流出時の緊急処置	293

	9.4.2 油流出時の技術的対応	294
9.5	応急舵	295
	9.5.1 応急舵の要件	295
	9.5.2 応急舵の種類	296
9.6	曳航	297
	9.6.1 曳航計画	297
	9.6.2 曳航速力の決め方	298
	9.6.3 曳索の選択	299
	9.6.4 曳索の送り方と操船上の注意事項	300
9.7	人命救助	302
	9.7.1 海中転落者の救助	302
	9.7.2 遭難船からの人命救助	305
	9.7.3 救命信号	306
9.8	海難発生時の措置	307
	9.8.1 海難が発生したとき船長がとるべき船員法上の義務	307
	9.8.2 遭難信号	308
9.9	捜索救助体制	310
	9.9.1 SAR 条約	310
	9.9.2 船位通報制度	310
	9.9.3 GMDSS（全世界的な海上遭難安全制度）	311
	9.9.4 国際航空海上捜索救助マニュアル	312

第 10 章　載貨法 ... 317

10.1	海上貨物輸送の概要	317
	10.1.1 海上貨物輸送の特徴	317
	10.1.2 海上貨物輸送の要点	317
	10.1.3 運送形態と運送契約	319
10.2	船積み貨物	320
	10.2.1 船積み貨物の分類	320
	10.2.2 ユニットロード方式	322
	10.2.3 包装貨物の荷印	323
10.3	船積み計画	325
	10.3.1 船の積載能力を決定する一般的事項	325
	10.3.2 船積みする予定量の求め方	325
	10.3.3 船積み計画に用いられる主な図表及び資料	328
	10.3.4 貨物の積付けと船体への影響	331
10.4	荷役の段取りと積み付け	332
	10.4.1 荷役準備	332
	10.4.2 揚貨装置とその取扱い	334

	10.4.3	貨物の固縛	338
10.5		各種貨物取扱い上の留意点	339
	10.5.1	固体ばら積み貨物の積み付け	339
	10.5.2	木材の甲板積み運送	341
	10.5.3	危険物の積み付け	342
	10.5.4	タンカーによる石油類の運送	345

第 11 章　船の安定性　351

- 11.1 復原力　351
  - 11.1.1 船が浮かぶための条件と釣合い　351
  - 11.1.2 復原力　353
  - 11.1.3 GM の算出　360
  - 11.1.4 重心の移動　364
  - 11.1.5 復原性の把握　366
  - 11.1.6 各種の要因による横傾斜　369
- 11.2 トリムと喫水の変化　371
  - 11.2.1 トリムとトリムの変化量　371
  - 11.2.2 重量の移動によるトリムの変化　371
  - 11.2.3 トリム変化に関する要素　373
  - 11.2.4 トリムの変化に伴う船首・船尾喫水の変化量の算出　375
  - 11.2.5 重量の前後移動によるトリムの変化量と喫水の算出　377
  - 11.2.6 積み荷によるトリムの変化量と喫水の算出　378
  - 11.2.7 揚げ荷によるトリムの変化量と喫水の算出　379
  - 11.2.8 複数の積み荷及び揚げ荷によるトリムの変化量と喫水の算出　381
  - 11.2.9 比重が異なる水域での喫水の変化　383
- 11.3 排水量の精測　386
  - 11.3.1 船首尾喫水修正　386
  - 11.3.2 トリム修正　387
  - 11.3.3 ホグ・サグ修正　389
  - 11.3.4 海水密度修正　390

参考文献　391

和文索引　393

欧文索引　403

第1章
船の種類，構造及び主要目

1.1 船の種類

　船舶（vessel, ship）とは，一般に水上に浮き，人や貨物を積み，自走する能力を持つ構造物の総称である。

　現在の船は，大部分が推進機関を持った動力船（汽船，機船）で，風力で航走する帆船は練習船等一部の船に限られる。船舶材料別には木船（wooden vessel），鋼船（steel vessel）に大きく分けられるが，軽合金製，合成繊維製（FRP）の船もみられる。

　船体の骨組に鉄材を使い外殻部に木材を使った木鉄交造船（composite vessel）や，船底防汚のために水線下外板に木材を張りその上に銅板又は真鍮板を張った被覆船（sheathed vessel）も従来は用いられたが，いずれも現在ほとんどみられない。

1.1.1 用途別の分類

　船は用途別に，商船（merchant ship），漁船（fishing boat），作業船，特殊船に大別される。

　このうち商船は貨物船（cargo boat），客船（passenger boat），貨客船（semi-cargo boat）と分かれるが，貨物船は同種類貨物の大量輸送と荷役能率の向上を目的として，従来の一般貨物船（general cargo carrier）から，特定の貨物や荷姿に対応した荷役装置及び船倉を持つ特別構造の専用船へと変化してきた。たとえばコンテナ船（container carrier），鉱石，石炭，穀物等を運搬するばら積み船（bulker），油，液化ガス，液体化学製品等を運搬するタンカー（tanker），自

動車専用船（PCTC：pure car and truck carrier），チップ船（wood chip carrier），冷凍・冷蔵運搬船（reefer）などである。

特殊船とは，巡視船（patrol boat），練習船（training ship）など特殊用途に使用されるものをいうが，船舶安全法では原子力船，潜水船，水中翼船，エアクッション艇，表面効果翼船，海底資源掘削船，半潜水型，甲板昇降型などの特殊構造，設備を持つ船をいう。

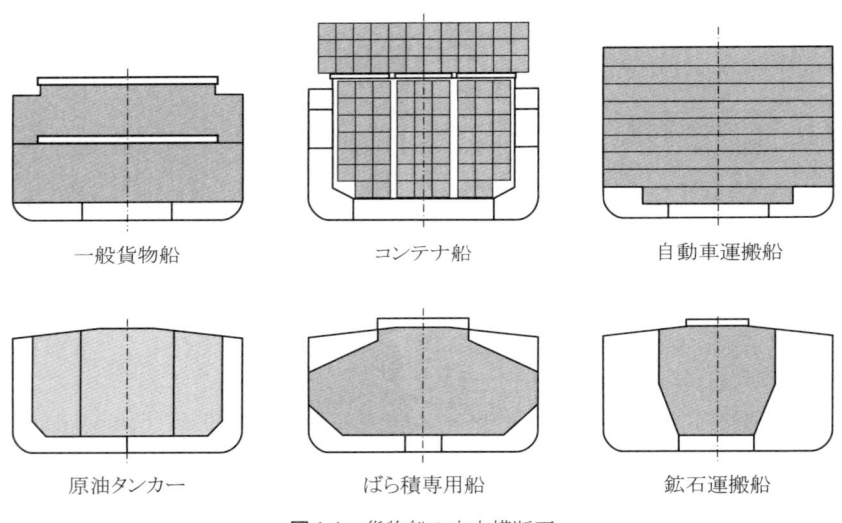

図1.1　貨物船の中央横断面

1.1.2　法令上の分類

（1）船舶安全法における分類

　　船舶安全法では，旅客定員13人以上の船を「旅客船」といい，このほか「漁船」「危険物ばら積船」「特殊船」「小型兼用船」「高速船」がある。なお「漁船」とは次の船舶をいう（船舶安全法施行規則第1条）。
　1）もっぱら漁ろう（付属船舶を用いてする漁ろうを含む）に従事する船舶
　2）漁ろうに従事する船舶であって漁獲物の保蔵又は製造の設備を有するもの

3) もっぱら漁ろう場から漁獲物又はその加工物を運搬する船舶
4) もっぱら漁業に関する試験，調査，指導もしくは練習に従事する船舶又は漁業の取締りに従事する船舶であって，漁ろうの設備を有するもの

(2) 船舶救命設備規則等における分類

船舶の救命設備，消防設備は次の分類に従い備えなければならない。
1) 第1種船：国際航海に従事する旅客船
2) 第2種船：国際航海に従事しない旅客船
3) 第3種船：国際航海に従事する総トン数500トン以上の船舶で，第1種船及び船舶安全法施行規則第1条の漁船のうち第1項，第2項の船舶以外のもの（前述漁船の1），2）以外のもの）
4) 第4種船：国際航海に従事する総トン数500トン未満の船舶で，第1種船及び船舶安全法施行規則第1条の漁船以外のもの，並びに国際航海に従事しない船舶で，第2種船及び同項の漁船以外のもの

表1.1　船舶救命設備規則における船舶の種類

		総トン数500トン未満	総トン数500トン以上
旅客船	国際航海	第1種船	
	非国際航海	第2種船	
非旅客船（漁船以外）	国際航海		第3種船
	非国際航海	第4種船	

この他，小型船舶安全規則による「小型船舶」がある。

注）　小型船舶：国際航海に従事する旅客船以外のもので，次のいずれかに該当する船舶
- 総トン数20トン未満の船舶
- 総トン数20トン以上であって，一定の要件を満たす長さ24m未満の船舶

(3) 漁船特殊規則による分類（漁船の分類）

一般の船舶が仕向地に向けて安全に航行して旅客や貨物を運ぶことを目的とするのに比べ，漁船は漁場に到着して漁ろうを行って漁獲することを目的とするもので，その業態はかなり相違がある。漁船は，漁ろうや荒天に伴う危険を防止すると共に，漁ろうのための設備や漁獲物の搭載・運搬などの安全確保の設備も施さなければならない。

したがって，船舶安全法の適用については漁船特殊規則，漁船特殊規程，小型漁船安全規則などの特例によって，漁船のみに適用される施設すべき事項等が定められており，漁船の堪航性と人命の安全の保持が図られている。

漁船は，「航行水域」ではなく「従業制限」を設けて，以下に示す区分によって，特例で構造，材料，設備などの基準が定められている。

1）総トン数 20 トン以上の漁船の従業制限
　　第 1 種の従業制限：主として沿岸漁業に従事する漁船
　　第 2 種の従業制限：いわゆる遠洋漁業に従事する漁船
　　第 3 種の従業制限：特殊な漁業や業務に従事する漁船
2）総トン数 20 トン未満の漁船の従業制限
　　小型第 1 種の従業制限：日本の海岸から，およそ 100 海里以内の海域において操業する小型漁船
　　小型第 2 種の従業制限：日本の海岸から，およそ 100 海里以遠の海域において操業する小型漁船

1.1.3　推進器による分類

推進力（人力，風力，機械力，風力と機力の併用）の別でなく，推進器の種類では次のように分かれる。

（1）スクリュープロペラ（screw propeller）船

小型船では 3～4 枚羽根（又は翼），大型船では 5～6 枚羽根のスクリュープロペラ（ら旋式推進器，古くは暗車）が使われ，プロペラの軸数により次のように呼ばれる。

　　　1 軸船（single screw vessel），又は単暗車船
　　　2 軸船（twin screw vessel），又は双暗車船
　　　3 軸船（triple screw vessel）
　　　4 軸船（quadruple screw vessel）

プロペラ羽根のねじれ角を一定に保ち，回転数の変更により船の速度調整を行う固定ピッチプロペラ（fixed pitch propeller：FPP）に対し，回転数を一定にしてねじれ角を変えることにより速度調整を行う可変ピッチプロペラ（controllable pitch propeller：CPP）があり，フェリーや漁

船などに使われている．操船用タグボートには FPP と円筒ノズルが一体型の Z 型プロペラ（ZP）が使われている．

　　注）可変ピッチプロペラについては5.2.5，Z 型プロペラについては6.1.3参照．

（2）外車（paddle wheel）船

　　船体の両舷側又は船尾に水車式の推進装置をつけたもので，河川，湖沼などを航行する，浅い喫水の船に一部使われている．

（3）ウォータージェット推進（water jet propulsion）船

　　ウォータージェットポンプのノズルから海水を噴出させて推力とする．全没翼型水中翼船（ジェットフォイル，スーパーシャトル）はこの方式を用いており，推力をあげると船の前後部にある全没の水中翼に揚力が生じるため船体は浮上し，翼走時には 40 ノット以上で航走できる．水中翼には航空機の翼と同様にフラップがあり，自動姿勢制御装置の働きにより荒海において動揺を抑えることができるだけでなく旋回性も良い．さらに逆噴射器（リバーサー）を使うので停止距離も短い．

（4）その他

　　エアクッション船（俗にいうホーバークラフト）や従来型の水面貫通型水中翼船がある．

1.1.4　主推進機関による分類

1）ディーゼル船（diesel ship, motor ship）
2）蒸気タービン船（steam turbine ship）
3）ガスタービン船（gas turbine ship）
4）電気推進船（electric propulsion ship）
5）原子力船（nuclear powered ship）

1.2　船型と船体各部の名称

1.2.1　船楼（superstructure）と甲板室（deck house）

上甲板上に設けられた，船側から反対舷の船側に達する区画を船楼という．これに対し，上甲板上又は船楼の甲板上に設けられているが，船側から船側に達しない区画を甲板室といい船楼とは区別される．即ち船楼は船体の一部であ

るのに対し，甲板室は甲板上の構造物であり，船楼ほど丈夫には造られていない。また船楼は船型を形造る要素であるが，甲板室は船型とは無関係である。

船楼は，その設けられた位置により，船首楼（forecastle，フォクスル），船橋楼（bridge），船尾楼（poop）と呼ばれる。

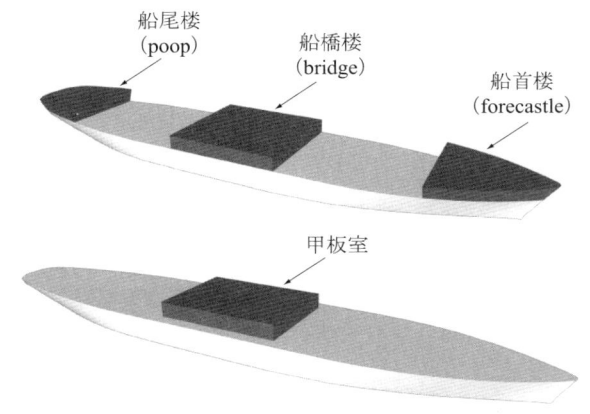

図1.2　船楼と甲板室

1.2.2　船型（type）

(1) 平甲板船（flush decker）
　　船楼を持たず，上甲板に機関室の囲いと甲板室があるだけの船で，全通甲板船ともいう。低速の巨大船に多くみられる。
(2) 船首楼付平甲板船（flush decker with forecastle）
　　平甲板船に船首楼を設けた船。大型船に多く採用されている。
(3) ウェル甲板船（well decker）
　　上甲板上に船首楼と船尾楼とを持つ船で，両船楼間の甲板をウェルデッキといい，この部分に貨物倉がある。船尾楼と船橋楼を連ねたものは長船尾楼船（long poop decker）とも呼ばれる。
(4) 三島形船（three islander）
　　船首楼（forecastle），船橋楼（bridge）及び船尾楼（poop）の3船楼を持ち，それらが3つの島状になっているのでこの名称がある。

(5) 低船尾楼船（sunken poop vessel）

　　船尾部の上甲板を他よりも段差をつけ低くし，その上に船尾楼を設けた船である。

(6) 全通船楼甲板船（complete superstructure vessel）

　　上甲板上全通にわたり船楼を設けた船。軽量貨物の運送や甲板間を客室として使用することが多い。

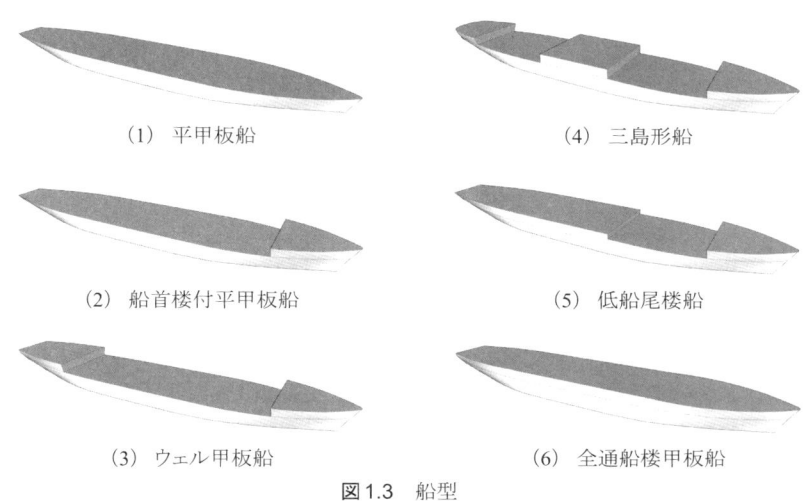

(1) 平甲板船　　　　　　　　(4) 三島形船

(2) 船首楼付平甲板船　　　　(5) 低船尾楼船

(3) ウェル甲板船　　　　　　(6) 全通船楼甲板船

図1.3　船型

1.2.3　甲板や舷側の反り

(1) シヤー（sheer，舷弧）

　　上甲板の舷側線は，船の長さの中央部が最低で，船首尾に行くにつれ高くなるような曲線を描く。この反りをシヤーという。その程度は一般に，中央部の最低点において満載喫水線に平行に引いた線とF.P.，A.P.（1.3.1参照）における上甲板との垂直距離で表す。舷弧は凌波性を向上させると共に前後部の予備浮力を増し，船の外観を整える効果がある。なお，最近ではシヤーのない船もある。

(2) キャンバ（camber）

　　甲板の横断面形状は中央部を高くしたかまぼこ状にしており，これ

をキャンバという。その程度は，船体中心線上の盛り上がりの高さで表す。キャンバは，甲板の水はけを良くする効果がある。なお，最近ではキャンバのない船もある。

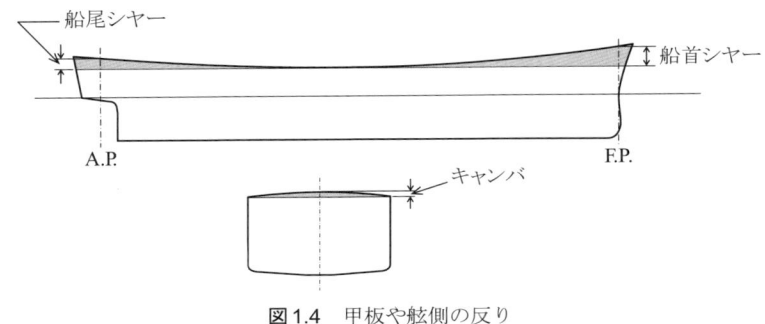

図1.4　甲板や舷側の反り

(3) タンブルホーム（tumble home）とフレア（flare）

外舷の内側への反りをタンブルホームといい，船首外舷のように外側への張り出しをフレアという。タンブルホームは，横付け係留のとき損傷が多いので，現在ではほとんど垂直舷（wall side）となっている。

(4) 船底こう配（rise of floor）

船底外板は，船体中心から外側へ向かって上方へ傾斜しているが，その傾斜の程度をいい，フレームの外側にたてた鉛直線上における高さで表す。スマートな高速船は大きく，肥った船型の船は小さい。（図1.10参照）

1.2.4　船首及び船尾の形状

(1) 船首形状

最近の船は，傾斜船首（raked stem）かバルバスバウ（bulbous bow, 球状船首）を採用している。バルバスバウは水面下に膨らみを持たせた形状をしており，航走時の抵抗を軽減させる役目がある。スマートな高速船では，高速航走時の造波抵抗を小さくすることを目的としているのに対し，肥えた船型の低速船では，船首の膨らみを高速船よりかなり大

きくし，渦抵抗を減らす効果を持たせている。
(2) 船尾形状

船尾形状には以下のようなものがあるが，最近の船は工事の簡易化を図ると共に甲板面積を広くできるトランサムスターンが一般的である。
1) トランサムスターン（transom stern），カットアップスターン

船尾後端に平面（トランサム）を持つ形状の船尾をいう。
2) クルーザスターン（cruiser stern），巡洋艦形船尾

後方に長く張り出した曲面を持つ船尾をいう。
3) カウンタスターン（counter stern）

船尾部をテーブル状に張り出した形状の船尾をいう。最近の船ではあまり用いられていない。

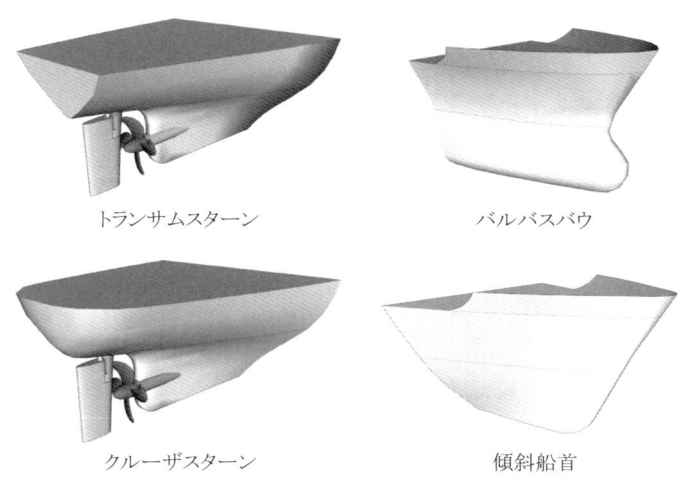

トランサムスターン　　　　　バルバスバウ

クルーザスターン　　　　　　傾斜船首

図1.5　船首及び船尾の形状

1.2.5　船体各部の名称

船体（hull）は，前部（fore part），中央部（middle part, midship），後部（after part）の3部分に分けられ，船体前端部を船首（bow），後端部を船尾（stern），船首に向かって右側を右舷（starboard），左側を左舷（port）という。

船体の外殻は水密構造で，内部には主機関（main engine）を備え，操舵，係

船，荷役，居住，救命，消火及び防水・排水などの諸設備を持つ．

船体各部の一般的名称を図 1.6 に示す．

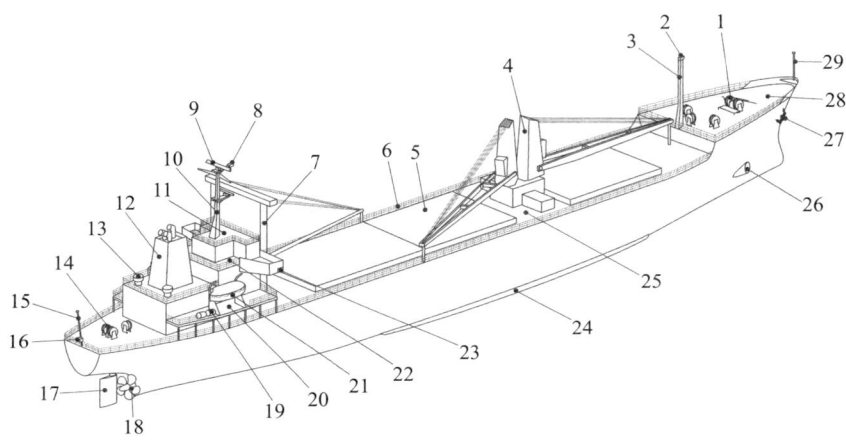

1. ウインドラス（windlass）
2. 前部マスト灯（fore mast-head light）
3. 前部マスト（fore mast）
4. デッキクレーン（deck crane），ジブクレーン（jib crane）
5. ハッチカバー（hatch cover）
6. 手すり，ハンドレール（guard rail）
7. デリックポスト（derrick post）
8. 後部マスト灯（aft mast-head light）
9. レーダスキャナ（radar scanner）
10. レーダマスト（radar mast）
11. ら針儀甲板，コンパス甲板（compass deck）
12. 煙突（funnel）
13. 通風筒（ventilator）
14. ムアリングウインチ（mooring winch）
15. 船尾旗ざお（ensign staff）
16. 船尾灯（stern light）
17. 舵（rudder）
18. スクリュープロペラ（screw propeller）
19. 膨脹式救命いかだ（inflatable liferaft）
20. ボート甲板，端艇甲板（boat deck）
21. 救命艇（lifeboat）
22. 航海船橋甲板（navigation bridge deck）
23. 舷灯（side light）
24. ビルジキール（bilge keel）
25. 上甲板（upper deck）
26. バウスラスタ（bow thruster）
27. アンカー，いかり（anchor）
28. 船首楼甲板，フォクスルデッキ（fo'c'sle deck）
29. 船首旗ざお（jack staff）

図 1.6　船の各部の名称

1.2.6　甲板の名称

甲板の用途上の名称は船舶により異なるものの，一般的には図 1.7 の名称で呼ばれている．

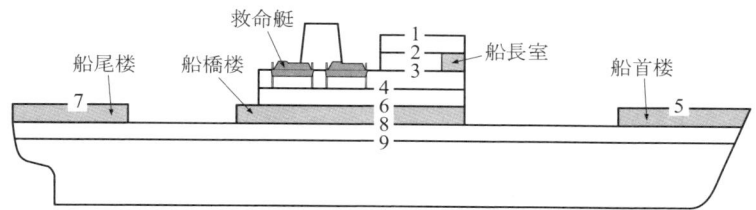

1. コンパス甲板（compass deck）
2. 航海船橋甲板（navigation bridge deck）
3. 船長甲板（captain deck）
4. ボート甲板（boat deck）
5. 船首楼甲板（forecastle deck）
6. 船橋甲板（bridge deck）
7. 船尾楼甲板（poop deck）
8. 上甲板（upper deck）
9. 第二甲板（second deck）

図1.7　甲板の名称

1.2.7　船内の区画

（1）水密区画（watertight compartment）

　船内は図1.8に示すように水密隔壁（watertight bulkhead）により仕切られ，いくつかの区画に分けられている。水密隔壁には次の役割がある。

1）万一，船底の損傷により船内に浸水を生じても，それを1区画でくい止め浮力を確保する。
2）異なる種類の貨物の積み分けに役立つ。
3）火災発生時に，火災をその区画内に限定し他区画への延焼を防止する。
4）船底外板，船側外板及び甲板を結びつけて，船体の横強度材として働く。

　水密隔壁には開口を設けないのが原則であるが，隣接区画への交通用として最小限度のものは許される。具体的には機関室後端隔壁から軸路への出入り口，満載喫水線より上の甲板間隔壁に設ける通行口等である。

　水密隔壁に設けた開口には，水密戸（watertight door）を設けて水密を確保する。水密戸には基本的にすべり戸を用い，その開閉装置は隔壁甲板上の常に接近することができる場所から閉鎖することができ，かつ，操作場所に戸の開閉を表示する装置が設けられている。

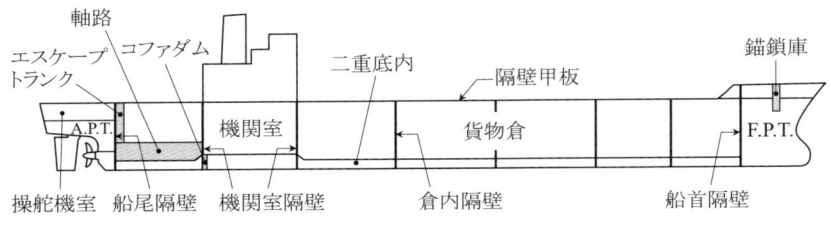

図1.8　水密隔壁と船内の区画

(2) 二重底（double bottom）

　　船底は，なるべく連続した二重底構造としなければならず，そうすることで以下の効果が得られる。

　　1) 主として船体の縦強度を増すほか，横強度や局部強度にも寄与する。
　　2) 座礁時に船底外板が破損した場合においても，その内側に設けられた内底板により，浸水が船内に及ぶことを防止できる。
　　3) 二重底内はいくつかに仕切り，燃料油（fuel oil），潤滑油（lubricating oil），清水（fresh water），バラスト水（ballast water）用のタンクとして利用できる。

(3) タンク（tank）

　　二重底内には，船が航海するための必需品である燃料油，潤滑油，清水，バラスト水を搭載するための各タンクがあるが，その他船内には以下のようなタンクが設けられている。

　　1) 船首水槽（forepeak tank，F.P.T.）及び船尾水槽（afterpeak tank，A.P.T.）

　　　　それぞれ船首隔壁の前及び船尾隔壁の後に設けた水タンクをいい，船の縦傾斜であるトリム（1.5.3参照）を調整するために使用される。

　　2) ディープタンク（deep tank），深水槽

　　　　一般貨物船の船倉内又は甲板間に隔壁を利用して設けられた深いタンクで，空船航海時にはバラスト水を積載して喫水や重心高さを調節する。また液体貨物用タンクとしても利用される。

(4) コファダム (cofferdam)

燃料油や潤滑油,清水を積むタンク等の隣接する2つの区画間に設けられたスペース(空所)で,損傷などによって油や水が他のタンクに浸入するのを防ぐ。

(5) 錨鎖庫,チェーンロッカ (chain locker)

船首部にあるアンカーチェーン(錨鎖)の格納庫で,ホースパイプ (hawse pipe) を通りウインドラス (windlass,揚錨機) によって巻き上げられたチェーンは,チェーンパイプ (chain pipe) を通って,錨鎖庫に入る。

(6) 軸路 (shaft tunnel),軸室

機関室からプロペラまで伸びる推進軸(プロペラシャフト)を保護するため,機関室後端から船尾隔壁までのトンネル状をした水密区画である。

(7) エスケープトランク (escape trunk)

非常時に,軸路又は機関室から上部の甲板上に直接脱出できるように上下方向に設けられた筒状の通路をいう。

1.3 船体の主要寸法

1.3.1 長さ (length : L)

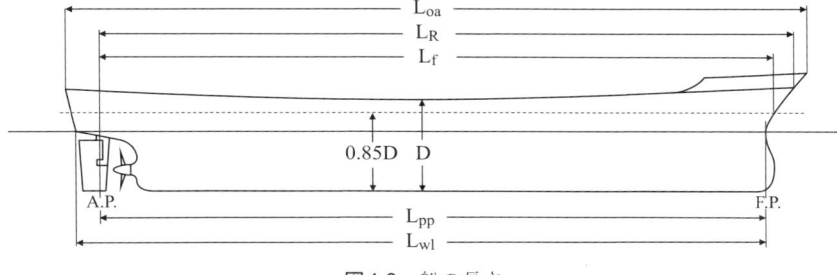

図1.9 船の長さ

(1) 垂線間長（length between perpendiculars：L_{pp} 又は L_{bp}）

前部垂線（F.P.）と後部垂線（A.P.）との水平距離のことであり，一般に船の長さといえば，垂線間長のことをいう。

- 前部垂線（fore perpendicular：F.P.）：計画満載喫水線と船首材の前面との交点を通る鉛直線。
- 後部垂線（after perpendicular：A.P.）：舵柱（rudder post）の後面。舵柱の無い船では舵頭材（rudder stock）の中心を通る鉛直線。

(2) 全長（length over all：L_{oa}）

船体に固定する突出物を含めて，船首前端より船尾後端までの水平距離。

(3) 水線長さ（waterline length：L_{WL} 又は L_{wl}）

計画満載喫水線上における，船首前面より船尾後面までの水平距離。任意の喫水線上で測った船の長さをいうことがある。

(4) 船舶法に規定する長さ（登録長さ）（length registered：L_R）

上甲板の下面において船首材の前面より船尾材の後面に至る長さで，船舶国籍証書に記載される。（船舶法施行細則第 17 条の 2）

(5) 船舶構造規則に規定する長さ

計画満載喫水線の全長の 96 ％又は計画満載喫水線上の船首材の前端からだ頭材の中心までの距離のうちいずれか大きいもの。（船舶構造規則第 1 条第 3 項）

(6) 満載喫水線規則に規定する長さ（乾舷用長さ）（length for freeboard：L_f）

最小の型深さの 85 ％の位置における計画喫水線に平行な喫水線の全長の 96 ％又はその喫水線上の船首材の前端からだ頭材の中心までの距離のうちいずれか大きいもの。（満載喫水線規則第 4 条）

注）船舶区画規程第 2 条第 9 号，船舶のトン数の測度に関する法律施行規則第 1 条第 2 項にも同様に規定されている。

1.3.2 幅（breadth：B）

(1) 型幅（moulded breadth：B 又は B_{mld}）

船体の最も広い部分における両舷のフレーム外面間の水平距離であり，一般に船の幅といえば型幅を指す。

注）船舶法施行細則，船舶構造規則，満載喫水線規則，船舶区画規程，船舶のトン数の

測度に関する法律施行規則に規定されている幅もこれと同様である。

(2) 全幅（extreme breadth：B_{ext}）

　　船体の最も広い部分における外板の外面から反対舷の外板外面までの水平距離。

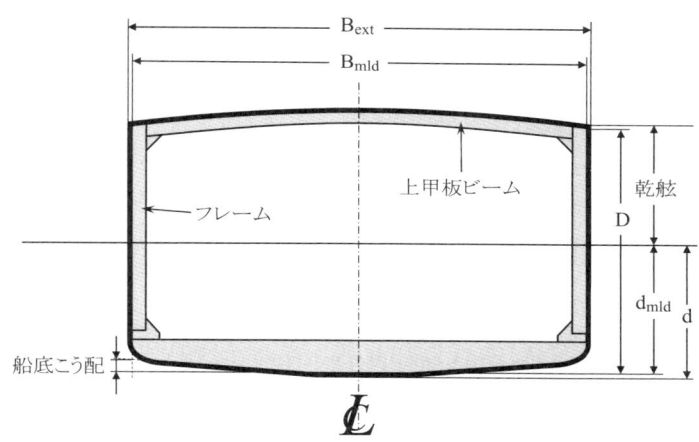

図1.10　船の幅・深さ・喫水

1.3.3　深さ（depth：D）

(1) 型深さ（moulded depth：D 又は D_{mld}）

　　垂線間長の中央においてキール上面から上甲板ビームの船側における上面までの垂直距離。

　　注）　船舶法施行細則，満載喫水線規則，船舶のトン数の測度に関する法律施行規則に規定されている深さもこれと同様である。

(2) 乾舷用深さ（depth for freeboard：D_f）

　　船の中央における型深さに，船側における乾舷甲板の厚さを加えたもの。（満載喫水線規則第8条）

1.3.4 喫水（draft：d）

(1) 喫水標喫水（draft on draft mark：d）
　　任意の載貨状態において，キール下面から水面までの垂直距離。喫水標（draft mark）で読み取る喫水。一般に喫水といえばこのことをいう。
(2) 型喫水（moulded draft：d_{mld}）
　　任意の載貨状態において，キール上面から水面までの垂直距離。
(3) 満載喫水（full load draft）
　　満載状態において，キール下面から水面までの垂直距離。

1.3.5 船体の肥え方を表す係数

前述の主要寸法が同じ場合でも，船型はやせてスマートなものや肥ったもの等様々であり，これらの特徴は以下の肥せき係数又はファインネス係数（coefficient of fineness）で表すことができる。

(1) 方形係数（block coefficient：C_b）
　　船体の肥え方を表す代表的な係数で，コンテナ船のような高速貨物船はスマートな船型をしているため C_b は小さく（$C_b ≒ 0.56～0.60$），大型タンカーのような肥大船型では C_b は大きい（$C_b ≒ 0.8$）。任意の喫水における C_b がわかれば，逆に排水容積を知ることができる。

$$方形係数：C_b = \frac{排水容積}{（垂線間長）×（型幅）×（型喫水）}$$

(2) 柱形係数（prismatic coefficient：C_p）
　　特に船首尾部の肥え方を表し，船体の抵抗や推進性能に関係する。

$$柱形係数：C_p = \frac{排水容積}{（中央横断面積）×（垂線間長）}$$

(3) 水線面積係数（water plane coffecient：C_w）
　　一般的には 0.75 前後の値で，船積み時において毎センチ排水トン数（喫水を 1 cm 変化させるために必要な重量）を求める場合等に用いられる。

$$水線面積係数：C_w = \frac{水線面積}{（垂線間長）×（型幅）}$$

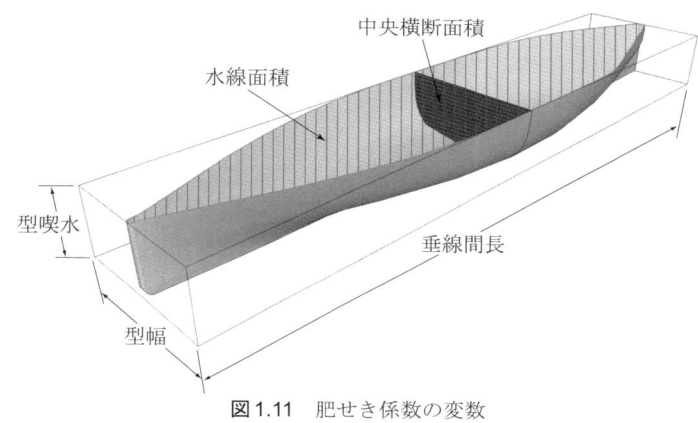

図 1.11 肥せき係数の変数

1.4 満載喫水線

1.4.1 乾舷と満載喫水線

　海上を航行する船が，動揺や波浪の打ち込みにも耐え，安全に航海するためには，水面上の外舷部の高さを一定限度保持し，適度な予備浮力を持つ必要がある。この外舷部の高さを乾舷又はフリーボード（freeboard）といい，必要な乾舷を保持するために船を沈め得る限度を満載喫水線（load water line 又は load line）という。

　乾舷は，船の長さの中央において乾舷甲板上面の延長線と外板外面との交点から満載喫水線までの垂直距離で示す。乾舷甲板（freeboard deck）とは，普通，最上層の全通甲板である上甲板をいう。

1.4.2 満載喫水線とその標示

（1）満載喫水線を標示すべき船舶
　　　次の船舶は満載喫水線を標示しなければならない。（船舶安全法第 3 条）
　　1）遠洋区域又は近海区域を航行区域とする船舶
　　2）沿海区域を航行区域とする長さ 24 m 以上の船舶
　　3）総トン数 20 トン以上の漁船

したがって，上記以外の船舶は標示する必要はなく，具体的には，沿海区域を航行区域とする長さ24m未満の船舶，平水区域を航行区域とする船舶，総トン数20トン未満の漁船，及び船舶安全法第3条但し書きの次の船舶となる。（施行規則第3条）
1) 水中翼船，エアクッション艇，その他潜水船など標示することが構造上困難又は不適当である船舶
2) 引船，海難救助，しゅんせつ，測量又は漁業の取締りにのみ使用する船舶その他旅客又は貨物の運送の用に供しない船舶で，国際航海に従事しないもの（臨時に単一の国際航海に従事するものを含む。）
3) 小型兼用船（航行区域や長さ等について一定要件を満たすもの。）
4) 臨時変更証を受有している船舶（航行目的や航行区域等について一定要件を満たすもの。）
5) 船舶検査証書を持たないで，臨時航行許可証によって航行する船
6) 試運転船
7) 平水区域を航行区域とする旅客船で，臨時に短期間沿海区域を航行するもののうち管海官庁（運輸局）が安全上差し支えないと認めたもの

(2) 満載喫水線の標示

乾舷及満載喫水線を示すため，船の長さ（乾舷用長さ）の中央船側部に「満載喫水線標識（フリーボードマーク，freeboard mark）」と「甲板線」が，その前方に「満載喫水線を示す線」が標示されている。

この標示は，船の航行区域や種類により異なり，詳細は満載喫水線規則に規定されている。なお，「満載喫水線を示す線」における各線の上縁が適用される満載喫水線となる。

1.4.3 各種の満載喫水線

(1) 遠洋区域又は近海区域を航行区域とする船舶等に標示する満載喫水線
（満載喫水線規則第2章第1～9節）

遠洋区域又は近海区域を航行区域とする船舶，沿海区域を航行区域とする長さ24m以上の船舶で国際航海に従事するもの，長さ24m以上の漁船（一定のもの）に標示する満載喫水線の種類とそれらを示す記号に

は次のものがある。

T ：熱帯満載喫水線　　　　S　　：夏期満載喫水線
W ：冬期満載喫水線　　　　WNA ：冬期北大西洋満載喫水線
TF：熱帯淡水満載喫水線　　F　　：夏期淡水満載喫水線

ただし，近海区域又は沿海区域の船は冬期北大西洋満載喫水線（WNA）を標示する必要はなく，長さ100mをこえる船舶のWNAは冬期満載喫水線（W）と同じである。

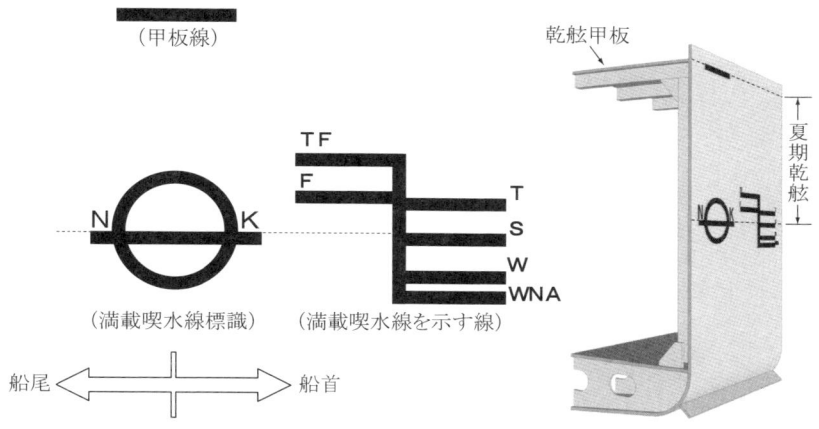

図1.12　遠洋船及び近海船の満載喫水線

これに加え，甲板積み木材を運送する船舶については，木材自身が浮力を持つため乾舷が増加したと見なし，特別に他の船舶より低い乾舷が認められている。木材満載喫水線は，満載喫水線標識の後方に追加で標示され，上記の「満載喫水線を示す線」の各記号の頭にL（lumberの頭文字）が付される。なお，木材の甲板積み運送においては，重心の上昇による復原性の低下や貨物が移動した場合の危険性に対して十分配慮すると共に，甲板積み木材が乾舷の一部と見なされるよう，「特殊貨物船舶運送規則」に従わなければならない。

満載喫水線標識の円環（load line disc）の中心は夏期満載喫水線が通り，円環の両側には喫水線を指定した政府（わが国ではJG）又は船級協会（わが国ではNK）の略号がつけられる。

注）　船級協会については，4.4.4 参照。

(2) 限定近海船に標示する満載喫水線（満載喫水線規則第 2 章第 10 節）

近海区域を航行区域とする船舶の内，国際航海に従事せず日本周辺の区域のみを航行するものについては，海水満載喫水線と淡水満載喫水線の二種類を標示する。

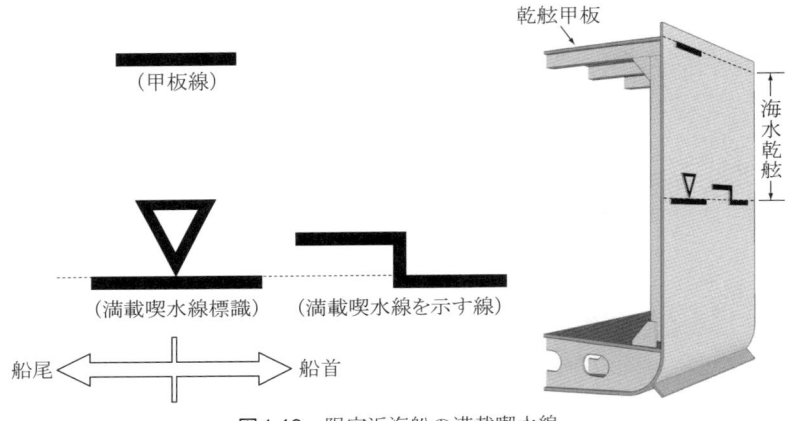

図 1.13　限定近海船の満載喫水線

(3) 沿海区域を航行区域とする船舶に標示する満載喫水線
　　（満載喫水線規則第 3 章）

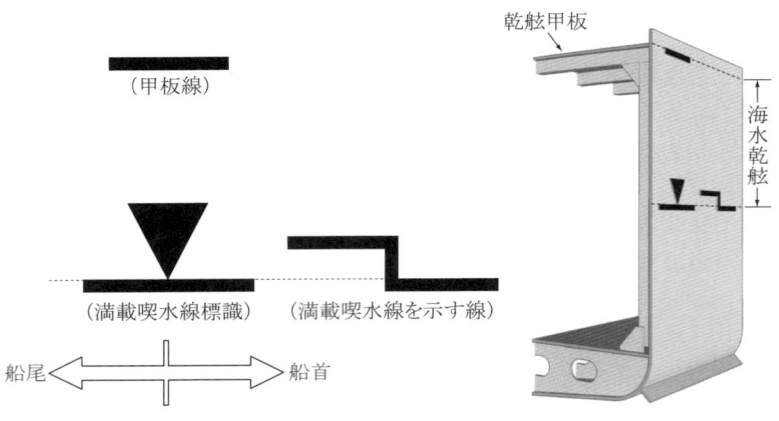

図 1.14　沿海船の満載喫水線

沿海区域を航行区域とする長さ24m以上の船舶で国際航海に従事しないものには，海水満載喫水線と淡水満載喫水線の二種類を標示する。

（4）総トン数20トン以上の漁船に標示する満載喫水線

（満載喫水線規則第4章）

総トン数20トン以上の漁船（上記（1）の満載喫水線を標示する漁船以外）は，海水満載喫水線と淡水満載喫水線の二種類を標示する。

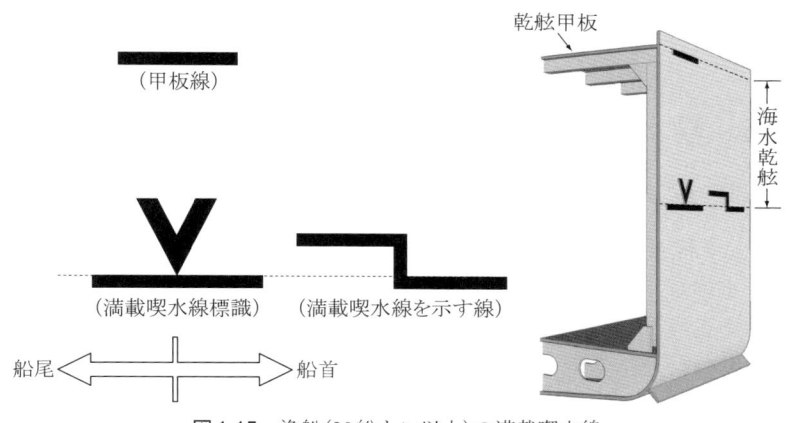

図1.15　漁船（20総トン以上）の満載喫水線

（5）水面の比重差に対する満載喫水線の適用

比重が1.000以外の水面においては，次の式により算出した値δdを淡水乾舷に加えた場合の満載喫水線が適用される。（満載喫水線規則第36条）

$$\delta d = \Delta d_s \times \frac{\rho - 1}{0.025}$$
$$= \frac{W}{40TPC} \times \frac{\rho - 1}{0.025} \text{ (cm)}$$

ただし，Δd_s：淡水乾舷と海水乾舷の差
　　　　ρ：実際の比重
　　　　W：海水満載喫水線における排水量
　　　　TPC：海水満載喫水線における毎センチ排水トン数

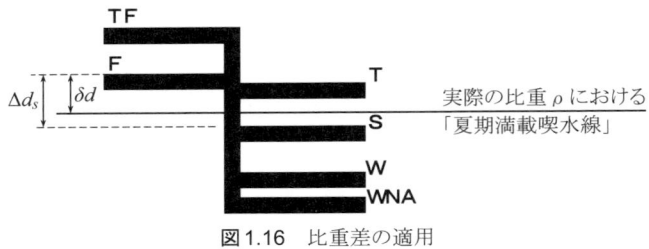

図 1.16 比重差の適用

1.5 喫水とトリム

1.5.1 喫水の読み取り

　船には船首，船尾及び中央部の外舷において，それぞれ左右両舷の計 6 箇所に喫水標が記されている。喫水標は図 1.17 に示すように，20 cm 毎に 10 cm の大きさのアラビア数字で刻まれており，字の太さは 2 cm で，その数字の下端が表示の喫水となっている。

　静かに静止している海面で喫水を読み取るのは，さほど難しくはないが，風波やうねりのある場所での読み取りには，細心の注意とある程度の経験が必要となってくる。このような場合は，しばらくの間注視し，水面の上下動の平均値を取るようにする。ただし，単に最高，最低の平均値ではなく，突発的な激しい上下動は除いて，平均的な最高値と最低値を読み取るようにすることが大切である。また水面の上下動を観察していると，ほとんど動きが止まることがあるので，このときに読むようにする。そして何回かこれを繰り返して，大きなばらつきがないことを確かめなければならない。

　注）　喫水の標示に関しては，船舶法施行細則第 44 条第 1 項第 3 号に規定されている。

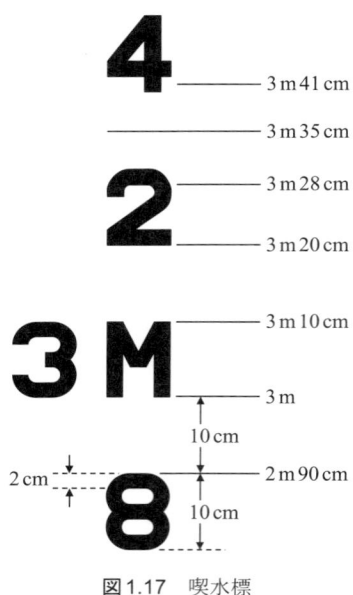

図 1.17 喫水標

1.5.2　平均喫水

　喫水標により読み取った喫水（測読喫水）は，水深に対する余裕や船の姿勢，船の重量の変化等を知る上で重要である。喫水が深いことを慣用的に「足が深い」というが，このような船足(ふなあし)の程度は「平均喫水（mean draft）」で表す。「平均喫水」とは，船首喫水と船尾喫水の平均値であり，中央喫水は含まれないので注意する必要がある。また中央喫水と平均喫水との差によりホギングやサギング（1.7.1 参照）といった船体のたわみ量を知ることができ，正確な船の重量を求める上において必要である。（11.3.3 参照）

$$平均喫水：d_m = \frac{d_f + d_a}{2} \tag{1.1}$$

$$(d_f：船首喫水,\quad d_a：船尾喫水)$$

1.5.3　トリム

　船首喫水と船尾喫水の差をトリムといい，船の縦傾斜の程度を表す。トリムは船首喫水と船尾喫水の大小関係の違いにより，次のように呼ばれる。

(1) 船首トリム（trim by the head：B/H）
　　　船首喫水の方が船尾喫水よりも大きい場合で，船尾が浮き上がり舵効きや推進効率が悪くなるので，航海状態としては好ましくない。おもて足ともいう。
　　〔呼び方〕例えば，50 センチ・バイ・ザ・ヘッド（50 cm by the head），50 センチおもて足

(2) 船尾トリム（trim by the stern：B/S）
　　　船尾喫水の方が船首喫水よりも大きい場合で，適度な船尾トリムは航海状態として最も良い。しかし空船航海にみられるようにあまり船尾トリムが大きくなると，保針が難しく，船の縦揺れが激しくなった場合に船首船底部が水面を叩くスラミング（slamming）を起こしやすくなるので，操船上好ましくない。とも足ともいう。
　　〔呼び方〕例えば，50 センチ・バイ・ザ・スターン（50 cm by the stern），50 センチとも足

(3) 等喫水（even keel）
　　　船首喫水，船尾喫水ともに等しい場合で，超大型船や浅水域ではこの

ような姿勢にすることがある。平足(ひらあし)ともいう。

船尾トリム	等喫水	船首トリム
トリム・バイ・ザ・スターン	イーブン・キール	トリム・バイ・ザ・ヘッド
(trim by the stern)	(even keel)	(trim by the head)
とも足	平足	おもて足

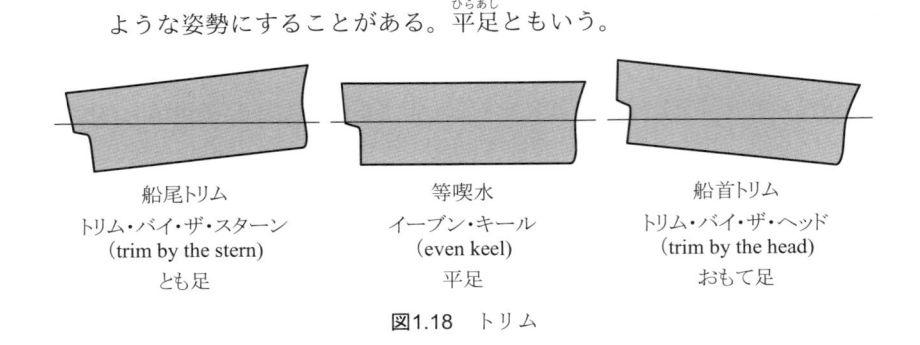

図1.18　トリム

1.6　船のトン数

1.6.1　船のトン数の種類

　船の大きさや積載能力は，一般的にはトン数で表され，ほとんどは「船舶のトン数の測度に関する法律」及び「同施行規則」に規定されている。トン数には次の種類がある。

（1）重量を基に算出されるトン数
　　1）排水トン数（排水量）
　　　　満載排水量，軽荷重量
　　2）載貨重量トン数
（2）容積を基に算出されるトン数
　　1）国際総トン数
　　2）総トン数
　　3）純トン数
　　4）載貨容積トン数
　　5）スエズ運河トン数
　　6）パナマ運河トン数

　これらの内，貨物の船積みに必要なものは，排水トン数，載貨重量トン数，載貨容積トン数で，その他は全て税の徴収や船員の配乗に関する基準等，主として海事に関する制度上必要なトン数である。

1.6.2 各種のトン数

(1) 排水トン数（排水量）（displacement tonnage : Disp.）

　　船舶の全重量を表す。アルキメデスの原理により，船が水に浮かんだときに，船体によって排除される水の重量に等しい。

　　艦船では船の大きさを排水トン数で表し，商船の場合は荷役前後における排水トン数の変化から貨物重量を求める。

　1）満載排水量（full load displacement）

　　　比重 1.025 の水面において，満載喫水線に至るまで人又は物を積載するものとした場合の船の排水量。

　2）軽荷重量（light weight）

　　　船舶の自重を表す。人，荷物，燃料，潤滑油，バラスト水，タンク内の清水及びボイラ水，消耗貯蔵品，旅客及び乗組員の手回り品を積載しないものとした場合（軽荷状態，light condition）の船の排水量をいう。

(2) 載貨重量トン数（deadweight tonnage : DWT）

　　船舶に積載可能な総重量を表す。満載排水量から軽荷重量を引いたものである。

　　一般貨物船やタンカーなどはこのトン数で貨物積載能力が評価される。しかし，載貨重量トン数は，貨物重量に加え，船舶が航行する上において必要な燃料や水等の全ての重量を含んでいるため，積載可能な貨物重量を表すものではないことに注意する必要がある。

　　なお，他の貨物積載能力の表し方として，コンテナ船では 20 フィート型コンテナに換算した場合のコンテナ積込み総個数 TEU（twenty footer equivalent units）や，自動車専用船では自動車の積み付け台数が，内航タンカーや液化ガス運搬船ではカーゴタンク容積が用いられる。

(3) 国際総トン数（international gross tonnage）

　　主として国際航海に従事する船舶について，その大きさを表すために用いられるトン数である。国際トン数証書及び国際トン数確認書に記載される。

　　閉囲場所の合計容積を m^3 で表した数値から，除外場所の合計容積を m^3 で表した数値を控除して得た数値に，当該数値を基準として国土交

通省令（船舶のトン数の測度に関する法律施行規則）で定める係数を乗じて得た数値に"トン"を付して表される。
(4) 総トン数（gross tonnage：GT）

わが国における海事に関する制度において，船舶の大きさを表すために用いられるトン数である。船舶国籍証書に記載される。

国際総トン数の数値に，当該数値を基準として国土交通省令で定める係数を乗じて得た数値に"トン"を付して表される。
(5) 純トン数（net tonnage：NT）

旅客又は貨物の運送の用に供する場所とされる船舶内の場所の大きさを表すために用いられるトン数である。国際トン数証書及び国際トン数確認書に記載される。

次の数値を合算した数値に"トン"を付して表される。
1) 貨物積載場所に関わる容積を m^3 で表した数値に，国土交通省令で定める係数を乗じて得た数値
2) 旅客定員の数及び国際総トン数の数値を基準として国土交通省令で定めるところにより算定した数値
(6) 載貨容積トン数（measurement tonnage）

船倉及び特殊貨物倉の容積を，$40\,ft^3$ を1トンとして表したもの。その測定範囲により次の2種類に分かれる。
1) グレーン・キャパシティ（grain capacity）

ばら積み貨物に対する容積で，船倉内の各ビーム間，各フレーム間の容積も全部算入したもの。
2) ベール・キャパシティ（bale capacity）

包装貨物に対する容積で，船倉内の各ビーム間，各フレーム間の容積，ピラーやパイプ等の倉内障害物の容積は控除される。

注） 近年では，上記1），2）をトン数表示せず，単にその容積を ft^3 や m^3 で表す。
(7) 特殊なトン数
1) パナマ運河トン数（Panama canal tonnage）
2) スエズ運河トン数（Suez canal tonnage）

各運河のトン数測度規則によって測度される運河通航料算定の基準となるトン数である。

1.7 船体構造

1.7.1 船体に働く力と強度

貨物，燃料，水等を積載し，波浪を乗り越え航海する船舶には様々な力が作用するため，船体はそれらに耐えるだけの強度を持たなければならない。船体の強度は，縦強度，横強度，局部強度の3つに大別できる。

(1) 縦強度（longitudinal strength）

船は，船体に下向きに作用する重力と上向きに作用する浮力とが，全体として釣り合うことで浮かんでいる。しかし，船体を長さ方向に輪切りにして考えると，貨物重量等の配置や波浪の影響で，各部分の重力と浮力は必ずしも釣り合わず，上下方向に移動しようとする。（図10.6参照）

その結果，船体は湾曲してホギングやサギング状態になり，また輪切り部分の境界には，はさみで切断するような力（せん断力）が働く。さらに，斜め方向から波を受ける場合には，船体をねじるような力も作用する。船体はこれらの力に対して十分な強度（縦強度）を持つように，板材や骨材が配置されている。

1) ホギング（hogging）

船体中央部で浮力が勝り，船首尾部では重量が勝っている場合に，船体が凸型に湾曲する状態をいう。この傾向は，船の長さとほぼ等しい波長を持つ波の波頂が船体中央部にきたときにさらに著しくなる。

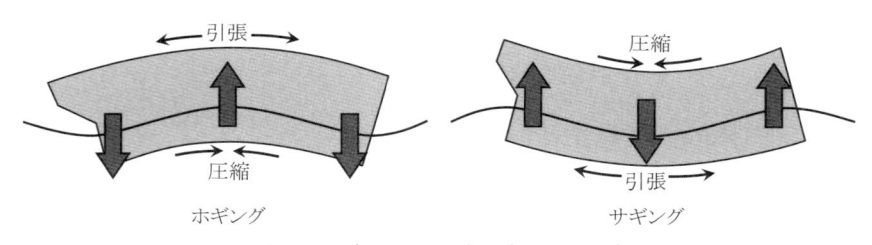

図1.19　波によるホギングとサギング

2) サギング (sagging)

　　船体中央部で重量が勝り，船首尾部で浮力が勝っている場合に，船体が凹型に湾曲する状態をいう。この傾向は航海中，船の長さとほぼ等しい波長を持つ波の谷が船体中央部にきたときにさらに著しくなる。

(2) 横強度 (transverse strength)

　　船体に作用する外部からの水圧や貨物の重量及びその圧力，横断面形状を平行四辺形に変形させる荷重（ラッキング荷重）等，左右方向や上下方向の力に対する強度を横強度という。

ラッキング　　　　　押しつぶし

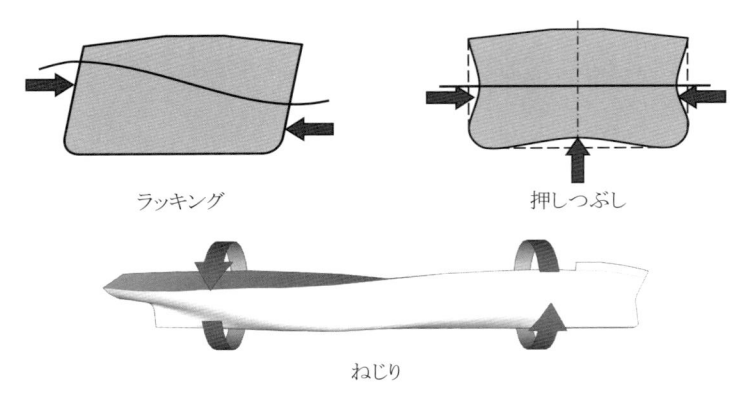

ねじり

図1.20　船体に働く力

(3) 局部強度 (local strength)

　　航海中波に叩かれたり，プロペラや機関の振動を受ける箇所，甲板機器や荷役機器の重量がかかったり振動影響がある箇所等は，局部的に補強されている。

1.7.2　船体の構造様式と主要部材の配置

船体は甲板，船側外板，船底外板等の板材と，フレームやビーム等の骨材とが相俟って強度を保持する構造（板骨構造）となっている。そして主要骨材の配置の仕方により，船体構造は以下の3つの様式に分類される。

　注）　骨材：骨組みを構成する部材の総称。

第1章　船の種類，構造及び主要目　29

　　　　横ろっ骨式構造　　　　　縦ろっ骨式構造　　　　混合ろっ骨式構造

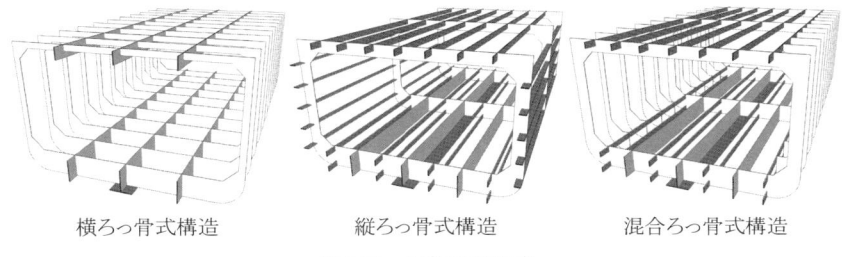

図1.21　船体構造様式

(1) 横ろっ骨式構造（transverse system），横式構造

　　甲板や外板を補強する骨材であるビーム，フレーム，フロアを横方向（左右及び上下方向）に配置した構造。

　　ビームやフレーム等の寸法があまり大きくなく一定であるため，倉内を広く利用できる利点があるが，縦強度に対してはこれらの骨材が効かないという欠点がある。

(2) 縦ろっ骨式構造（longitudinal system），縦式構造

　　甲板や外板を補強する骨材を主に縦方向（前後方向）に配置し，横強度については，横隔壁間に大型の横桁で形作られる枠組みを2～3か所配置することで維持する構造。縦強度が強く，横ろっ骨式構造より外板や甲板を薄くでき，又，船体のブロック建造には横ろっ骨式構造より適している。その一方で，貨物倉内に大きな桁が突出するため，それらの存在が貨物積載上支障を来す船種には不向きである。したがって，タンカーのように液体貨物をばら積みする船や，桁をバラストタンク内に収めることができる鉱石船に採用されている。

(3) 混合ろっ骨式構造（combined system），縦横混合式構造

　　横ろっ骨式構造と縦ろっ骨式構造の両者の利点を取り入れた構造である。縦強度上重要な上甲板と船底は縦式構造とし，船側は横式構造としたもの。前後方向に配置された骨材は，船体下部においては二重底内に収められるため，倉内に大きな桁が突出せず，包装貨物の積載においても不便はない。それでいて縦強度は横ろっ骨式構造より優れているため，一般貨物船や鉱石船以外のばら積み船等多くの船種に採用されている。

主な横強度材と縦強度材を，図 1.22，表 1.2，図 1.23，表 1.3 に示す。同様の役割を担うものであっても，構造様式により名称が異なることに注意を要する。

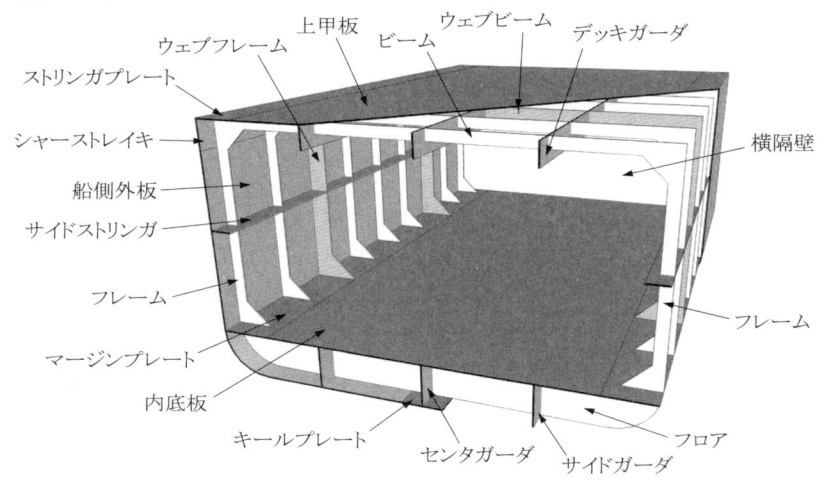

図 1.22 主要強度材（横ろっ骨式構造）

表 1.2 主要横強度材

		横ろっ骨式構造	縦ろっ骨式構造	混合ろっ骨式構造
主要横強度材	横隔壁 (transverse bulkhead)	○	○	○
	フレーム〔ろっ骨〕 (frame)	○		○
	ビーム〔はり〕 (beam)	○		
	フロア〔ろく板〕 (floor)	○	○	○
	デッキトランス〔甲板横けた〕 (deck transverse)		○	○
	サイドトランス〔船側横けた〕 (side transverse)		○	
	ボトムトランス〔船底横けた〕 (bottom transverse)		○	○
	バーチカルウェブ〔たてけた〕 (vertical web)		○	○

〔　〕は慣用語

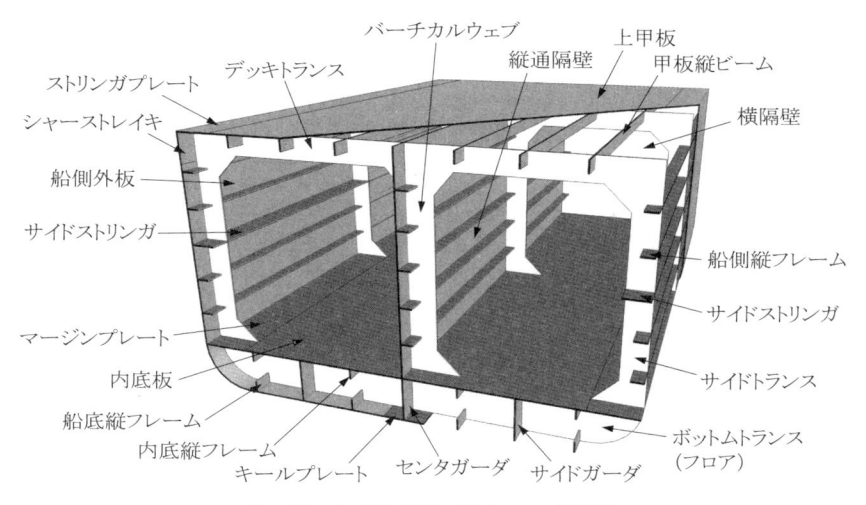

第1章　船の種類，構造及び主要目　31

図1.23　主要強度材（縦ろっ骨式構造）

表1.3　主要縦強度材

			横ろっ骨式構造	縦ろっ骨式構造	混合ろっ骨式構造
主要縦強度材		キールプレート〔平板竜骨〕(keel plate)	○	○	○
		外板　　　シャーストレイキ (shell plating)　(sheer strake)	○	○	○
		上甲板　　ストリンガプレート (upper deck)　(stringer plate)	○	○	○
		内底板 (inner bottom plating)	○	○	○
		マージンプレート〔縁板〕(margin plate)	○	○	○
	ガーダ	センタガーダ〔中心線けた板〕(centre girder)	○	○	○
		サイドガーダ〔側けた板〕(side girder)	○	○	○
		デッキガーダ〔甲板縦けた〕(deck girder)	○	○	○
	縦フレーム	船底縦フレーム〔船底縦ろっ骨〕(bottom longitudinal)		○	○
		内底縦フレーム〔内底板縦ろっ骨〕(inner bottom longitudinal)		○	○
		船側縦フレーム〔船側縦ろっ骨〕(side longitudinal)		○	
		甲板縦ビーム (deck longitudinal)		○	○
		縦通隔壁 (longitudinal bulkhead)		○	○

1.7.3 主要部材の役割

(1) キールプレート（keel plate），平板キール

　　船底部の船体中心線を縦通する一条の板で，重要な縦強度材である。隣接する船底外板よりやや厚い鋼板が用いられている。

(2) ビーム（beam），はり

　　甲板の下面に横方向に配置された骨材で，両舷のフレームや船底のフロアと共に横強度を保つ重要な枠組を構成する。甲板と結合して甲板上の荷重を支える。

(3) フレーム（frame），ろっ骨

　　船側外板内側に上下方向に設けられた骨材で，甲板ビームやフロアと共に船の横強度を保つ重要な枠組を構成する。外板と結合して水圧等の外圧に対抗し，また甲板の重量を支える。

　　機関室や重量物を積載する船倉等，特に補強を要する箇所には，フレーム数本おきに，大型のウェブフレーム（web frame）を配置する。

　　各フレームには，その位置を特定するために一連のフレーム番号が付されており，その付け方は，後部垂線（A.P.）の位置にあるフレームを0番とし，前方に向かって順次，1，2，3，…とする。なお，A.P.より後方については，順次，−1，−2，−3，…とする。

(4) フロア（floor），ろく板

　　船底の横強度を保持するため，船底外板の内側にフレームと同じ間隔で横方向（左右方向）に配置された部材である。その構造の違いにより，オープンフロアとソリッドフロアがある。（図 1.29，図 1.30 参照）

(5) 甲板（deck）

　　ビーム上面を縦方向（前後方向）に連結して張られた板で，船体の主要な縦強度材となる。海水や雨水の船内への浸入を防ぐと共に，貨物の積載や甲板機器の保持などの役目を持つ。下記のとおり，様々な名称で呼ばれる。

　1) 強力甲板（strength deck）：船体の強度に関する名称で，一般的には縦強度の主力をなす最上層の甲板が該当する。

　2) 有効甲板（effective deck）：船体の強度に関する名称で，強力甲板より下層の甲板を指し縦強度材となる

3）乾舷甲板（freeboard deck）：満載喫水線を定める場合において，乾舷を測る基準となる甲板をいう。普通は最上層の全通甲板が該当する。
4）隔壁甲板（bulkhead deck）：船首及び船尾隔壁以外の水密隔壁が達する最上層の全通甲板。
5）暴露甲板（weather deck, exposed deck）：風雨にさらされる甲板をいう。
6）甲板の位置や用途を示す名称：甲板の位置や用途を示すため，図1.7のような名称で呼ばれる。

(6) ストリンガプレート（stringer plate），梁上側板

上甲板のうち，船側外板に接する一条の板で，シャーストレイキと連結して舷側を強固にし，船体縦強度を増す。

(7) サイドストリンガ（side stringer），船側縦通桁

船側外板の内面を縦通する水平の大型の骨材で，フレーム間を補強し，波浪の衝撃による外板の損傷を防ぐ。

(8) 外板（shell plating）

フレーム外部及び船底部に張られた板で船体の外形をつくり，水密構造によって船体に浮力を与える。

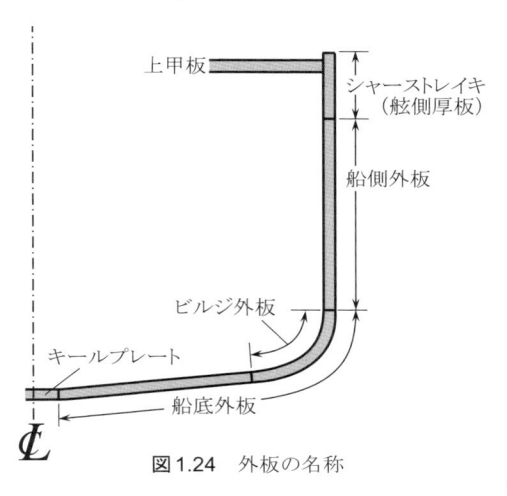

図1.24 外板の名称

船楼の外板を除き，一般に上の方から順に次のように呼ばれる。
 1）シャーストレイキ（sheer strake），舷側厚板
 2）船側外板（side shell plating）
 3）ビルジ外板（bilge strake）
 4）船底外板（bottom shell plating）
　外板にも，その位置を特定するために一連の記号が付けられる。その付け方は，キールプレートをKとし，上方に向けて順次，A，B，C，…とする。ただし，シャーストレイキはSとする。
（9）シャーストレイキ（sheer strake），舷側厚板
　強力甲板に接する一条の船側外板をいい，ストリンガプレートと連結して舷端部を強固にし，船体縦強度を増す。
（10）内底板（inner bottom plating）
　二重底構造の頂部を構成する板で，船底外板が損傷しても，船内への浸水をくい止める。
（11）マージンプレート（margin plate），縁板
　二重底構造において，内底板側部で外板に接する一条の板をいう。内底板と共に二重底の水密を保持する。従来は，内底板の左右端を折り曲げてビルジ外板に直角になるよう斜めに配置されていたが，最近の船では多くの場合内底板の全長にわたり水平に延ばされる。
（12）ビルジキール（bilge keel）
　船の長さの中央部付近において船底湾曲部（ビルジ外板）に前後方向に取り付けられたプレートで，船の横揺れを軽減する役割がある。ビルジキールは船体から突出しているため，損傷を受けやすく，損傷が外板にまで及ぶことがないよう強固な構造とはなっていない。したがって縦強度材ではない。
（13）ピラー（pillar）
　ビームを支持するために設けられた柱で，以下の役割を担う。
 1）上部甲板上の荷重を支える。
 2）甲板と船底部とを結びつけて，船の横強度を保つ。
 3）船体の剛性を増し，振動を防止する。
　ビームごとにピラーを設けると，貨物積載上不便を生じるため，甲板下にはデッキガーダを縦通させてビームを支え，ビーム数本おきにピ

ラーを配置したり，ハッチの四隅にのみ大型の特設ピラーを設けることでその数を減らす。

1.7.4　船首部の補強構造

船首部は，荒天中を前進する場合に，パンチング及びスラミングといった，船首及び船底に対する波浪による衝撃力に耐えるため，以下のように特に補強されており，これを船首パンチング構造という。

注）パンチング：波によって船首尾部が受ける局部的な衝撃をいう。
　　スラミング：荒天航行中，船の縦揺れに伴い水面上に露出した船首船底部が波にたたかれて生ずる強い衝撃をいう。

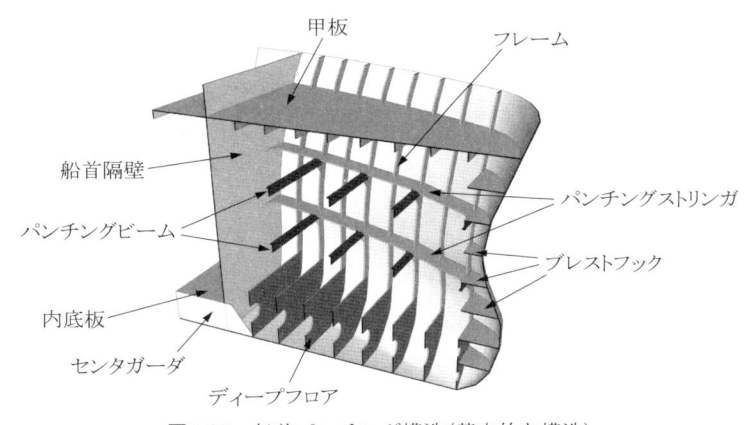

図1.25　船首パンチング構造（基本的な構造）

(1) 基本的な構造
　1) フレームスペースを小さくして外板を補強すると共に，外板の厚みを増す。
　2) 船底部は，二重底のフロアより深さの深いディープフロアを設け，これにフレームを連結する。
　3) 最下層の甲板とディープフロア間には，水平に2〜3条のパンチングストリンガを配置し，その下部はフレーム1本おきにパンチングビームを入れ両舷のフレームを連結する。

4）船首材の内側には，水平の補強板であるブレストフックを，パンチングストリンガの位置及びその間に数枚入れる。

(2) 近年の構造

1) 横ろっ骨式構造（横式構造）

上記（1）のパンチングビーム及びパンチングストリンガに代わり，水平に2～3条のパンチングフラットを配置し，その下部は各フレームの位置でパンチングビームを入れて両舷のフレームを連結する。

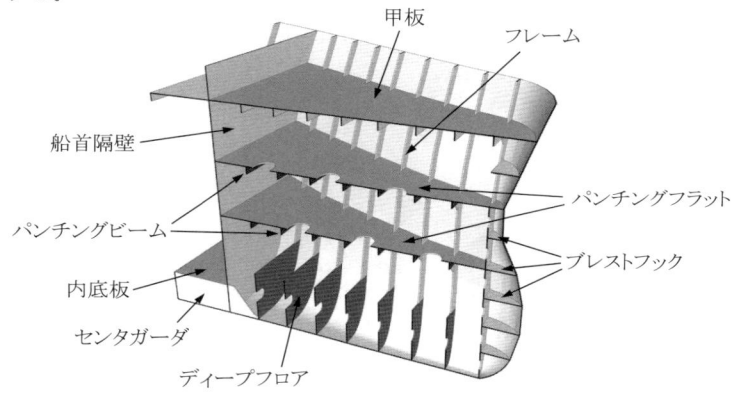

図1.26 船首構造（横ろっ骨式構造）

2) 縦ろっ骨式構造（縦式構造）

タンカーやばら積み船のように縦ろっ骨式構造の船の場合には，ブレストフックを設ける代わりに船側縦フレームを延長させ，以下のような縦ろっ骨式構造で補強される。

a. 船首部まで延長した両舷の船側縦フレームを，船首端で連結する。
b. 最下層の甲板より下部には，大型のパンチングストリンガを水平方向に2～3条配置し，両舷をストラットで連結する。
c. 船首部の横断面は，サイドトランス，デッキトランス，ボトムトランスで強固な枠組を形成し，中間にはストラットを配置して，両舷のサイドトランスを連結する。

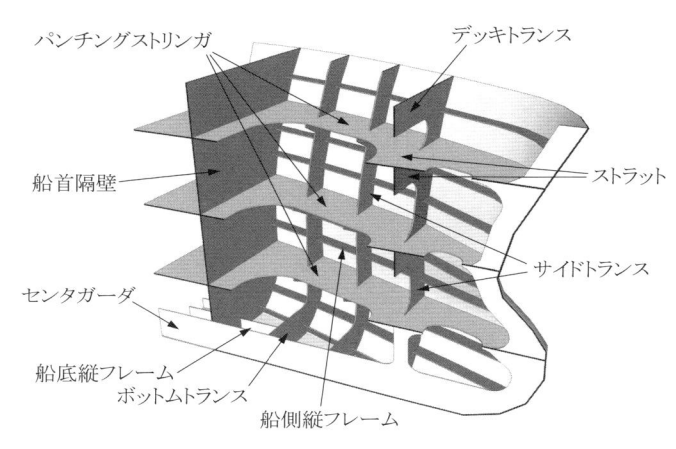

図1.27 船首構造（縦ろっ骨式構造）

1.7.5 船尾部の補強構造

　船尾部は，後方からの追い波や縦動揺による衝撃，プロペラの回転に起因する力や振動に耐えるため以下のように補強されている。これを船尾パンチング構造という。

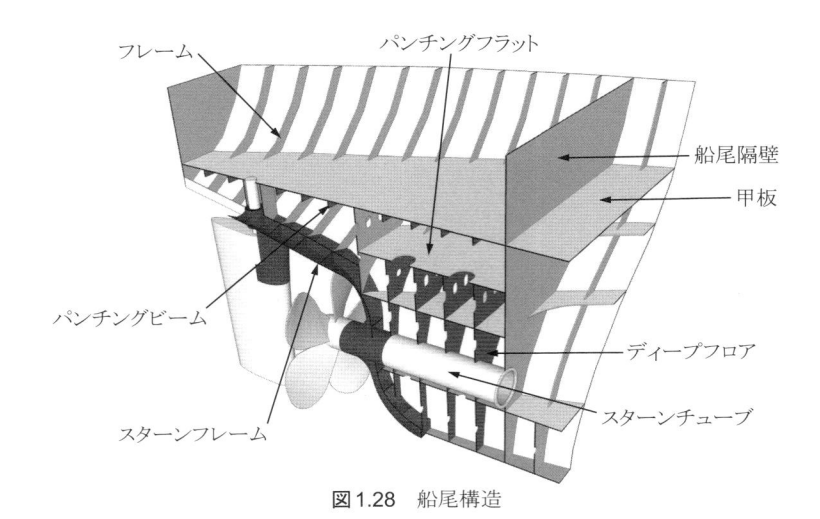

図1.28 船尾構造

1) 鋼板又は鋳鋼材でスターンフレームを構成し，舵及びプロペラを支える。
2) 船尾部下部は，二重底のフロアより深さの深いディープフロアを設ける。
3) フレームスペースを小さくし外板を補強する。
4) スターンチューブより上部は，水平にパンチングストリンガ又はパンチングフラットを設け，その下部はパンチングビームを入れて両舷のフレームを連結する。
5) この部分の外板は厚くする。

1.7.6 二重底の構造

二重底は，主に，船底外板，内底板，マージンプレート，フロア，ガーダ，ブラケットを基本に構成され，その構造は，横式と縦式とに分けられる。

（1）横式構造

　　二重底内の部材は，センタガーダやサイドガーダ以外は，横方向に配置される。2～3 フレーム毎にソリッドフロア（実体フロア）を設け，それ以外の位置には，必ずオープンフロア（組立フロア）を設置する。オープンフロアは，内底板及び船底外板の内側に横方向に配置された上下のフレームと，これらを結ぶストラット及びブラケットにより構成される。

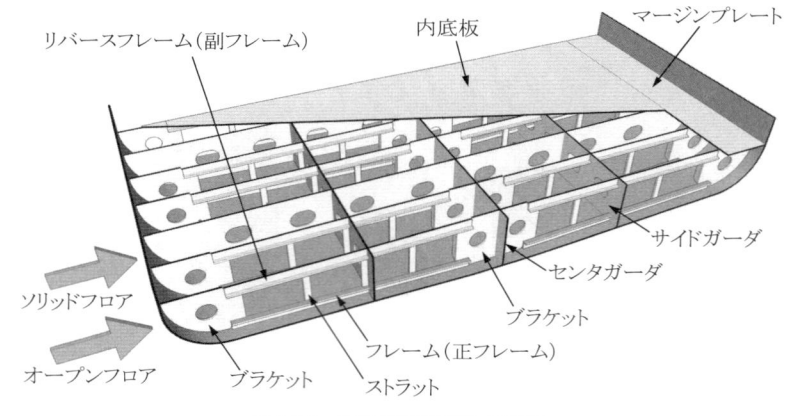

図1.29　二重底構造（横式構造）

（2）縦式構造

センタガーダ及びサイドガーダに加え，内底縦フレームや船底縦フレームを，それぞれ内底板や船底外板内側に配置し，縦強度を増した構造としている。フロアは，2～3フレーム毎にソリッドフロア（実体フロア）を設け，オープンフロア（組立フロア）については，センタガーダとマージンプレートに取り付けられるブラケットのみとしている。また，必要に応じて，上下の縦フレームを結ぶストラットを設ける。

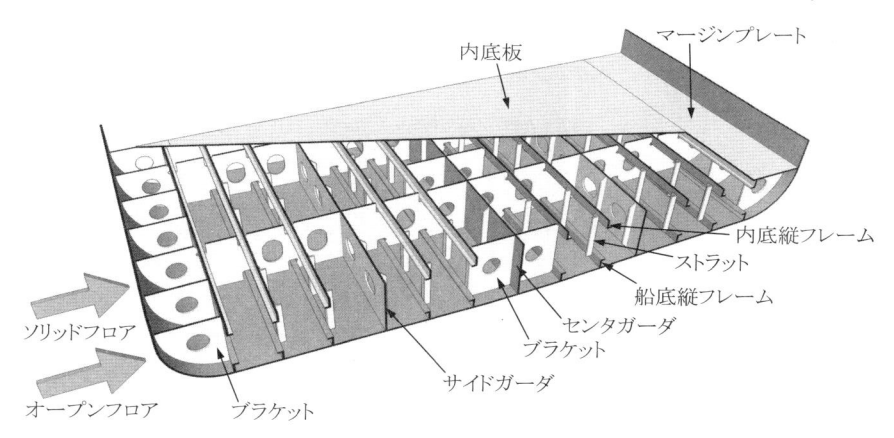

図1.30　二重底構造（縦式構造）

1.7.7　各部の補強構造

（1）ハッチ等開口部の構造

　急激な形状の変化は応力集中を生ずるため，開口部の形状は円形又は楕円形が望ましいが，方形の場合は四隅に十分な丸みをつける。また，この部分は，板厚を増すか二重張り等の補強をする。

（2）ハッチコーミングの構造

　ハッチコーミングとは，ハッチ開口部の甲板の補強及びハッチの水密を保つために設けられた開口部の周縁を縁取る板材をいう。

　ハッチコーミングは，甲板上にあっては波浪の浸入を防止するため，一定の高さを有することが求められる。甲板下部分の内，船の前後方向に平行な「ハッチサイドコーミング」については，デッキガーダの一部

として強固に連結され，左右方向に平行な部分である「ハッチエンドコーミング」は，デッキトランスやハッチエンドビーム等の大型骨材に固着されている。

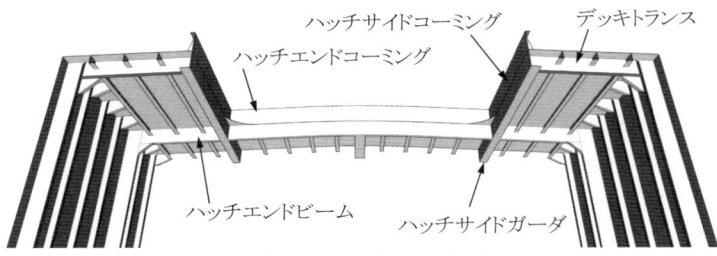

図1.31　ハッチコーミング

(3) 船楼端の補強

　　船楼端においては，船体の深さが大きく変化して強度が不連続となり，応力が集中してクラック（亀裂）が入りやすい。これを補強するため，船楼付近の外板については以下の構造としている。
　1) 船楼端での形状の急激な変化を避けるために，シャーストレイキは十分に船楼内に延長し，他の箇所のシャーストレイキより板厚を増す。
　2) 船楼部分の外板は緩やかな傾斜をつけて船楼外へ延長し，シャーストレイキに連続させた形状にする。また，その板厚は，船楼側部の他の外板よりも20％増しとする。

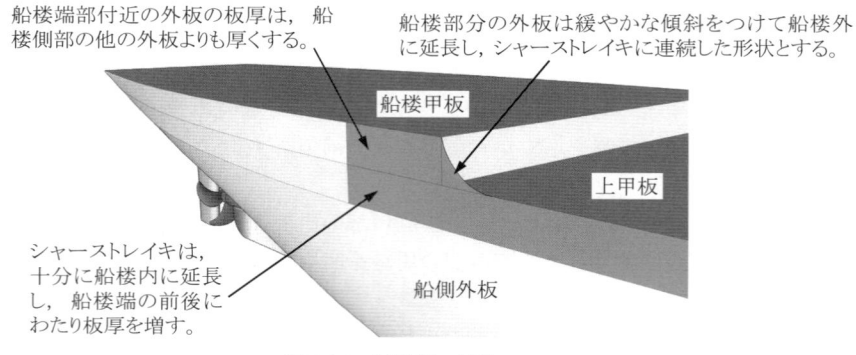

図1.32　船楼端の補強

第2章
船の主な設備と属具

2.1　係留設備

　船はアンカーで錨泊するほか，係留索でブイや岸壁に係留する。このため船上にはアンカーをはじめ，ウインドラス，ムアリングウインチなど係留に必要な設備が備えられている。

　船に備えなければならないアンカーの重さや，それをつなぐアンカーチェーン（錨鎖），係留索（係船索）等の要件は，「船舶設備規程」及び「船舶の艤装数等を定める告示」に規定する艤装数（equipment number）によって決まる。

　アンカーの型については特に指定はないが，わが国ではJIS型ストックレスアンカーA形のほかAC14型（JIS型ストックレスアンカーB形）の高把駐力アンカーが多く使われている。

> 注）　「係留」と「係船」は類似の意味を持つが，JIS（日本産業規格）F0010「造船用語−一般」においては，以下のように定義されており，本書においてもこれにならう。
> - 係留：いつでも運航できる状態で，船を一時的につなぎとめておくこと。
> - 係船：長時間船をつなぎとめて航行の用に供しないこと。
>
> なお，船舶設備規程等の法令に用いられている用語については，そのままの表記とした。
>
> 艤装数：錨泊時に潮流や風により船が受ける力を，間接的に船の長さ（L），幅（B）及び深さ（D）を基準にした面積で表したもので，基本的には次式で表される。
>
> 　　艤装数 $= L \times (B+D)$　　（船舶の艤装数等を定める告示第2条）

2.1.1　舶用アンカー

（1）船に備えるアンカー（用途による分類）
　　1）大アンカー（bower anchor）：船首左右に備え，錨泊，前進の制動，投錨回頭などに使用する。左舷錨（port bower）と右舷錨（starboard

bower）は同じ大きさか，いずれか一方がやや軽い。（法定個数は2個）

2）予備大アンカー（sheet anchor, spare anchor）：大アンカーの予備として船首部甲板上に常置されている。

3）中アンカー（stream anchor）：大アンカーの1/4程度の重さのもので，後部甲板上に置かれ，座礁時の船固めなどに使われる。

4）小アンカー（kedge anchor）：中アンカーの1/2程度の重さのもので，船尾部に備え付けられ，振れ止めなどの軽作業に使われる。

5）その他：小型船では荒天漂流用としてシーアンカー（sea anchor）を持つものもある。（図8.7参照）

(2) 型式によるアンカーの種類

ストック（stock）を持つものをストックアンカー（stock anchor），持たないものをストックレスアンカー（stockless anchor）といい，この2つに大別される。

1）ストックレスアンカー

現在最も多く使われている型のアンカーで，わが国のJIS型ストックレスアンカーA形は英国のホールズアンカー（Hall's anchor）を，同B形はAC14型（Admiralty Cast anchor・type 14）を原型としたものである。このほか米国のバルト型（Baldt anchor）や日本で開発されたDA-1型がある。

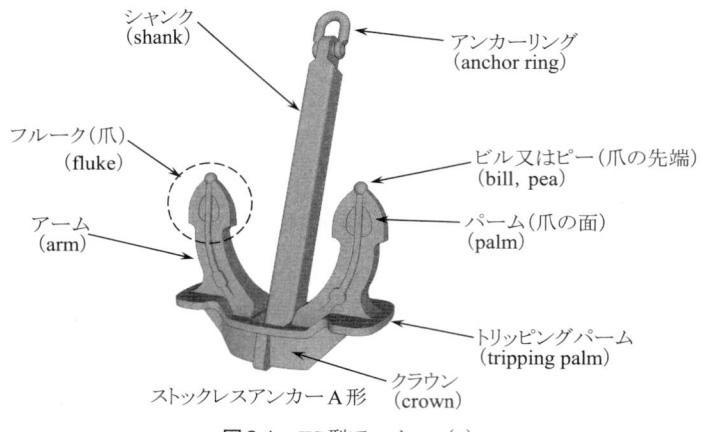

図2.1　JIS型アンカー（1）

第2章 船の主な設備と属具　43

ストックレスアンカーＢ形
（AC14型）

ストックアンカー

ストック
（stock）

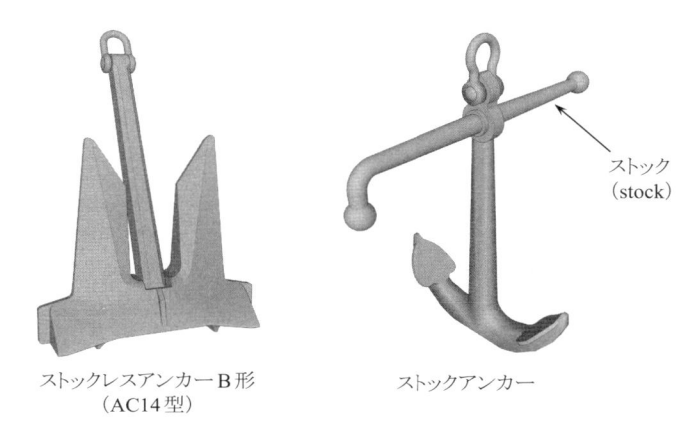

図2.2　JIS型アンカー（2）

2）ストックアンカー

　　錨かきの良さで帆船に使われていたが，小型船や作業用以外に一般商船では使用されない。ストックアンカーには次のものがある。

　　a. コモンアンカー（common anchor）：シャンクと直交したアームとが一材で造られ，アドミラルティアンカー（Admiralty anchor）ともいわれる。

　　b. ポーターズアンカー（Porter's anchor）：クラウンの所にボルトがあってアームが動く改良型で，爪の角度が増すのでアームにチェーンがからむことが少ない。一名トロットマンズアンカー（Trotsman's anchor）ともいう。

　　c. クラウンストックアンカー（crown stock anchor）：クラウンの所にストックを持つアンカーの総称で，唐人錨，米国のダンホースアンカー（Danforth anchor）がある。

3）その他のアンカー

　　a. 四爪錨（grapnel）：小型舟艇用。

　　b. 片爪錨（mooring anchor）：係船ブイ用。

　　c. スクリューアンカー（Mitchell's anchor）：標識ブイの係止用。

　　d. きのこ形錨（mushroom anchor）：灯台船や作業船，潜水艦によく使われる。

バルトアンカー　　　DA-1型　　　ダンホースアンカー　　きのこ形錨　　　唐人錨

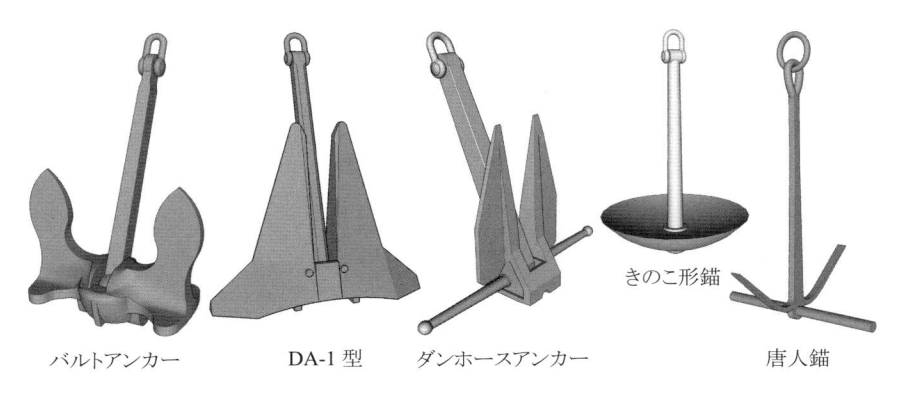

図2.3　JIS型以外のアンカー

注）　アンカーの質量：ストックアンカーはストックを除いた質量（呼び質量）で表し，ストックレスアンカーは総質量で表す。したがって，ストックアンカーの場合，ストックの質量は呼び質量の1/4以上あるから，総質量は呼び質量の1.25倍以上となる。

（3）ストックレスアンカーの長所と短所

　　ストックレスアンカーは，ストックアンカーと比べて次の長所と短所がある。

　1）長所
　　　a. 揚錨，投錨の作業が簡単である。
　　　b. 収錨（housing）作業のとき船体を傷つけたりしない。
　　　c. 海底で錨鎖がからむおそれが少ない。
　　　d. 浅い泊地でも爪で船底を破損させることがない。
　2）短所
　　　a. 投錨したとき，底質によって爪がかからないことがある。
　　　b. 両爪のかき方が不安定なため，あまり強く引っ張ると，アンカーはシャンクを軸に回転して錨かきが悪くなる。

2.1.2　アンカーチェーン（錨鎖）

（1）アンカーチェーンの構成

　　アンカーチェーン（anchor chain，chain cable）の外側端はアンカーに，内側端（bitter end）はチェーンロッカ内の取付け金具（ケーブルク

レンチ）に接続される。

　アンカーチェーンの基本単位を「節」と呼び，1節分のアンカーチェーンは，以下の楕円形リンクを連結して構成されている。

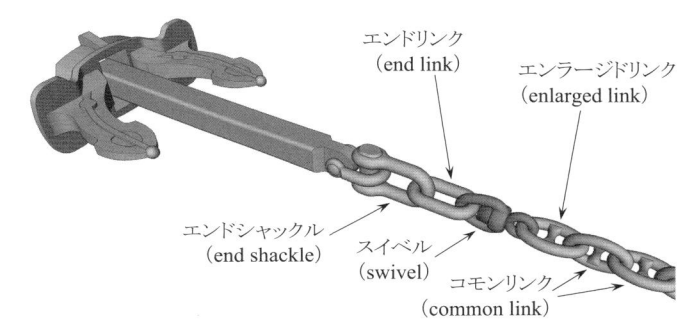

図2.4　アンカーとアンカーチェーンの連結例

エンドリンク（end link）
エンラージドリンク（enlarged link）
エンドシャックル（end shackle）
スイベル（swivel）
コモンリンク（common link）

アンカー側　　　　　　　　　　　　　　　　　チェーンロッカ側
←1節の長さ→
スタッド

ジョイニングシャックルの場合

←1節の長さ→

ケンタシャックルの場合

1. ジョイニングシャックル　　2. エンドリンク　　3. エンラージドリンク
4. コモンリンク　　　　　　　5. ケンタシャックル

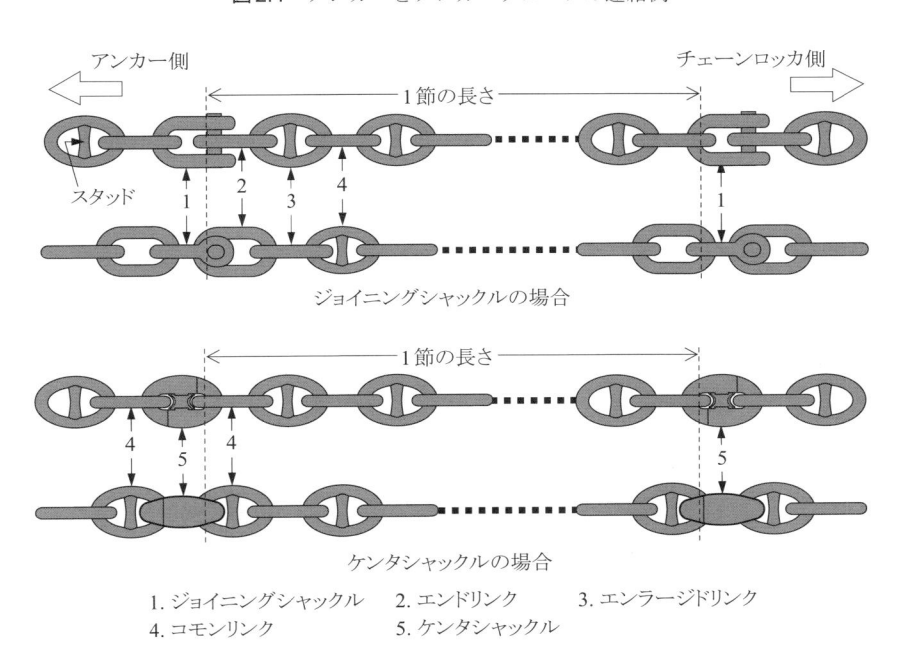

図2.5　アンカーチェーンの構成

1) コモンリンク，普通リンク（common link）
　　チェーンの主体をなすもので，リンクの中にスタッドのあるものをスタッド付きリンク（stud link），ないものをスタッドなしリンク（studless link）という。スタッドはチェーンのもつれやリンクの変形を防ぎ強度を増す。
2) エンラージドリンク，拡大リンク（enlarged stud link）
　　コモンリンクよりもやや大きく，その径はコモンリンクの1.1倍ある。ジョイニングシャックルを用いてチェーンの各節をつなぐ場合，エンドリンクとコモンリンクとの間に用いる。
3) エンドリンク，端末リンク（end link）
　　ジョイニングシャックル及びエンドシャックルを連結する場合に，各節の両端に用いられるスタッドなしのやや大きいリンクをいう。その径はコモンリンクの1.2倍又は1.1倍ある。
4) ジョイニングシャックル，連結用シャックル（joining shackle）
　　各節をつなぐU字型金具で，エンドリンクにはめる。この頭部（crown）はチェーンを繰り出すとき，ホースパイプやチェーンパイプに引っ掛からないようにするため，またチェーンの巻き上げ時にウインドラス（揚錨機）のケーブルホルダにかみ合うように，アンカー側へ向けてつなぐ必要がある。
5) ケンタシャックル（kenter shackle）
　　コモンリンクのみで構成されるチェーンの各節を連結するためのシャックルで，その形状はリンクと同じ楕円形である。

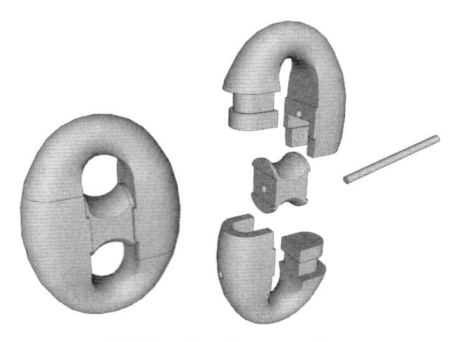

図2.6　ケンタシャックル

6）エンドシャックル，アンカーシャックル（end shackle）
　　アンカーを連結するために使うU字型をした大きなシャックル。
7）スイベル（swivel）
　　チェーンの過度のよじれを，回転することによって防ぐための金具である。一般的にエンドリンクにはめる。
8）ケーブルクレンチ（cable clench）
　　アンカーチェーンの末端（bitter end）をチェーンロッカ内に根止めするための金具で，緊急時にチェーンロッカ外部からチェーンを切り離すことができる「離脱式」と，単にチェーン端を根止めする「固定式」の2種類がある。

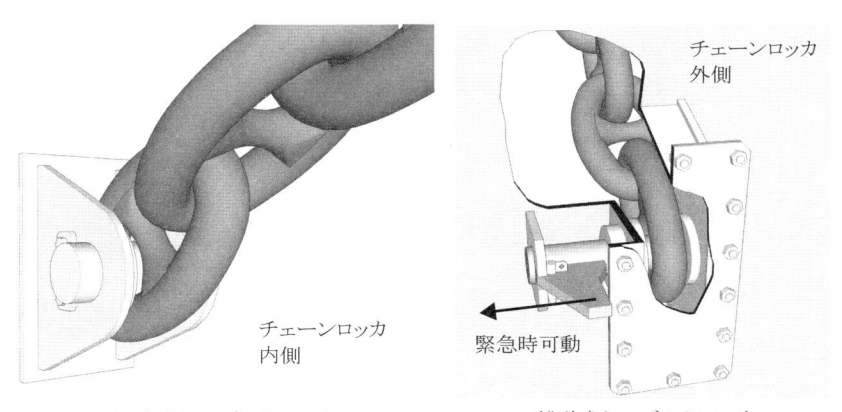

固定式ケーブルクレンチ　　　　　　離脱式ケーブルクレンチ

図2.7　ケーブルクレンチ

9）センハウススリップ（senhouse slip）
　　アンカーチェーンの末端をチェーンロッカに連結するために用いられる金具。離脱式ケーブルクレンチを用いない場合に，非常時に簡単にチェーンを取り外せるように取り付けられる場合がある。
（2）アンカーチェーンの長さ，大きさ，強度
　1）アンカーチェーン1節の長さとリンクの数
　　　アンカーチェーンの一端にあるエンドリンクの内側外端から，他端にあるエンドリンクの内側外端までの距離を1節（又は1連, one

shackle）といい，1節の長さは25 m 又は27.5 m を標準とする（JIS F3303）。その長さはジョイニングシャックル又はケンタシャックルを含む長さでもよい。1節に含まれるリンクの数は，ジョイニングシャックルをウインドラスのケーブルホルダにうまくかみ合わせるため，奇数個である。

2）船が備えるアンカーチェーンの要件

　　各船が備えなければならないアンカーチェーンの径及び長さは，アンカーの場合と同じように艤装数で決まる。小型船では片舷に5〜6節程度，大型船では片舷に12節以上のアンカーチェーンを持つ。

3）節数を表すマーク（シャックルマーク）のつけ方

　　アンカーチェーンが何節まで伸出したかが判別できるよう，各節の終わりと次の節の初めにマークが付けられる。具体的には，該当

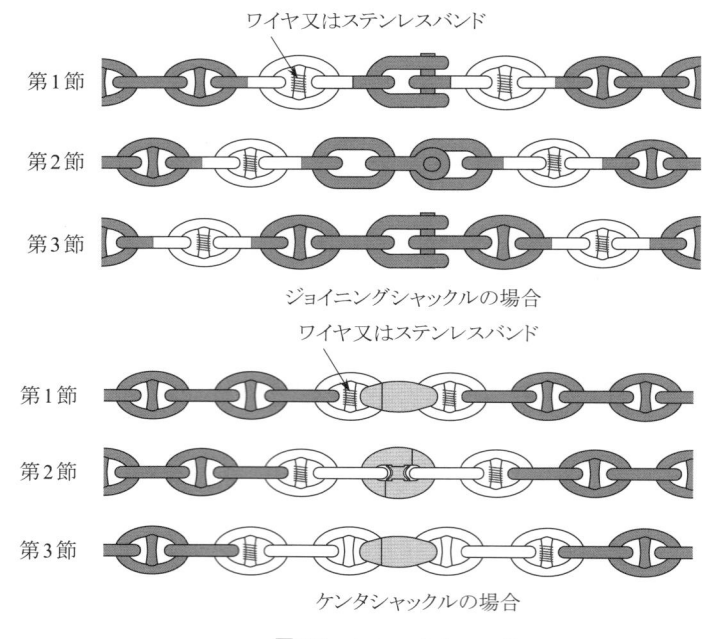

図2.8　シャックルマーク

するジョイニングシャックルの両側にあるエンラージドリンクを起点として，順次その節数分だけずらしたリンクのスタッドにキャンバスを巻き，その上をワイヤ又はステンレスバンドで縛ってリンクを白色塗装する。第2節から第10節までは同じ要領で，リンクの数を1節に対し1個ずつずらしてマークを付すが，第11節からは再び第1節に付けた要領でマークする。

ケンタシャックルで接続する場合は，シャックルの両側のコモンリンクを起点として該当する節数分だけずらしてマークしていく。

4) アンカーチェーンの強度

アンカーチェーンの大きさはコモンリンクの径（呼び径）で表し，その材料並びに強度は「船舶設備規程」及び「船舶の艤装数等を定める告示」に規定されている。

アンカーチェーンの大部分を占めるチェーンリンク（chain link）は，使用する鋼材の引張強さの弱い方から順に，第1種，第2種及び第3種チェーンの3種類がある。さらに，製法別に，鍛接チェーン，電気溶接チェーン，鋳鋼チェーンに分かれる。

鍛接チェーンは量産が難しく，ほとんど用いられていない。現在はフラッシュバット溶接による電気溶接チェーンが主流である。

強度は，所定の切断試験荷重を付加した場合において，チェーンが破断しないこと，及び，耐力試験荷重を付加した場合において，チェーンにき裂，破断その他の異常を生じないことが要求される。

第2種及び第3種チェーンを備える場合，第1種チェーンより小さい径が認められている。

2.1.3　いかり作業の関連用具

（1）アンカーストッパ（anchor stopper）

格納状態にあるアンカーを，ワイヤロープとターンバックルを用いて甲板上に取り付けられたクリートとアイプレートに保持することにより，チェーンの繰り出しを防止する。

（2）チェーンフック（chain hook）

錨鎖の引き寄せや繰り出し等に使う鉄製のフックをいう。

(3) アンカーブイ（anchor buoy）
　　錨泊したときアンカーの位置を示す小型ブイで，やむを得ず錨鎖を切断してアンカーを捨てた場合，探錨時の目印となる。

2.1.4　アンカーチェーンの取り扱いと保守・整備

(1) 日常の取り扱いと保守
　1) チェーンに過度の衝撃力や過大な張力を与えないよう，ウインドラスのブレーキ操作は水深に応じ，また本船の行き足を観察しながら適切に行う。
　2) 絡み錨鎖を解く場合に，無理にウインドラスを巻くと，リンクに捻れを生ずる場合があるため注意を要する。更に，捻れたリンクを加熱し，ハンマで叩くなどして矯正した場合は，放置すると材料をもろくする場合があるので，不用意に加熱してはならない。
　3) 揚錨時にはチェーンを水洗いし付着した泥を落とす。またシャックルのピンの脱落やシャックルマークの異常，及び各リンクのひび，曲げ，ひずみに注意し，危険とみられるときは，あとで処置できるようにマークしておく。

(2) 入渠時の点検と整備
　1) 渠底にチェーンを全部繰り出して並べ，全体を高圧水にて洗浄し，発錆箇所については錆打ちをする。また必要に応じ，チェーン全体のサンドブラストを行う。
　2) テストハンマでリンクやスタッドを叩いて音を聞き，き裂やスタッドに緩みがないか点検する。また，ひび，曲げの状態も調べ，もし異常があれば取り替えるか修理する。
　3) リンクの径を測定し，腐食や摩耗の程度を検査する。衰耗の許容限度は原径の約 1 割である。（船舶の艤装数等を定める告示第 9 条）
　4) シャックルを解放してピンの緩みがないか点検し，必要があるものについてはピンを取り替える。
　5) 洗浄や錆打ち後は，錆止めを施し塗装しておく。塗装はシャックルマークの再塗装も行う。
　6) チェーンは，アンカーに近い方の摩耗が速いため，平均に使用する

ように，根付けに近い摩耗の少ないものと振り替えたり，各節の前後を入れ替えたりする。なお，振り替え等を行った場合は，何節目をどのように替えたかを記録しておく。

  注）サンドブラスト：高圧空気と一緒に砂や金属粉を吹き付け，鋼板等の錆落としや旧塗装の剥離，塗装前の下地処理を行う作業。

2.1.5　ウインドラス（揚錨機，windlass）

　ウインドラスは，アンカーを揚げ卸しするために甲板上に設けられた装置で，その駆動には，電動又は電動油圧が一般的に用いられる。

　所定の使用荷重で 30 分間の連続運転と，過負荷荷重（使用荷重の 1.5 倍の荷重）を巻き上げるときに低速で 2 分間の連続運転ができる。巻き上げの定格速度は 0.15 m/s 以上であるから，1 節は 3 分以内に巻き上がるとみてよい。

（1）ウインドラス各部の役割
  1）ケーブルホルダ（cable holder），ジプシー（gypsy，gypsy wheel）
    アンカーチェーンを引っかける爪が取り付けられた輪車で，これを回転させることでチェーンの繰り出しや巻き上げを行う。
  2）クラッチ（clutch）
    ケーブルホルダを，駆動機に接続したり切り離したりする。
  3）ブレーキバンド（brake band）
    摩擦力を利用して，ケーブルホルダが回転しないように固定する。ウインドラスを使用しない時は常に締めておく。
  4）ワーピングエンド（warping end）
    係留索等のロープを巻き込むために使用する。
  5）制鎖器，チェーンコンプレッサ，コントローラ（chain compressor）
    ウインドラス前方の甲板上に取り付けられた装置で，アンカーチェーンを巻き上げるとき，チェーンのリンクがケーブルホルダに入り易いように導く。ストッパが取り付けられており，ウインドラス使用後に，チェーンが誤って繰り出さないようにする役目も兼ねている。

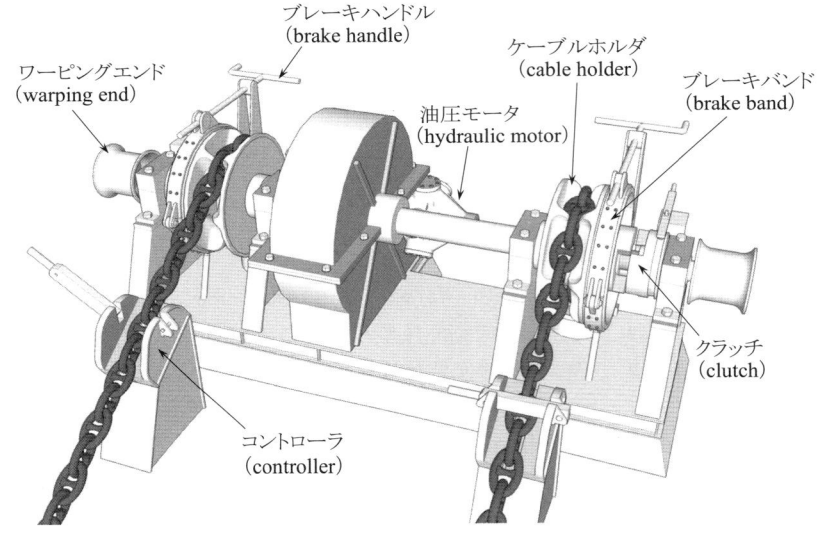

図2.9 ウインドラス

(2) ウインドラスの形式

船舶が大型になると，両舷のケーブルホルダを接近して設置できない場合や，平行に並べることができない場合があり，それらにも対応するためウインドラスには以下の形式がある。

1) 一体形ウインドラス

1組の駆動機を中央に置き，ケーブルホルダをその両側に配置するもの。

2) 連結形ウインドラス

1個のケーブルホルダと1組の駆動機からなるウインドラス2台を，中間にクラッチを設けた軸で連結したもので，各ケーブルホルダは，いずれの駆動機によっても駆動できる。

3) 片舷形ウインドラス

1個のケーブルホルダと1組の駆動機からなるウインドラスで，左右両舷に1台ずつ配置する。各ウインドラスは完全に独立している。

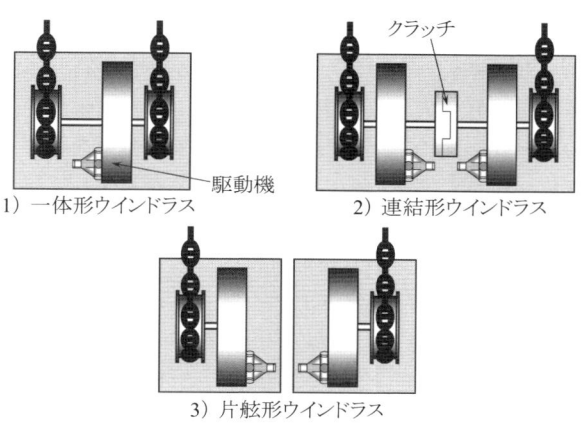

図2.10 ウインドラスの形式

1) 一体形ウインドラス
2) 連結形ウインドラス
3) 片舷形ウインドラス

2.1.6 ムアリングウインチ（係船機，mooring winch）

（1）ムアリングウインチの構造

　　張力のかかった係留索の巻き込み，繰り出し及び保持ができるウインチで，ロープを収納するためのホーサドラム（hawser drum）を持つ。ウインドラスのケーブルホルダの代わりにホーサドラムを取り付けた構造をしており，駆動には，電動又は電動油圧が一般的に用いられる。ウインドラスにホーサドラムを取り付けたタイプのものもある。また大型船用のムアリングウインチは，1組の駆動機に対し2～3個のホーサドラムを装備し，クラッチの嵌脱操作により使用ドラムを切り換えて使用するものが多い。

（2）ムアリングウインチの能力

　　ムアリングウインチの能力は，係留索の巻き込み速度（定格速度）や巻き込み可能な荷重（ドラム荷重），ブレーキにより保持できる荷重（保持荷重）等で示されるが，それらはすべて，ホーサドラムにロープを1層巻きした状態における値である。したがってドラム上での巻き取り層数が増加すると，仕様どおりの値にならないことに注意しなければならない。例えば，保持荷重は，巻き取り層数が増加するに従い減少する。

（3）スプリットドラム式ムアリングウインチ

　　ホーサドラムへのロープの巻き層数が多い場合，繰り出された係留索が引っ張られて大きな荷重がかかると，ロープは細くなりドラム上の残りのロープの間にくい込む。その状態で索張力を緩めるとロープは元の太さに戻ろうとするため，一層くい込みが悪化して繰り出しが困難となる。これを防止するため，ドラムの中間にフランジを設け，テンションドラムとストレージドラムに分割する方法がある。すなわち，ロープを常時使用する部分はテンションドラムに，それ以外の部分はストレージドラムに巻き取る。これは荷重のかかるテンションドラムの巻き層数を少なくすることで，くい込みの影響を軽減する効果がある。

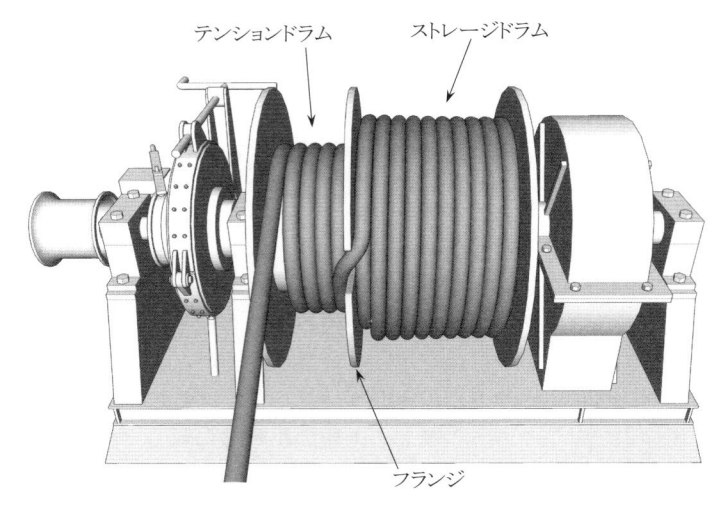

図2.11　スプリットドラム式ムアリングウインチ

2.1.7　ウインドラス及びムアリングウインチ使用上の留意点

1）電動モータや油圧モータ等の駆動装置が正常に作動することを確認する。
2）急激な荷重がクラッチにかかることを防止するため，クラッチを入れた場合には，ブレーキを緩める前にクラッチの遊びをなくすこと。

3) クラッチレバーは誤操作防止のため，操作後は必ずストッパピンをかける。
4) バンドブレーキのブレーキ力及びライニングの厚さを定期的に点検し，必要な場合は取り換える。
5) ウインチドラムに巻かれているロープの巻き層数が増加すると，ロープに張力がかかった場合，ブレーキ力は低下することに注意すること。
6) ロープをドラムに巻き取る場合，乱巻きとならないようドラム上のロープを整列させながら巻くこと。

2.1.8　その他の係留設備

船を係留するとき，係留索がムアリングウインチに巻かれている場合は，そのブレーキを締めることでそのまま係留状態とするが，それ以外の係留索については甲板上のボラードに係止する。甲板上には，ボラードのほか，ロープを導く方向を変えたり摩擦によるロープの損傷を低減するため，フェアリーダ，スタンドローラ，パナマチョック等の「係船金物」といわれる設備も設けられており，係留索はこれらの設備を介して岸壁と船とをつなぐ。

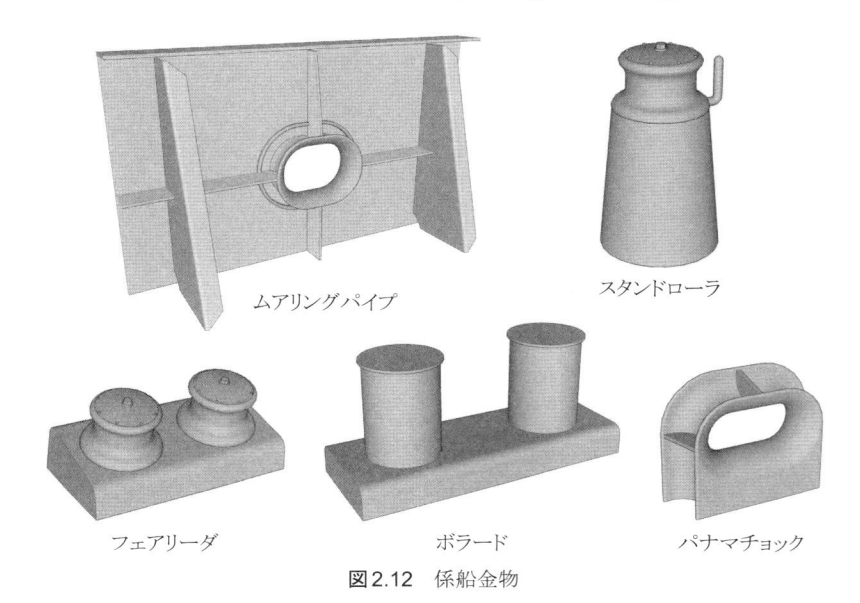

図2.12　係船金物

2.2 舵と操舵装置

舵（rudder）は，船を旋回させたり保針させたりする役目をする。そしてその操作のための機械装置を操舵装置又は舵取装置（steering gear）という。

2.2.1 舵の種類

（1）構造による分類

1) 単板舵（single plate rudder）

舵板が一面の平板で造ってある舵をいう。単板舵は，回転軸となる舵心材（rudder main piece）を幹として，数本の舵腕（rudder arm）を設け，それらに舵板（rudder plate）が取り付けられる。

2) 複板舵（double plate rudder）

舵の抵抗を減らしかつ強度を増すために，ラダーフレーム（rudder frame）の骨組みの外側に舵板を張り合わせた舵をいう。

舵心材又はそれに相当する部材と，舵の強度を保つラダーフレームが水平及び垂直に格子状に組まれ，その両面に舵板が張られる。

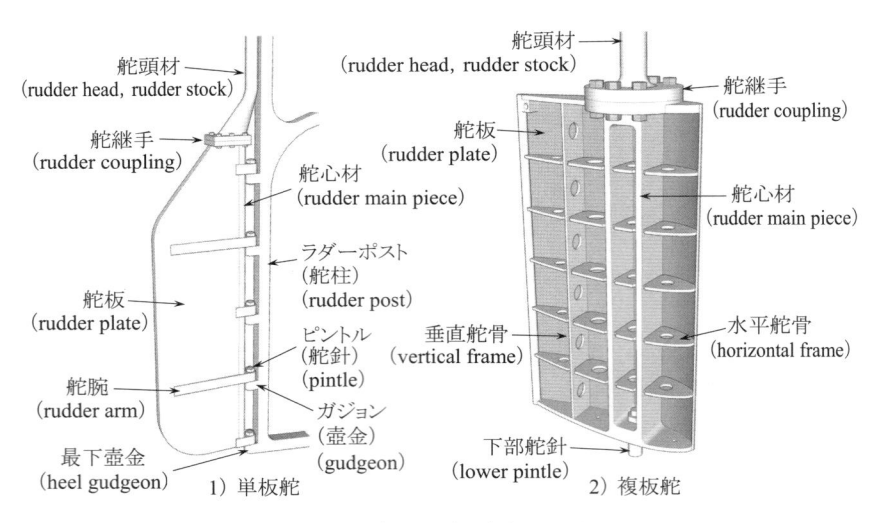

図2.13 舵の構造と各部の名称

水平断面は流線型で，単板舵に比べ以下の点で優れており，ほとんどの船で採用されている。
- a. 強度がある。
- b. 舵圧中心の移動が少ないから，つり合い舵にすると操舵馬力が小さくてすむ。
- c. 揚力が大きいため舵効きが良い。
- d. 流線型のため水抵抗が小さい。

単板舵に比べて構造が複雑で，内部の腐食に対し手入れが難しいといった欠点もある。

(2) つり合い様式による分類
 1) つり合い舵（balanced rudder）
    舵を回転させる場合のモーメントを少なくするために，舵の回転軸より前方にも面積を持たせ，舵に働く圧力中心を回転軸付近にあるようにした舵。船体から舵頭材だけでつり下げたつり舵（hanging rudder）もこの一種である。
 2) 不つり合い舵（unbalanced rudder）
    舵の回転軸より前方に面積のない舵。
 3) 半つり合い舵（semi-balanced rudder）
    不つり合い舵の下部をつり合い舵構造にして，つり合い舵の長所を取り入れたもの。

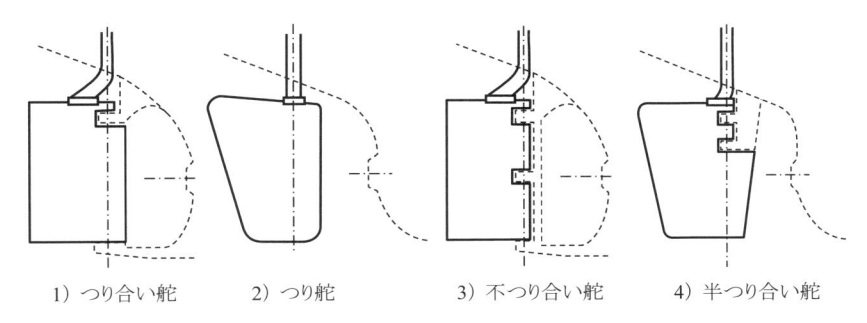

1) つり合い舵　　2) つり舵　　3) 不つり合い舵　　4) 半つり合い舵

図2.14　舵の種類（つり合い様式による分類）

(3) 特殊舵

操舵性能等を良くするために考案されたいろいろな形状の舵がある。

1) 反動舵 (reaction rudder)

プロペラ後方の回転流は，舵に対して斜めに流入するが，その方向は舵の上下で逆となる。よって舵面の前部をプロペラ軸線から上方を左舷に，下方は右舷に曲げた形にすることで，上下の舵面が翼の働きをし，その揚力から推力が得られるため機関馬力の節約となる。

2) フラップ舵 (flapped rudder)

つり合い舵の後端に小さい副舵を持つ親子舵で，主舵を動かすと，特殊なリンク機構で副舵がそれ以上の舵角となるように動く。同面積の普通舵に対し2倍以上の揚力を発生させることができ，大きな旋回力を得ることができる。

3) シリング舵 (Schilling rudder)

プロペラ後流を有効にとらえて高い舵力を発生させる断面形状をもった舵で，上下端に流体力学的に有効な端板がある。後端部分で流れが外向きとなり大舵角でも失速しないため，75°の舵角まで大きく操舵することができる。

この最大舵角ではプロペラ後流を船幅方向に振り向ける結果，船尾スラスタと同じ効果をもたらし，旋回性は極めて良い。

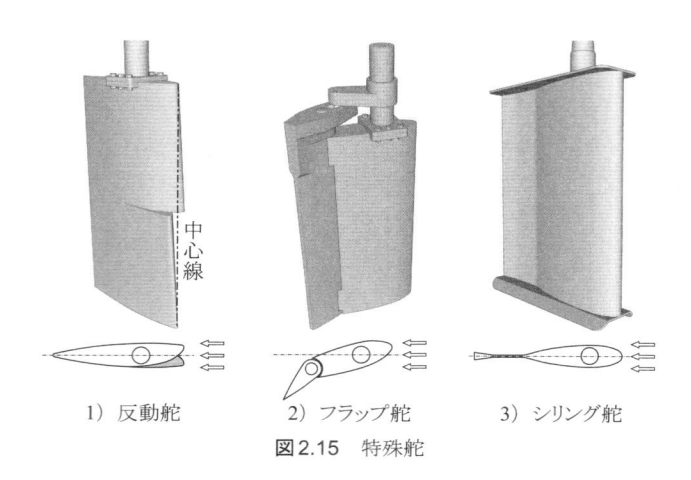

図2.15 特殊舵

4) ポッド推進システム（podded propulsion system）

ポッドと呼ばれる繭型をした容器に取り付けられたプロペラを，同じ容器内に装備した電動モータにより回転するシステムである。プロペラが鉛直軸に対して360°旋回可能なものを装備した船は通常の舵を装備しない。ポッド推進システムは，推進効率が良く，振動や騒音が小さい。また前後進の切換性能が高く，後進時における操縦性も良好であるなどの特徴を有する。

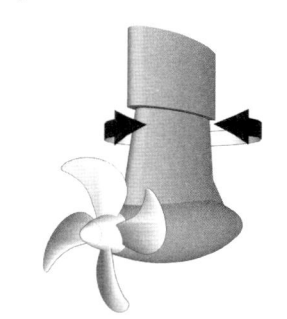

図2.16　ポッド推進システム

2.2.2　舵の支持

舵の上部には舵頭材（rudder stock，rudder head）が取り付けられ，その頭部に接続されたラダーチラー（rudder tiller）を介して操舵機による回転が舵に伝えられる。また，舵頭材は甲板上のラダーキャリア（rudder carrier）に接続し，それによって舵の重量を支える。

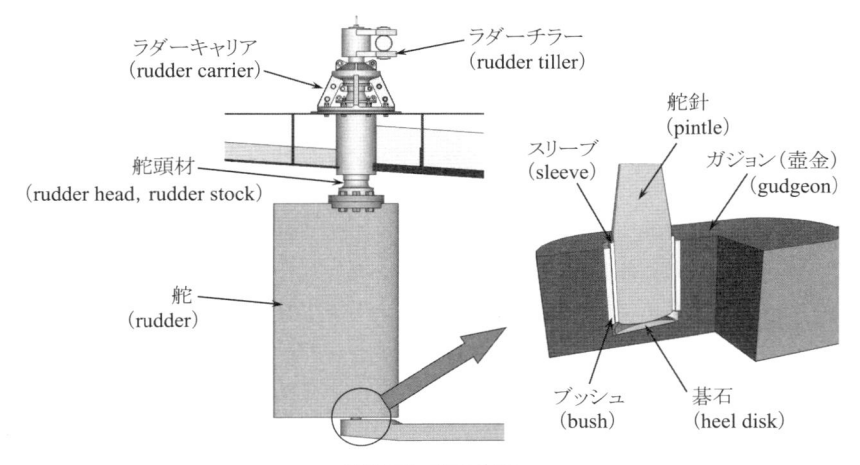

図2.17　舵の支持

つり舵以外は，舵の回転軸上にピントル（舵針，pintle）と呼ばれる軸金物を取り付け，これをスターンフレームのガジョン（壺金，gudgeon）にはめ込み回転軸を支持する。

注）　舵面積比（rudder area ratio：RAR）
　　　舵面積（A）の，計画満載喫水線下における船体縦断面積（$L\cdot d$）に対する割合（$A/L\cdot d$）を舵面積比という。（L：船の長さ，d：計画満載喫水）

(船の種類)	(舵面積比：$A/L\cdot d$)
大型タンカー	……　1/60〜1/75
一般貨物船	……　1/60〜1/75
コンテナ船	……　1/40〜1/70
カーフェリー，客船	……　1/30〜1/45

2.2.3　操舵装置（steering gear, steering engine）

船舶には，主操舵装置及び補助操舵装置を備えなければならず，現在では，一部の小型船以外は，オートパイロットと電動油圧式操舵機を組み合わせた動力操舵装置が主に採用されている。

主操舵装置の能力は，最大航海喫水において最大航海速力で前進中に，舵を片舷35°から反対舷35°まで操作でき，かつ，片舷35°から反対舷30°まで28秒以内に操作できることが要求される。（船舶の操舵の設備の基準を定める告示第4条）

（1）電動油圧式操舵機の種類（構造による種類）

　　操舵機は，舵の真上に配置された操舵機室（steering gear room, steering engine room）に装備され，構造の上から分類すると次の種類がある。

1）ラプソンスライド式（プランジャ式）操舵機

相対する2つのシリンダにより支持された1本のラムを，油圧により直線運動させる方式で，舵はラムに連結したラダーチラーを介して回転運動する構造となっている。中小型船には，1ラム2シリンダタイプが，大型船にはラダーストックを中心にして2対のシリンダとラムを配置した2ラム4シリンダタイプが用いられる。

2）トランクピストン式操舵機

ラダーチラーの両端に連結された2組のシリンダとピストンロッドで操舵する方式である。構造が比較的簡単で，重量も大きくなく設置面積も小さいため，小型船に採用されている。

ラダーチラー
(rudder tiller)

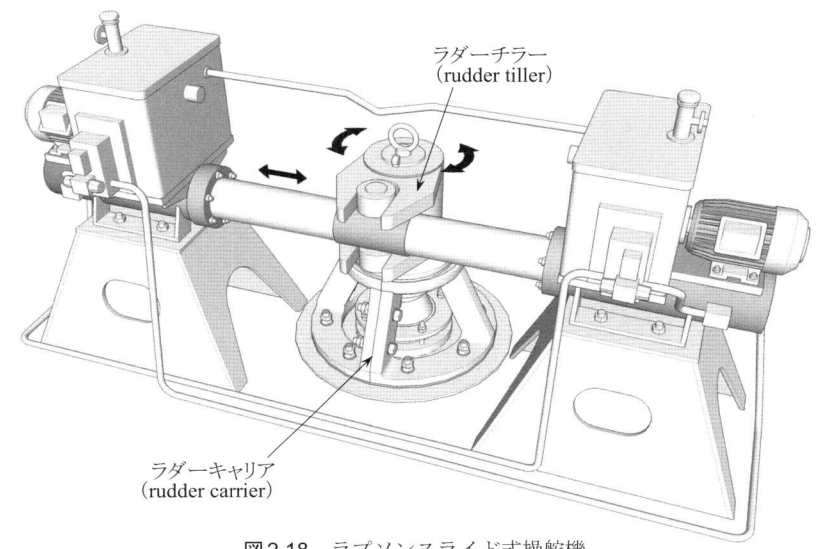

ラダーキャリア
(rudder carrier)

図2.18　ラプソンスライド式操舵機

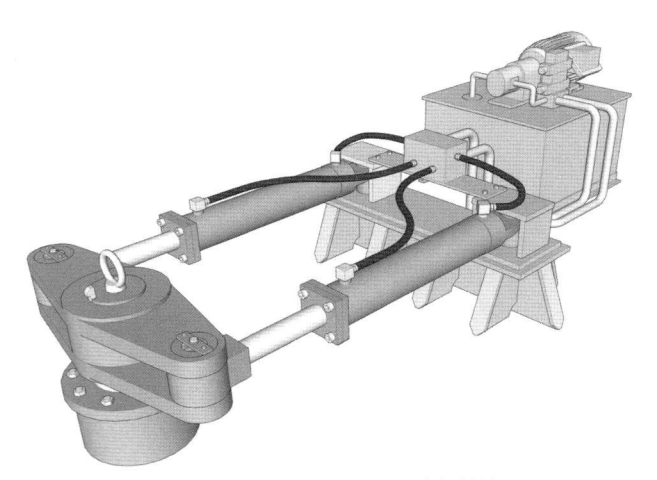

図2.19　トランクピストン式操舵機

3）ロータリーベーン式操舵機

操舵機内部のロータと回転翼（ベーン）を油圧により回転させ，ラダーチラーを介すことなく直接ラダーストックを回転させる。大舵角に対応できるとともに，トルクや回転速度も舵角に関係なく一定にできる。また，構造が比較的簡単で，軽量小型であり設置面積も小さい。

ロータリーベーンの構造

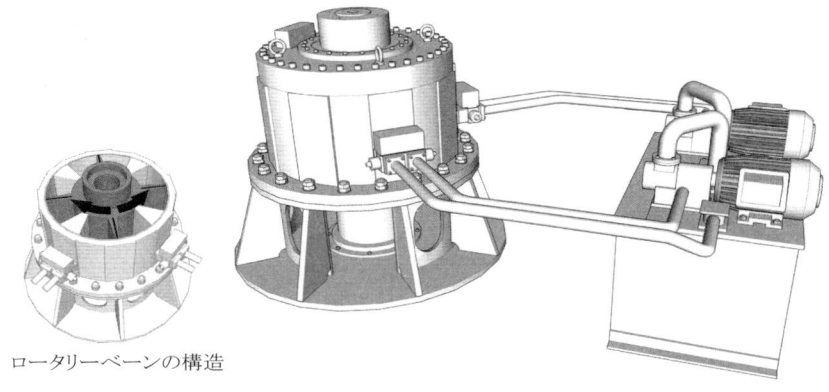

図2.20 ロータリーベーン式操舵機

(2) 電動油圧式操舵機の制御機構と基本構成

電動油圧式操舵機は，電動モータにより油圧ポンプを駆動し，ポンプで発生した油圧を，配管を通じて操舵機のシリンダ又はベーンが回転するケーシングへ伝え，舵を操作する。操舵方向，操舵角，操舵速度，制限舵角が制御されるが，操舵機の制御方式が下記のいずれによるものかによって，制御する対象が異なる。

1）バルブ制御操舵機

油圧ポンプから吐出される油の流量及び方向は一定であるが，油圧回路の途中に電磁方向切換弁を設けて，シリンダの入口（ポート）につながる回路を切り換えることで，操舵方向を制御する。電磁方向切換弁はオートパイロットからの電気信号により操作される。

また実際にとられた舵角は，ラダーチラーと機械的に接続されたオートパイロットの検出器により検出され，フィードバックされる。

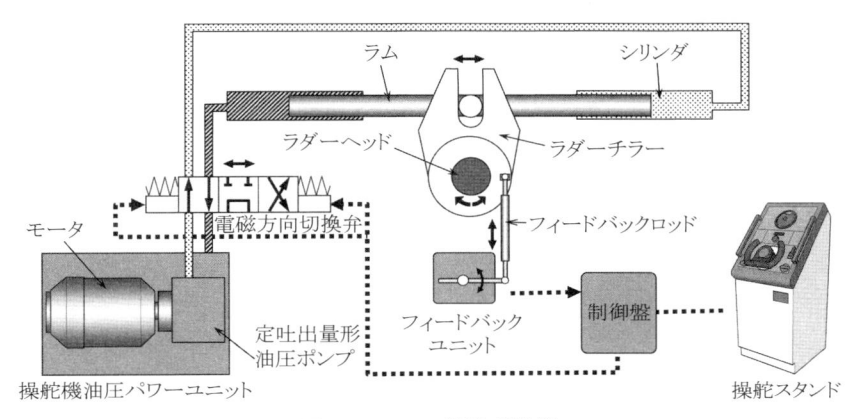

図 2.21　バルブ制御操舵機

2）機械式ポンプ制御操舵機（ツーループ制御操舵機）

　　油圧ポンプから吐出される油の方向及び流量を変えることで，操舵方向と操舵速度が制御される。油圧ポンプは，オートパイロットのパワーユニットとレバーを介して連結されており，パワーユニットの動きが機械的にポンプに伝達されて，ポンプの吐出量及び吐出方向が変わる。

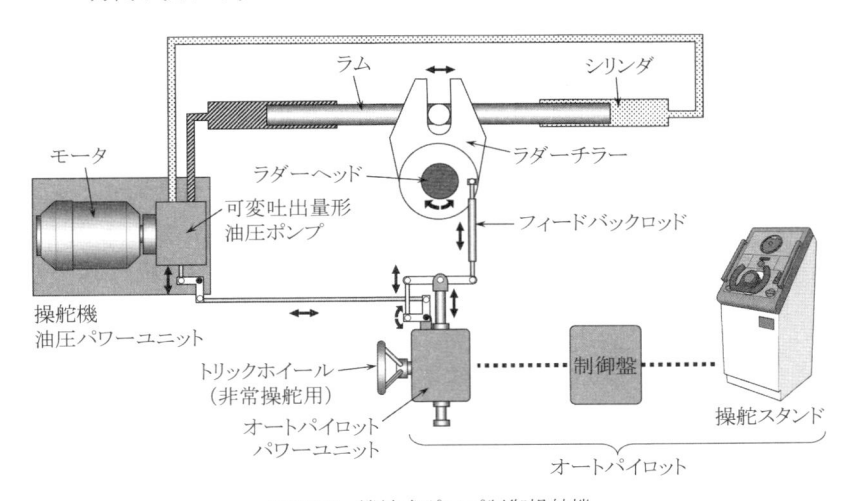

図 2.22　機械式ポンプ制御操舵機

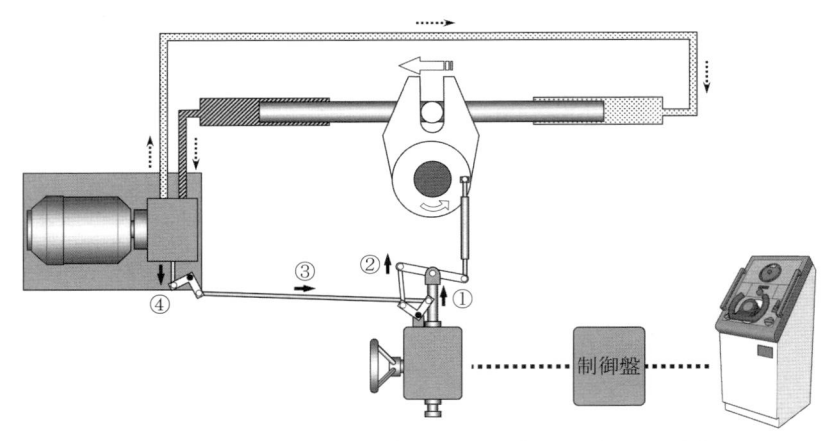

図2.23(1)　機械式ポンプ制御操舵機の操舵機構（ステップ1）

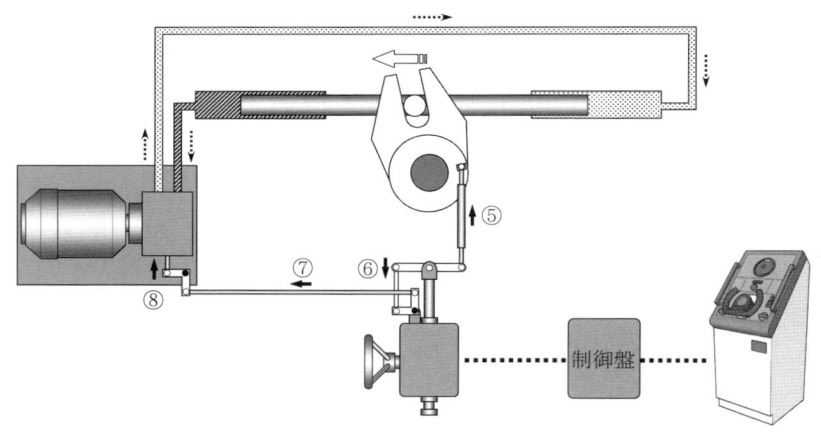

図2.23(2)　機械式ポンプ制御操舵機の操舵機構（ステップ2）

3）電気式ポンプ制御操舵機（シングルループ制御操舵機）

　2）と同様に，油圧ポンプから吐出される油の方向及び流量を変えることで，操舵方向と操舵速度が制御される。油圧ポンプは，オートパイロットの電気信号により制御されるトルクモータと直結しているため，非常に高い精度の操舵が可能で，オートパイロットと組み合わせて効果的な省エネルギ操舵を行うことができる。

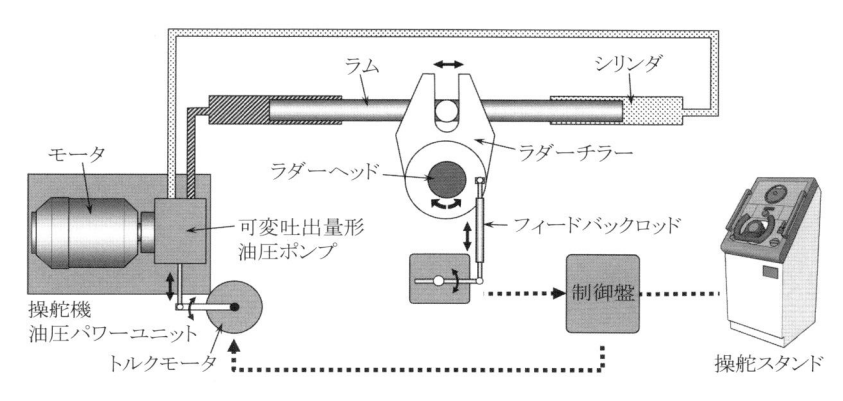

図2.24　電気式ポンプ制御操舵機

（3）操舵方法

操舵は船橋の操舵スタンドにおいて行う場合と，非常時に操舵機の機側で行う場合とがあり，その操作方法はオートパイロットや操舵機の種類により異なるが，概ね以下の方法がとられる。

1）自動操舵（AUTO）

設定針路で船が航走するよう，自動的に操舵する。設定ルートに沿って航走するように操舵できるものもある。

2）手動操舵（HAND）

船橋の操舵スタンドに取り付けられた操舵輪（steering wheel）を用いて，操舵員が操舵する。実際に取られた舵角が指令舵角になった場合はフィードバック回路が働き，転舵が止まる。

3）レバー操舵（NFU：ノンフォローアップ操舵）

船橋の操舵スタンドに取り付けられた操舵レバーを用いて，操舵員が操舵する。手動操舵が行えない場合の補助的手段として用いられるもので，フィードバック回路は働かないため，実際に取られた舵角が意図した舵角になった場合は，レバーを元の位置に戻し転舵を止めなければならない。

4）応急操舵

船橋での操舵が不可能な場合に機側で操舵する。操舵機の油圧ポンプからの油圧が利用できる場合は，電磁方向切換弁や操舵ハンド

ル（トリックホイール），トルクモータのノブを手動で操作するが，何れの方法によるかは，オートパイロットや操舵機の種類により異なる。また，操舵機の油圧ポンプからの油圧が利用できない場合でも，中小型船の場合は，人力式油圧ポンプを用いて操舵できるものもある。

2.3 救命設備

船舶の救命設備の要件，備付数量，積付方法，表示については，「船舶救命設備規則」に定められている。船舶に備え付けなければならない設備は，第1種船から第4種船の種類ごとに規定されている。救命設備は，救命器具，信号装置，進水装置等に分類される。

2.3.1 救命器具

（1）救命艇（lifeboat）

自船が遭難したときの本船からの脱出用ボートで，構造上，部分閉囲型と全閉囲型に分類される。復原性，耐久性，自航性，居住性などに関し，概ね以下のような機能を備える。

  a. 艇体はFRP等の固形材料で造られており難燃性を有する。
  b. 海上で十分な復原力と，人員や艤装品の満載状態でも十分な乾舷を持つ。たとえ水面下の1箇所に穴が開いても正の復原力を持つ。
  c. 満載状態において海水に洗われても，艇が十分な浮揚性を有するよう，艇内に浮体が取り付けられているので，沈むことはない。
  d. 満載状態で水面まで安全に進水させることができ，衝撃にも耐えることができるよう堅ろうに造られている。たとえば穏やかな水面では船舶が5ノットの速力で前進している場合でも進水やえい航に耐える。
  e. 自力航行ができるよう推進機関が装備されている。推進能力は，満載状態のとき速力6ノット以上，最大定員の救命いか

だをえい航しているときは速力2ノット以上でなくてはならない。
   f. 救命機能として，艤装品には飲料水，救難食糧，保温具，応急医療具，信号火器等を備えている。
1）部分閉囲型救命艇（partially enclosed lifeboat）
   旅客船に搭載されるもので，艇の前端又は後端から長さの20％以上を覆う難燃性の固定覆いが取り付けられており，他の箇所は折りたたむことができる天幕を張る。

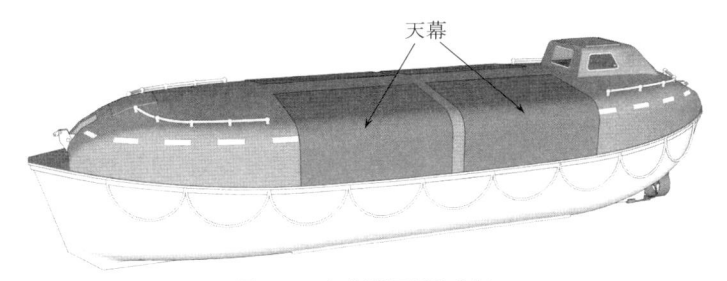

図2.25　部分閉囲型救命艇

2）全閉囲型救命艇（totally enclosed lifeboat）
   貨物船用の救命艇で，艇の全長にわたり難燃性の水密固定覆いが取り付けられている。全閉囲型救命艇には，一般の貨物船用のものと，積載貨物の危険性を考慮して要件を強化した空気自給式救命艇及び耐火救命艇がある。
   さらに進水方法の違いにより，いわゆるダビット降下式と自由降下式の2種類がある。前者はボートダビットからつり下ろされて進水する従来型のタイプであるが，後者は，船尾に設けられた傾斜台（進水ランプ）上を，救命艇がスライドして自由落下することで着水するもので，ダビット式に比べ極めて短時間での進水が可能である。自由降下式の救命艇は，バルクキャリアに搭載が義務付けられている。（図2.28, 29参照）
3）空気自給式救命艇（lifeboat with a self-contained air support system）
   ケミカルタンカー等，毒性を有する貨物をばら積み輸送する船舶に搭載される全閉囲型救命艇である。艇内部の空気は，すべての開

口部を閉じて航行する場合でも乗員が安全に呼吸でき，かつ，機関が 10 分間連続して作動できるよう維持される。

4）耐火救命艇（fire-protected lifeboat）

油タンカー等，引火点が低い貨物を運送する船舶に搭載される全閉囲型救命艇である。空気自給式救命艇の性能要件に加え，水上で油火災に連続して 8 分間包まれた場合にも乗員を保護することができるよう，艇体への散水装置を有する。

(2) 救命いかだ（liferaft）

救命艇に代わる本船から脱出用のいかだで，自航性はないがあらゆる海面状態の海上で 30 日間の暴露に耐えることができる。また救命艇と同様に飲料水や救難食料等の各種艤装品が備えられている。

固形式の救命いかだとゴム製の膨脹式救命いかだがある。膨脹式のものが一般的であり，通常は折り畳んで FRP 製の円筒形コンテナに収納され甲板上の架台に設置されている。緊急時には，ボンベから放出される炭酸ガスがいかだ内に充てんされ膨脹し，天幕も自動的に展張する。また，本船が沈没した場合でも自動的に浮揚し，船舶から離脱して膨脹するため使用できる。

救命いかだには，Ro/Ro 旅客船に搭載が義務付けられるものとして，上下を逆さにして膨脹又は進水した場合にも自動的に復原できる「自動

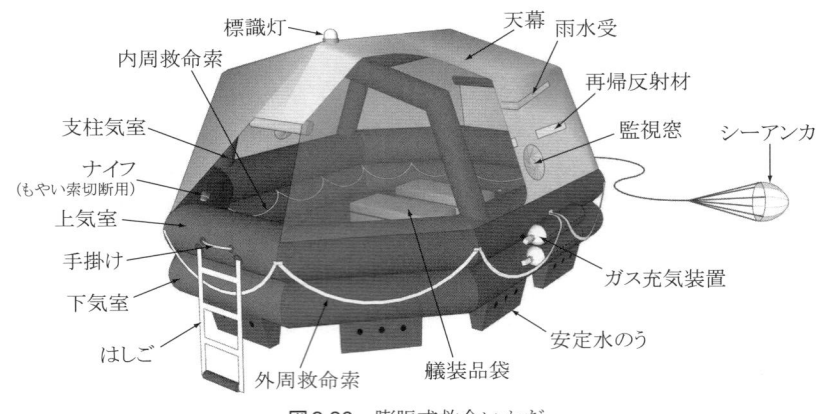

図 2.26　膨脹式救命いかだ

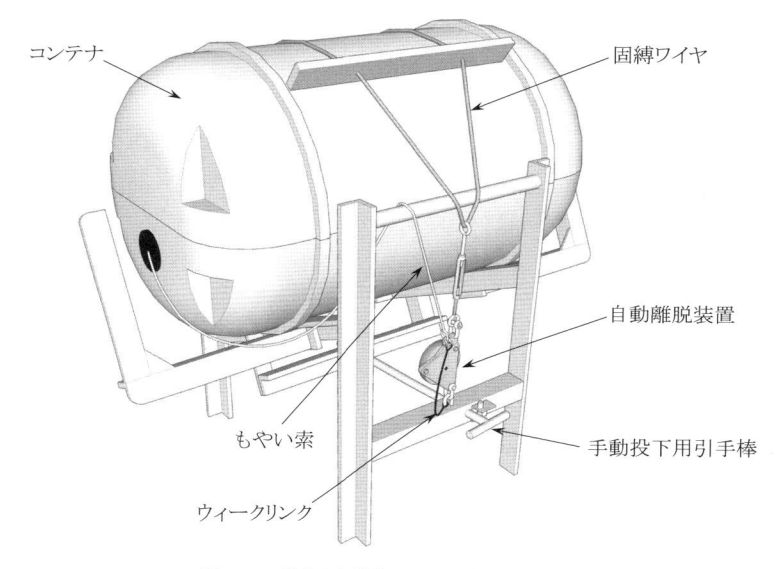

図2.27 膨脹式救命いかだ（収納状態）

（ラベル：コンテナ、固縛ワイヤ、自動離脱装置、手動投下用引手棒、ウィークリンク、もやい索）

復原膨脹式救命いかだ」や「自動復原固形救命いかだ」，いずれの側を上にして浮いている場合にも使用できる「両面膨脹式救命いかだ」や「両面固形救命いかだ」がある。

さらに，人員及び艤装品を搭載した状態でダビット（一種のクレーン）によりつり下げ，水面上に降ろす進水装置用のものもあり，高齢者や幼児，負傷者の移乗に配慮しており，旅客船等に搭載される。

(3) 救命浮器（buoyant apparatus）

遭難者が救助を待つ間，水中に浮遊しつかまるための浮体で，固型式と膨脹式のものがある。いずれの側を上にしている場合にも有効で安定性があり，周囲にはつかまるための救命索が取り付けられている。平水船や二時間限定沿海船において搭載が認められている。

(4) 救助艇（rescue boat）

救命艇が本船からの脱出用ボートであるのに対し，救助艇は他船の救助や船外転落者の救出に用いる推進装置付きの救助用ボートである。遭難者の救助及び救命いかだの支援のために機動性の発揮できる運動性能

や操縦性能を持つ。

　救助艇には前進速力が救命艇と同じ 6 ノット以上の「一般救助艇」と，Ro/Ro 旅客船に搭載が義務付けられ前進速力が 20 ノット以上の「高速救助艇」があり，それぞれ浮力を得る手段のちがいにより，膨脹型，固型，複合型の 3 種類がある。構造上の耐久性や艤装品などは救命艇と類似しており，救助艇が救命艇の要件に適合する場合には救命艇に代えることができる。

(5) 救命浮環（lifebuoy）

　海中転落者や溺者を救助する場合に用いる浮き輪で，外周に沿ってつかみ綱が取り付けられている。自己点火灯や自己発煙信号と共に船橋などに積み付けられている。

(6) 救命胴衣（life jacket）

　着用した者が，水中において安全な浮遊姿勢をとり呼吸を確保できる構造となっている。発見を容易にするために，笛，救命胴衣灯及び再帰反射材が取り付けられている。固型式のものと膨脹式のものがある。

(7) イマーション・スーツ（immersion suits）

　冷水中における体温低下を防止するとともに，安全な浮遊姿勢をとり呼吸を確保できるよう，顔面を除いて頭部から足先に至るまで全身を覆うスーツである。十分な保温性を有し，容易に着用（2 分以内）できる構造となっている。

(8) 耐暴露服（anti-exposure suits）

　イマーション・スーツに似た救命器具で，救助艇の乗員等が着用するため作業性を考慮しており，救命胴衣を着用しなくても最小限の浮力が得られる。

(9) 保温具（thermal protective aids）

　寒冷海域において，漂流時に着用して体温低下を防ぐための救命器具であるが，浮力は要求されない。救命艇，救命いかだ及び救助艇の艤装品として備え付けられる。

(10) 救命索発射器（line-throwing appliance）

　遭難船に曳航索や救助用の機材を送る場合の連絡用ロープを送る発射器で，救命索が相手に届いたのち太いロープを連結し送り込む。水平到達距離は 230 m 以上，救命索の長さは 320 m 以上である。

（11）救命いかだ支援艇

　　旅客船等，乗船者の多い船舶では救命いかだの搭載数も多く，すべての救命いかだにそれを運航する船員（救命艇手）を乗り込ませることができない場合がある。救命いかだ支援艇は，海上においてそれらの救命いかだを引き寄せたり曳航する作業に使用される。第2種船及び第4種船に搭載される。

（12）遭難者揚収装置

　　遭難者を迅速に救助船に揚収するための設備で，救命いかだ進水装置や救命艇等への乗込装置が要件を満たす場合は，本装置とみなされる。第1種船のうち Ro/Ro 旅客船にのみ搭載される。

2.3.2　進水装置及び乗込装置

（1）救命艇揚卸装置

　　救命艇の降下及び揚収に用いる装置で，「ボートダビット」と呼ばれつり索により艇を降下させるタイプのものと，自由降下式救命艇に用いられるものとに大別できる。いずれも艇の降下は重力で行い揚収は動力によるものが一般的であるが，作業艇用のものとは異なり安全かつ迅速に作業が行えるよう，概ね以下のような性能を有する。

　　　　a. 救命艇の内部において1人で進水のための操作ができる。
　　　　b. 船舶がいずれの側へ 20° 横傾斜及び 10° 縦傾斜した場合にも，人員及び艤装品を満載した救命艇の振出し及び降下を安全かつ迅速に行える。
　　　　c. 総トン数2万トン以上の第3種船においては停止惰力が大きいことから，船舶の前進速力が5ノットの場合にも救命艇を進水させることができる。
　　　　d. 重力又は船舶の動力源とは独立した機械力により作動する。

　1）ダビット式揚卸装置

　　　積み付け状態にある救命艇を，艇の前後をつり下げているつり索（boat fall）のウインチのブレーキを緩めることで，艇自身の重力により降下させる方式の装置で，重力型ボートダビット（gravity type boat davit）が一般的である。

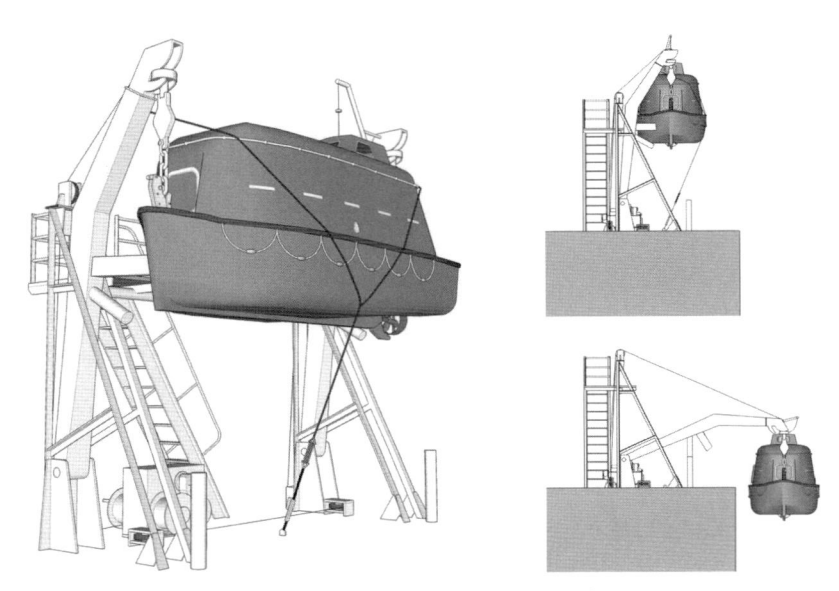

図2.28　全閉囲型救命艇と重力型ボートダビット

図2.29　自由降下式救命艇と揚卸装置

2）自由降下式救命艇用揚卸装置

　　船舶の船尾に取り付けられ，30～35°の傾斜を持つ進水ランプと，艇の揚収等に用いる補助揚卸装置からなる。救命艇はつり索を用いることなく進水ランプ上をスライドして自由落下するため，ダビット式よりも迅速に進水できる。

（2）その他の進水装置

　　救命艇以外の集団用救命設備の進水装置として，救命いかだ進水装置，救命浮器進水装置，救助艇揚卸装置，救命いかだ支援艇進水装置がある。

（3）乗込装置

　　水上にある救命艇，救命いかだ又は救助艇に安全に乗り込むための装置として，乗込用はしごと降下式乗込装置がある。救命艇等の揚卸装置と同様に，船舶がいずれの側へ20°横傾斜及び10°縦傾斜した場合にも使用できる性能を有する。降下式乗込装置は安全かつ迅速に救命艇等に乗り込むことができる装置で，下部に膨脹式のプラットフォームを連結したシューターが一般的であり，プラットフォームから救命艇等に乗り込む。

2.3.3　信号装置

（1）信号火器類

　　遭難者の位置を，視認距離内にある船舶や航空機に知らせるために使用する。昼間用はオレンジの煙等を，夜間用は赤色の星火を発したり白色の灯火を点灯する。

1）自己点火灯（self-igniting light）

　　救命浮環に連結して使用するもので，夜間に水面上の遭難者の位置を示す。水上に投下されると自動的に発火し，上方のすべての方向に2カンデラ以上の光を2時間以上連続して発光する。発炎式と電池式があり，タンカーには引火しない構造の電池式を備えなければならない。

2）自己発煙信号（self-activating smoke signal）

　　自己点火灯と同様に，救命浮環に連結して使用し水面上の遭難者

の位置を示す．自己点火灯が夜間用であるのに対して，これは昼間用である．点火して水上に投下したとき，水面に浮遊しながら見え易い色（オレンジ色）の煙を 15 分間以上連続して発する．航海船橋に備える救命浮環には自己点火灯と自己発煙信号を連結しておかなければならない．

3) 発煙浮信号（buoyant smoke signal）

　　自己発煙信号と同様に，点火して水上に投下したとき，水面に浮遊しながら見え易い色（オレンジ色）の煙を発する．救命艇や救命いかだの艤装品として積み込まれ，発煙の持続時間は自己発煙信号より短く 3 分以上である．

4) 落下傘付信号（rocket parachute flare）

　　高さ 300 m 以上の上空までロケット作用等で打ち上げられたのち落下傘が開き，それと同時にその下部で発火した赤色星火が落下傘とともにゆっくりと落下する．星火は 3 万カンデラ以上の光度があり，40 秒以上発する．船舶用及び救命艇や救命いかだの艤装品として積み付けられる．

5) 火せん（rocket signal）

　　高さ 150 m 以上の上空までロケット作用等で打ち上げられたのち，250 カンデラ以上の赤色星火を 3 秒以上発する．船舶遭難信号用である．

6) 信号紅炎（hand flare）

　　救命艇や救命いかだの艤装品であり，遭難者が柄を手に持って使用する．1 万 5000 カンデラ以上の紅色の炎を 1 分以上連続して発し，水中に 10 秒間全没した後も燃焼を続ける．

(2) GMDSS 関連設備

　船舶が世界中のいかなる海域において遭難した場合においても，遭難通信の迅速，確実な発信と，捜索及び救助現場における確実な通信手段を確保するため，全世界的な海上遭難安全制度（GMDSS：Global Maritime Distress and Safety System）に適応した通信設備が搭載されている．

注）　GMDSS：9.9.3 参照．

1) 非常用位置指示無線標識装置

（イパーブ，EPIRB：Emergency Position-Indicating Radio Beacon）

　　遭難信号を発信する装置で，遭難船舶を特定するためのID情報も同時に送られる。発信された信号は，遭難位置情報と共に人工衛星（コスパス・サーサット衛星）を経由して地上受信局に送られ，海上保安庁や沿岸警備隊等の捜索救助機関（GMDSSでは「RCC（Rescue Coordination Center：救助調整センター）」という。）に配信されて救助活動が開始される。48時間以上連続して使用することができる。EPIRBには，浮揚性と非浮揚性の2種類があるが，浮揚性のEPIRBは，水圧を感知し作動する自動離脱装置が取り付けられているため，船が沈没するまでの時間が短く，装置を作動することができない場合でも，自動的に浮上し遭難信号を発する。

2）レーダー・トランスポンダー（SART：Search and Rescue Transponder）

　　捜索救助活動を行う船舶や航空機のレーダースコープ上に，遭難船や本装置を積んで漂流中の救命艇等の位置を表示するための装置である。

　　9 GHz帯のレーダー電波（Xバンド）をSARTが受信すると，これに応答する電波を発信し，ランプが点灯するとともに可聴音が鳴る。捜索船等のレーダースコープ上にはSARTの位置と方向を示す12個の点が表示される。SARTはレーダー電波に応答するため，船舶で使用する場合は自船のレーダーは可能な限り使用を控えるべきで，また，救命艇等に積み込んで使用する場合は，海面から1 m以上の高さに保持する必要がある。

3）捜索救助用位置指示送信装置

（AIS-SART：Search and Rescue Transmitter）

　　SARTが遭難船や漂流中の救命艇等の位置をレーダースコープ上に表示するのに対して，AIS-SARTはAIS（船舶自動識別装置）指示器上に表示する。SARTに代わりAIS-SARTを備えることができる。

4）双方向無線電話装置（two-way radiotelephone apparatus）

　　非常の際に救命艇相互間，船舶と救助艇との間等で通信を行うための無線電話で，トランシーバタイプの持運び式双方向無線電話装

置と常時救命艇に装備されている固定式双方向無線電話装置がある。いずれも国際 VHF の 16 チャンネル（156.8 MHz）で通信を行うことができる。

(3) その他の信号装置

上記以外に，船舶救命設備規則において以下の信号装置が規定されている。

1) 救命胴衣灯：救命胴衣に連結され，白色の灯火又は閃光によりその位置を示す。
2) 水密電気灯：モールス信号の発信用に用いる。
3) 日光信号鏡：視認距離内にある船舶や航空機に，太陽の反射光線を照射するための鏡。
4) 探照灯：救命艇や救助艇の艤装品として備え付けられる。
5) 再帰反射材：光を光源方向に反射するもので，救命器具に取り付けられる。
6) 船上通信装置：招集場所，乗艇場所，指令場所，中央制御場所等の相互間で通信することができる装置。
7) 警報装置：船内すべての場所で聞けるベル，ブザーその他の音響による警報装置。

2.4 消防設備

2.4.1 消火の基礎知識

燃焼には，炎を出して燃える「炎型燃焼（発炎燃焼）」と，炭や線香のように炎を伴わない「赤熱型燃焼（赤熱燃焼）」の 2 種類がある。炎型燃焼は，「可燃物」「酸素」「熱」及び「連鎖反応」の 4 つの条件が全てそろった場合に発生し，これらを燃焼の 4 要素という。一方，赤熱型燃焼は，「連鎖反応」を除く 3 つが発生条件であり，それらを燃焼の 3 要素と呼ぶ。したがって，消火するためには，これら燃焼の各要素の内一つを取り除けばよく，使用する消火剤がいずれの除去を目的としたものであるかをよく理解する必要がある。

2.4.2　消防設備の基本方針

船舶の消防設備については,「船舶安全法」「船舶消防設備規則」「船舶の消防設備の基準を定める告示」「危険物船舶運送及び貯蔵規則」に定められており，基本的には以下の方針に従い装備されている。

1) 船内を射水消火装置で防護し，消火及び延焼防止態勢を整える。
2) 火災が発生する危険性が高い場所（貨物区域，機関室等）については，固定式の消火装置を備え，その区域全体を防護して火災を抑制する。
3) 持運び式消火器を各所に配置し，初期消火のできる態勢にする。
4) 火災探知装置を備えて火災の発生を早期に発見できるようにする。
5) 船橋又は火災制御場所に直ちに警報できるよう，居住区域，業務区域，制御区域に，手動火災警報装置を設ける。
6) 消防員装具を容易に使用できるように配置する。
7) 可燃性ガスの発生危険度が高い船舶については，可燃性ガス検定器及び酸素濃度測定器を備え，火災発生の危険性を検知して防火を図る。

2.4.3　持運び式の消火器具

(1) 持運び式消火器（portable fire extinguisher）
　　1) 液体消火器（fluid extinguisher）
　　　　水又は薬剤の水溶液を消火剤として使用するもので，冷却作用により消火する。
　　2) 泡消火器（foam extinguisher）
　　　　消火器の外筒と内筒に分けて格納された2種類の薬剤の水溶液を混合させることで泡を発生させる。泡が酸素を遮断する窒息作用と，泡に含まれる水の冷却作用により消火する。
　　3) 鎮火性ガス消火器
　　　　ボンベに圧縮充填された炭酸ガス（CO_2）を消火剤として使用するもので炭酸ガス消火器（carbon dioxide extinguisher）と呼ばれる。窒息作用により消火する。
　　4) 粉末消火器（powder extinguisher）
　　　　ドライケミカルと呼ばれる粉末薬剤を圧縮ガスにより放出する。

主たる消火機能は連鎖反応の抑制で，放出された粉末により瞬時にして消火される。

(2) 持運び式泡放射器（portable foam applicator）

持運び式消火器が火災発生直後の初期消火を目的としているのに対し，持運び式泡放射器は，本格消火に対応できるものである。消火ホースの先端にこの放射器本体を接続し，放射器に取り付けられたもう一方のホースを泡原液を入れた可搬式のタンクにつないで使用する。放水することで原液が吸い上げられ，海水と一定の割合で混合して，放射器のノズルの先端から泡が放出される。

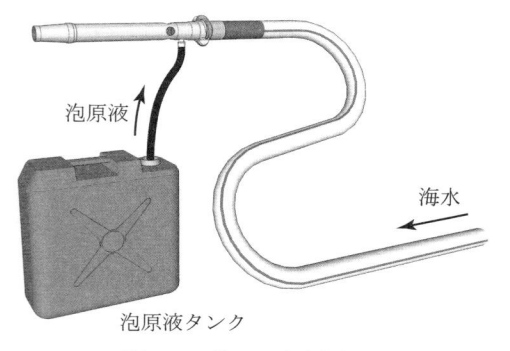

図2.30 持運び式泡放射器

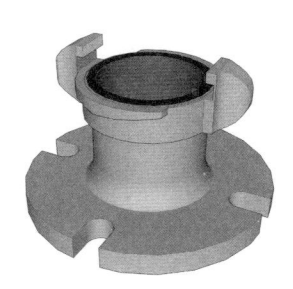

図2.31 国際陸上施設連結具

2.4.4 固定式の消火装置

(1) 消火剤として水を用いるもの

1) 射水消火装置（sea water fire extinguishing system）

ポンプ，送水管，消火ホース，ノズル，水噴霧放射器（アプリケーターノズル），水噴霧ランス，移動式放水モニター，国際陸上施設連結具により構成される。船上のいずれの場所にも射程が 12 m 以上の 2 条の射水が達することができるようにポンプ及び消火栓が配置されている。

注： 水噴霧ランス（water mist lance）：コンテナに突き刺し，コンテナ内部に放水する装置。
移動式放水モニター（mobile water monitor）：甲板上に多段積みされたコンテ

ナの延焼防止のため，消火栓からの水を射水する装置。
アプリケーターノズル：消火ホースに取り付けられるL字型のノズルで，先端から水霧を放射する。
国際陸上施設連結具（international shore connection）：外国の港において陸上から消火用水の供給を受けられるよう，自船の消火主管と陸上のホースを接続するための継手金具である。片側が規定寸法のフランジで，もう一方は自船暴露部の消火栓に合った形状となっている。

2）固定式加圧水噴霧装置
（fixed pressure water-spraying fire-extinguishing system）
固定配管に設けられた噴霧ノズルから微細な霧状の水を散水して消火する装置である。主として水噴霧による冷却作用と，多量の水蒸気が充満することによる窒息作用により消火する。また，油面が乳化し可燃性ガスの発生を抑えるため，機関室等の閉囲された区画の油火災にも効果がある。

3）固定式水系消火装置（fixed water-based fire-fighting system）
固定配管に設けられたノズルから水を散水し消火する装置で，フェリーなどのロールオン・ロールオフ貨物区域等に設置される。

4）自動スプリンクラ装置（automatic sprinkler）
火災発生区域の温度が上昇した場合に，固定配管に設けられたスプリンクラ・ヘッドと呼ばれる散水装置から，人的な操作をすることなく自動的に散水する装置である。
作動時は，船橋等の表示盤から可視可聴警報を発し，火災の発生とその位置が示される。

5）機関室局所消火装置（fixed local application fire-fighting system）
内燃機関，油だきボイラ，加熱燃料油清浄機，イナート・ガス発生装置等，火災発生の危険性の高い機器で発生した火災を，水噴霧等人体に影響のない消火剤を用いて局所的に消火する装置である。後述の固定式鎮火性ガス消火装置が一度に機関室全体の消火を行い，しかもガスの使用は人命への危険性があることから，初期消火対策の一つとして導入された。

(2) 消火剤として泡を用いるもの
1）固定式泡消火装置（fixed foam fire-extinguishing system）
タンクに貯蔵された泡原液を，固定配管及びプロポーショナと呼ばれる制御装置を通じて海水と混合し，これに空気を混ぜて発泡さ

せる装置である。放出された泡で燃焼油面を覆い，空気中の酸素の供給を断つとともに，泡の冷却作用で消火する。内航船等の油だきボイラまたは燃料油装置のある場所に備え付けられる。

2) 固定式高膨脹泡消火装置
（fixed high-expansion foam fire-extinguishing system）
　　固定式の泡消火装置の一種で，高い膨脹率の泡を，短時間で多量に放出し消火する。タンカーのポンプ室，油だきボイラ室等，内燃機関室，蒸気タービン室に備え付けられる。

3) 固定式甲板泡装置（fixed deck form system）
　　油タンカーの貨物タンク頂部の甲板上の全域及び頂部の甲板が破損している貨物タンク内に，泡を放出する装置である。泡はモニター及び持運び式発泡ノズルにより放出する。

　　注）モニター（monitor）：旋回式の消火用ノズルのこと。別名，ターレットノズル（turret nozzle）。

(3) 消火剤としてガスを用いるもの

1) 固定式鎮火性ガス消火装置（fixed gas fire-extinguishing system）
　　ガスシリンダに貯蔵されているガスを，固定配管上に適当な間隔で設けられた放出口から放出する。炭酸ガスを消火剤として使用するものと不活性ガスを使用するものとがある。いずれもガスを空気と置換させ窒息作用により消火するもので，その効果にはガスを放出した区画の密閉程度が大きく影響する。普通の火災では酸素濃度（容積比）が5％以下になれば燃焼は起こらない。

2) 固定式イナート・ガス装置（Inert Gas System：IGS）
　　載貨重量トン数8千トン以上の油タンカーの貨物タンクに備え付けられる装置で，IGSとも呼ばれる。
　　イナート・ガス（不活性ガス）とは酸素と化合しない気体のことをいう。IGSは，貨物タンク内へイナート・ガスを注入して，石油ガスと空気との爆発性混合気体と置換することにより，タンク内部を酸欠状態に保持し，たとえ発火源が存在しても爆発・火災が発生することを防止する。船内ボイラの排気ガス又は専用のイナート・ガス発生装置によるガスがイナート・ガス源として利用される。
　　酸素濃度（容積比）が5％以下のイナート・ガスを供給できるも

のでなければならず，貨物タンク内の雰囲気は，常時，酸素濃度8％を超えず，正圧を維持できるものでなければならない。
（4）固定式粉末消火装置
（fixed dry chemical powder fire-extinguishing system）
　液化ガスばら積み船に設けられる消火装置で，圧力容器に貯蔵された窒素ガス等の不活性ガスにより作動し，貨物区域の甲板上に粉末消火剤を放出する。マニホールド付近には薬剤を放出するための専用のモニターが配置されている。

2.4.5　その他の消防設備等

（1）消防員装具（fire-fighter's outfits）
　消火作業に必要な装具で，個人装具一組（防護服，手袋及び長ぐつ，ヘルメット，安全灯，おの），自蔵式呼吸具，命綱からなる。
（2）消防員用持運び式双方向無線電話装置
（two-way portable radiotelephone apparatus）
　防爆型のトランシーバで，消火班内における通信手段として用いる。
（3）火災探知装置（fixed fire detection and fire alarm system）
　火災発生を自動的に探知して警報を発する装置で，火災発生場所を船橋や火災制御場所等の表示盤に表示する。探知方法の違いにより以下の探知器がある。
　1）熱感知式
　　　a. 定温式：探知区画内が一定温度以上で作動する。
　　　b. 差動式：探知区画が，一定時間内に急激に温度上昇した場合に作動する。
　　　c. 補償式：定温式と差動式の特性を組み合わせ，両者の欠点を補ったもの。
　2）煙感知式
　　　a. イオン式：放射性物質を用いてイオン化された検出器内の空気に煙が混入した場合，電流が減少して警報を発する。
　　　b. 煙管式：探知区画内の空気を，細いパイプにて船橋等に設置されている火災探知器に吸引し，吸気中に含まれる煙を探知して

警報を発する。
(4) 手動火災警報装置（fire alarm system）
　　火災等が発生した場合に，船内各所に非常事態であることを音響信号により知らせるための装置。押しボタン式等の発信器が船内に配置され，それを作動させた場合には，警報を発するとともにその場所が船橋や火災制御場所等の表示盤に表示される。
(5) 可燃性ガス検定器（inflammable gas detector）
　　ポータブル式の計測器で，可燃性ガスの爆発下限界の 1/20 のガス濃度を検知する。
(6) 非常脱出用呼吸器（Emergency Escape Breathing Device：EEBD）
　　火災現場から安全な場所へ避難するまでの間の呼吸を確保するための器具で，10 分以上空気又は酸素を供給する。「船舶設備規程」により備え付けが規定されている。

2.5　法定船用品の型式承認制度

　汽笛，船灯等の航海・信号設備，救命艇，救命胴衣等の救命設備，消防設備，コンテナ，油水分離器，油吸着材等，「船舶安全法」及び「海洋汚染等及び海上災害の防止に関する法律」に定める法定船用品については，検査の合理化を図るため型式承認制度が設けられている。これは，国土交通大臣の型式承認を受けた船用品を量産する場合，その量産品が型式承認を取得した船用品と同一の仕様・性能であることを確認する「検定」に合格すれば，該当する事項について国土交通省による検査が省略される制度である。「検定」は登録検定機関（日本舶用品検定協会）によって行われ，検定に合格した船用品には証印（検定に合格したことを示すマーク）が付される。（船舶等型式承認規則）

国土交通大臣から型式承認を受けたことを示すマーク	検定機関が日本舶用品検定協会（HK）であることを示すマーク	検定をしたHKの支部を示すマーク

図 2.32　型式承認の証印

第3章
船用品とその取扱い

3.1 ロープ

　船舶においてロープ（索）は，係留索やクレーン等のつり索，荷役用のスリング，マストを支持するステー，貨物の固縛索等，様々な用途で使用される重要な船用品の一つである。使用状況によっては強度の低下や予期せぬ過大な張力が原因で切断し，重大な人身事故につながることがあるため，その特性を十分に把握しておかなければならない。

3.1.1 ロープの基本

（1）材質による分類

　　ロープを材質により分類すると，繊維ロープ（fiber rope）とワイヤロープ（wire rope）に大別される。繊維ロープは，ナイロン等の合成繊

表3.1　繊維ロープの種類

分類	材質	商品名（一例）
天然繊維	マニラ麻，サイザル麻	マニラ
合成繊維	ナイロン（ポリアミド系繊維）	ナイロン
	ポリエステル（ポリエステル系繊維）	テトロン
	ビニロン（ポリビニルアルコール系繊維）	クレモナ
	ポリエチレン（ポリエチレン系繊維）	ハイゼックス
	ポリプロピレン（ポリプロピレン系繊維）	ダンライン
スーパー繊維	超高分子量ポリエチレン	ダイニーマ
	アラミド系繊維	ケブラー
	ポリアリレート	ベクトラン

維製のものが主流であるが，麻等の天然繊維でできたものや，アラミド系繊維等の非常に高強度の有機繊維（スーパー繊維）製のものも使用される。繊維ロープは使用繊維名の他，商品名で呼ばれることも多い。

(2) ロープのより方

ロープのより方には，「Sより（S twist）」と「Zより（Z twist）」の2種類がある。ロープを鉛直方向に置き正面から見たとき，"S"の字の斜線と一致するように左上から右下によりがあるものがSよりで，"Z"の字の斜線と一致するように右上から左下によりがあるものがZよりである。また，ロープ断面を見たとき，Sよりは左回りに，Zよりは右回りによられている。船用ロープは概してZよりのものが使用される。

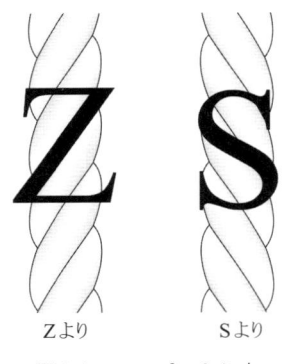

図3.1　ロープのより方

図3.2　繊維ロープの構造

3.1.2　繊維ロープ

(1) ロープの構造

1本の繊維ロープは，ファイバー（繊維，fibre），ヤーン（yarn），ストランド（strand）により構成されている。ファイバーを数本から数十本よってヤーンがつくられ，ヤーンを数十本よってストランドができる。さらに，ストランド数本をよったものがロープである。

1) ストランドロープ（strand rope）

ストランド3本をよってできたロープを三つ打ちロープ（three strand rope）という。三つ打ちロープは，Zよりのヤーン数十本を

Sよりにしてストランドをつくり，そのストランド3本を集めてZよりにより上げたものである。このようにロープのより方向とストランドのより方向が全く反対なロープを普通よりロープ（ordinary laid rope）といい，このよりのロープが多く使われる。同様にストランド4本又は6本で構成するロープがあり，それぞれ四つ打ちロープ（four strand rope）又は六つ打ちロープ（six strand rope）と呼ばれる。

2) 角編索（square rope），八つ打ちロープ（eight strand plaited rope）

　　Sより2本，Zより2本，Sより2本，Zより2本の4組のストランドを交互に組み合わせたもので，柔らかくて扱い易い。さらにショックに強く荷重をかけても形崩れもせず，キンクを生じない利点がある。エイトロープ（eight rope）やクロスロープ（cross rope）とも呼ばれる。

　　注）　キンクについては 3.1.5（3）を参照。

3) 丸編索（braided rope），二重組打ちロープ（double braid rope）

　　内層と外層の二重構造となっており，各層とも組構造でできているロープである。

普通索（ordinary rope）
三つ打ちロープ

角編索（square rope）
八つ打ちロープ

角編索（square rope）
12打ちロープ

丸編索（braided rope）

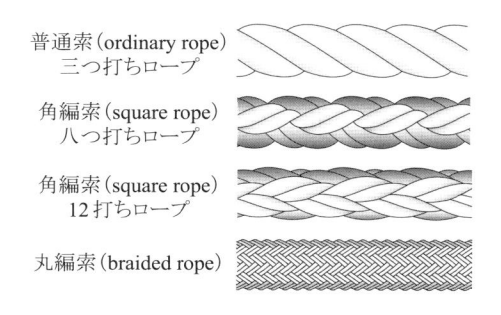

図3.3　ストランドの組み合わせ

(2) 合成繊維ロープの基本性能

　　繊維ロープは，素材，より方，乾湿状態で特性が異なる。合成繊維ロープは一般的に，軽量かつ高強度であり，柔軟性において優れているため作業上の取り扱いが容易である。しかし，荷重に対する伸びが大きいため内部に蓄えられるエネルギーも大きく，破断した場合には非常な

破壊力を持つ。また，耐久性については，紫外線により劣化し，外部からの損傷や摩擦及び熱に対しても比較的弱く，強酸等一部の薬品の影響を受けるものがあるなど注意を要する。

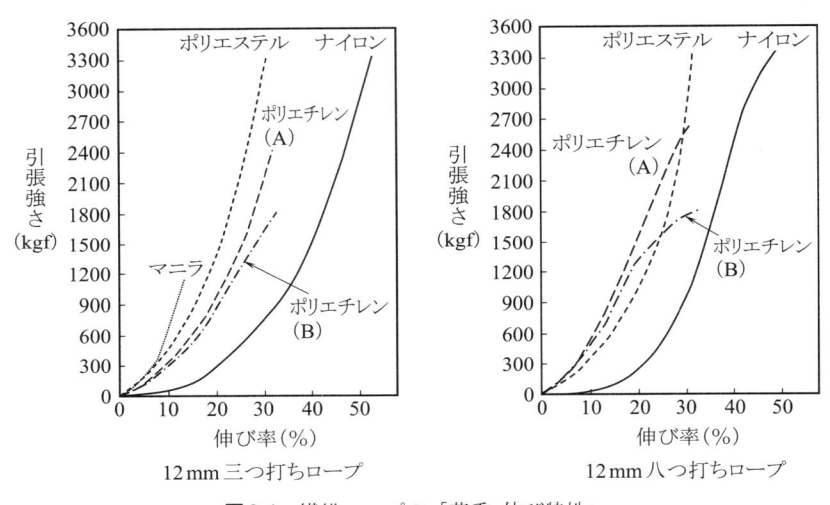

図3.4　繊維ロープの「荷重-伸び特性」

（3）ロープの材質ごとの特徴
　ロープに使用される繊維ごとの主な特徴を表3.2に示す。

3.1.3　ワイヤロープ

（1）ロープの構成
　1）構造
　　ワイヤロープ（鋼索）のストランドは，亜鉛メッキした複数の素線をより合わせて構成されている。同一径のロープで比較した場合，ストランドの数が多いほどストランド径が細くなるためロープの柔軟性は増すが，逆に強度は低下し，耐摩耗性や耐変形性なども劣る。同様に，同一径のストランドでは，素線数が増加するほど素

表3.2　繊維ロープ材料の主な特徴

繊維の種類		乾強度 (gf/d)	乾伸度 (%)	湿強度／乾強度 (%)	比重	主な性質
天然繊維	マニラ麻	4.0～6.6	2.3	104	1.45	1. 安価である。 2. 耐水性に優れている。 3. 伸びが少ない。 4. 合成繊維に比べ強度が劣る。 5. 腐食し易い。
合成繊維	ナイロン	7.0～9.7	16～27	85	1.14	1. 柔軟で強度に優れている。 2. 重量が軽い。 3. 復元性が良く，ショックにも強い。 4. スレに強い。 5. 柔軟で扱いやすい。 6. 伸びが大きい。 7. 吸水しやすく，湿潤時は強度が低下する。 8. 強酸や錆落とし剤等，一部の薬品により強度が低下する。 9. 価格がやや高い。
	ポリエステル	4.0～9.5	10～15	100	1.38	1. 硬くなりにくい。 2. 復元性が良く，疲労が少ない。 3. 強度があり，伸びも少ない。 4. 濡れても強度の低下が無い。 5. スレに非常に強い。 6. 紫外線抵抗性に優れている。 7. 耐候性に優れている。 8. 耐薬品性に優れている。 9. 価格がやや高い。
	ビニロン	4.7～5.4	8.2～9.8	82～84	1.3	1. 強度は低いが，滑りにくく扱いやすい。 2. 耐候性に非常に優れている。 3. 水に濡れて乾燥を繰り返すと硬くなる。 4. 価格が高い。
	ポリエチレン	6.3～12.0	12～15	100	0.96	1. 水中でのスレに強い。 2. 比較的安価である。 3. 表面がツルツルして滑り易い。 4. 熱に弱い。 5. 繊維が固い。 6. クリープが多く，伸び易い。
	ポリプロピレン	5.5～9.0	12～22	100	0.91	1. 表面はカサカサして滑りにくい。 2. 比較的安価である。 3. 高強力である。 4. 伸びの回復が穏やか。 5. 耐薬品性が優れている。 6. 紫外線に弱い。
スーパー繊維	超高分子量ポリエチレン	30	4	100	0.97	1. 高強度である。 2. 伸びが少ない。 3. 耐摩耗性に優れている。 4. 高価格である。
	アラミド	26	3.3～4.4	100	1.44	

d：デニール（繊度の単位）

線が細くなるため,ストランドは柔軟性を増すが,耐摩耗性や耐変形性などが劣ってくる。ワイヤロープの構成は,(ストランドの数)×(1本のストランドを構成する素線の数)で表し,船用のワイヤロープは,ほとんどが6本のストランドで構成されている。

ロープの中心には心綱があり,その周囲にストランドがよられている。心綱は,外圧に対しストランドの相互位置を固定してロープの形状を保持するとともに,心綱にしみこませてあるロープグリースによってロープの潤滑や防錆の役割も担う。心綱には,繊維心と鋼心があるが,そのいずれによるかで,ロープの柔軟性,強度,耐変形性が異なる。

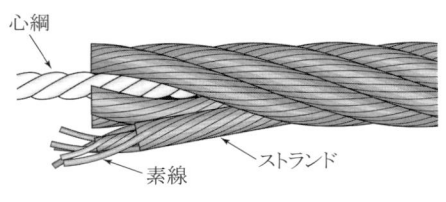

図3.5 ワイヤロープの構造

2) より方

ストランドのより方向とロープのより方向が反対になっているものを「普通より」といい,両者のより方向が同じものを「ラングより」という。

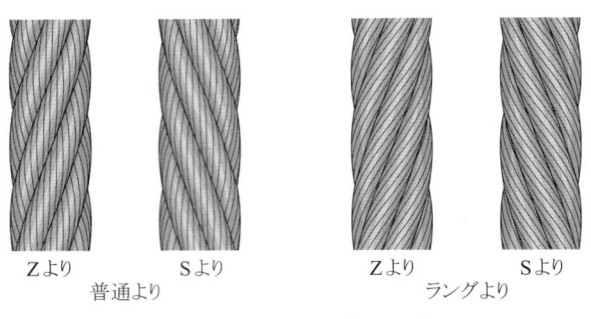

図3.6 ワイヤロープのより方

第3章　船用品とその取扱い　89

表3.3　普通よりとラングよりの比較

	普通より	ラングより
外観	ロープのよりの方向とストランドのよりの方向が逆。素線はロープ軸にほぼ平行。	ロープのよりの方向とストランドのよりの方向が同じ。素線はロープ軸に対してある角度をなす。
長所	キンクしにくく，取り扱いが容易。よりが締まり，形崩れしにくい。	表面に現れている素線は長く，外部と接触する部分も長いため，素線が均一に摩耗し寿命が長い。柔軟で耐疲労性も良い。
短所	表面に現れている素線が短く局部的に摩耗が生ずるため，耐久性に難点がある。	荷重がかかるとよりが戻り易く，キンクや形崩れも生じ易い。

（2）船舶用ワイヤロープの種類

　　JIS（日本産業規格）では，ワイヤロープはその構成により24種類あるが，船体ぎ装用としては表3.4に示す7種類が用いられる。

表3.4　船体ぎ装用ワイヤロープ

種類	1	2	3
構成	19本線6より	24本線6より	37本線6より
構成記号	6×19	6×24	6×37
断面			

種類	4	5	6	7
構成	ウォーリントンシール形36本線6より	ウォーリントンシール形36本線6よりロープ心入り	ヘルクレス形7本線19より	24本線6より外層被覆ロープ
構成記号	6×WS(36)	IWRC6×WS(36)	19×7	被覆ロープ6×24
断面				

3.1.4 ロープの寸法と重さ

(1) ロープの太さ

ロープの太さは mm で表し，繊維ロープとワイヤロープとで若干測り方が異なる。

1) 繊維ロープの場合

   a. ロープが伸張せずにまっすぐに張られる程度の荷重をかけた場合におけるストランドの頂点間の距離。

   b. 八つ打ちロープにおいては，次の式により算出したもの。

$$d_r = \frac{c_r}{3.14}$$

d_r：ロープの直径（mm）
c_r：スチールテープで測ったロープの周（mm）

2) ワイヤロープの場合

   索断面の外接円の直径を測ったもの。

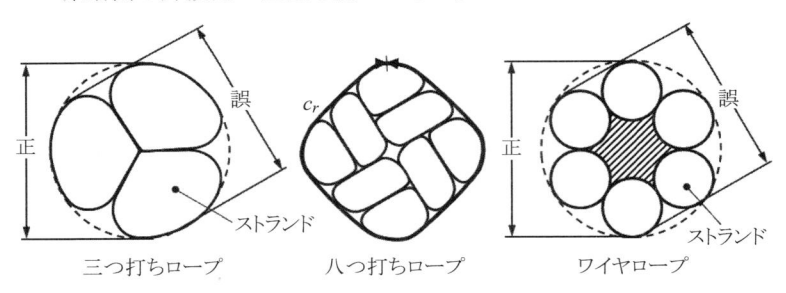

図3.7　ロープの径の測り方

(2) 長さ

ロープはコイル巻きにして船舶に供給されるが，1 コイルの長さは 200 m を標準とする。

(3) ロープの重さ

ロープ 1 コイルの標準的な重さ w_r は，次の式から概算できる。

$$w_r = m_r \times d_r^2 \text{ (kg)}$$

m_r：ロープの種類により定まる係数
d_r：ロープの直径（mm）

m_r はおおむね表 3.5 に示す値となる。

表3.5　ロープの重さに関する係数

繊維ロープ	m_r	ワイヤロープ	m_r
ポリエチレンロープ	0.10	6×19	0.73
ポリプロピレンロープ	0.10	6×24	0.66
ナイロンロープ	0.12	6×37	0.72
ビニロンロープ	0.12	6×WS(36)	0.79
ポリエステルロープ	0.15	IWRC6×WS(36)	0.88
麻ロープ	0.15	19×7	0.85

注）　繊維ロープの場合，伸縮することによりロープの直径も変動するため，上記より求めた値は，あくまでも参考値である。

3.1.5　ロープの強度

（1）強度の表し方

ロープの強さは破断力で表すが，ロープを使用する場合は安全使用力を基準とする。

1）破断力（breaking load）

引張り強さとも呼ばれ，引張り試験においてロープが維持できる最大の荷重である。船舶安全法では「破壊強度」という。

2）安全使用力（safe working load）

安全に使用できる最大荷重をいう。これはロープの種類，用途によって必ずしも一定しないが，破断力と安全率（safety factor）を基に算出する。

$$安全使用力 = \frac{破断力}{安全率}$$

安全率は，船舶安全法では「安全係数」といい，ロープをクレーンやデリック等の揚貨装置に装着して使用する場合は，ワイヤロープで 4 又は 5 以上，繊維ロープでは 7 以上を必要とする。

（2）強度の略算式

ロープの強度は，ロープの材質，直径，打ち方等で異なるが，新品の

場合，次の式から推算できる。

$$\text{引張強さ（破断力）B.L.} = \left(\frac{d_r}{8}\right)^2 \times k_r \text{ (tf)} \tag{3.1}$$

k_r：ロープの種類により定まる係数
d_r：ロープの直径（mm）

　k_r を JIS より求めると，おおむね表3.6に示す値となる。繊維ロープは，$d_r = 100 \sim 10$ mm の範囲における値で，ロープが太い方が k_r は小さい。

表3.6　ロープの強度に関する係数

繊維ロープ	k_r (d_r=100〜10 mm)	ワイヤロープ	k_r
麻ロープ	0.34〜0.46	6×19	3.28
ビニロンロープ	0.45〜0.61	6×24	2.99
ポリエチレンロープ	0.47〜0.63	6×37	3.23
ポリプロピレンロープ	0.55〜0.72	6×WS(36)	3.87
ポリエステルロープ	0.74〜1.02	IWRC6×WS(36)	4.42
ナイロンロープ	0.92〜1.18	19×7	3.84

(3) ロープの強度低下に関する注意点
　1) キンク（kink）の防止
　　　「キンク」とはロープがねじれと緩みを同時に受け，これにより生じた局部的な曲がりやよりの乱れ等の形崩れをいう。キンクが生じるとたとえ外見上は元に戻ったように見えても，強度は大きく低下する。キンクが生ずる原因は下記の通り。
　　　a. 水平に置かれたコイル状のロープを横引きするなど，ロープの解き方が悪い場合。
　　　b. ロープがしごかれて，よりの長さ（ピッチ）が変化した場合。
　2) 屈曲部における強度低下と小径曲げの防止
　　　ロープを滑車やフェアリーダ等で曲げた状態で使用した場合，強度は低下し破断力以下の荷重で破断する。曲げ角が大きいほど，またロープの直径 d_r に比べ滑車のシーブ等の直径 D_s が小さいほどその影響は大きい。小径曲げによる強度低下を最小限に抑えるために

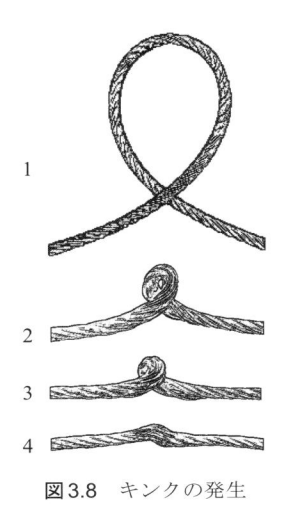

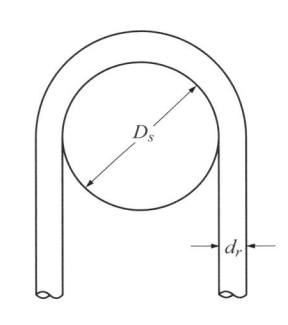

図3.8　キンクの発生　　　　　　　図3.9　小径曲げ（曲げ角180°）

は，D_s/d_r はおおむね下記の値以上を必要とする。
　a. 合成繊維ロープの場合
　　　　曲げ角 10°程度の場合　　　　　　：$D_s/d_r \geqq$ 3
　　　　U字曲げ（曲げ角 180°）の場合　：$D_s/d_r \geqq$ 8
　　　　シーブ溝の幅　　　　　　　　　　：$1.1 d_r$
　　　　ビットにかけるロープのアイ部分の長さ＞ビット径の3倍
　b. ワイヤロープの場合
　　　　6×19 の場合 ：$D_s/d_r \geqq$ 25
　　　　6×24 の場合 ：$D_s/d_r \geqq$ 20
　　　　6×37 の場合 ：$D_s/d_r \geqq$ 16
3）繰り返し荷重による影響

　　係留索のようにフェアリーダ等で曲げられ，緊張と弛みを繰り返す状態で使用した場合，強度は低下し破断力の半分程度の荷重において切断することがある。

4）スプライス加工の影響

　　スプライス加工を施した個所は強度が低下するため，直線引張りの場合はスプライス部分で破断する。また強度低下の程度は加工が未熟なほど大きい。

5) 結び目等による強度低下

概して2本のロープをつないだり、結び目をつくると引張り強度は1/2程度に低下する。本来の強度100に対して、例えば、クラブヒッチの場合で60％、リーフノットで50％、エイトノットで45％になる。またワイヤの端末の止め方は合金止め（ソケット止め）の100に対しクリップ止めは80の割合になるとみてよい。

【例題 3.1】

850 kg の貨物を吊り上げようとする場合、直径 18 mm のナイロンロープ（$k_r = 1.16$）と直径 10 mm のワイヤロープ（$k_r = 2.99$）のうち、どちらのロープを使用すれば安全か。ただし、安全使用力はナイロンロープの場合は破断力の 1/7、ワイヤロープはその破断力の 1/5 とする。

〔解答〕

ロープの破断力
- ナイロンロープ：B.L. = $(18/8)^2 \times 1.16 = 5.0625 \times 1.16 = 5.8725$ (tf)
- ワイヤロープ：B.L. = $(10/8)^2 \times 2.99 = 1.5625 \times 2.99 = 4.6719$ (tf)

安全使用力
- ナイロンロープ：S.W.L. = $5.8725 \times 1/7 = 0.8389$ (tf) → 838 (kgf)
- ワイヤロープ：S.W.L. = $4.6719 \times 1/5 = 0.9344$ (tf) → 934 (kgf)

貨物の重量は 850 kg であるから、ワイヤロープを使用する方が安全。

【例題 3.2】

3.9 t の貨物を安全使用力の限度を超えないで吊り上げるには、直径何 mm 以上のワイヤロープを使用すればよいか。ただし係数 k_r は 3.23 で、安全使用力は破断力の 1/5 とする。

〔解答〕

破断力：B.L. = $(d_r/8)^2 \times k_r$ ……①

安全使用力：S.W.L. = B.L./c_s （c_s：安全係数） ……②

① を ② に代入すると、

$$\text{S.W.L.} = \left(\frac{d_r}{8}\right)^2 \times k_r \times \frac{1}{c_s}$$

$$\left(\frac{d_r}{8}\right)^2 = \frac{c_s \times \text{S.W.L.}}{k_r}$$

$$\frac{d_r^2}{8^2} = \frac{c_s \times \text{S.W.L.}}{k_r}$$

$$d_r^2 = 8^2 \times \frac{c_s \times \text{S.W.L.}}{k_r}$$

$$d_r = \sqrt{64 \times \frac{c_s \times \text{S.W.L.}}{k_r}}$$

S.W.L. = 3.9，c_s = 5，k_r = 3.23 を代入すると，

$$d_r = \sqrt{64 \times \frac{5 \times 3.9}{3.23}} = \sqrt{386.4} = 19.7 \text{（mm）}$$

答　20 mm 以上

3.1.6　ロープの使用基準

（1）係船索（係留索）の要件

「船舶設備規程 第 128 条」及び「船舶の艤装数等を定める告示 第 14 条」には，船舶が備えるべき係船索の必要最少限の本数と，長さ及び強度が規定されている。

（2）繊維ロープの使用基準

「JIS F3434　船における繊維ロープの使用基準」には，麻ロープ及び合成繊維ロープを以下の用途で使用する場合のロープ径の範囲が示されている。

〔船体ぎ装用繊維ロープの用途〕

係留用ロープ，ボートフォール，ボート用ライフライン，ダビットフォール，荷役用ランナ，荷役用ロープスリング，荷役用ネットスリング，ハッチふた固縛用ロープ，手すり用ロープ，雑用テークル，アンカーブイ用ロープ，縄ばしご，ペイントステージ，ボースンチェア，船灯揚げ用ロープ，雑用ロープ

（3）ワイヤロープの使用基準

「JIS F3433　船におけるワイヤロープの使用基準」には，ワイヤロープを以下の用途で使用する場合の，使用ロープの種類及びロープ径の範囲が示されている。例えば，ボートフォールには，径 14〜18 mm の 19×7 のワイヤロープが使用される。

〔船体ぎ装用ワイヤロープの用途〕

引綱，係留用，ステー，ワイヤスリング，ボートフォール，ダビットガイ，船側はしご用フォール，アンカーストッパ，固縛用，ファイヤライン，デリック用ガイペンダント，中アンカー用，トッピングユニット駆動用，ライフライン

3.1.7 ロープの取扱い

(1) 解き方

新しいロープを解くときは，タイヤ状のコイルの中央に棒を入れ，軸受に置いて回転しながら解くか，コイルを床に転がして解く。コイルを回転させずに中央の穴からロープを引き出して解く場合は，Ｚよりロープは反時計回りに回るようロープ端を引き出す。

(2) コイルの仕方

ロープをコイルするときは，よりと同じ方向に巻く。すなわち，Ｚよりのロープは時計回りに束ねる。

(3) 保管方法

長期にわたり保管する場合は，直射日光や熱源を避けた船内に，ダンネージを敷いてその上に置く。合成繊維ロープは化学薬品の影響により強度が低下するものもあるため，薬品やペイント類から十分離した場所に保管する。

使用したロープを保管する場合は，表面の汚れを落としておく。さらにワイヤロープの場合は，グリースを塗布しておく。また，海水をかぶった合成繊維ロープは，清水で洗浄してから格納する。

合成繊維ロープは紫外線により劣化するため，甲板上のドラムに巻かれている場合でもカバーをかけておく。

(4) 極端な変形の防止

ロープを鋭い角部に直接当てて荷重を加えたり，ねじれがある状態で使用したりすると，形崩れし切断の原因となるため避けなければならない。

(5) 擦れの防止

合成繊維ロープは加熱により溶化する。したがって，摩擦熱で溶化しないように，ワーピングエンドやフェアリーダ部では擦れを防止する必要がある。また，これらロープと直接接触する箇所については，ロープを傷つけることがないよう，表面を平滑に保ち，錆は除去しておく。

3.2 滑車

3.2.1 滑車の種類

　滑車（ブロック：block）は，ロープを通して力の方向を変えたり，テークルをつくって力の倍力を得ることで，小さな力で大きな荷重を吊り上げたりするために使用される。クレーンやデリック等の荷役機器に装着されるほか，ボートや舷梯，旗の揚げ卸し等にも用いられる。木製滑車もあるが，鋼製滑車が一般的であり，用途や使用ロープ（繊維ロープかワイヤロープか）により，構造や大きさ等様々な種類がある。船舶用滑車の多くは以下のように JIS で標準化されている。

　（1）鋼製滑車
　　　1）繊維ロープ用
　　　　　a. 船用切欠き滑車（ship's snatch block）
　　　　　b. 船用スイベル付ロープガイ鋼製滑車
　　　　　　（ship's steel guy block with swivel for fibre rope）
　　　　　c. 船用信号旗滑車（steel block for signal flag）
　　　2）ワイヤロープ用
　　　　　a. 船用荷役鋼製滑車（ship's steel cargo block）
　　　　　b. 船用荷役ころ軸受入り鋳鋼製滑車
　　　　　　（ship's cast steel cargo block with roller bearings）
　　　　　c. 船用荷役ころ軸受入り鋼板製滑車
　　　　　　（ship's steel cargo block with roller bearings）
　　　　　d. 船用切欠き滑車（ship's snatch block）
　　　　　e. 船用小形鋼製滑車（ship's small size steel block）
　（2）木製滑車（繊維ロープ用）
　　　　　a. 船用鋼帯木製滑車（ship's internal-bound block）
　　　　　b. 船用切欠き滑車（ship's snatch block）

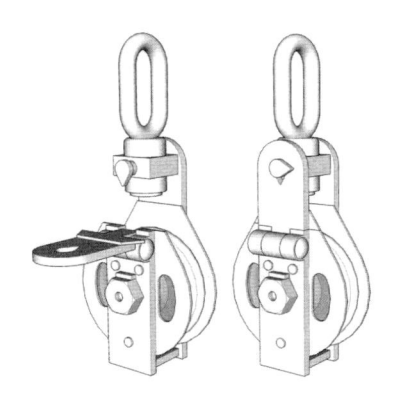

図3.10　船用切欠き滑車　　　　図3.11　船用鋼索帯木製滑車

注）　切欠き滑車とは，滑車へのロープの挿入や取り外しを，ロープの途中においてもできるよう，外殻の一部を切り欠いた滑車である。船の係留や荷役用に使用される。

滑車はシーブの数により，以下のようにも呼ばれる。
　　1枚滑車又は単滑車（single block）
　　2枚滑車又は2輪滑車（double block）
　　3枚滑車又は3輪滑車（treble block）
　　4枚滑車又は4輪滑車（quadruple block）

3.2.2　滑車の構成

　滑車の種類によりその構成は異なるが，船用荷役鋼製滑車と船用鋼帯木製滑車を例に示す。

a. シーブ（sheave）：ロープを通しその向きを変える車
b. 外体，シェル（shell）：滑車の外殻
c. 鋼帯（steel band）：木製滑車のシェル内部にはめられた帯で，滑車にかかる荷重を支える。
d. 外帯（binding）：鋼製滑車の外側面にある帯で，滑車にかかる荷重を支える。
e. 側板（cheek plate）：鋼製滑車の外殻
f. ベケット（becket）：ロープ端を滑車に連結するための金具
g. 中心ピン（axle pin）：シーブの中心を通る軸

h. スワロー（swallow）：ロープを通す隙間
i. ブリーチ（breech）：ロープを通さない隙間

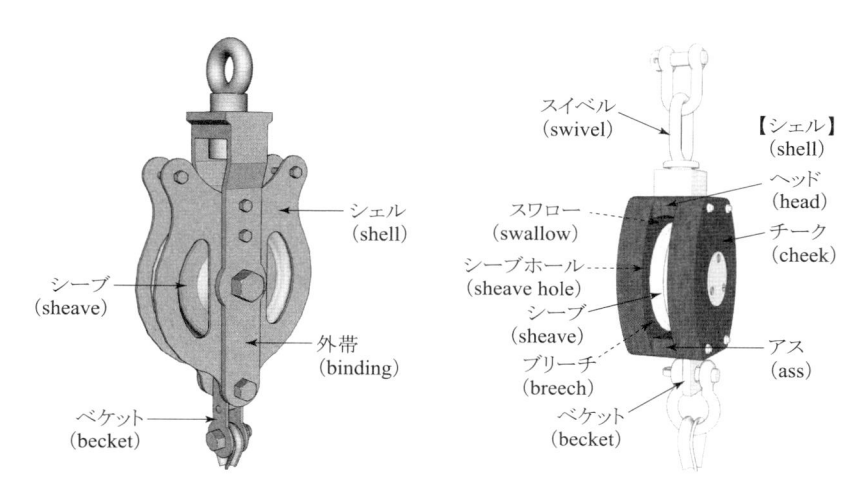

図3.12　船用荷役鋼製滑車　　図3.13　船用鋼帯木製滑車

3.2.3　滑車及び通索の寸法

（1）滑車の大きさ
　　　鋼製滑車：シーブの外径（呼び径）で表す。
　　　木製滑車：シェルの上端から下端までの長さ（呼び寸法）で表す。一般にシーブの直径はシェルの長さの約 2/3 である。

（2）通索の太さ
　　　各滑車に対する適用ロープ径は JIS に規定されているが，荷役用の鋼製滑車及び木製滑車については概ね以下のとおりである。
　　　鋼製滑車：シーブ径の約 1/17
　　　木製滑車：シーブ径の約 1/10（麻ロープの場合）

　　注）合成繊維ロープを使用する場合は，麻ロープと強度がほぼ等しい三つ打ちナイロン索の径が参考値として挙げられており，麻ロープの場合より細い。

3.2.4 滑車の取扱い

a. 通索の強度以上の滑車を使う。
b. 滑車の大きさは通索の太さに適したものを選ぶ。
c. 荷重超過は摩耗や変形を起こし強度を低下させるため，荷重制限を遵守すること。
d. 滑車が力のかかる方向に自由に向くことを確認する。
e. 使用に際しては滑車各部の異常の有無を点検し，滑動部には十分注油する。
f. シーブが円滑に回転するよう，中心ピンにはグリースを補給しておく。シーブが円滑に回転しない場合は取り替える。
g. フックを持つ滑車で重量物を吊るときは，フックにマウジング（mousing）を施し，フックの先が開くことを防ぐ。
h. 切り欠き滑車は，切り欠き部の蓋を常に閉じ，止めカギもロックしておく。通索の脱落を防止するだけでなく，滑車の変形防止に役立つ。

3.3 テークル

テークル（tackle）とは滑車にロープを通したもので，その倍力を利用して主に重量物の積み降ろしや移動などに使う。テークル各部の名称を図3.14に示す。通索（fall）とは，滑車に通したロープのことをいう。

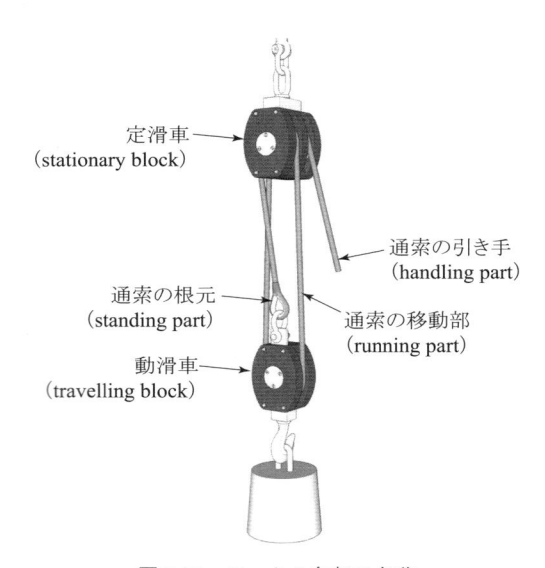

図3.14 テークル各部の名称

3.3.1 テークルの種類

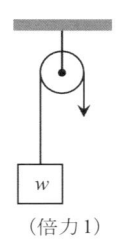

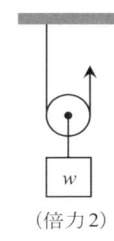

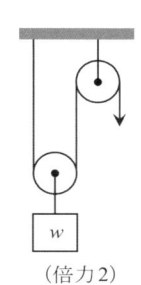

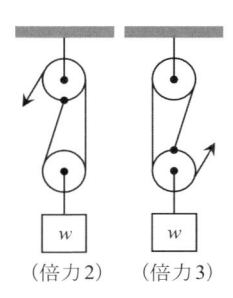

図3.15 シングル・ホイップ （倍力1）

図3.16 ランナー （倍力2）

図3.17 ダブル・ホイップ （倍力2）

図3.18 ガン・テークル （倍力2）（倍力3）

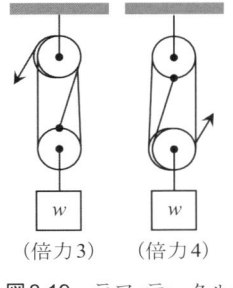

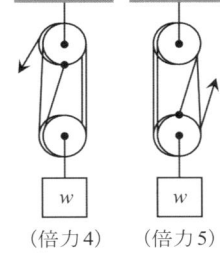

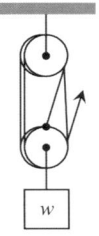

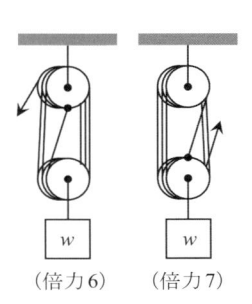

図3.19 ラフ・テークル （倍力3）（倍力4）

図3.20 ツー・ホールド・パーチェス （倍力4）（倍力5）

図3.21 スリー・ホールド・パーチェス （倍力6）（倍力7）

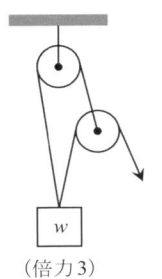

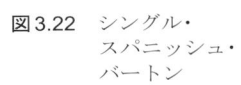

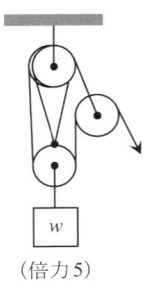

図3.22 シングル・スパニッシュ・バートン （倍力3）

図3.23 ダブル・スパニッシュ・バートン （倍力5）

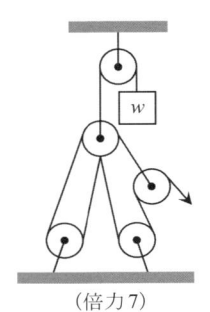

図3.24 ベル・パーチェス （倍力7）

(倍力6)　　　　　（倍力8)

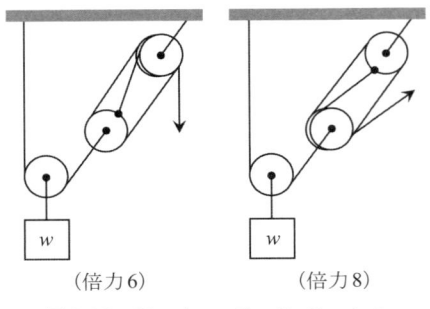

図3.25　ランナー・アンド・テークル

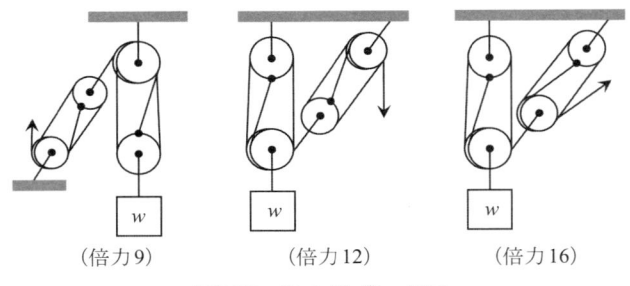

(倍力9)　　　　　（倍力12)　　　　　（倍力16)

図3.26　ラフ・アポン・ラフ

3.3.2　テークルの倍力

　テークルの倍力とは，引き手に加わる力（p）で何倍の大きさの荷重（w）を動かすことができるか，すなわち力の比 w/p をいう。

（1）倍力の考え方
　　1）ホイップの場合
　　　　　定滑車のシーブの中心を支点とし，シーブの半径に等しい両端に引き手の力 p と荷重 w とが下方に働いた天秤とみられる。この2力が釣り合うためには，シーブの中心を支点とした左右のモーメントが等しくなくてはならず，p と w は等しい。すなわち定滑車は力の向きを変えるだけで倍力はない。

2) ランナーの場合

ホイップとは反対に，支点に荷重 w があって，これを両端のロープに働く 2 力で吊り下げた状態となる。引き手の力を p とすると，この両端の力はいずれも p となるから，力の釣り合いから

$$w = p + p, \qquad \therefore \ \frac{w}{p} = 2$$

すなわち倍力は 2 となる。この"2"は動滑車から出るロープの数でもあるから，別な言い方をすれば，テークルの倍力は，動滑車において荷重と釣り合うロープ数で表される。なお，定滑車におけるロープの数は関係しない。

（ホイップの場合）　（ランナーの場合）

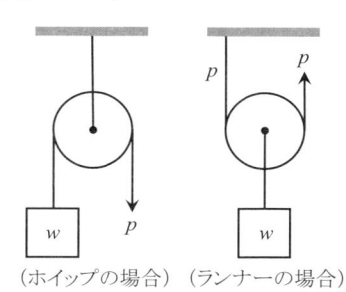

図 3.27　倍力の考え方

(2) 摩擦抵抗を考えないテークルの倍力（見かけの倍力）
1) 基本的なテークルの倍力

テークルの倍力は，動滑車におけるロープ数に等しい（もし動滑車にベケットがあり通索の根元がつながれていれば，それも含む）。

2) 複テークルの倍力

1 つのテークルの引き手に他のテークルを取りつけた複テークルの倍力は，それぞれのテークルの倍力を掛け合わせたものとなる。
〔例〕ランナー・アンド・テークルの場合（図 3.25）

倍力 2 のランナーの引き手に，倍力 3 のラフ・テークルを組み合わせた複テークルの倍力は，$2 \times 3 = 6$ となる。

3) 通索と滑車の組み合わせが複雑なテークルの倍力

各ロープに加わる力を引き手の力 p で表し，荷重 w との釣り合い関係をみる。

〔例〕シングル・スパニッシュ・バートンの場合（図 3.28）
最終的に荷重 w との釣り合いは，

$$2p + p = w, \qquad \therefore \frac{w}{p} = 3$$

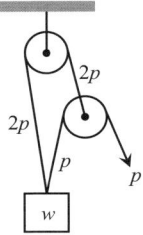

図 3.28 p と w の釣り合い関係

(3) 摩擦抵抗を考えたテークルの倍力（実倍力）

滑車の可動部分には摩擦が生じるため，実際の吊り上げには，(2)で求まる引き手の力より大きな力を必要とする。したがって実倍力は見かけの倍力より小さい。摩擦抵抗を加味した倍力（実倍力）は次式で求めることができる。

$$\frac{w}{p} = \frac{\varepsilon^n - 1}{\varepsilon^m(\varepsilon - 1)} \tag{3.2}$$

n：見かけの倍力
m：シーブの枚数
ε：摩擦抵抗係数（1.07）

(4) テークルの実倍力の略算式

テークルに生ずる摩擦を，シーブ 1 枚につき荷重の 1 割と見なして略算することができる。この場合，動滑車における力の釣り合い関係は，荷重と全シーブの摩擦力の和が（引き手の力 p）×（見かけの倍力 n）と釣り合う次式となる。

$$w + \underbrace{\left(w \times \frac{1}{10} \times m\right)}_{\text{シーブ } m \text{ 枚の摩擦力}} = p \times n$$

したがって実倍力は次のようになる。

$$\text{実倍力} \quad \frac{w}{p} = \frac{n}{1 + \frac{m}{10}} = \frac{10n}{10 + m} \quad (3.3)$$

表 3.7 に，式 (3.2) 及び式 (3.3) から求めた倍力を示す。式 (3.3) の方が式 (3.2) で求めた値より小さく，同一荷重 w を吊り上げる場合に必要な引き手の力 p を，大きめに見積もることになる。

表3.7　倍力の比較

テークルの種類							
シーブ数	m	2	2	3	3	4	4
見かけの倍力	n	2	3	3	4	4	5
w/p	式(3.2)より	1.81	2.81	2.62	3.62	3.39	4.39
	式(3.3)より	1.67	2.50	2.31	3.08	2.86	3.57

3.3.3　テークルの安全使用力の求め方

（1）テークルの引き手に加わる力

可動部分の摩擦を加味し，上記(4)の実倍力の略算式を用いると，テークルで重さ w のものを巻き上げたとき，引き手の力 p は式 (3.3) から求まる次式を用いて略算できる。

$$p = w \frac{10 + m}{10n} \quad (3.4)$$

【例題 3.3】

2トンの重量物をツー・ホールド・パーチェスで巻き上げるとき，これに必要な力を求めよ。ただし引き手は下方に導き，シーブ1枚につき荷重の1/10の摩擦があるものとする。

〔解答〕

式 (3.4) に，$w = 2$（トン），$m = 4$（枚），$n = 4$（見かけ倍力）を代入すると，

$$p = w \frac{10 + m}{10n} = 2 \times \frac{10 + 4}{10 \times 4} = 0.7 \text{（トン）}$$

（2）テークルを安全に使用することができる最大荷重

滑車の各部に異常がないとすれば，通索の強さで取り扱う荷重の大きさが決まる。

テークルの通索の各部のうち最も力のかかるところは引き手である。したがって，引き手に加わる力 p が通索の安全使用力となるような荷重を計算すればよい。すなわち，

$$\text{ロープの安全使用力} = p = w\frac{10+m}{10n}$$

$$\therefore \text{安全荷重} \ w = \text{ロープの安全使用力} \times \frac{10n}{10+m}$$

【例題 3.4】
安全使用力 0.5 トンの通索を持つスリー・ホールド・パーチェスを使えば，安全荷重としておよそ何トンまでのものを取り扱うことができるか。ただし引き手は下方に導き，シーブ 1 枚につき荷重の 1/10 の摩擦があるものとする。

〔解答〕
安全使用力 = 0.5 トン，スリー・ホールド・パーチェスの見かけ倍力 $n = 6$，シーブの枚数 $m = 6$ となるから，

$$\text{安全荷重} = 0.5 \times \frac{10 \times 6}{10+6} = \frac{30}{16} = 1.875 \text{（トン）}$$

となる。

3.4 塗料と塗装法

3.4.1 塗料の役割

塗料は物の表面に塗装すると，乾燥，硬化して強い固体の皮膜（塗膜）となり，塗装面を保護する。複雑な形状をした船上の構造物にも容易に塗ることができるため，船体表面の保護や美観維持のための重要な船用品である。船舶において塗料は次のような役割を担っている。

- a. 防食（防錆）：船体や構造物等の材料を，外気や海水から遮蔽し錆の発生を防ぐ。
- b. 防汚：船底や水面下船側外板に，フジツボや海藻等の海中生物が付着するのを防止する。

c. 装飾：船舶に様々な色彩を施すことができる。
　　d. 清潔保持：表面を滑らかにするとともに，汚れを発見し易くする。

3.4.2　塗料の構成

　塗料を構成する成分は，展色剤（vehicle）と顔料（pigment）に大別できる。また塗料は，塗装後に乾燥・硬化して塗膜になることで本来の効果が得られるが，塗料には顔料・樹脂・添加剤のように乾燥後に塗膜になる成分（塗膜形成要素）と，溶剤など乾燥の過程で揮発して塗膜として残らない成分（塗膜形成助要素）がある。

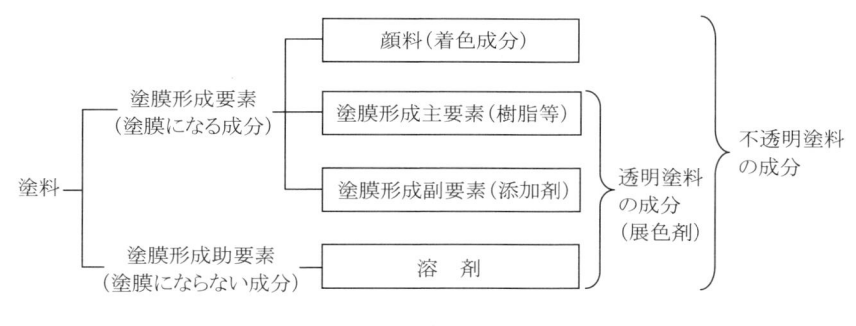

図3.29　塗料の構成

（1）顔料

　　　主として塗膜に色彩を与える成分で，ワニス等の透明塗料には含まれていない。水，油，溶剤などには溶けずそれ自身が色を持つ細かい粉末をいう。用途により以下の種類がある。
　　a. 着色顔料：着色し下層の表面を隠す働きをする。
　　b. 体質顔料：塗膜の肉厚を増したり，強くするなどの働きをする。
　　c. 防錆顔料：錆の発生を防止する。
　　d. その他の機能性顔料：海中生物の付着防止や光を反射させるなど，塗膜に様々な機能を付加する。

（2）塗膜形成主要素（油脂，樹脂など）

　　　顔料と共に塗膜を形成する主な成分で，樹脂や油脂でできており，その特徴が耐候性や耐水性，乾燥性などの塗膜の性能を左右する。次の種

類に大別できる。
   1）油脂
      植物油のうち，薄い膜状にしたときに常温で乾燥する亜麻仁油，えごま油，桐油等の乾性油が用いられる。乾燥を早めるため乾性油に熱を加え，空気を吹き込む等して加工したボイル油（boiled oil）が慣用される。
   2）天然樹脂
      自然の動植物から分泌される樹脂で，加熱すると融解し，溶剤に溶かすと粘性のある溶液となる。ロジン（松やに），セラック，ダンマル，コーパル等が用いられる。
   3）合成樹脂
      天然樹脂に類似した性状になるよう人工的に合成された化合物である。アルキド樹脂，ビニル樹脂，エポキシ樹脂等，多くの種類がある。
   4）その他
      アスファルト等の瀝青質，硝化綿等のセルロース誘導体，塩化ゴム等のゴム誘導体などの高分子物質が用いられる。
   注）　船舶用塗料の大部分は，塗膜形成主要素として合成樹脂が用いられている。
（3）塗膜形成副要素（添加剤）
   乾燥を促進するための乾燥剤や塗膜に柔軟性を与える可塑剤など，塗料の用途に応じて少量が添加される。
（4）塗膜形成助要素（溶剤）
   油脂や樹脂を溶解して塗料の状態にしたり，塗料を塗装に適する粘度になるよう希釈したりする。塗装後は蒸発して塗膜には残らない。なお，一般にシンナー（うすめ液）と呼ばれ塗料を希釈するために用いられる液体は，各種の溶剤の混合物で，塗料により相性があるため，注意が必要である。

3.4.3　塗料の乾燥

（1）乾燥のしくみ
   液状の塗料が乾燥して塗膜に変化する現象には，単に溶剤が蒸発して

乾燥するだけの物理的な変化と，樹脂等の塗膜形成主要素が化学的な反応により変化する場合の2通りがある。前者の塗料は「溶液型」，後者は「架橋型」と呼ばれ，溶液型塗料の塗膜は，その塗料の溶剤に再度溶解するが，架橋型塗料の場合は溶解しない。船舶用の塗料における主な乾燥タイプとしては以下のものがある。

1）揮発乾燥

塗料に含まれる溶剤が蒸発するだけで乾燥する。

例）ビニル樹脂塗料，アクリル樹脂塗料

2）酸化乾燥

塗料に含まれる溶剤が蒸発すると同時に空気中の酸素を吸収し，塗膜形成主要素が酸化重合反応することで固まる。

例）アルキド樹脂塗料（フタル酸樹脂塗料）

3）重合乾燥

主剤と硬化剤の2液を混合することで，重合反応が起こり固まる。

例）エポキシ樹脂塗料，ポリウレタン樹脂塗料

(2) 乾燥の程度

塗膜は次の過程を経て乾燥・硬化する。

1）指触乾燥（dust dry，set-to-touch，dust-free）

塗面の中央に指先で軽く触れてみて，指先が汚れない状態。

2）半硬化乾燥（touch dry，dry to touch）

塗面の中央を指先で静かに軽くこすって，塗面にすり跡がつかない状態。

3）硬化乾燥（hard dry，dry-hard，dry-through）

塗面の中央を親指と人差指とで強く挟んで，塗面に指紋によるへこみが付かず，塗膜の動きが感じられず，また，塗面の中央を指先で急速に繰り返しこすって，塗面にすり跡がつかない状態。すなわち，塗膜の厚さ全体を通して乾燥している状態をいう。

乾燥に要する時間は，図3.30に示すように，塗料の種類や温度により異なる。塗料メーカーのカタログには，上記の乾燥の程度とその状態になるまでの所要時間が対象温度とともに示されている。塗料の塗り重ねをする場合は，硬化乾燥以後に行う。

図3.30　塗料の乾燥の程度

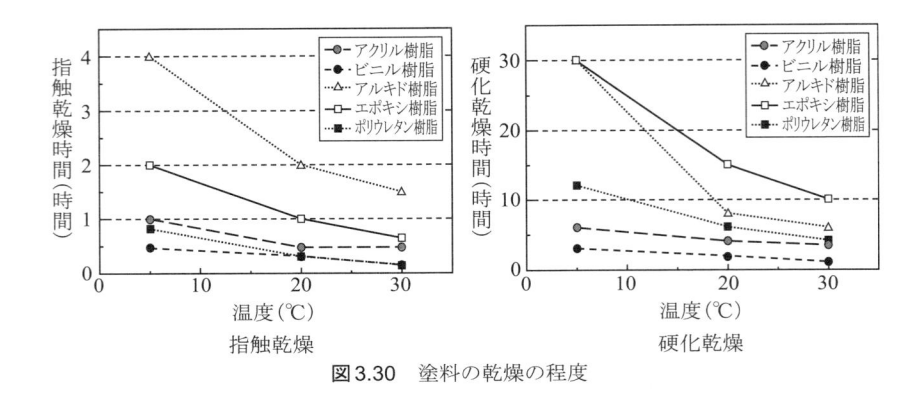

3.4.4　主な船舶用塗料の種類

(1) 塗膜形成主要素による分類と特徴
1) アルキド樹脂塗料（alkyd resin coating）又はフタル酸樹脂塗料（phthalic resin coating）

耐候性に優れ光沢があるが，耐水性がやや劣る。したがって水分が多い箇所には使用せず，上部構造物や居住区等の塗装に用いられる。
2) ビニル樹脂塗料（vinyl chloride resin coating）

乾燥性，耐候性，耐水性，耐薬品性において優れているが，付着性が劣るため，鋼板に塗装する場合は，事前にウォッシュプライマー（エッチングプライマー）の塗装が必要である。水線部，外舷，デッキ，上部構造物の上塗り塗料の他，船底外板の防汚塗料に用いられる。
3) アクリル樹脂塗料（acrylic resin coating）

速乾性があり，耐候性や耐薬品性も良好である。塩化ゴム系塗料と同じ用途に用いられる。
4) エポキシ樹脂塗料（epoxy resin coating）

耐久性，耐水性，耐薬品性，耐油性に優れ，船舶塗料として優れた性能を有する。上述の各種上塗り塗料の他，錆止めやタンク内の

防食塗料に用いられる。
5) ポリウレタン樹脂塗料（polyurethane resin coating）
　　付着性，耐摩耗性に優れた塗料で，光沢も長期間保持されるため，上部構造物や外舷部及び甲板の上塗り塗料として用いられる。
(2) 塗装工程による分類
　　船舶塗装の工程は，①1次表面処理→ ② プライマー塗装→ ③2次表面処理→ ④ 下塗り→ ⑤ 上塗りの順に進められる。1次表面処理は，鋼材の表面に塗膜が良好に付着するよう，鋼材表面のミルスケールや錆など塗料の付着に支障となる物質を除去し，また表面に適切な粗さを与える処理をいう。2次表面処理は本来の塗装目的を得るための塗料を塗る前に，塗面の錆，汚れ，油分，水分等を取り除く処理をいい，塗装工程の中で最も重要な作業である。

注）ミルスケール（mill scale）：高温圧延作業工程で造られた鋼板は，その表面に青黒い酸化物の層ができる。これをミルスケールといい，これがあると腐食を早め，塗料の付着が低下する。

1) プライマー（primer）
　　1次表面処理が終了するとその直後から鋼材表面は錆び始めるため，できるだけ早い時期に錆止めのための塗装を行う必要があり，それに用いられる塗料をプライマー（又は「ショッププライマー」）という。すなわちプライマーは鋼板等の素地に最初に塗られる塗料であり，その上に塗られる塗料の付着性を増す機能も有する。ウォッシュプライマー（エッチングプライマー），（エポキシ）ジンクリッチプライマー，塩化ビニル樹脂プライマー，エポキシノンジンクプライマー，無機ジンクプライマー等，種々のものがある。
2) 下塗り塗料（undercoat, priming coat）
　　プライマーが暫定的な錆止め剤であるため，長期的な防錆や上塗り塗料の付着性を向上させる等の目的で塗装される。(1)で挙げた種々のものがあるが，上塗り塗料やプライマーとの適合性があるため，選定に当たってはメーカーのカタログ等で確認する必要がある。
3) 上塗り塗料（top coat）
　　塗料を塗り重ねて塗装仕上げをする場合の上塗りに用いる塗料を

いう。選定に当たっては下塗り塗料との適合性に注意しなければならない。

(3) 船底塗料

1) 船底塗料1号，錆止め船底塗料
  （anti-corrosive bottom paint, A/C）

   喫水線以下の船体表面は，海水に浸っているため腐食し易く，防食が極めて重要な部分である。船底塗料1号は，船底部や水線部の錆止めのために使われる下塗り塗料であり，この上に塗られる防汚塗料（船底塗料2号）による腐食から船体鋼板を保護する役割も有する。必要に応じて外舷部にも塗装される。

2) 船底塗料2号，防汚船底塗料（anti-fouling bottom paint, A/F）

   フジツボやイガイ，海藻等の海水中に生息する生物が船体表面に付着すると，摩擦抵抗が増し船速の低下を招く。船底塗料2号はこれら海中生物の付着を防止するための塗料で船底塗料1号の上に塗られる。防汚のしくみは，多くの場合，有毒性の防汚物質を塗膜から海水中に溶出させるものであるが，その機構のちがいにより次の種類があり，同様の機構であっても種々の名称が用いられている。

   a. 拡散型（抽出型）

   塗膜内に浸入した海水により防汚物質が溶け，塗膜中を拡散しながら海水中に溶出する。溶出後も塗膜表面が残り防汚物質の溶出を阻害するため，防汚効果が低下していく。

   b. 水和分解型（崩壊型，自己研磨水和分解，自己研磨型）

   塗膜が海水に接すると樹脂が軟化し，塗膜表面から防汚物質が溶け出す。また船が航走することで生ずる水流により，軟化した塗膜表面が剥がれるが，均一に剥がれることは難しく塗膜表面が滑らかでない。時間の経過と共に防汚効果が低下していく。

   c. 加水分解型（加水分解性自己研磨型）

   塗膜が海水に接すると化学反応（加水分解）が起こり，塗膜表面が溶けると共に防汚物質も溶出する。塗膜表面は，水流により更に研磨されるため水和分解型より滑らかで，常に更新されることから安定した防汚効果が得られる。防汚寿命も長い。

d. バイオサイドフリー塗料

塗膜に有毒性の防汚物質（biocide）を含まない塗料の総称である。シリコン樹脂を用いて塗膜表面に平滑性，撥水性及び弾性等，海中生物が付着しにくい物理的な環境を形成するタイプのものがある。

3）船底塗料3号，水線部塗料（boot topping，B/T）

水線部は，喫水の変化と波浪の影響により，乾燥と没水を交互に繰り返すため，耐候性，耐水性及び耐衝撃性に優れ，さらに防汚性や美観も備えた塗料が，船底塗料1号の上に帯状に塗られる。

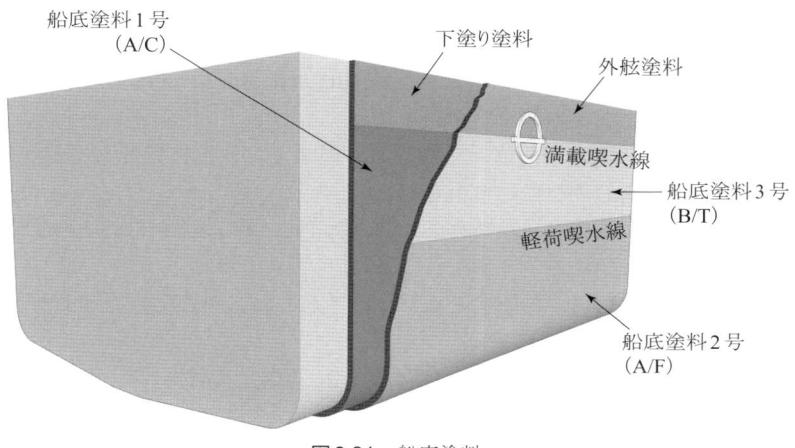

図3.31　船底塗料

3.4.5　塗装作業

（1）総塗り（all painting）と繕い塗り（touch up painting）

船内塗装には総塗りと繕い塗りがある。総塗りは，同じ種類の塗料を広い範囲にわたって一時に塗装することをいう。このような作業には特に配員，塗料必要量及び足場などの準備に注意し，作業能率が上がるように計画しなければならない。造船所では錆やミルスケールの除去に砂や金属粉を高圧空気で吹つけるサンドブラスト（sand blast）や，エアレ

ススプレー塗りをして作業能率を高めている。

　繕い塗りは，塗装面が剥離したり汚損するなどしたときに部分的に行う補修塗りをいう。この場合には塗装する面を完全に錆落しをしたあと周囲と同じ塗料を塗るように注意しなければならない。船内ではスクレーパ，チッピングハンマ，ワイヤブラシ，ディスクサンダ，パワーブラシ等の工具で錆落しをし，その後はけ塗りやローラ塗りが行われる。

(2) 塗装作業における留意点
　　1) 塗料の取り扱い
　　　　a. 取り扱いを誤らないよう，塗料メーカーが提供するSDS（安全データシート，Safety Data Sheet）やカタログ等で塗料の特性を理解した上で使用する。
　　　　b. 元の塗膜をすべて剥離する場合以外は，船内に備え付けの「ペイントスケジュール（paint schedule）」を参照し，塗り重ねても支障がない塗料を使用する。
　　　　c. 塗装時期は，一般的に，温暖で，無風に近く，空気が澄んで，乾燥しているときがよい。
　　　　d. 塗料は，塗装作業の直前に開缶し，全体を十分にかき混ぜて使用する。
　　　　e. 塗料を希釈する場合は，それぞれの塗料に適合するシンナーを用いる。
　　　　f. 被塗装面の錆，汚れ，油分，水分，塩分，その他塗膜の定着や仕上がりの妨げになるものは完全に除去する。
　　　　g. 硬化剤や添加剤を混合させるタイプの塗料は，使用前に定められた混合比になるように添加するとともに，規定時間内に塗装作業を終えること。
　　　　h. 塗料の塗り重ねをする場合は，定められた乾燥時間を経た後に次の塗装を行う。
　　　　i. 塗料を貯蔵する場合は，容器のふたを完全に密閉し，冷暗所に保管する。なお，シンナーで希釈した塗料は長期間放置しない。
　　　　　注）ペイントスケジュール：船に備えられている図面の一つ。船舶新造時に造船所から供与される。

2）作業の安全・衛生

塗料に含まれる溶剤は引火性を有しており，さらに皮膚に付着したりそのガスを人が吸引したりした場合には皮膚炎や中毒症状を起こすなど，人体に悪影響を及ぼす。したがってこれらの危険を防止するため，以下の措置を講ずる必要がある。

a. 塗装作業（準備及び後片付けを含む）を行っている場所及びその付近は火気厳禁にするとともに，火源となるおそれのある器具を使用しない。
b. 化学繊維等，静電気を発生し易い衣服の着用は避ける。
c. タンク内等，密閉された場所での作業においては，特に換気を十分に行う。さらに，有害ガスの濃度や酸素濃度の測定を行い換気の状態をチェックする。また，作業場所と外部との連絡のための看視員を配置する。
d. マスク，呼吸具，保護眼鏡，保護手袋，保護衣等，必要な保護具を使用する。
e. 作業場所付近に消火器具を用意する。
f. 作業中に身体に異常を生じた場合や事故が発生した場合は，直ちに作業を中止し救急措置を講ずる。
g. 作業に使用した布ぎれ又は剥離したくずは，みだりに放置しない。
h. 作業に従事する者以外は，みだりに作業場所に近寄らせない。

注) 船員労働安全衛生規則では，塗装作業及びその関連作業を行うに当たって必要な措置を定めており，遵守しなければならない。
　　第47条　塗装作業及び塗装剥離作業
　　第50条　有害気体等が発生するおそれのある場所等で行う作業
　　第59条　さび落とし作業及び工作機械を使用する作業

3.4.6　塗装計画上の参考

(1) 塗装面積

1) 船底塗料の塗装面積

船底塗料1号（A/C）及び船底塗料2号（A/F）の塗装面積は，それぞれの満載喫水及び軽荷喫水を基に，排水量等曲線図（hydrostatic curves）に記載されている浸水面積曲線（wetted surface area curve）

から求めることができる。したがって，船底塗料3号（B/T）の塗装面積は，次の式から求まる。

（B/Tの塗装面積）＝（A/Cの塗装面積）−（A/Fの塗装面積）

注）排水量等曲線図：10.3.3 参照

2）各部塗装面積の略算

排水量等曲線図が手元にない場合は，以下により略算できる。

a. 浸水部表面積（船底塗料1号（A/C）の塗装面積）：$A_{A/C}(m^2)$

$$A_{A/C} = 1.7 \times L \times d + L \times B \times C_b \quad \text{（デンニイの式）}$$
$$A_{A/C} \fallingdotseq 2.6 \times \sqrt{W \times L} \quad \text{（テイラーの式）}$$

ただし，L：船の長さ（m），B：船幅（m），d：満載喫水（m），C_b：方形係数，W：満載排水量（t）

b. 水線部面積（船底塗料3号（B/T）の塗装面積）：$A_{B/T}(m^2)$

$$A_{B/T} = 2.03L \times (d - d_0)$$

ただし，d_0：軽荷喫水（m）

c. 船底部面積（船底塗料2号（A/F）の塗装面積）：$A_{A/F}(m^2)$

$$A_{A/F} = A_{A/C} - A_{B/T}$$

d. 外舷の塗装面積

外舷：L（m）× 外舷の平均高さ（m）× 2.3
内舷：L（m）× 内舷の平均高さ（m）× 1.5

(2) 塗料の消費量

メーカーのカタログには，塗料の種類ごとに理論塗布量（単位面積を塗装し，所定の膜厚を確保するために必要な理論上の質量）が記載されているが，実際の塗装作業においては，はけ塗りの場合でその1.2〜1.4倍，スプレーガンを使用する場合は1.6〜1.8倍程度が必要となる。

(3) 作業員1人1時間の塗装面積（はけ塗りの場合）

平滑な面　　　　　16.5 m^2
内外舷　　　　　　10〜12 m^2
マスト，ヤード　　4〜5 m^2

(4) 塗料の色彩

色彩は,「色相」「明度」「彩度」という独立した3つの属性で表すことができる。

a. 色相：色合いを示すもので,赤,黄赤,黄,黄緑,緑,青緑,青,黄紫,紫,赤紫の10色相があり,さらに各色相は10等分される。
b. 明度：色の明るさを示すもので,完全な黒を0,完全な白を10とし,数字が大きいほど明るくなる。通常は1（黒）〜9.5（白）の18段階で表す。
c. 彩度：色の鮮やかさを示すもので,1,2,3,…の数値で表し数値の大きい方が色鮮やかであることを示す。

これらの三属性を系統的に整理し記号化した「マンセル表色系」が色彩の国際的な尺度として用いられており,JISでも規格化されている。塗料を発注する際は,マンセル表色系における記号（マンセル値）を指定することで同一の色彩のものが入手できる。

なお,わが国では「（社）日本塗料工業会」が塗料用標準色について定めた色票番号が一般的に用いられ,2年ごとに発行される色見本帳に記載されている。色票番号もマンセル表色系に基づく三属性で表示されており,色見本帳にはマンセル値が併記されているため容易に調べることができる。

10GY 4 / 6
色相 明度 彩度

図3.32　マンセル値の例

《JIS（日本産業規格）》

　JIS（Japanese Industrial Standards）は，「産業標準化法」に基づき制定される国家規格で，産業分野における「もの」や「事柄」について国家としての標準を示している。
　船舶に関する用語，機器，設備等についても，JIS で標準化されているものが多くあり，業務を行う上で有益な情報が得られる。JIS には，それぞれ分野を示すアルファベットと 4 桁の番号（船舶関係は，「F ○○○○」）がつけられており，本書においても関係する規格の番号やその名称を記載した。なお JIS の詳細については，下記のホームページで閲覧できるので，適宜参照されたい。

　　　日本産業標準調査会ホームページ　http://www.jisc.go.jp/

《ISM コードと安全管理体制》

　ISM コード（International Safety Management Code）は，船舶及び船舶を管理する会社の総合的な安全管理体制を確立することにより，船舶の安全運航の確保と海洋環境を保護することを目的に，SOLAS 条約に導入された規則である。わが国においては船舶安全法において強制化され，同法施行規則第 12 条の 2 に詳細が規定されている。
　ISM コードの適用対象船舶は，安全管理システムを構築しそれを文書化した安全管理手引書（SMS マニュアル）を備え付け，それに沿った運航と緊急時の対応が求められる。
　なお，内航船の場合，同コードは強制ではないが，旅客船やタンカー業界を中心に，これに準じた安全管理体制を構築し，船級協会の認証を受けて運用する動きが広まっている。

第4章
船体の保存手入れと船の検査

4.1 船体の保存手入れと入渠

4.1.1 入渠の目的

　船舶は，船体の保存手入れや修理，検査等のため定期的にドックに入る。これを「入渠」といい，所定の修理や検査後にドックから出ることを「出渠」という。入渠の主な目的は以下のとおりである。

　　a. 船底洗いと船底防汚塗料の塗装（海洋生物の付着防止）
　　b. 船底外板，船底弁，船外弁，舵，プロペラなど，没水部の点検及び検査
　　c. 貨物タンク等の内部検査，主機関，ボイラ，発電機などの開放検査など，入渠時しか実施できない検査の実施
　　d. 航海中に発生した不具合箇所の修理
　　e. 船舶の長期使用を図るため，計画的な補修工事の実施

4.1.2 鋼船の衰耗

（1）鋼船の腐食（corrosion）
　　　鋼船が腐食する原因には，主に鉄の酸化作用と電食作用によるもののほか，積荷などによる純化学的作用がある。
　　1）酸化作用
　　　　水と酸素の作用により電気化学的反応が起こり，鉄に「さび」が発生することをいう。この作用は水が存在するか湿度が高い状態で起こる。したがって，次の場所ではさびが発生し易い。

a. 船体露出部は空気中の湿気，風雨，海水のしぶきなどで腐食し易い。
b. 浸水部のうち，特に海水と空気とが交互に接する水線部は船底部に比べて腐食が早い。

2) 電食作用（galvanic action）

電解液中に2つの異なる金属を浸し互いに導線で結ぶと，イオン化傾向の大きい方の金属がイオンとなって電解液中に溶け出し，両金属間に電流が流れ電池を形成する。船底外板の腐食はこれと同様に，鉄がイオンとなって溶け出すことで生ずる現象である。

銅系の合金でできているプロペラやスラスタと，鉄でできている船体とは，海水を電解液として一種の電池を形成する。鉄は銅よりもイオン化傾向が大きいため，放置すると船体が消耗腐食（電食）する。これを防止するため，鉄よりもイオン化傾向の大きい亜鉛板（zinc plate）を外板に取り付け，それを船体の身代わりに消耗させることで，船体の腐食を防止する。

発生したさびと純粋な鉄との間にもこの作用が働く。このためさびた箇所はますます腐食する。

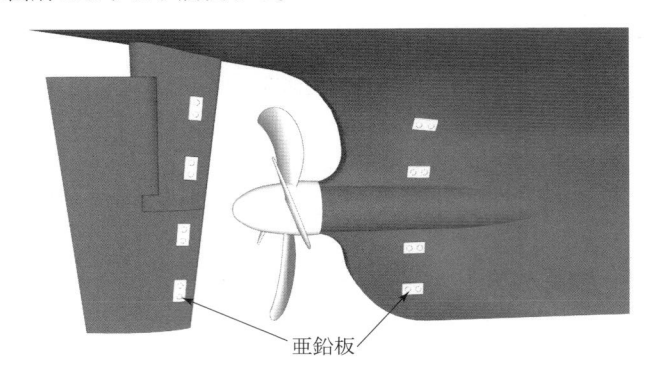

図4.1　亜鉛板

3) その他の化学作用

a. 通風の悪い，船倉，倉庫，ビルジウェルは，湿気による酸化作用のほか，炭酸ガスによってもさびを生じ腐食する。
b. 機関室の船底部は熱や振動のため腐食が促進される。

　　　　c. 船倉は積載貨物の漏れた液により化学作用を起こして腐食する。

　　　注）エロージョン（erosion 浸食）：材料が流体などの衝撃といった機械的作用で冒される作用をいう。スクリュープロペラの羽根の先端はエロージョンで侵食される。

（2）船底の汚れ

　　船体の浸水部は腐食を受けるだけでなく，時の経過に伴い海中の動物（フジツボ類，コケムシ類，ホヤ類，セルプラ類など）や海藻（アオノリ，アオサなど）が付着してくる。これを船底の汚れ（fouling）という。

　　船底が汚れると付着物のため船の摩擦抵抗が増えて速力が低下し，燃料の消費が増えて運航が不経済となる。また排水孔，吸水孔をふさぐことがある。これを防止するため，船底塗料2号（anti-fouling bottom paint，A/F）を塗装する。

　　この汚れの程度は航海区域，ドック出し後の航海・停泊日数，船底塗料の種類及び塗装時期によって異なるが，燃料消費量は8ノットの速力でドック出し後半年すると14％，1年すると60％増加，摩擦抵抗は1年で2倍に増加するといわれる。

4.2　入出渠作業

4.2.1　ドックの種類

一般的なドック（dock）の種類として，次のものがある。

（1）乾ドック（dry dock）

　　地面を掘り下げ，底面，側面ともにコンクリートで構築した大きな方形の掘割りである。船を入れたのち入口のドックゲート（dock gate）を閉じ，ドック内部の水をポンプで排水して船体を上架させ，工事が済めばドック内に再び水を張り，船をドックから出す。このタイプのドックが最も多く，超大型の新造船もこの様式のドックで造られている。ドックの底面（渠底）には，排水後に船体重量を支えるため「盤木」と呼ばれるブロックが配置されている。

図4.2 乾ドック

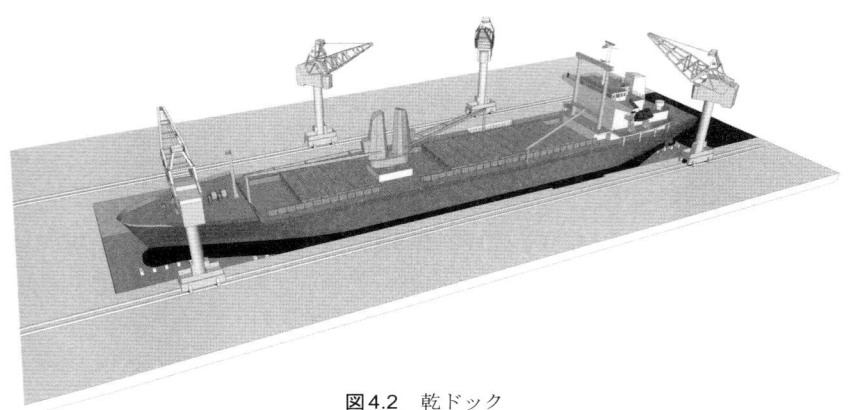

(2) 浮ドック（floating dock）
　　二重構造の底部と両側部からなる構造物で，前後部はオープンとなっている。内部に水を注排水することで全体を浮き沈みさせることができる。船をドック内に入れる場合は，注水してドック全体を沈めておき，船を入れた後に排水して浮上させ船を上架させる。乾ドックと同様に底部には盤木を配置している。注排水の加減でドック自体の傾斜も調整できるため，大きなトリムを有する船の入渠にも対応できる。乾ドックに比べて基礎工事が要らず，水深の許す限りどこにでも移動できる利点が

図4.3 浮きドック

ある。浮ドックの能力は浮上可能な船の重量で示す。
（3）スリップウェイ（slipway）
　　陸から海中の適当な位置まで長いスロープを設け，台車に載せた船体をウインチでスロープ上に引き上げる。小型船用として比較的小規模な造船所で設備されている。

4.2.2　入渠作業

（1）入渠準備
　　1）入渠に際しての事務的な準備
　　　　a. 平素から船内各所の点検を励行し不具合箇所の発見に努め，入渠時の修理箇所を記録しておく。
　　　　b. 入渠時期が近づくと，工事内容を記した入渠工事仕様書（docking indent）を作成し，船社の担当部署を通じて造船所に提出する。また船舶検査を受検する場合は管海官庁（運輸局）に受検申請を行う。
　　　　c. 入渠工事仕様書に記載した工事箇所や内容について，造船所の工事担当責任者に説明する。このときドック内でなければ修理できないものを最優先に行い，他の工事は出渠後係船岸壁にて行うよう打ち合わせる。
　　　　d. 船底の特別構造や船底部に損傷があるかどうか，ドック入りに参考になるような事項を，ドックマスター（dock master，船渠長）にあらかじめ知らせる。
　　　　e. 入渠中の居住施設（ドックハウス）の使用や厨房の陸上施設への移動（ギャレーシフト）についても打ち合わせておく。
　　2）甲板部における入渠のための準備作業
　　　　a. 貨物はすべて揚げ船倉は空にして清掃しておく。またタンカーのカーゴタンクはガスフリー状態にする。
　　　　b. 船の航行に不安を来さない程度にバラストの排水を行う。
　　　　c. 船体の姿勢を造船所側の要求したトリムに調整し，横傾斜のない直立状態（upright）にする。
　　　　d. 船底プラグ，音響測深機及びログの送受波器位置等，入渠に当

たって特に必要がある事項については，事前にドックへ通知しておく。
- e. 舷外の突出物はすべて取り込み，フェンダ（fender）を舷側の適当な箇所に配置する。曳索や係留索は，一般的には造船所で用意したものを使用するが，必要な場合はそれらについても準備する。
- f. 両舷の船首アンカーの投下準備をする。

(2) 入渠後の作業

1) 入渠直後の一般的作業
- a. ドック内の排水が終了すると渠底に降り，船体の損傷箇所の有無，船底付着物の付着状況，船底塗料の剥離状況，亜鉛板の衰耗状況等を調査する。
- b. 船底状態のチェック後，高圧清水により船底を洗浄し船底付着物を除去する。また，洗浄のみで塗装に必要な平滑状態にならない場合は，サンドブラスト等を行うことがある。
- c. 船首アンカーを渠底に降ろしアンカーチェーンを全部繰り出してアンカーとチェーンを点検する。
- d. 油タンク以外の船底タンクの船底栓（ボトムプラグ）を抜いてタンクを空にし，タンク内の不良箇所を調べる。
- e. 舵を持ち上げて各部の摩耗状態を調べる。

2) 点検時に特に注意すべき箇所
- a. 船首部は波の衝撃作用（slamming and panting）のため内部ブラケットに亀裂が入ることがある。
- b. 船尾部は推進器の振動も加わって漏水箇所が多いので，外板と船尾骨材との取付け部に注意する。
- c. 亜鉛板の衰耗状態を調べる。
- d. 舵については，ピントルのスリーブやブッシュの摩耗状態を調査する。特に舵重量を舵下部のシューピースで支える構造の船においては，ヒールディスクの摩損についてはよく調べる。
- e. スクリュープロペラの浸食，腐食状態を見る。

(3) 入渠中の主な作業と注意事項

1) 入渠中の主な作業

a. 船底部の点検と不良箇所の修理
b. 舵，スクリュープロペラの点検と不良箇所の修繕又は新替え
c. 亜鉛板の取替え
d. 船底部タンクの点検と防食作業
e. アンカー及びアンカーチェーンの点検と修理
f. チェーンロッカの清掃と防食作業
g. 船底及び船体の清掃，検査，補修及び塗装
h. 法定検査の受検に必要な準備作業
（船舶安全法施行規則第 23 条～第 30 条）
i. その他，各種修繕工事，補修工事の実施

2）工事監督上の注意事項
a. 造船所側の工事担当責任者と適宜打合せを行い，工事の詳細について本船と食い違いがないようにしておく。
b. 修理材料や施工方法等，工事が注文どおり実施されているか確認する。
c. 予定された工程表に従い工事が実施されているか確認する。
d. 本船の設備・機器等に対し，損傷や汚損のおそれがある工事については，事前に十分な養生を行わせる。
e. 本船の設備・機器等を勝手に使用させない。
f. 船のトリムや傾斜に影響を及ぼす重量物の移動を勝手に行わせない。
g. 工事の関係上，移動や仮移設を行ったものについては，元通りに復旧させる。
h. その他，本船及び乗組員の安全確保について必要な措置を講ずる。

3）入渠中に注意すべき事項
a. 以下の点に留意し，火災の防止に努める。
- 火気の取扱い，及び火気使用後の後始末を入念に行う。
- 溶接等の火気を使用した箇所については，その箇所だけでなく，甲板や鋼壁の裏面についても，火気の後始末が十分であることを確認する。
- 油布，ペイント，溶剤の適切な処理及び保管を行う。

- 持運び式消火器を船内各所に配置しておく。
- 陸上消火栓に消火ホースを取り付け，船内に導いておく。
  b. 以下の点に留意し，人身事故の防止に努める。
- 船内及び船外に設けられた足場を確実なものにしておく。
- 暗い箇所や夜間においては，十分な照明を確保する。
- ギャングウェイには安全ネットを取り付けておく。
- 作業の場所及び種類に応じた適切な保護具を着用する。
- 危険な作業場所への出入りを制限すると共に，保護ロープや立て札を設置するなどの措置を講じる。
- 高所にある物については，落下の危険性がないよう措置しておく。
- 漏電や感電を防止する。
- 移動するもの（特に重量物，デリック，クレーン等）については，移動防止措置を講じておく。
  c. 舷外への排水，物の投棄を厳禁する。また，便所やギャレーの使用も禁止する。
  d. 盗難の防止に注意する。
(4) 出渠準備
ドック内に注水する前に，以下の準備及び確認を行う。
  a. すべての船底栓（bottom plug）は航海士の立会いの下に確実に閉鎖し，その外面をセメントで塗り固める。
  b. 直立状態で適当なトリムを持って浮上するよう，入渠時の状態を参考にして，タンクコンディションを整えておく。
  c. 船底塗料の塗り残しがなく，亜鉛板には塗装されていないことを確認する。
  d. 各タンクのマンホール及び船底の止水弁は確実に閉鎖する。
  e. 船底部の工事やストームバルブ等の復旧工事が完了していることを確認する。

4.3 船体関係図面

4.3.1 図面の基本

船には完成図（finished plan）として，新造時の船の状態を記した多くの図面及び図表が備えられており，入渠工事に際しては，特に船体構造に関するものがよく利用される。

（1）図面の表記法等

JISの「Z 8310 製図総則」には，船舶に限らず各種工業に共通した図面を作成するに当たっての一般的な事項が規定されている。さらに船舶に関しては，「F 0201 基本船こく構造図の自動製図通則」「F 0050 船舶通風系統図記号」「F 0051 船舶救命及び消火設備の図記号」「F0053 船舶一般配置図記号」があり，基本的にはこれに従った製図が推奨されているので，各種図面に使用されている線や記号の意味について不明な場合は参照されたい。なお，各造船所や工場の特殊性によって，特別な規格を設け製図している場合もあるため，図面を見る場合には注意を要する。

（2）図面の投影方向

図面は，外板展開図のように特殊なものを除き，立体である船体の水

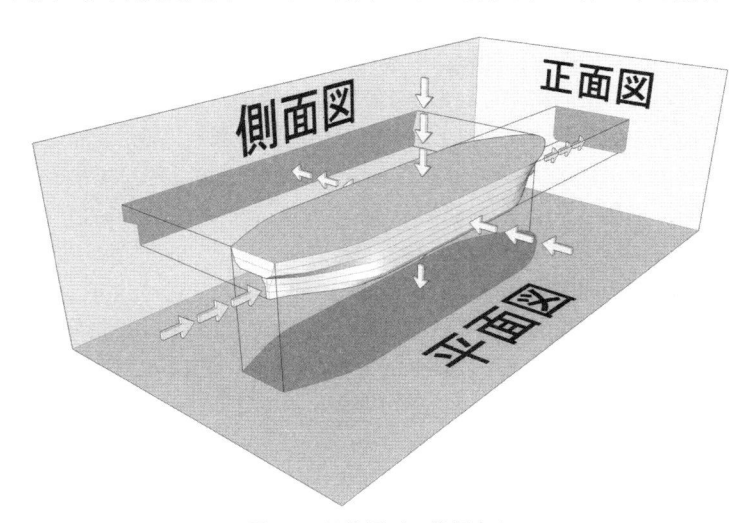

図4.4　船体図面の投影方向

平面，側面，横断面の各方向の状態が示されており，基本的には以下のように平面に投影され描かれている。
   a. 平面図は，下向きに投影されており，左舷上面が描かれている。
   b. 側面図は，左舷向きに投影されており，左舷内面が描かれている。
   c. 横断面図（正面図）は，前向きに投影されており，左舷後面が描かれている。
   d. 図面における船首の方向は，向かって右側である。
   e. 図示されている舷は，原則として左舷となっている。ただし，右舷にだけある部分は，右舷側が図示される場合もある。

4.3.2　主な船体関係図面

(1) 完成図書目録（list of final drawings）
　　完成図は他の図表類と共に「完成図書」として整理番号が付され，一般的には図面箱に番号順に入れられ保管されている。完成図書目録は，全完成図書の番号や名称及び保管箱等の一覧であり，必要な図面がどこにあるのかを知りたい場合は，この目録によって調査する。完成図書の使用後は，元の保管場所に戻しておかなければならない。

(2) 一般配置図（general arrangement）
　　船倉や機関室，船室，甲板機器等の配置を示した図面で，側面図と甲板ごとの平面図からなるが正面図が記載されている場合もある。船の全体像を知る上で欠くことのできない図面であり，他の図面と併用することでその船の詳細を知ることができる。正確な縮尺で描かれているため，損傷した場所等を特定する場合にはなくてはならない図面である。G.A.（ジーエー）と称されることが多い。

(3) 中央横断面図（midship section）
　　船体の中央部付近における横断面を示しており，船尾側から見た状態が描かれている。船体は中空箱形の梁と見なすことができるから，中央横断面図により船体の基本的構造が示されている。従来は，横断面の右半分が倉内及び居住区の断面を，左半分が機関室の断面を示したが，最近ではいずれの断面も左舷後面を描くのが一般的であり，前後位置の異なる倉内断面を図面の左右に示す場合もある。

(4) 鋼材配置図（construction profile and deck plan）

この図面は，船体中心線における縦断面図と各甲板の水平面図によって船体構造を示している。中央横断面図のみでは船体の前後方向の構造を示すことはできないので，船首尾を含めて船体の縦方向における鋼板や骨材の配置を示した図面である。水平面図は，左舷側のみを示している場合が多く，また縦断面図に，船体中心線以外に配置されている縦隔壁の構造も示す。

(5) 外板展開図（shell expansion plan）

曲面である外板とそれに接する骨材の配置等を平面に展開して示した図面である。図面の横方向に船の長さ方向の寸法及びフレーム間隔を示し，竪（上下）方向には，船の横断面における周長（girth）を示す。一般的に左舷内面が描かれているが，左右いずれかの舷にしかないものは，その旨が記されている。

図面には鋼材のグレードや寸法，舷窓及びシーチェスト等の開口部の位置，船体湾曲部の位置等も示される。

注：周長：船の胴回りの長さのことで，船体中心線からフレームに沿って測った長さ。

(6) 入渠用図（docking plan）

主として船底栓やシーチェスト等の船底開口部の位置を示したもので，船体中心線縦断面図や船底平面図等からなる。造船所によって内容も様々であり，入渠用図の代わりに「船底栓及びマンホールの配置図（arrangement of bottom plug and man holes）」を備える場合もある。

4.4　船の検査

船舶は，人命の安全と堪航性を保持するため必要な施設を備え，船舶安全法に定められた検査に合格しなければ，航行することができない。

4.4.1　船舶検査の適用を受ける船

次の船舶は，具備すべき施設及びその保守整備の状態が良好であることを確認するため，船舶安全法に定められた船舶検査を受けなければならない。

1) 堪航性と人命の安全保持のための構造及び施設を義務付けられている船

舶（船舶安全法第2条）
2) 満載喫水線の標示義務がある船舶（同法第3条）
3) 無線電信又は無線電話の施設を義務付けられている船舶（同法第4条）

注） 船舶検査の適用を受けない船舶
　　船舶安全法第2条に定める構造及び施設に関する義務規定は，次の船舶には適用されない。
1. 櫓櫂（ろかい）のみで運転する舟にして，国土交通大臣の定める小型のもの（6人を超える人の運送に供しない舟）
2. 国土交通大臣において特に定める船舶
　　　これは船舶安全法施行規則第2条第2項に明示されている小型船で，大きく分けると，① 推進機関を持つ長さ12m未満の船，② 長さ12m未満の帆船，③ 推進機関及び帆装を持たない船舶，④ 災害発生時のみ使用する国又は地方公共団体所有の救難用船舶，⑤ 係船中の船舶，⑥ 告示で定める水域のみを航行する船舶，がある。

4.4.2　船舶検査の種類

船舶の竣工後の検査としては，次のものがある。（船舶安全法第5条，同法施行規則第3章）

(1) 定期検査

　　船舶を日本船舶として，① 初めて航行の用に供するとき，又は ② 船舶検査証書の有効期間が満了したときに行う精密な検査で，船体，機関，諸設備，満載喫水線，無線電信等の施設について行う検査である。

　　各種の試験及び試運転ののち検査に合格すれば，管海官庁が航行区域（漁船では従業制限），最大搭載人員，制限汽圧，満載喫水線の位置を決め，船舶検査証書を交付する。

　　注）　船舶検査証書及び有効期間：4.4.3(1) 参照

(2) 中間検査

　　定期検査と次の定期検査との中間に行われる検査で，第1種中間検査，第2種中間検査及び第3種中間検査がある。（船舶安全法施行規則第18条）

　1) 第1種中間検査
　　　次に掲げる検査を行う中間検査をいう。
　　　a. 船体，機関，排水設備，操舵・係船・揚錨設備，荷役等の設備，電気設備及びその他国土交通大臣が特に定める事項について行

う船体を上架すること又は管海官庁がこれと同等と認める準備を <u>必要とする</u> 検査
b. 上記 a と同じ事項について行う船体を上架すること又は管海官庁がこれと同等と認める準備を <u>必要としない</u> 検査
c. 帆装，居住設備及び衛生設備について行う検査
d. 救命・消防設備，航海用具，危険物その他の特殊貨物の積付け設備，満載喫水線及び無線電信等について行う検査

2）第 2 種中間検査

上記 1）の b 及び d に掲げる検査を行う中間検査をいう。

3）第 3 種中間検査

上記 1）の a 及び c に掲げる検査を行う中間検査をいう。

受検しなければならない検査の種類と時期は，旅客船，原子力船，潜水設備を有する船舶であるか等の船の種類や，国際航海に従事するかによって異なる。（船舶安全法施行規則第 18 条）

注）上架：船をドック等に入れ，水面から上げること。

〔具体例〕

国際航海に従事する長さ 24 m 以上の船舶

（一定の旅客船や原子力船，専ら漁ろう従事する船舶等は除く）

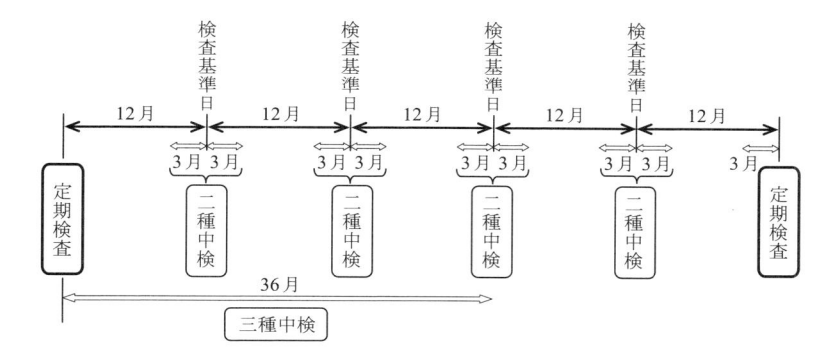

```
       検査     検査     検査     検査
       基準日   基準日   基準日   基準日
  12月  |  12月  |  12月  |  12月  |  12月
定期     3月3月   3月3月   3月3月   3月3月   3月    定期
検査     二種     二種     二種     二種           検査
         中検     中検     中検     中検
         ←――――― 36月 ―――――→
              三種中検
```

（3）臨時検査

船体，機関などの所要施設，満載喫水線，無線電信等について，次のときに行う検査である。

1）船舶の堪航性又は人命の安全の保持に影響を及ぼすおそれのある改

造又は修理を行うとき。
2) 満載喫水線の位置又は船舶検査証書に記載している条件の変更を受けようとするとき。
3) その他国土交通省令（船舶安全法施行規則第19条第3項）の定めるとき。例えば，
   a. 新たに満載喫水線を標示しようとするとき。
   b. 新たに無線電信等を施設しようとするとき。
   c. 海難その他の事由により検査を受けた事項につき船舶の堪航性又は人命の安全の保持に影響を及ぼすおそれのある変更が生じたとき。

なお，臨時検査は，定期検査や中間検査の時期と重なるときは受検することを要しない場合がある。

(4) 臨時航行検査

船舶検査証書を受有していない船舶を臨時に航行の用に供するときに行う検査である。具体的には，
   a. 日本船舶を所有することができない者に譲渡する目的で，外国に回航するとき。
   b. 船舶を改造，整備，解撤のため，又は検査，検定，総トン数の測度を受けるため必要な場所まで回航するとき。
   c. 船舶検査証書を受有しない船舶をやむを得ない理由によって臨時に航行の用に供するとき。

(5) 特別検査

上記(1)～(4)の検査のほか，一定の範囲の船舶について施設基準に適合していないおそれがあり，国土交通大臣が特に必要があると認めたときに行う検査である。

具体的には，一定の範囲の船舶に事故が著しく発生しているなどの理由で，船の材料，構造，設備，性能が，基準に適合していないおそれがあると認める場合に，国土交通大臣が，検査を受ける船舶の範囲，検査の事項，期間などを公示して行う。

注) 製造検査：長さ30m以上の船を建造するとき，船体，機関，排水設備，満載喫水線について，製造に着手したときから工事の進行に伴い行う検査で，製造者が管海官庁に申請する。船体や設備の設計及び外観の検査，材料試験や圧力試験，陸上試運転等が行われる。

　　　　予備検査：船舶全般の検査でなく，船舶の所要施設に係る物件について，① 物件の製造又は ② 物件の改造・修理・整備を行う場合，それらを船舶に備え付ける前にあらかじめ受けることができる検査である。例えば，操舵装置，ハッチカバー，船灯，クレーン，救命器具，内燃機関などが対象である。

4.4.3　船舶検査に関する証書等

　船舶検査に関する証書等には以下のものがあり，船舶安全法施行規則第 3 章第 5 節に，その様式，有効期間，交付，返納などが定められている。

（1）船舶検査証書

　　　　船舶検査証書は，航行上の要件を示し，航行権を保証する重要書類であり，船舶内に備えておかなければならない。定期検査に合格した船舶に交付され，その有効期間は 5 年であるが，旅客船を除き平水区域を航行区域とする船舶又は小型船舶で国土交通省令の定める一定の船舶は 6 年である。

（2）船舶検査手帳

　　　　最初の定期検査に合格した船舶に交付されるもので，検査に関する事項が記録されており，船長が船内に保管しておかなければならない。

（3）船舶検査済票

　　　　小型船舶に交付されるもので，船長はこの票を両舷側の船外から見易い場所に貼り付けておかなければならない。

（4）臨時変更証

　　　　船舶検査証書の記載事項の変更が臨時的なものであるとき，証書の書換えに代えて交付される。

（5）臨時航行許可証

　　　　臨時航行検査に合格した船舶に交付される。船舶を航行の用に供する場合は，船舶検査証書又は臨時航行許可書を受有しておかなければならない。（ただし，検査又は船の型式承認のため，国土交通大臣の行う試験の執行として旅客及び貨物を搭載せずに試運転を行う場合は除く）

（6）製造検査合格証明書，予備検査合格証明書，及び証印

　　　　製造検査に合格した船舶には製造検査合格証明書が交付され，かつ証印が付される。製造についての予備検査に合格した物件には証印が付され，申請により予備検査合格証明書が交付される。

(7) 検定合格証明書，整備済証明書

　　検定合格証明書は管海官庁，登録検定機関又は小型船舶検査機構による，型式承認にかかる検定に合格した船舶又は物件に対し交付される。

　　整備済証明書は「船舶安全法の規定に基づく事業場の認定に関する規則」に従い認定を受けた事業所で，整備主任者が整備の確認を行った船舶又は物件について交付される証明書である。

4.4.4　船級協会（Ship classification society）

　船級とは，船舶の構造，設備，性能等が一定の基準にあることの証明で，船舶の用船契約，海上保険の査定などで特に重視される。かつては船舶を数段階の等級で示していた。

　船級協会は非政府組織ではあるが，海事関係の国際条約等を満足した独自の規則を設け，それに従い船舶を検査し，合格した船舶に船級を付与する。わが国の船級協会としては日本海事協会（Class NK）があり，この協会の検査を受け，船級の登録をした船舶で旅客船以外のものについては，船体，機関，諸設備，満載喫水線等に関し，政府の検査に合格したものとみなされる。

　これは，高価な財産である船舶や搭載機器の構造・強度等に力点をおいた船級検査（class survey）が，海上における人命や財産の安全確保にもつながり，さらに古くからの検査の実績を評価して政府がその実績を認めるようになったものである。このように船級検査の対象とするところは，各国政府の検査が省略されたり簡略化されたりしている。

　一流の船級協会の検査に合格した船は船級船（class boat）と呼ばれ，満載喫水線標識（円形標識）には該当する船級協会の略称（日本海事協会の場合は「NK」）が標示される。

4.5　作業の安全

4.5.1　関係法令

　船上での各種作業における労働災害を防止するため，下記の法令で種々の保護具の着用及び検知器の使用が義務付けられている。

a. 船員労働安全衛生規則（保護具・検知器具）
b. 危険物船舶運送及び貯蔵規則（保護具・検知器）
c. 特殊貨物船舶運送規則（検知器）
d. 船舶設備規程（検知器）

注）　船舶における労働安全衛生の保持については，船員法第81条及び船員労働安全衛生規則を遵守しなければならない。

4.5.2　保護具

（1）保護具の選定及び取扱い上の注意

　　保護具とは，労働災害防止のため身体につける装具の総称である。多くの場合，性能基準がJIS等で定められているが，その選定及び取り扱いにおいては次の点に注意しなければならない。
　　a. 外観からのみ判断して選定し使用してはならないこと。
　　b. 性能及び効果は無限ではないため，作業環境や予想される災害の程度を十分に検討した上で使用すること。
　　c. 装着方法及び使用環境が適切であること。
　　d. 常に保守・点検に万全を期すこと。
　　e. 使用期限（有効期限）を守ること。

（2）保護具の種類

　1）保護帽（安全帽）

　　飛来物・落下物用安全帽と転倒・転落時保護用安全帽があり，それぞれに高電圧電気絶縁性を有するものがある。

　2）保護靴（安全靴）

　　安全靴とは，主としてつま先を先しんにより保護するとともに，滑り止め機能を備える靴である。先しんの耐圧迫力の違いにより，重作業用，普通作業用及び軽作業用がある。また，靴底に強度を持たせ，耐踏み抜き性を備えた安全靴もある。

　　静電気帯電防止靴は，靴底から静電気を逃がす機能を有する靴で，上述の安全靴の機能を併せ持ったものを，静電安全靴という。

　3）安全帯（安全ベルト）

　　高所又は急斜面において，作業者の墜落及び滑落による危険を防

止するために用いる。用途の違いにより，下記の種類がある。
- a. 1本つり用：作業時又は移動時の墜落を阻止するためのもの。
- b. U字つり用：作業位置の作業姿勢を保持するためのもの。ランヤードを回し掛けする。
- c. 1本つりU字つり兼用

注) ランヤード：ベルトと身体を保持する固定物とを接続するためのロープ及び付属具からなる部品

4) 保護眼鏡
- a. 保護眼鏡：浮遊粉じん用，薬液飛まつ用，飛来物用
- b. 遮光保護具：紫外線及び赤外線，強烈な可視光（有害光線）からの保護
- c. 溶接用保護面：溶接・熱切断などの際に発生する紫外線，赤外線，有害光線からの保護。アーク，スパッタ（溶滴）等による外傷の危険から，顔面，頭けい部の前面を保護

5) 呼吸用保護具

酸素欠乏症の防止，有害ガス及び粉じん等の吸引による危険を防止するための保護具で，図4.5のとおり，ろ過式と給気式のものがある。
- a. ろ過式：有害ガスや粉じん等の有害物を，吸収缶又はろ過材を用いて除去し，清浄な空気にして吸気させる方式で，有害物の種類，濃度，形状等により，有効な吸収缶又はろ過材が異なる。

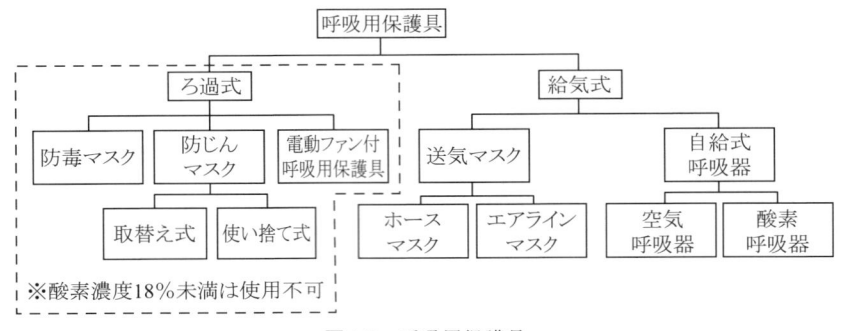

図4.5　呼吸用保護具

b. 給気式：ボンベに充填された空気，酸素又は呼吸可能なガスを吸気したり，別の場所から清浄な空気をホースで供給する方式で，有害物の種類や酸素濃度に関係なく使用できる。

　　酸素濃度が 18 ％未満の場合の他，有害物の種類が特定できない場合や濃度が高い場合は，必ず給気式の呼吸用保護具を用いなければならない。
6）防音保護具

　　聴覚障害を防止するための保護具で，耳栓と耳覆いがある。
7）保護衣

　　機器の可動部，低温，悪天候，化学物質，熱及び炎，切り傷及び突き刺し等の身体への障害又は健康を害する原因から防護するようにデザインされている服で，個人用の衣服を覆うか又はこれに代わる服をいう。

　　タンカー等において着用される「静電気帯電防止作業服」は，服の静電気帯電に起因して発生する災害・障害を防止するため，生地に帯電防止織編物を使用して縫製している。
8）保護手袋

　　作業手袋，電気絶縁用手袋，溶接用かわ製保護手袋，防振手袋，化学防護手袋，放射性汚染防護用ゴム手袋等がある。

4.5.3　ガス検知

（1）ガス検知の目的と検知器具

1）火災，爆発事故の防止

　　可燃性の気体の発生が懸念される場所で火気を扱う場合等において，その濃度が爆発下限界（LEL）以下であることを確認する。

　注）爆発下限界（LEL）については，10.5.4（1）を参照。

2）ガス中毒事故の防止

　　硫化水素や一酸化炭素等，人体に対する有害ガスの発生が懸念される場合に，その濃度が許容濃度以下であることを確認する。

　注）許容濃度：労働者が 1 日 8 時間，1 週間 40 時間程度，肉体的に激しくない労働強度で有害物質に曝露される場合に，当該有害物質の平均曝露濃度がこの数値以下であれば，ほとんどすべての労働者に健康上の悪い影響が見られないと判

断される濃度。具体的数値として日本産業衛生学会（https://www.sanei.or.jp）の勧告がある。

3）酸素欠乏症の防止

大気中の酸素濃度が 18 ％未満である状態を酸素欠乏といい，その状態の空気を吸入すると，目まいや意識喪失，さらには死に至る場合がある。この危険を防止するため，作業場所の酸素濃度が安全限界である 18 ％以上であることを確認する。

注）　空気中における酸素濃度は約 21 ％であり，これ以下であれば連続した換気が必要である。

4）検知器

これらの濃度を測定するために，可燃性ガス検知器，有害ガス検知器，酸素濃度測定器が用いられる。本来はそれぞれ別個のものであり，さらに有害ガス検知器は検出するガスの種類ごとに備えられていたが，最近では小型軽量化及び多機能化が図られ，1 台で複数の種類のガス及び酸素濃度を測定できる複合ガス検知器が普及している。

(2) 検知作業における注意点

検知作業は，危険に直面する機会も多く，その作業自体が災害原因にならないようにするために，以下の点に注意し確実に安全な方法により行わなければならない。

a. 検知作業は，船員労働安全衛生規則に定められた一定の経験又は技能を要する危険作業である。（第 28 条第 1 項第 12 号）
b. 緊急時に適切な対策が講じられるよう，補助者の監視の下で行う。
c. 密閉区画やガスの滞留区画を開放する場合等においては，気流に巻かれないよう注意すること。
d. 危険個所や酸素欠乏が予想される場所へ立ち入り検知作業を行う場合は，適切な保護具を装着すること。
e. 検知器は，取扱い説明書に従い，適切な取り扱いをすること。
f. 測定箇所は，上下及び水平方向とも，それぞれ少なくとも 3 か所以上とする。
g. ガスや酸素濃度は時間と共に変動する場合があるため，測定は整備作業等の開始前だけではなく作業中も適宜行う。
h. 測定結果は記録用紙に記録し，濃度変化の把握に努める。

第5章
操船性能に関する基礎知識

5.1 舵の作用

　船は操舵（steering）することによって，旋回（turning）したり，針路を変えたり（changing course, altering course），波浪中でも針路を保持（keeping course）したりすることができる。特に操舵したときに早く回頭するかどうかは，障害物等の危険を回避する上で重要な操縦性能（manoeuvrability）の1つである。

5.1.1 船の操縦性

　操船者が思うまま，たやすく操縦（manoeuvring）できる船を操縦性の優れた船という。操縦性の良し悪しは以下の性質で表される。

1) 追従性
　　舵をとればすぐ回頭が始まり，舵を中央に戻せば，遅れることなく直進状態に戻り，当て舵（meeting rudder）をとればすぐその効果が現れるかどうかの性質。
2) 旋回性
　　小回りのきく程度を表す性質で，舵をとった場合に小さい円を描いて旋回できるかどうかの性質。
3) 針路安定性
　　舵を中央にした状態で，少しの間操舵しなくても船がほぼ真っすぐに走るかどうかの性質。

したがって船は小回りがきくというだけでなく，追従性や針路安定性も，操船のし易さに欠かすことのできない性質である。

注） 当て舵：船の旋回を早く止めるために，旋回している方向とは逆の方向に舵をとる操作。

5.1.2　操舵号令

操舵は，船長や航海士等の操船者の号令に従い操舵員（quarter master, helmsman）によって行われる。操舵号令を受けた操舵員は，号令を直ちに復唱して舵をとらなければならない。操舵号令は IMO 勧告の標準操舵号令（standard wheel orders）や慣用のものを含めると，次のものがある。

(1) 標準操舵号令

標準操舵号令として勧告されているのは表 5.1 のとおりである。舵をとる方向や舵角及び針路を明確に指示するなどして曖昧な表現を避け，的確な操舵が行えるように配慮されている。(3) に上げる慣用的な操舵号令も用いられているが，できるだけ標準操舵号令を用いるように努めるべきである。

(2) 標準操舵号令の実際

現針路 036° で航行中の船が，080° に変針する場合，操船者と操舵員との間における操舵号令及び復唱等については，表 5.2 のように行われる。

(3) 慣用の操舵号令

標準操舵号令以外に，慣用的に表 5.3 のものも用いられている。

注） IMO（International Maritime Organization：国際海事機関）は国連の専門機関で，海上の安全，船舶からの海洋汚染等の防止，その他海事分野の諸問題に関する国際的な協力を推し進めるため，1958 年に設立された。発足当初の名称は政府間海事協議機関（IMCO）であったが，1982 年に改められた。

第5章 操船性能に関する基礎知識　141

表 5.1　標準操舵号令

	操舵号令		意 味
	英　語	日本語	
舵角で指示する場合	Starboard five Starboard ten Starboard fifteen Starboard twenty Starboard twenty-five	スターボード 5 度 スターボード 10 度 スターボード 15 度 スターボード 20 度 スターボード 25 度	舵を右舷に 5 度とれ。 舵を右舷に 10 度とれ。 舵を右舷に 15 度とれ。 舵を右舷に 20 度とれ。 舵を右舷に 25 度とれ。
	Hard-a-starboard	ハードスターボード	舵を右舷に一杯とれ。
	Port five Port ten Port fifteen Port twenty Port twenty-five	ポート 5 度 ポート 10 度 ポート 15 度 ポート 20 度 ポート 25 度	舵を左舷に 5 度とれ。 舵を左舷に 10 度とれ。 舵を左舷に 15 度とれ。 舵を左舷に 20 度とれ。 舵を左舷に 25 度とれ。
	Hard-a-port	ハードポート	舵を左舷に一杯とれ。
	Midships	ミジップ 舵中央，又は戻せ	舵を船首尾線上に保て。
	Ease to five Ease to ten Ease to fifteen Ease to twenty	5 度に戻せ 10 度に戻せ 15 度に戻せ 20 度に戻せ	舵を 5 度に戻して保持せよ。 舵を 10 度に戻して保持せよ。 舵を 15 度に戻して保持せよ。 舵を 20 度に戻して保持せよ。
針路で指示する場合	Starboard, steer "one eight two"	スターボード，針路 182 度	舵を右舷にとって，針路を 182 度にせよ。
	Port, steer "zero five three"	ポート，針路 053 度	舵を左舷にとって，針路を 053 度にせよ。
針路を保持する場合	Steady	ステディー	船首の振れをできるだけ早く減じよ。
	Steady as she goes	今の針路を保て	今現在の針路を保って操舵せよ。
	Steer on "…buoy/…mark/…beacon"	…ブイ／…マーク／…ビーコン ステディー	指示した物標に向けて針路を保持せよ。
	Keep "buoy/mark/beacon/…" on starboard side	この針路であのブイ／マーク／ビーコン…を右舷に維持せよ。	
	Keep "buoy/mark/beacon/…" on port side	この針路であのブイ／マーク／ビーコン…を左舷に維持せよ。	

注）" "内の針路や物標は，一例である。
　　Hard-a-starboard や Hard-a-port の hard（ハード）とは一杯（hard over）のことで，舵を一杯とれという意味である。それぞれ左右に最大舵角（35°）まで舵をとってその状態を保つ。

表5.2　標準操舵号令の実際

操船者	操舵員	状況
Starboard ten		操船者は，舵を右舷に10°とるよう発令。
	Starboard ten (, sir)	操舵員は復唱。
	操舵員は命令に従い操舵。	
	Starboard ten, sir	操舵員は，舵角が右舷10°になったことを，舵角指示器で確認し報告。
	船が回頭を開始。	
Midships		操船者は，舵中央を発令。
	Midships (, sir)	操舵員は復唱。
	操舵員は命令に従い操舵。	
	Midships, sir	操舵員は，舵角が0°となったことを，舵角指示器で確認し報告。
Steady		回頭の速さは徐々に低下しているが，操船者は船首の振れをできるだけ早く減ずることを命じる。
	Steady (, sir)	操舵員は復唱。
	操舵員は，船首の振れを減ずるため，左舷に当て舵をとる。	
	Steady on zero eight three, sir	船の回頭が083°で停止したことを，操舵員は報告する。
Port, steer zero eight zero		操船者は，予定針路である080°に向首することを命ずる。
	Port, steer zero eight zero (, sir)	操舵員は復唱。
	操舵員は舵を左舷にとり，080°に向首するように操舵。	
	Steady on zero eight zero, sir	操舵員は，080°に向首し定針したことを確認して報告。
All right		操船者は応答。

第5章 操船性能に関する基礎知識

表5.3 慣用の操舵号令

操舵号令		意 味
英 語	日本語	
Starboard	おもかじ（面舵）	舵を右舷に15度とれ。
Starboard easy	おもかじ静かに	舵を右舷に7～8度とれ。
Starboard a little	おもかじ少し	舵を右舷に7～8度とれ。
Starboard more	おもかじもう少し	現在の舵角より，さらに右に5～10°大きくとれ。
Nothing to starboard	右に曲げるな	現針路より右に向けるな。
Port	とりかじ（取舵）	舵を左舷に15度とれ。
Port easy	とりかじ静かに	舵を左舷に7～8度とれ。
Port a little	とりかじ少し	舵を左舷に7～8度とれ。
Port more	とりかじもう少し	現在の舵角より，さらに左に5～10°大きくとれ。
Nothing to Port	左に曲げるな	現針路より左に向けるな。
Ease the wheel	もどせ	舵をゆっくりと戻せ。
Course again	もとのはり（元の針路）	元の針路に戻せ。
Steady	ようそろ（宜候）	船首の振れをできるだけ早く減じよ。又は，今現在の針路を保って操舵せよ。
Course "one zero two"	針路102°のところようそろ	針路を102°にせよ。

注） 上記の操舵号令は，以下のような状況において用いられる。
1. "Starboard easy", "Port easy"：船をゆっくり大きく回頭させながら変針するときに用いる。
2. "Starboard a little", "Port a little"：相手船と向き合う(head on, end on)かそれに近い状態において，本船の針路を少し変える必要がある場合に用いる。
3. "Starboard more"：初めに指示した舵角では船の回頭が遅いときに使う号令で，操舵員は現在の舵角よりもさらに5～10°舵角を大きくとる。
4. "Ease the wheel"：回頭を抑えながら新針路に定針させるときに使う号令で，舵一杯にとった状態のときによく使われる。
5. "Course again"：避航のため少し変針していた状態から，再び初めの針路に戻す場合に使う号令で，操舵員は "Course again, sir" と復唱後，定針したなら再び "Course again, sir" と報告する。
6. "Nothing to starboard"：針路の右に浅瀬などの危険な場所があるとき，風潮の影響で右に流れ易いとき，あるいは船首が右に振れると相手船から針路の誤認を受け易いときなどに「右の方に船首を振らせるな」という意味の号令で，操舵員は船首を多少左に振らせても絶対右に振らせないよう操舵に注意しなければならない。
7. "Right on"：操舵号令ではないが，基準コンパスと操舵用コンパスの示度を比較して正しく合わせるときに使われるもので，あらかじめ決めた針路にうまく船首がのったとき「よろしい，ちょうど今だ」という意味を持つ。

5.1.3 旋回運動

（1）旋回運動に現れる舵の作用

舵を一方にとれば舵板に水流が当たり舵圧が生ずる。その舵圧（rudder pressure）の大きさはおよそ次式の程度である。

$$P = \frac{1}{50} \cdot A_R \cdot V_k^2 \cdot \sin\delta \tag{5.1}$$

P：舵圧（tf），A_R：舵面積（m²），V_k：船速（ノット），δ：舵角（度）

舵をとると，舵圧の作用で船尾が外側に振れ，これにより船は船首斜め方向から水流を受けるように前進する。船体の喫水線下の水平断面は翼に類似した形状をしているため，船の進行方向（水流を受ける方向）と直角方向には揚力（F_L）が，水流と同じ方向には抗力（F_D）が生じる。この場合 F_L は内側に向かって働くので，これが求心力となり船は円運動（旋回運動）をする。円運動が進むにつれ遠心力が働き，F_L と遠心力が釣り合ったところで，一定の旋回運動が持続するようになる。一方 F_D は，主に船の速力を低下させるように働く。これらの結果として，船が舵をとった場合，船の直進運動は次のように変化する。

1）舵をとった方向に船は回頭を始める。このとき船は非回頭舷に押され，原針路から離れて S 字型に走り，回頭角 60°（空船）〜120°（満船）あたりから円運動に入る。
2）旋回の初めは舵圧により少し回頭側に内方傾斜するが，旋回するにつれて遠心力が働き非回頭舷に外方傾斜する。

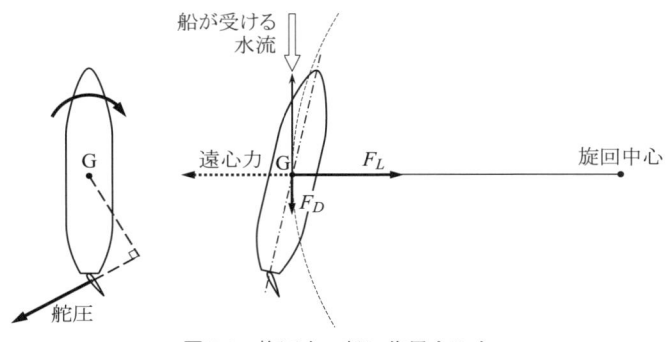

図5.1　旋回中の船に作用する力

3）一定の円運動をする頃には，船速は直進中より低下し，その場合の減速率は旋回径が小さくなるほど大きくなる。

表5.4　旋回径と減速率の関係

旋回径／船の長さ	3	4	6	8
減速率(％)	40	30	15	10

(2) 旋回圏に関する用語

　舵をとったときから船の重心が描く軌跡を旋回圏（turning circle）といい，次の用語が用いられる。

1) 旋回縦距（advance），旋回横距（transfer），最大縦距（max. advance）

　舵をとったときの重心点から90°回頭したときの重心点までの原針路上の進出距離を旋回縦距といい，原針路との横の間隔を旋回横距という。

　90°回頭がさらに進み，船の重心点が原針路上で最大になる縦距離を最大縦距といい，原針路と横の最大間隔を最大横距（max. transfer）という。

2) 旋回径（tactical diameter）と最終旋回径（final diameter）

　原針路から180°回頭したときの横距を旋回径といい，船が一定

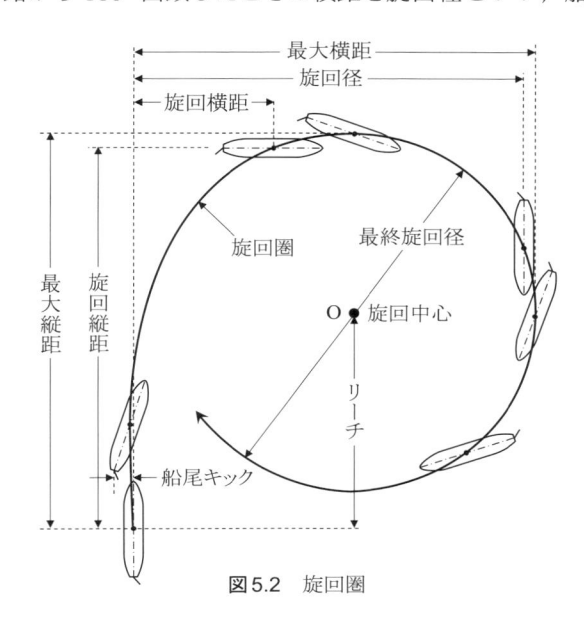

図5.2　旋回圏

の円運動をするようになったとき描く円の直径を最終旋回径という。旋回径は最大舵角 35°で一般に船の長さの 3～4 倍で，肥えた船ほど旋回径は小さい。

3) リーチ（reach）

舵をとったときの重心の位置から原針路上における旋回中心までの縦距離をいい，舵角に関係なくほとんど一定である。

4) キック（kick）

転舵直後では舵圧の横方向の作用によって船は横に寄せられる。船が非回頭舷に押し出される現象をキックといい，船尾のキックの量は，舵角一杯のとき約 20°回頭時に最大となり船幅程度押し出されるが，船の重心のキックの量はこれに比べると小さく，船の長さの 1％程度である。

5) 偏角（drift angle）

一般に船の重心点（船上の任意の位置でもよい）における旋回速度の方向（旋回圏の接線方向）が船首尾線に対してなす角度を偏角という。商船では最大舵角で旋回するとき，大体 15°～20°の角度である。この偏角が大きい船ほど旋回性が良い。

6) 転心（pivoting point）

旋回圏の中心 O から船首尾線に下した垂線の交点を転心といい，この点の偏角はゼロとなる。

転心は船首端から船の長さの約 1/3～1/5 の所にあって，旋回中はこの点を中心に船が回転しているように見える。後進中は船体周りの流体力の働きで，重心よりも船尾寄りに移る。また行き足のない船の船尾を引き船が真横に押し・引きすれば，転心は船首寄りとなる。

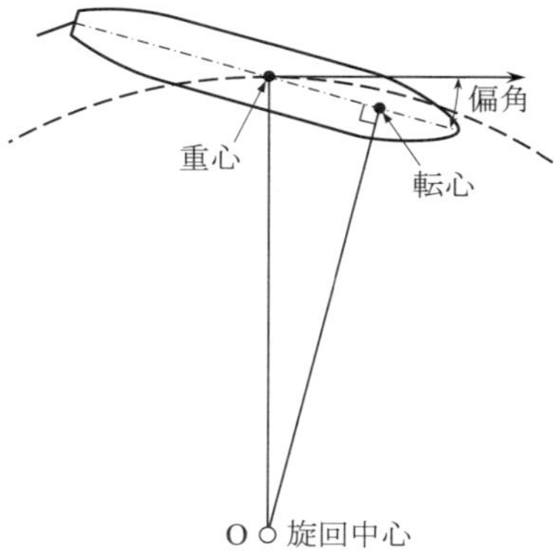

図5.3　転心

(3) 旋回圏の大きさに影響する諸要素

1) 舵角：舵角を大きくすれば旋回圏は小さくなるが，最大舵角 35°以

上では舵に失速を生じて舵圧が増加しないため，旋回圏はあまり小さくならない。
2) 転舵時間：舵をとり終えるまでの時間が長いほど旋回圏は広がり，縦距及び横距とも大きくなる。
3) 喫水，トリム，及び横傾斜：概して，喫水は浅いよりも深い方が，トリムは船首トリムよりも船尾トリムの方が旋回圏は大きくなる。また傾斜したとき，その舷の旋回圏は大きくなる。
4) 速力：商船のような速力では旋回圏の大きさにあまり影響しないが，非常に高速のときは低速に比べて旋回圏は大きくなる。
5) 船体重量の前後配置：重量が中央に集まっているとき（機関室が中央で積荷が中央船倉に集まっているとき）は，重量が船首尾に集まっているとき（機関室が船尾で積荷が船首尾の船倉に集まっているとき）よりも，転舵後の舵効きがやや良くなるので，旋回圏もやや小さくなる。
6) 水線下の形状
    a. 細長いやせ形の船は旋回抵抗が大きいので，旋回圏は大きくなる。
    b. 球状船首（bulbous bow）は旋回時の抵抗となるので旋回圏が大きくなる。船尾船底部の切り上げ（cut up）は，抵抗が少なくなるため旋回圏が小さくなる。
    c. 舵面積が大きい船は旋回圏が小さい。
7) 推進器の数と種類：右回り1軸船は左旋回の方が右旋回よりも旋回圏がやや小さく，2軸船は両舷機の使用でその場回頭ができる。このほか，Z型プロペラ（ZP）のような特殊な推進器を持つ船は，その場所で，船の中央を中心とした回頭ができる。

5.1.4 旋回運動と操船

（1）舵効き（steerability）の良し悪し

舵がよく効くといわれる船は，舵をとったのちの船首の向きの変化が早い。これは直進状態から早く旋回に移るというだけでなく，旋回しだしてからも小さい円で回るからであって，旋回圏の諸要素のうち，縦距

と横距の比が1に近くリーチの小さいほど追従性が良く，最終旋回径が小さいほど旋回性も良い。すなわち，追従性，旋回性がともに優れた船を非常によく舵の効く船だという。

この追従性，旋回性を定量的に表すものとして操縦性指数（manoeuvrability index）T, K がある。これは舵をとったのち T 秒後に，舵角 δ を K 倍した $K\delta$ の角速度をもって旋回運動することを示している。実際には転舵後の角速度の変化は直線的ではないため，T は転舵してから $K\delta$ の約 63 % の角速度になるまでの時間を表す。操縦性指数と舵効きとの間には，表 5.5 及び図 5.4 のような関係がある。

T は大型船ほど，また喫水が深いほど大きい。VLCC（超大型タンカー）では，満載時の常用舵角（15°）の場合 200 秒をこえる値にもなり，この間は舵が効かないものとして注意する必要がある。

表5.5 舵効きと操縦性指数との関係

状態	T	K	備考
舵効きが良い	小	大	舵面積が大きい船
舵効きが悪い	大	小	舵面積が小さい船
空船	小	小	針路安定性が良い
満船	大	大	針路安定性が悪い

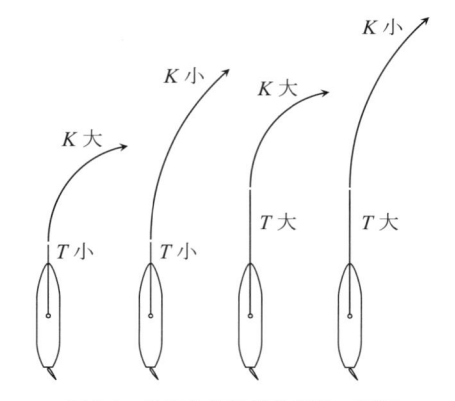

図5.4 舵効きと操縦性指数の関係

（2）旋回に必要な水面

舵をとったのちの操船上必要な水面は，最大舵角 35° でおよそ最大縦距を一辺とする正方形となる。常用舵角 15° では舵角 35° の場合に比べて約 2 倍の一辺を持つ正方形の水面が必要であるとみればよい。

なお，IMO は，旋回縦距 $\leq 4.5\,L_{pp}$ 及び旋回径 $\leq 5\,L_{pp}$ を，操縦性能の基準としている。

注）ある舵角 $\delta°$ における旋回径 $D_{(\delta)}$ は，舵角 35° の旋回径 $D_{(35)}$ に対し，およそ次の関係がある。

$$D_{(\delta)} = D_{(35)} \times \frac{1}{2}\left(1 + \frac{35}{\delta}\right)$$

表5.6 操縦性試験成績の一例

船種	要目（m）			旋回縦距 L_{pp}		旋回径 L_{pp}		最短停止距離 L_{pp}
	L_{pp}	B	d	左	右	左	右	
漁船	35.00	9.60	5.40	3.09	3.23	3.09	3.23	5.51
タンカー	60.00	10.00	4.23	2.77	3.43	2.82	3.50	7.35
タンカー	98.35	15.20	6.49	3.16	3.27	3.00	3.05	10.14
貨物船	130.00	23.00	8.32	3.81	3.92	3.59	3.68	10.85
ばら積み船	216.00	32.20	11.58	3.04	3.06	3.01	3.06	12.84
コンテナ船	281.00	32.32	13.10	4.22	4.55	4.28	4.88	15.80
タンカー（バラスト状態）	311.00	58.00	9.91	2.56	2.57	2.73	2.76	14.41
タンカー（満載状態）	311.00	58.00	20.00	3.54	3.57	3.24	3.28	17.80

（旋回については舵角 35°）

（3）船尾キックの利用

　視界不良時，船首前方に小型船や障害物をごく近くで発見したとき，あるいは航行中に人が船外に落ちたときには，とっさの転針が必要である。

　このようなとき，もし大舵角の操舵をすれば，キックのため船尾を相手船に接触又は衝突させることがある。このため初めは小角度の変針で相手を避け，船首がかわった直後に大舵角で舵をその方にとれば，船尾はキックのため外方に押し出され安全に相手を避けることができる。

注）船尾キックは舵角 15° で船幅程度，舵角 35° で船幅の 2 倍程度，直進時の進路から外方に出る。

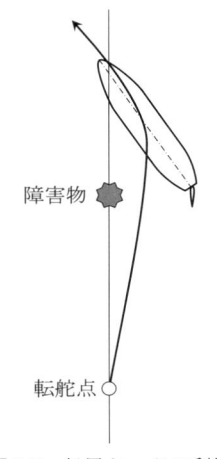

図5.5 船尾キックの利用

(4) 変針時の操舵（新針路距離と回頭惰力）

　船は転舵すると，少しずつ船首が回りだし，やがて一定の速さで回頭するようになる。また回頭中に舵を中央に戻してもすぐに回頭は止まらず，徐々に回頭の速さが遅くなっていき，ある針路に定針する。したがって変針するときには，以下の要領で操舵する。

1) 転舵位置から原針路上で測った新旧両針路の交点までの距離を新針路距離といい，変針時はこの新針路距離を見込んだ位置で転舵する。

2) 初めは回頭力をつけるために大きな舵角をとり，その後必要な程度に小さくし，また回頭中は回頭惰力を考えて予定針路の手前で舵を戻し，次第に新針路に定針（set course）させるよう操舵をする。

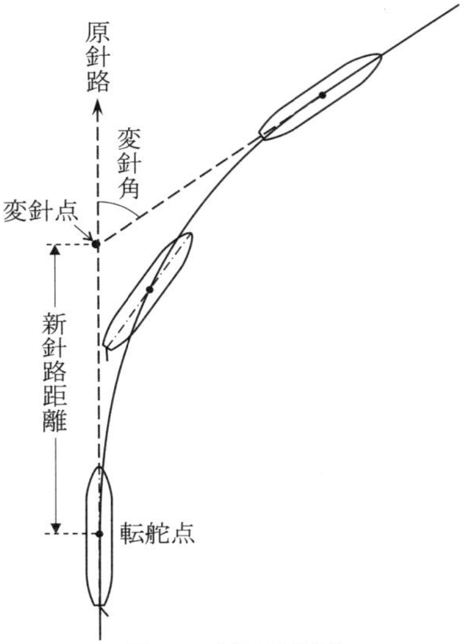

図5.6　新針路距離

(5) 旋回による横傾斜と操船上の注意

1) 横傾斜を起こす理由

　図5.7のaに示すように，一般に舵圧中心は船体重心よりも下方にあるから，船は舵をとると転舵直後は内方（回頭舷）に傾斜する。ただしその傾斜角は小さく持続時間も短い。

　回頭が始まり円運動になるにつれて船の重心には外方（非回頭舷）に向けて遠心力が生じる。遠心力は舵圧による内方傾斜に抗して強く働くから，船の傾斜は内方から外方へと変わる。このときの横傾斜が最大で，旋回運動が定常になるにつれて遠心力も一定となり，外方傾斜角も一定に落ち着く。

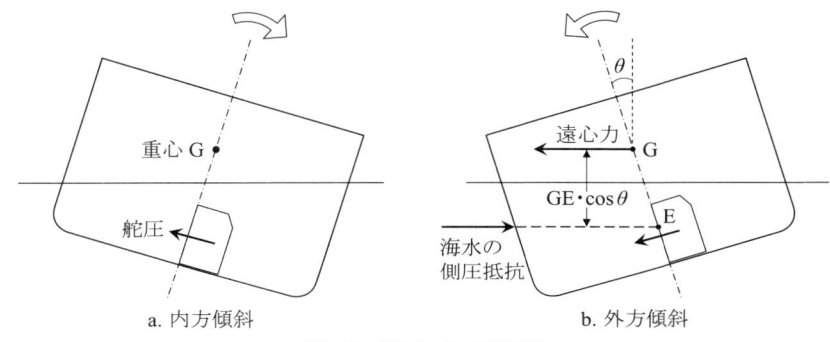

図5.7　旋回による横傾斜

a. 内方傾斜　　　　b. 外方傾斜

2）定常旋回中の外方横傾斜角

　定常旋回中の舵圧による傾斜モーメントは，遠心力による傾斜モーメントに比べ小さく無視できるため，外方横傾斜角は，遠心力による傾斜モーメントと復原力との釣り合いから求めることができる。すなわち，

$$\text{遠心力による傾斜モーメント} = \text{復原力}$$

となる横傾斜角度 θ で釣り合う。

　W を船の排水トン数，g を重力加速度（9.8 m/s^2），V_t を旋回中の速度（m/s），R を旋回半径（m）とすれば，

$$[\text{遠心力}] = [\text{船の質量}] \times [\text{遠心加速度}] = \frac{W}{g} \times \frac{V_t^2}{R}$$

であるから，遠心力による外方傾斜モーメントは

$$[\text{遠心力}] \times \text{GE}\cos\theta = \frac{W}{g} \times \frac{V_t^2}{R} \times \text{GE}\cos\theta$$

となる。また，傾斜角度があまり大きくない範囲においては，

$$[\text{復原力}] = W \times \text{GM}\sin\theta$$

であるから，両者の釣り合いから

$$\frac{W}{g} \times \frac{V_t^2}{R} \times \text{GE}\cos\theta = W \times \text{GM}\sin\theta$$

$$\therefore \quad \tan\theta = \frac{V_t^2 \times \mathrm{GE}}{g \times R \times \mathrm{GM}} \tag{5.2}$$

ただし GE は船の重心 G と船体中心線上における海水の側圧抵抗中心 E との間隔（m）で，略算値として次の式をとる。

$$\mathrm{GE} \fallingdotseq \mathrm{GB}, \ \text{又は} \ \mathrm{GE} = \mathrm{KG} - [\text{喫水の} 1/2]$$
（GB は，重心 G と浮心 B との距離）

式 (5.2) から，GM の小さい船が大舵角で小回りしようとするほど，大きく傾斜することがわかる。

3）操船上の注意

舵を急に大きくとると，内方傾斜から外方傾斜への移り変わりが早くなり強く現れるので，ある瞬間では船は大きく外方に傾斜する。

逆に旋回中に舵を急に中央に戻すと，外方傾斜を抑えるように働いていた舵圧によるモーメントを失うことになり，一層傾斜する。

したがって横波を受けた状態で，全速力のまま急に大舵角で変針したり，回頭中に急に舵を中央に戻すことは危険である。小刻みに徐々に回頭するか速力を落として回頭すべきで，小型船は特に注意しなければならない。超大型タンカーでは復原力がきわめて大きいので，横傾斜は生じないとみてよい。

5.2　操船に及ぼすスクリュープロペラの作用

動力船は一般にスクリュープロペラ（screw propeller，螺旋式推進器，暗車）を持ち，その主な役割は推力を発生して船を前進又は後進させることである。したがって，動力船は機関を自由に操作して速力を調整することもでき，さらに 2 軸船では機関のみによって回頭させたりすることができる。

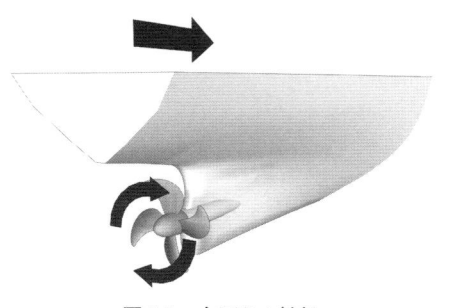

図 5.8　右回り 1 軸船

第 5 章　操船性能に関する基礎知識　153

　しかし，スクリュープロペラが回ると，前後方向の推力に加え船首尾線方向以外の横向きの力が発生するので，たとえ舵中央のままでも船首を左右いずれかに偏向させる作用が起こる。これを操船に及ぼすスクリュープロペラの作用といい，1 軸船では特に注意すべきことで，1 軸船の偏向特性ともいわれる。ここでは主に右回り 1 軸船（right handed single screw ship）の特性について述べる。

5.2.1　操船に及ぼすスクリュープロペラの各作用

スクリュープロペラの作用として次の種類がある。

　　1）プロペラ流（screw current）の作用
　　　　スクリュープロペラが水中で回転すると，プロペラに吸い込まれる吸入流（suction current）とプロペラから螺旋状に押し出される放出流（discharge current）が生ずる。この 2 つの流れをプロペラ流（推進器流）といい，船体と舵に働いて船首を右又は左に偏向させる。
　　2）横圧力（sidewise pressure）の作用
　　　　各プロペラ羽根（翼）に生ずる反力が，プロペラの上下で差があるため，船首を偏向させる。
　　3）伴流（wake）の作用
　　　　船が航走するとき船体に追従してくるプロペラ付近の水の流れが，放出流や横圧力の作用に変化を与え，船首を左右いずれかに偏向させる。
（1）プロペラ流の作用
　　1）吸入流の作用
　　　　a．前進時：船首を左に偏向させる。
　　　　　　船尾船底部に沿ってプロペラに吸い込まれる水の流れは，船底から斜め上方へと流れる。このためプロペラ羽根が右舷を回るときには推力が増加され，左舷を回るときは逆に減少する。この左右のアンバランスが原因で前進推力の作用線が右にずれ，一般に船首を左に回す傾向が現れる。
　　　　b．後進時：舵をとれば舵の後面を圧するので，転舵した方に船尾

を押す。
2） 放出流の作用
- a. 前進時：転舵したとき舵効きを助長するほか，舵中央のときでも船尾を左に押す傾向を持つ。これは右回りをしながら後方に押し出される放出流は，左舷側では舵面の上部を，右舷側では下部を圧するが，船体周りの流れの影響を受け下部の舵面に当たる水の流入角が大きいので，舵面を左に押す舵圧の方が勝り右回頭の傾向を与える。特に前進行き足がまだ十分ついていないとき，あるいは上部舵面積の没水部分が小さくなる空船状態では，この傾向が強く現れる。
- b. 後進時：転舵には関係なく，放出流の側圧作用で強く船尾を左に押す。

　機関を後進にかけると，放出流は船尾から船首の方へ左回りしながら放出される。このうち左舷側の流れは船底面に沿って流れるが，右舷側の放出流は船尾船底側面を直角に近い角度で圧するため，船尾を左に強く押す結果となる。

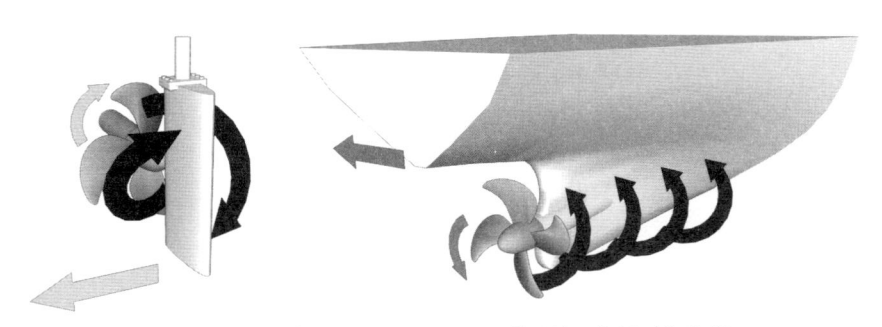

図5.9　放出流の作用（前進時）　　**図5.10**　放出流の作用（後進時）

（2） 横圧力の作用

　スクリュープロペラが回転すると，プロペラ羽根（翼）は翼面と直角方向に水の反力を受ける。この反力のうち，船首尾方向の分力は船を前後進させる推力となり，横方向の分力は船尾を左右いずれかに押す力と

なって船に回頭作用が働く。水の反力の大きさは羽板が水面に近づくと空気の吸い込みや泡立ちのため小さくなるので，横方向の分力もプロペラの上部より下部の方が大きくなり，その結果，反力の大きい方に船尾が押される。

すなわち右回り1軸船では，

　　前進時：プロペラが右回りのため船尾は右へ押される。
　　後進時：プロペラが左回りのため船尾は左へ押される。

この横向きに作用する力を横圧力（sidewise pressure）といい，泡立ちの多いプロペラ回転の初期に強く現れ，空船では上羽根が水面に近いか露出しているときに著しい。

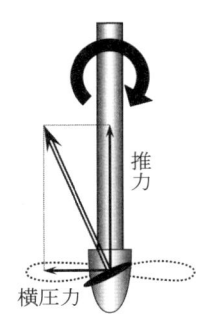

図5.11　プロペラ羽根に受ける水の圧力

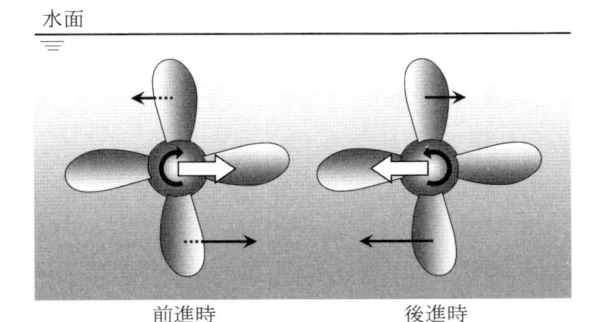

図5.12　横圧力の作用

（3）伴流の作用

　船が前進又は後進すると船に追従する水の流れができる。これを伴流（wake，俗に「追跡流」）といい，前進中では，船首よりも船尾，キール付近よりも水面に近づくほど強く，V字型の上下分布をなしている。したがって舵圧，横圧力に次の影響を与える。

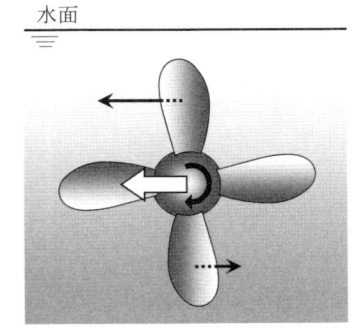

図5.13　伴流が横圧力に及ぼす影響

1) 舵圧に及ぼす影響

　　舵に当たる水流は，伴流の影響で船速よりも遅くなるため，舵圧は小さくなる。船が減速していく過程で機関を停止した場合に，残速がありながらも急に舵が効かなくなるのは，プロペラの放出流の作用がなくなるだけでなく，伴流の影響によるものである。

2) 横圧力に及ぼす影響

　　伴流のある流れの中でプロペラが回ると，伴流はプロペラ羽根の後面を圧することになるので，上羽根の反力が下羽根の反力よりも大きくなる。このため前進中の右回り1軸船では船尾を左舷に押し，舵中央でも右回頭の傾向が出る。

以上いずれの作用も前進中だけで後進中は起こらない。

5.2.2　舵とスクリュープロペラの総合作用の 5 要素

右回り1軸船では表 5.7 に示す諸作用が働くが，総合作用として一般に次の傾向を持つ。

1) 舵中央で，船尾喫水が深いときは吸入流と横圧力の作用で多少左回頭の傾向を持ち，船尾喫水が浅いときは放出流の作用が勝り，逆に右回頭の傾向がある。
2) 左旋回の方が右旋回よりも旋回性がややよい。これは，右旋回の場合，伴流の強い旋回内側でプロペラが上方から下方に回るとき，空気の吸い込みが多いので，舵力が減少するためといわれる。

しかし実際は船型や舵形状などの影響もあるので，必ずしも上述の傾向がいつも現れるとは限らない。

表 5.7　スクリュープロペラの作用による船尾の転向方向（右回り1軸船）

作用の種類	前進時			後進時		
	左舵	舵中央	右舵	左舵	舵中央	右舵
吸入流	右	右	右	左	－	右
放出流	右	左	左	左	左	左
横圧力	右			左		
伴　流	左			－		
舵効き	右	－	左	左	－	右

5.2.3 １軸船の操船上の特性（１軸船における総合作用）

　右回り１軸船では舵のとり方だけでなく，スクリュープロペラの作用によって船の運動が次のように変わる。

（1）舵中央のとき
　　1）前進し始めたとき
　　　　　プロペラが回転し始めたときは放出流の作用よりも横圧力の作用が大きく，また吸入流の作用で推力線が右にずれるので，船首は少し左転の傾向を持つ。
　　2）後進し始めたとき
　　　　　まず横圧力が働き，その後放出流の側圧作用が強く働くようになるので，船尾は左に押される。よって，左に大きく旋回しながら後進する。
　　3）前進中機関を逆転したとき
　　　　　船首方向へ流れる放出流が前進行き足のためさえぎられるので，初めは左向きに働く横圧力の作用が現れ，前進行き足がなくなるにつれ放出流の側圧作用も大きくなり，同じ左向きに働く。このため船は右回頭の状態で原針路から右寄りに止まり，船尾を左に回しながら後進する。

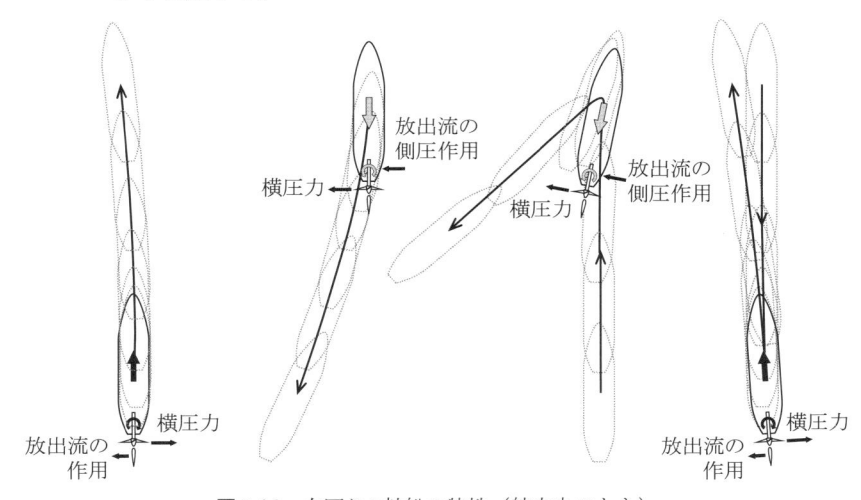

図5.14　右回り１軸船の特性（舵中央のとき）

4）後進中機関を逆転したとき

　　放出流は後進行き足による水流のためさえぎられ，その作用は弱い。しかし横圧力が強いので，船尾は右へ，船首は左に転向するようになる。

(2) 右に舵をとったとき

1）前進し始めたとき

　　放出流で舵圧が生じ，横圧力よりも大きく働くので船尾は左へ，船首は右にゆっくり回り始める。前進するにつれ舵圧も増すので右回頭が速くなる。

2）後進し始めたとき

　　初め横圧力と放出流の側圧作用で船尾を左に押すが，その後舵の後面を右向きに圧する吸入流の作用が働き，後進による舵効きも加わって力はバランスし，しばらくは真っすぐに後進する。そして後進が速くなるにつれて舵が効き始め，緩やかに船尾を右に振りながら左回頭する。

3）前進中機関を逆転したとき

　　後進行き足がつくまでは横圧力と放出流の側圧作用が強く，前進中の舵効きも手伝って船尾を左に圧するので，右回頭しながら止まる。その後も右回頭を続けるが，やがて真っすぐに後退し始め，そして，ゆっくり船尾を右に向けながら後進する。

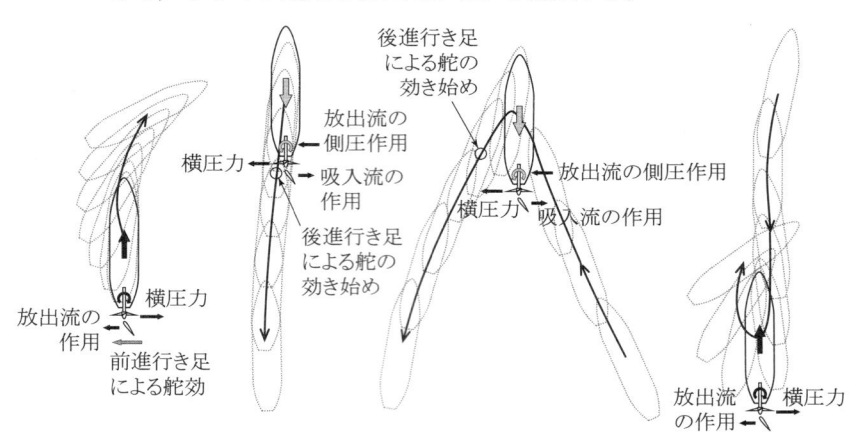

図5.15　右回り1軸船の特性（右舵のとき）

4）後進中機関を逆転したとき

　　右向きに働く横圧力の作用と後進による舵効きは，船尾を左へ圧する放出流の作用を一時抑えるため，後進中の左回頭は急には止まらず，停止状態になった後ゆっくりと右回頭しながら前進する。

(3) 左に舵をとったとき

1）前進し始めたとき

　　横圧力，放出流の作用，前進による舵効きは，いずれも右向きに働くので，船は早く左に回頭する。前進すると伴流のため左回頭を少し抑える作用が働く。

2）後進を始めたとき

　　伴流を除くすべての作用が左向きに働くので，早くから右回頭しつつ後退する。

3）前進中機関を逆転したとき

　　前進が止まるにつれてすべての作用が左向きに働くので，左回頭を抑え，早く右回頭に移る。

4）後進中機関を逆転したとき

　　後進が止まるにつれ，右向きに働く横圧力及び放出流の作用が現れ，前進に移った後も舵効きによる左回頭に加勢されるので，回頭運動は右舵で機関逆転した場合よりも強い。

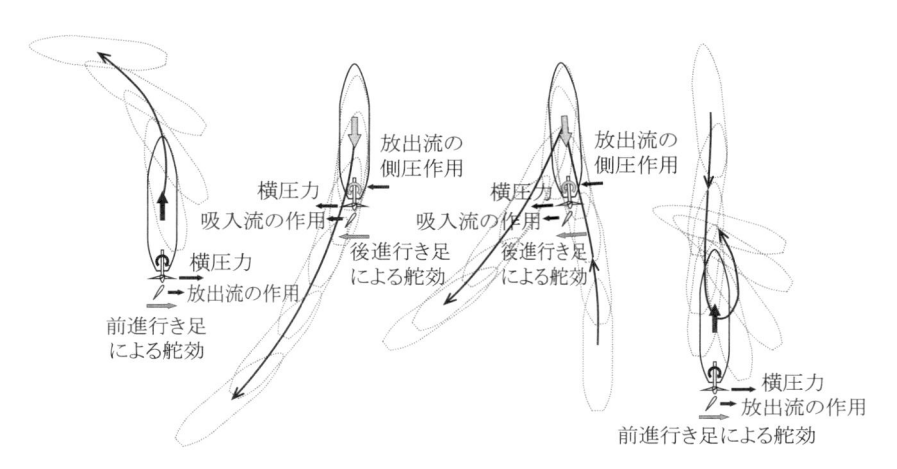

図5.16　右回り1軸船の特性（左舵のとき）

(4) 右回り1軸船の特性を利用した操船例

スクリュープロペラと舵との総合作用をうまく利用した代表的な操船例を以下に示す。

1) 真っすぐに後進させる操船法

初め右一杯に舵をとり（hard-a-starboard），機関を後進にかける。舵を右にとる理由は，機関を後進にすると横圧力と放出流の側圧作用がともに船尾を左に押す働きをするので，右舵を一杯にとり，舵の後面に働く右への吸入流と後進行き足による舵圧で，バランスさせるためである。

真っすぐに後進するにつれ次第に船尾が右に振れるようであれば舵を中央に戻し，機関を停止して後進を続け，必要に応じて以上の操作を繰り返す。

2) 岸壁横付けは左舷達着とし，ブイ係留は右舷係留をする原則

機関を後進にすると，舵中央でも横圧力と放出流の側圧作用によって船尾は左に押され，右に回頭する。

このため岸壁に横付けするときは岸壁線に対し左舷20°位の進入角で接近する。ブイ係留では，ブイを右に見てブイとの距離が船幅程度となるように接近すれば，係留作業がしやすくなる。

3) 右その場回頭法

図 5.17 の ② のように左舷に転舵して機関を後進にかけたとき，船尾の左への振れ方が最も大きいので，狭い水面では右その場回頭が行われる。少しでも小さく回るには，① は停止状態とし，舵を右一杯にとった後に前進全速（full ahead）にするのがよい。

左その場回頭の場合，図 5.18 の ② の状態から，右舷に転舵しても船尾の振れが悪く，左回頭せずに後進するため，その場回頭に時間を要する。やむなく左その場回頭をするときは，左舷錨を投下後水深の 1.5〜2 倍位の錨鎖を繰り出して，その走錨抵抗を利用する。

〔右その場回頭法の操船〕

① 舵を右舷一杯にとると共に，前進全速又は半速。
② 前進の余地がなくなると，後進全速と共に舵を左舷一杯。
③ 後進の余地がなくなると，前進全速と共に舵を右舷一杯とし，初めの針路と反対の方向に回頭させる。

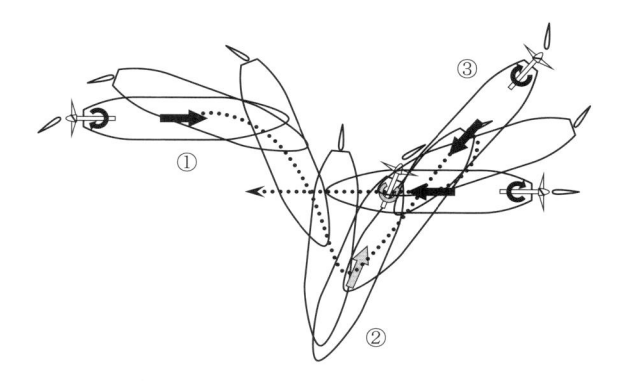

図5.17 右その場回頭例

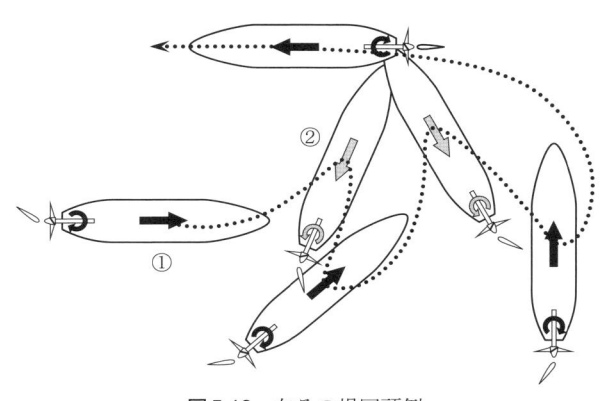

図5.18 左その場回頭例

5.2.4　2軸船の操船上の特性

（1）2軸船の特徴

　　2軸船（固定ピッチプロペラ）には外回り式（outward turning）と内回り式（inward turning）があるが，いずれも1軸船に比べると操船上次のような特徴がある。

　　a. 両舷のプロペラの回転方向が反対であるから，プロペラによる諸作用は互いに打ち消し合い，真っすぐに前進又は後進ができる。

　　b. 両舷機を互いに逆転させれば推力が反対となり，右でも左でも容易

にその場回頭ができる。また舵が故障しても回頭が可能である。
c. 片舷機が故障した場合でも他舷機と舵で操船することができる。
d. 停止距離はプロペラ抵抗のため短くなる。
e. プロペラが両舷に突き出ているので，岸壁横付けのとき，あるいは浮遊物にあたってプロペラを破損させるおそれがある。

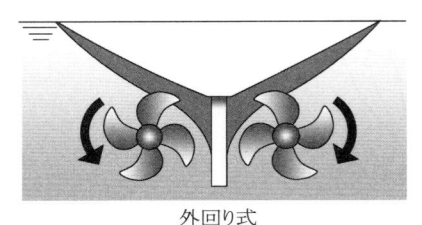

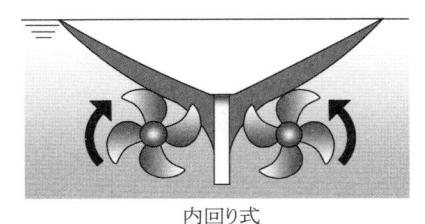

図5.19　2軸船

(2) 2軸船における舵とスクリュープロペラの総合作用

　2軸2舵の船ではプロペラ放出流を舵面に受けるので舵効きが良いが，2軸1舵の船では舵が放出流から外れた位置にあるので，2軸2舵の船より舵効きは劣る。

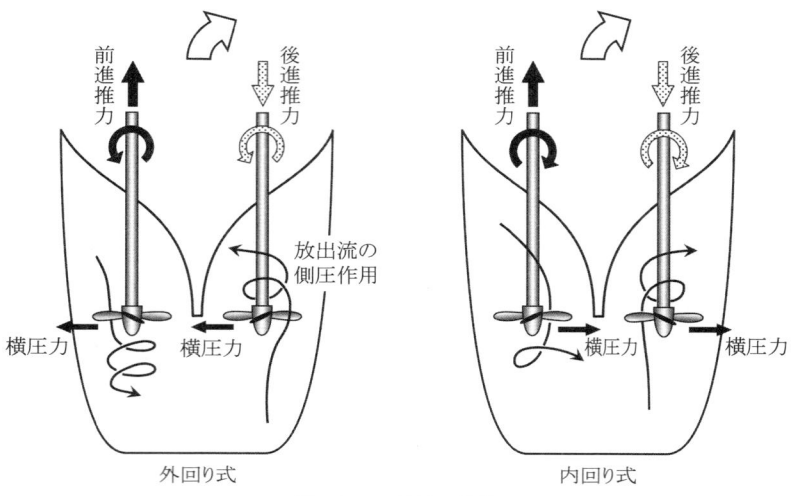

図5.20　2軸船の特性

内回り式は放出流の流れを中央に集めるので推力増となり，舵効きの点で外回り式より若干優れている。

片舷機前進，他舷機後進で回頭する場合は，図 5.20 のように，
a. 内回り式では，横圧力が両舷機の推力による回頭作用を抑える向きに働く。
b. 外回り式では，横圧力の作用，右舷プロペラの放出流の側圧作用，前進プロペラの吸込流の作用のいずれもが，両舷機の推力による回頭作用を助ける向きに働く。

5.2.5　可変ピッチプロペラとその作用

（1）ピッチ角と前後進方向

図 5.21 に示すように，プロペラの回転方向，回転数を変えず，プロペラ羽根のピッチ角を変えて，船の前後進，停止及び速力の増減を行うことができるプロペラのことを，従来の羽根及びボス一体の固定ピッチプロペラ（fixed pitch propeller : FPP）に対し，可変ピッチプロペラ（controllable pitch propeller : CPP）という。

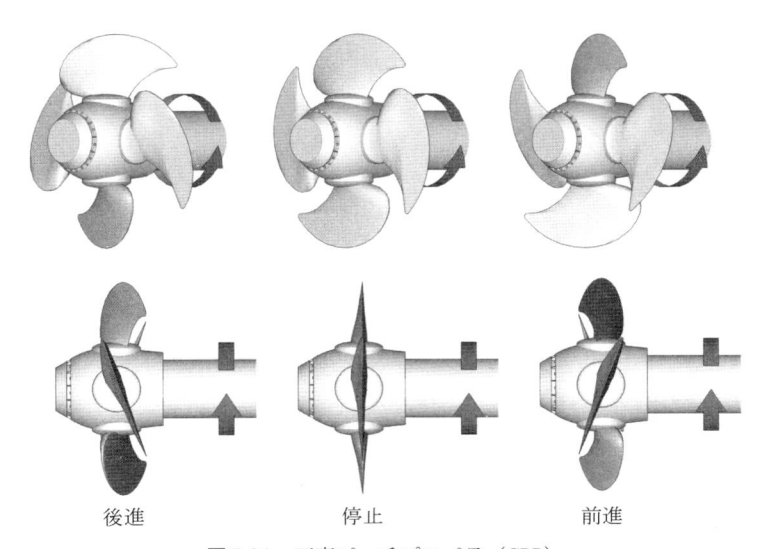

図5.21　可変ピッチプロペラ（CPP）

(2) 1軸船，2軸船に有利なプロペラ回転方向

　スクリュープロペラの総合作用で特に強く働くのは，後進時の放出流の側圧作用であるから，これが操船上効果的に働くプロペラ回転方向が望ましい。

　a. 1軸船では左回りCPPが好ましい。これは後進をかけたとき右回りFPPと同じ回頭現象が現れるので，一般的な右回り1軸船と同じ感覚で操船することができるからである。

　b. 2軸船では内回りCPPが良い。前進中の舵効き，推進効率が良く，また両舷機をそれぞれ前進，後進にして回頭させる場合，後進舷の放出流の側圧作用が強く回頭を助ける方向に働くからである。

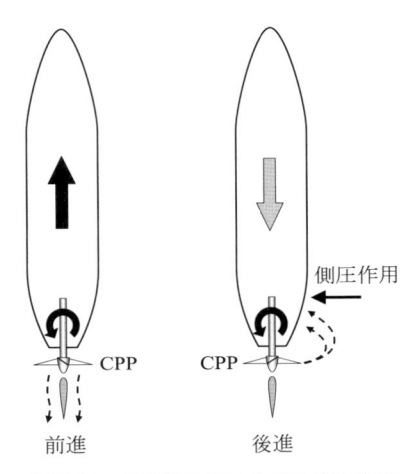

図5.22 CPP船における放出流の作用

(3) 操船上のCPPの利点と欠点

　CPPの大きな特徴は，機関回転数一定のまま，前進，後進，停止を問わず，船橋で任意の推力に容易に調整できることである。

　しかしピッチ角0でもいくらかの推力を有するから，横付け接岸作業中は機関を止めるかクラッチを切る必要がある。またピッチ角0の停止状態で惰性前進させると，プロペラは回転して1枚の円板を船尾に取り付けたのと同じ状態となり，保針が難しくなる。そのため若干の前進ピッチ角（1～2°）を与え，放出流を出しながら舵効きを失わないようにしなければならない。

5.2.6　総合推力を利用した操船（ジョイスティックによる操船）

　バースへの着離岸操船では，プロペラ，舵，スラスタを別個に細かく操作するが，この繁雑さを除くため，船橋からジョイスティックハンドル（360°任

意の方向に倒せる棒状の操作レバー）の向きと傾き加減の操作で，プロペラ推力，舵力，スラスタ推力をうまく合成させながら，船を意図する向きと速さで移動させ，さらにダイヤルを操作することで回頭もできる操縦装置がある。

これは図 5.23 に示すように，マイクロコンピュータでオートパイロットの舵角，CPP の翼角，バウスラスタの CPP 翼角を決め，これらが発生する推力をうまく合成させて，船に所要の並進運動と回頭運動をさせようとするもので，2 軸 2 舵のときは特に効果がある。

着離岸操船のモードから通常航行のモードに切り替えると，従来の操舵による操船モードに変わる。

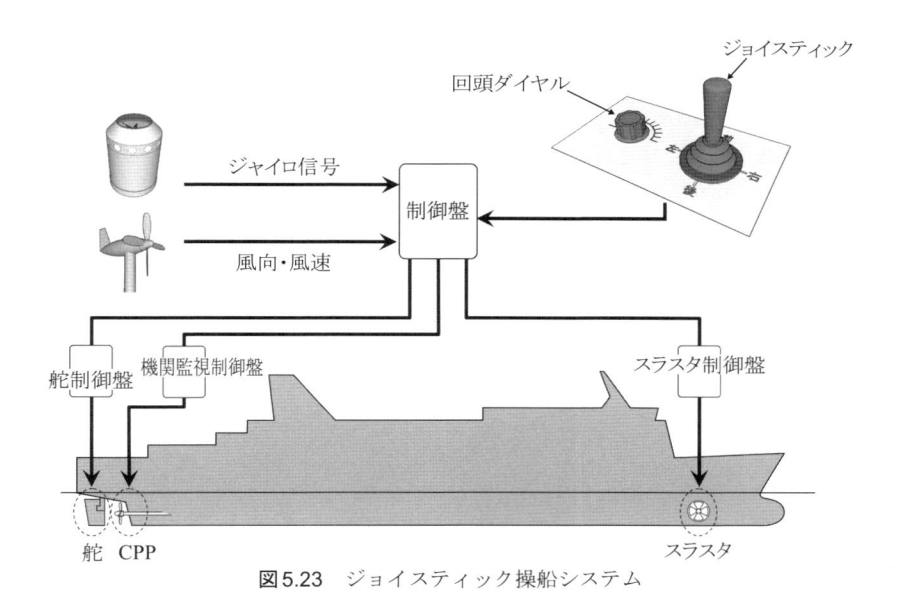

図5.23　ジョイスティック操船システム

5.3　船の運動性能

操船する上において知っておくべき船の運動性能の代表的なものとして，速力，惰力，操縦性があげられる。

これらの性能は次の値で評価され，海上公試運転のとき測定される。

　a. 速力：全速力（速力試験による）

b. 惰力：最短停止距離（急速停止試験による）
  c. 操縦性：追従性・旋回性（Z 操縦性試験，旋回試験による），針路安定性（スパイラル試験による）

5.3.1 船体抵抗，馬力，速力の関係

（1）船体抵抗

　　船が水面を走ると，水面から上の部分には空気抵抗を，水面から下の部分には水抵抗を生ずる。水抵抗は摩擦抵抗，造波抵抗及び渦抵抗に大きく分けられる。

　　水抵抗のなかで主要なものは摩擦抵抗で，低速では水抵抗の 9 割程度を占める。造波抵抗は，船が航行するときに船首から左右に広がる八の字波（divergent wave）と，正横方向に波の峰をもつ横波（transverse wave）を発生するために生ずるもので，高速になるに従い次第に増加する。これを少なくするため多くの船が球状船首（bulbous bow）を採用している。渦抵抗は船が航行するときに船体に沿って流れている水の層が後方で剥離したり，プロペラにより造られたりする渦に起因するものである。船の抵抗は速力の 2 乗にほぼ比例して増減する。

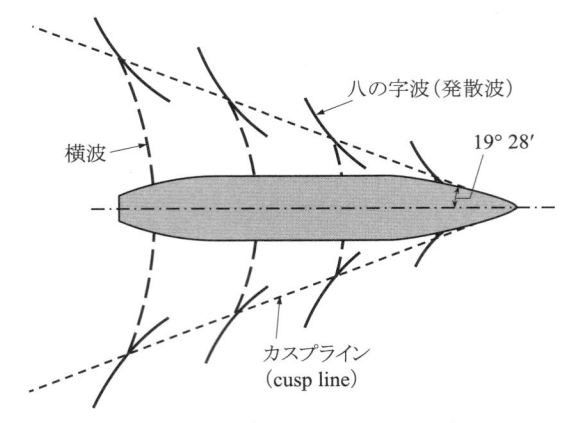

図5.24　船の航走により発生する波

注）摩擦抵抗（R_f）は次の式で算出できるが，造波抵抗は模型実験によりその値が求まる。

フルード（R. E. Froude）の式

$$R_f \text{ (kgf)} = \rho \cdot \lambda_f \{1 + 0.0043(15 - t_w)\} \cdot S_{ws} \cdot V_k^{1.825}$$

ρ：海水の比重

λ_f：摩擦抵抗係数 $0.1392 + \dfrac{0.258}{2.68 + L}$

t_w：海水温度（°C）

S_{ws}：船体の浸水面積（m²）

V_k：船速（kt）

L：船の長さ（m）

(2) 船で使われる主な馬力の種類

　主機関（main engine）内で発生した馬力がプロペラに伝わり船を走らせるまでにはいろいろな機械摩擦があるため，船の推進に使われるのはおよそ半分近くに減少した馬力である。主な馬力の種類として次のものがある。

 1) 指示馬力（IHP：indicate horse power）
    主機関のシリンダ内で発生する馬力。
 2) 制動馬力又は純馬力（BHP：brake horse power）
    機関内部で消費される馬力損失を除き，機関が外部に出す実際の馬力。
 3) 軸馬力（SHP：shaft horse power）
    プロペラ中間軸に伝わる回転ねじれモーメントから算出される馬力。
 4) 伝達馬力（DHP：delivered horse power）
    船尾管（stern tube）を通ってプロペラに供給される馬力。
 5) 推力馬力（THP：thrust horse power）
    プロペラが発生する馬力。
 6) 有効馬力（EHP：effective horse power）
    船体抵抗に打ち勝って船を走らせるために必要な馬力。

　主機関の出力を表す馬力は，一般的に，ディーゼル機関は主に BHP で，タービン機関では SHP で表す。表5.8の馬力はメートル法の仏馬力（PS）で，SI 換算率は 1 PS = 735.5 ワット ＝ 0.7355 キロワット（kW）≒ 3/4（kW）である。

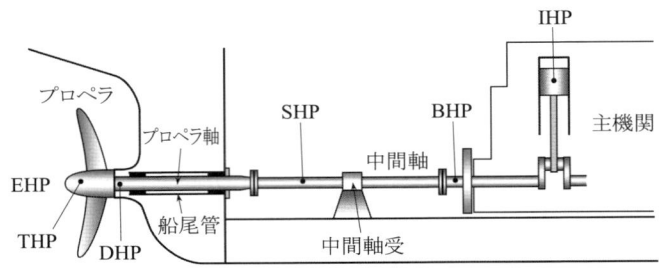

図 5.25　主な馬力

表 5.8　船の大きさに対する主機関の馬力の概値

船の大きさ		主機関	
総トン数(GT)	載貨重量トン数(DW)	馬力の略値	機関種類
1万トン以下	1.2万トン以下	1GTにつき1馬力	ディーゼル
6万トン	10万トン	2万馬力程度	ディーゼル
9万トン	18万トン	2.5万馬力程度	ディーゼル
13万トン	25万トン	3万馬力程度	ディーゼル

（3）船の主機関馬力と最大速力との関係

（一定の速力以上には増加しない理由）

　船のプロペラの推力（thrust）はおよそ主機関の馬力で決まる。BHP 100 馬力で約 1 トン（tf）の推力があるものとみてよい。

　いま主機関（main engine）を前進に始動すると，低速では船の抵抗も小さいので，推力と抵抗の差の力で船を増速させるが，速力が次第に増えてくると船体抵抗もともに増えるので，推力と船体抵抗が等しくなった速力で加速が止まる。このときの速力を船の最大速力といい，主機関馬力を上げない限り速力は増大しない。

（4）馬力と速力の関係

　馬力は速力の 3 乗に比例して増減するとみられるから，例えば 25%の速力増加は，$(1.25)^3 ≒ 2$ 倍の馬力増加を要し，主機関馬力を 1/2 にしても，$\sqrt[3]{0.5} ≒ 0.8$ 倍の速力減少にとどまる。

5.3.2 船の速力

　船の速力は地球上で船位を決める関係上，1時間の航走距離 1 海里（sea mile, nautical mile, 1852 m）を単位とするノット（knot, 節）で表す。

　1ノットは 0.514 m/s ≒ 0.5 m/s であるから，12ノットの船はおよそ 6 m/s の速力で走っていることになる。海事用語の「行き足が速い」は，スピードがあるという意味である。

(1) 速力の種類

　　　前進（ahead）と後進（astern）にそれぞれ4段階の速力がある。速力の変更は，船橋から機関室へエンジンテレグラフ（engine telegraph）を用いて指示される。

　　　前進の場合を例にとると次の呼称となる。

（種類）		（およその速力比）
前進全速	full ahead	1
前進半速	half ahead	0.7
前進微速	slow ahead	$(0.7)^2$
前進極（最）微速	dead slow ahead	$(0.7)^3$

　　　ディーゼル船では低速回転ができないから微速でもかなり速い。

(2) 後進速力

　　　前進に比べてプロペラの効率が悪く，放出流が船尾部に当たり，後進出力も小さいので，後進速力は前進速力の約6割となる。

(3) 出入港時のエンジンテレグラフの使用

　　　出港時，機関室より船内電話等で機関用意完了が知らされると，船橋では機関室へ"機関用意（stand by engine，S/B engine）"をテレグラフ又はサブテレグラフで伝え，応答があればこのときから機関の使用を始める。港外に出ると港内全速から巡航速力（sea speed）に移るが，これをリングアップエンジン（ring up engine）という。

　　　入港のときは，巡航速力から減速操作をする合図として，"機関用意（S/B engine）"を指令し，このときから港内速力（harbour speed，S/B speed，manoeuvring speed）に移る。そして必要な減速操作をして横付け又は係留し，主機関を全く使用しない状態になったと判断すれば，機関終了（finished with engine）を指令して機関部の入港配置を解く。

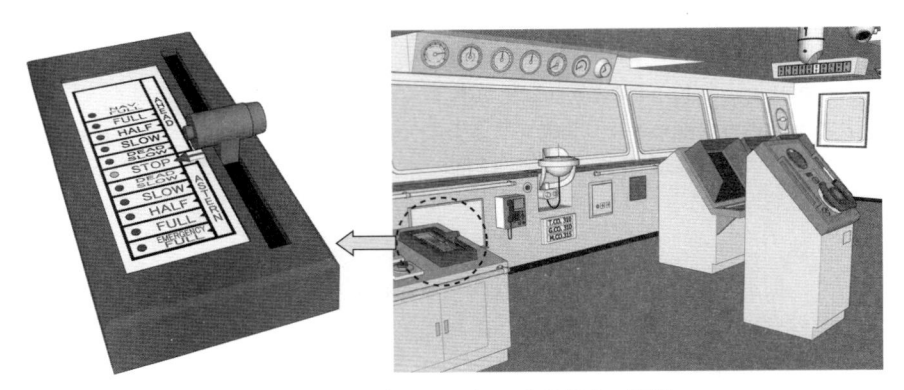

図5.26　エンジンテレグラフと船橋内の機器

5.3.3　船の惰力

　船が静止又は航走等の運動状態から新たな運動状態になるとき，初めの運動状態を持ち続けようとする傾向がある。例えば前進中，急に機関停止してもなお相当の距離を進み，また回頭中に舵を中央に戻してもなお回頭を続ける。このような傾向を惰力といい，操船上，惰力を知っておくことはきわめて重要である。

（1）操船上重要な惰力の種類

　　　速力の変化に関するものと回頭に関するものがある。
　　1）発動惰力：停止中の船が，機関を前進に発動してから，それに対応する主機出力になるまでの惰力。
　　2）停止惰力：前進中の船が，機関を停止してから船が停止するまでの惰力。船が完全に止まる時機の判定が難しいので，一般的には2ノット程度に減速するまでの惰力をいう。
　　3）反転惰力：前進中の船が，機関を後進にかけてから船が停止するまでの惰力。停止距離で表し船の停止性能を知る上で最も重要である。
　　4）回頭惰力：回頭中，舵を中央に戻してから回頭が止まるまでの惰力。

（2）惰力が操船に及ぼす影響例
　　1）揚錨して出港するとき発動惰力が緩やかなときは舵効が悪く，このため風潮が強ければ流されて操船の自由を失うことがある。したがって，荒天時の揚錨出港は危険なことが多い。
　　2）停止惰力を利用して投錨することが多い。
　　3）前方に突然横切り船や障害物を発見し危険を回避するとき，前方に余裕海面がなければ反転惰力が小さいほど有利である。
　　4）変針のときは新針路距離を考え，回頭しているときは，回頭惰力があるものとみて希望針路に入る手前で舵を中央に戻さなくてはならない。

5.3.4　最短停止距離（急速停止距離）

　全速前進中，機関を全速後進にかけて（crash astern という）船を停止させるまでの進出距離を，最短停止距離（short stopping distance）又は急速停止距離といい，衝突回避などに重要な運動性能の一つである。

（1）停止距離に影響する事項
　　1）船の肥え方
　　　　同じ後進推力では，肥えた船（C_b 大）ほど見かけ質量が大きいから長くなり，やせた船（C_b 小）ほど逆に短くなる。
　　2）喫水の大小
　　　　満載状態になるほど空船よりも長くなる。
　　3）主機関の種類
　　　　ディーゼル船は後進の発動が早く後進出力も大きいので早く止まるが，タービン船は後進の発動に時間がかかるので停止距離は長い。
　　4）外力の影響
　　　　向かい風の場合や水深が喫水に比べて浅くなる場合，また船底の汚れがある場合は，いずれも停止距離が短くなる。
（2）停止性能について操船上知っておくべき一般事項
　　1）最短停止距離は，船の大きさのわりに主機馬力の大きい小型船ほど短い。表 5.6 に具体的な値を示す。なお，IMO は最短停止距離の基

準を船の長さ（L_{pp}）の 15 倍以下としており，排水量の大きい超大型船の場合でも 20 倍を超えてはならない。
2) 船の停止の判断は陸上物標の見通し線の変化状況でも判るが，船の中央付近に船橋がある船では，プロペラの放出流が船橋付近にきたとき船の前進が止まったとみる。
3) 停止したときの船の姿勢は風波の影響で変わるが，原則として右回り 1 軸船はプロペラ放出流の側圧作用と横圧力の作用のため，原進路から右にずれた右回頭の姿勢で止まる。満船では停止までの時間が長いのでこの傾向が強く出る。
4) 停止距離に影響を及ぼす事項についてよく理解しておく。

5.3.5　速力・惰力・操縦性の各試験法

(1) 速力試験

速力試験は，主機関の馬力，プロペラの回転数と速力との関係を知るために行うもので，次の方法がある。

1) 標柱間速力試験

2 か所に設けられた 2 本の標柱（mile post）の見通し線間を直角にコースをとり，この間を往復して速力を求める方法で，標柱間の距離 Dist（m）を δt（秒）かかって通過したとすれば，船速 V_k（ノット）は次の式で求まる。

$$V_k（ノット）= \frac{\text{Dist(m)}}{\delta t（秒）} \times 1.9438 \tag{5.3}$$

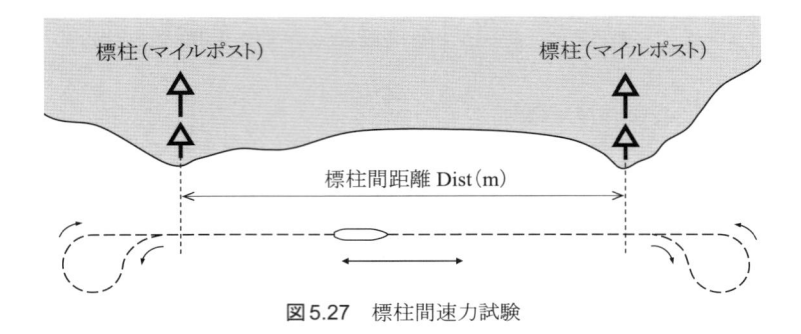

図 5.27　標柱間速力試験

速力試験はドック出し後，海上が穏やかで潮流が一定であり，水深が深く，広い海面で行うのが最良で，試験中は国際信号旗"SM"（私は速力試験中である）を掲げる。なお速力試験中には航程器（Log）の検定が行われる。

2) 投板試験（流木試験）

海面に木片（流木）を投げ，船首尾線上に決めた基線間を流木が通過する時間から船の速力を求める方法である。

なるべく遠くに投げる必要があり，算出は式(5.3)において標柱間距離 Dist（m）を基線間の距離とみて計算する。

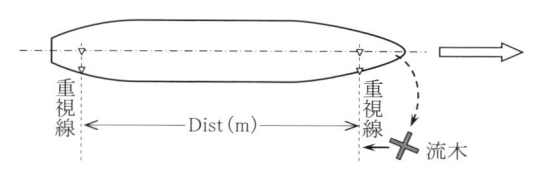

図 5.28 投板試験（流木試験）

(2) 増減速惰力試験

停止惰力及び反転惰力は，船が停止するまでの距離で表すが，その距離の測定は投板試験によるほか，GPS測位システムによる方法がある。

1) 速力の変化から求める方法

投板試験を行い，時々刻々変化する速力を求める。このとき求めた速力を，流木が前後の見通し線間（比較的短い方がよい）を通過する時刻の中間時刻における速力とみて，速力の変化曲線を描けば，その曲線によって囲まれた面積が停止するまでの距離を表す。

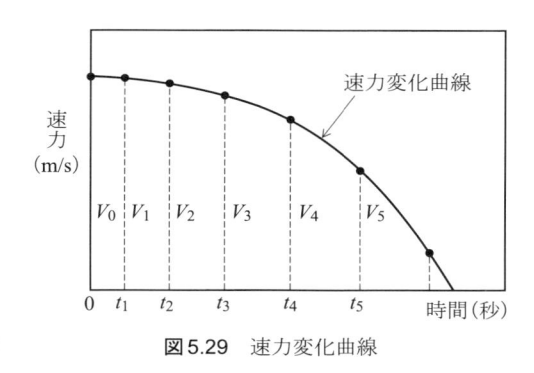

図 5.29 速力変化曲線

2）基線間を通過する流木の数から求める方法

停止距離＝〔基線の長さ〕×〔通過した流木の数〕
　　　　＋〔最後の流木が停止するまでの基線上の通過距離〕

これは前に投げた流木が船尾の見通し線を通過するとき，次の流木が船首の見通し線を通るように投入しなければ，測定距離の誤差が大きくなる。この方法は乾舷の低い小型船に適する。

(3) 旋回試験（高精度の GPS 測位システムの利用）

旋回性能を知るための試験で，最大舵角（35°）で旋回し，得られた旋回圏の旋回径，旋回縦距などから，その場回頭や避航水域の広さなど，舵効きの最大限度を知ることができる。

従来は図 5.30 に示すように，海上に投入した旗付きブイを中心に船が旋回し，船首尾に設けた 2 台の方位盤（dumb card）でブイの方位を測定するいわゆるダムカード方式により試験を行った。この方式は，旋回の初期においては 5°，10°，15°，30° の回頭時に，その後は 30° 回頭するごとにブイ方位を測定し，得られた値を基に作画によって旋回圏を求める。

旋回軌跡の作図は，まず方眼紙の中央をブイの位置とし，縮尺を考えながら方眼紙の片方に原針路線を 1 本引き，これをベースに船の重心の動きを追いながら旋回圏を描くものである。

しかし，近年は，GPS 測位システムを利用した高い精度の KGPS（Kinematics Global Positioning System：誤差数 cm）や DGPS（Differential GPS：誤差数 m 程度）の測器を使用し，それによる緯度・経度の測定値から旋回軌跡をコンピュータで作画する方法がとられている。このため試験精度も作業能率も非常に向上した。旋回試験の海域として，浅水影響のない十分な水深で，風浪や潮流の影響も少なく，試験に支障を来すような船舶のない広いところが必要である。

KGPS や **DGPS** といった精度の高い測位システムを使用する方法は，静穏で船舶が輻輳しない海域であれば，天候にも左右されず実施できるという便利さから，前述の速力試験や惰力試験についても，造船所の人手不足やマイルポストの維持管理の難しさの問題もあり，最近は多くの造船所が採用している。

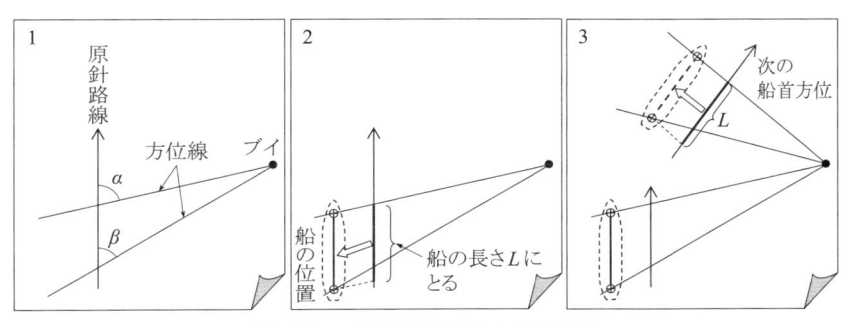

図 5.30　ブイ方位測角による作図法

（4）Z 操縦性試験

　操縦性指数 T 及び K を求めるため，船をジグザグに航走させて行う試験で，以下の要領で実施する。

① 所定の船速で船を直進させる。
② 右 10° に転舵し，船が舵角と同じ右に 10° 回頭したときに，左 10° に転舵する。
③ 船は右回頭をやめ，やがて左回頭を始めるが，原針路から左へ 10° 回頭したときに，再び右 10° に転舵する。
④ 船は左回頭をやめ，やがて右回頭を始めるが，原針路から右へ 10° 回頭したときに，再び左 10° に転舵する。
⑤ 船は右回頭をやめ，やがて左回頭を始めるが，原針路に戻ったところで舵中央とし，試験を終了する。

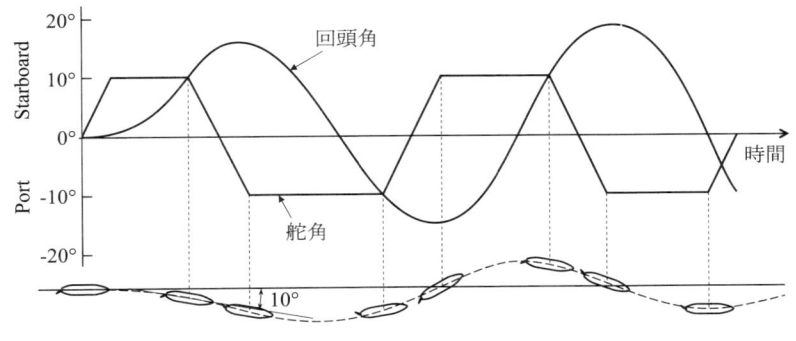

図 5.31　Z 操縦性試験

①～⑤が終了すれば針路をセットし直し，今度は反対舷（すなわち左10°）から同じ要領で行う。

なお，転舵は左右いずれから始めてもよく，舵角も5°，15°又は20°でもよい。

(5) スパイラル試験及び逆スパイラル試験

船の針路安定性を調査するための試験で，舵角を段階的に順次変えながら旋回させて行うため，船は渦巻き状（スパイラル）の航跡を描くことから，この名称で呼ばれる。試験は以下の要領で実施する。

① 船を一定針路で直進させた後，舵を右一杯に取り，その舵角における定常旋回回頭角速度を求める。

② 順次，舵角を減じ，各舵角に対する定常旋回角速度を求めていく。

③ 舵中央での計測終了後は，今度は反対舷に舵を取り，舵角を段階的に順次増加させ，同じ要領で各舵角における定常旋回回頭角速度を求める。

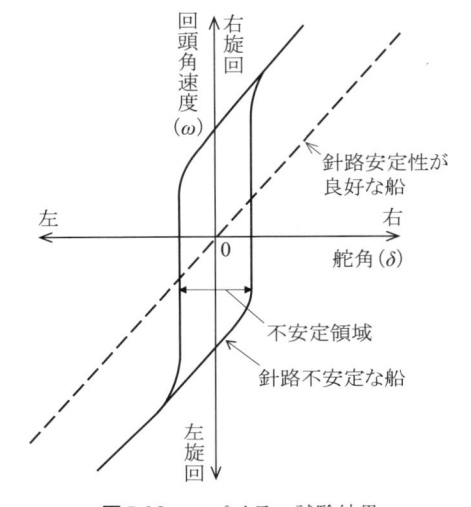

図5.32 スパイラル試験結果

④ 左舵角一杯まで計測後は，再び右舵角一杯になるまで同じ要領で舵角を変えながら試験を行う。

⑤ 試験により求まる各舵角（δ）と回頭角速度（ω）の関係を図示すると，針路安定性の良い船の場合は，破線---で示したようにほぼ直線となるが，針路不安定な船の場合は，δとωが必ずしも1対1に対応しない舵角領域がある。

なお，この方法は試験にかなりの時間を要するため，いくつかの回頭角速度を決めておいて，それらに対応する舵角を計測する「逆スパイラル試験」も行われる。

(6) 新針路試験

舵をとった場合の変針角と新針路距離の関係を求める試験で，以下の要領で行う。

① 舵を右 15° にとり，所定の回頭角 φ（20°，30°，40°，…）になったとき，左 15° に当て舵をとる。回頭が収まってくれば舵を中央に戻し，船首が一定の針路に定針したときの変針角 φ' を計測する。

② 試験結果より船体重心の移動軌跡を作図し，変針角 φ' と新針路距離 X の関係を求める。

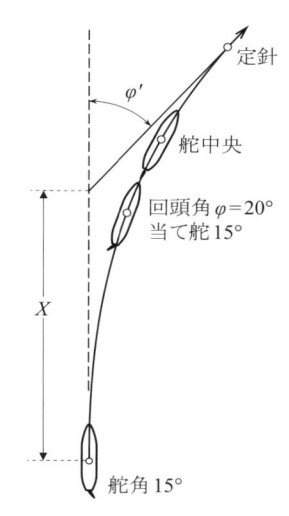

図 5.33　新針路試験の要領

5.4　アンカーの把駐力

アンカーの爪が海底をかき，外力に対して抵抗する力を把駐力（holding power）といい，この力が大きいとき，錨かきが良いという。

5.4.1　アンカーの用法

(1) 錨泊

アンカーの主な使用目的は把駐力によって船を停泊させることで，その方法には単錨泊，双錨泊，二錨泊などがある。

(2) 港内操船上の利用

アンカーを海底に十分かかすことなく，走錨抵抗を利用する。

a. 投錨して前進行き足を止める。
b. 狭い水域で投錨回頭する。
c. 岸壁達着，ブイ係留のとき，風で船首が落とされるのを防ぎ，船首又は船尾の転向を抑えて船首を安定させる。
d. 離岸し易くするため着岸に際してあらかじめ投錨することがある。
e. 狭い水路で後退するとき，走錨抵抗で船首の振れを抑えながら後進させる。

5.4.2 アンカーの把駐性能

性能の良いアンカーは，把駐力が大きく，走錨しても錨かきの姿勢が安定し，シャンクを軸に反転して爪を上に向けることはない。

ストックアンカーはストックにより安定な姿勢を保つが，ストックレスアンカーは両方の爪にかかる圧力が不均等となってバランスを失い，軟らかい底質では往々にして姿勢が不安定となり爪を上に向けることがある。

したがって，アンカーの把駐性能は把駐力の大きさと姿勢安定の良さによって決まる。

(1) 投下したアンカーの姿勢

図 5.34 は投下して着底したアンカーが，海底をかき込むまでの様子を示したものである。軟らかい底質では ① の落込みが深く，錨鎖を引くとアンカーは爪を上に向けた ② の状態のままで走錨することが多い。逆に固い底質では ① の落込みが浅く，②，③ の姿勢をとりながら ④ のかき込みに至ることが多い。

したがってストックレスアンカーでは，ヘドロを持つ弱軟泥では錨かきが悪く，砂泥混合土では良く，粘土質土では最も良い。

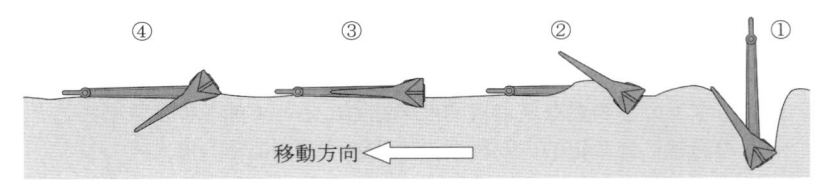

図5.34　アンカー投下後の姿勢変化

(2) アンカーの把駐力

アンカーの把駐性能は一般にアンカーの自重に対する倍数で表し，これを把駐係数（holding power coefficient）という。

わが国の商船型アンカーとして多く使用されている JIS 型ストックレスアンカー（A 形及び B 形）は，およそ表 5.9 に示す把駐係数があるものとみられる。

表5.9　JIS型ストックレスアンカーの標準把駐係数（λ_a）

底質	A形	B形 （AC14型）
砂	3.5	7
泥	3.0	10
走錨中	1.5	2

表5.10　錨鎖の摩擦抵抗係数（λ_c）

状態	泥	砂
係止中	1.0	3/4
走錨中	0.5	3/4

注）長い期間停泊すると，アンカーが埋没して把駐力が大きくなる。

（3）錨鎖の摩擦抵抗

　錨鎖の摩擦抵抗の大きさは，錨鎖の自重に対する倍数値（摩擦抵抗係数）で表す。底質及び走錨直前と走錨中で抵抗値が異なり，表5.10の値を示す。

5.4.3　アンカーによる船の係駐力

　単錨泊の係駐力は，アンカーの把駐力と海底に対する錨鎖の一種の摩擦力との和であり，このうち特にアンカーの把駐力の大小が大きく影響する。

（1）単錨による船の係駐状態

　　船に働く水平外力が，アンカーの把駐力と海底に横たわる錨鎖の摩擦力の和よりも大きければ走錨し，小さければ走錨しない。

　　図 5.35 において，

　　　船に働く風潮，波浪の水平外力を F_x（kgf）

　　　アンカーの把駐力を $w_a \times \lambda_a$（kgf）

　　　（w_a：アンカーの自重（kg），λ_a：アンカーの把駐係数）

　　　係駐部錨鎖の摩擦力を $w_c \times \lambda_c \times l_c$（kgf）

　　　（w_c：錨鎖 1m の重さ，λ_c：錨鎖の摩擦抵抗係数，l_c：係駐部の長さ）

とすれば，係駐力はこれらの力の和となる。

$$係駐力 = (w_a \times \lambda_a) + (w_c \times \lambda_c \times l_c) \tag{5.4}$$

（2）走錨するかしないかの検討

　　　　安全な錨泊状態　　　$F_x < (w_a \times \lambda_a) + (w_c \times \lambda_c \times l_c)$
　　　　走錨する状態　　　　$F_x > (w_a \times \lambda_a) + (w_c \times \lambda_c \times l_c)$
　　　　走錨しない限界状態　$F_x = (w_a \times \lambda_a) + (w_c \times \lambda_c \times l_c)$ 　(5.5)

なお，カテナリー曲線部（海底と船との間に垂れ下がっている部分）の長さ s は，次式から求まる．

$$s = \sqrt{z^2 + \left(2 \times \frac{T_x}{w'_c} \times z\right)} \tag{5.6}$$

w'_c は海中における錨鎖 1 m の重さ（kg）で空気中の重さの 0.87 倍
z は海底からベルマウス下端までの高さ（m）
T_x は錨鎖張力の水平分力で F_x に等しい．

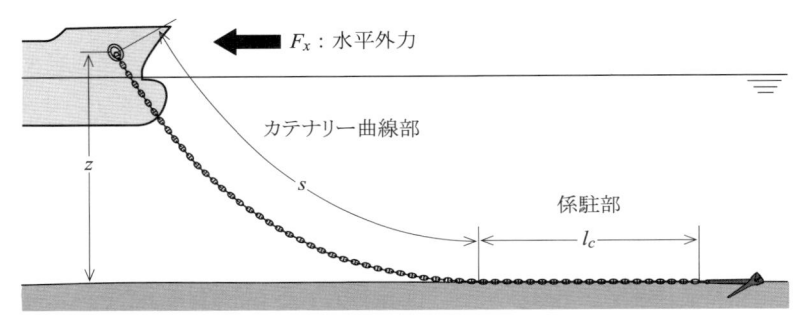

図 5.35　単錨泊の係駐状態

【例題 5.1】
　錨鎖 6 節（JIS 規格 27.5 m×6 = 165 m）を伸ばして単錨泊をした．いま 20.6 tf の風潮外力を予想するとき，走錨するかどうかを検討せよ．ただしアンカーの重さ 5.2 t（把駐係数 4），鎖錨 1 m 当たりの重さ 84 kg（摩擦抵抗係数 0.75）とし，海底からベルマウスまでの高さを 21 m とする．
〔解答及び解説〕
　カテナリー曲線部の長さ

$$s = \sqrt{z^2 + \left(2 \times \frac{T_x}{w'_c} \times z\right)} = \sqrt{21^2 + \left(2 \times \frac{20600}{84 \times 0.87} \times 21\right)} = 110.8 \text{ (m)}$$

係駐部の錨鎖の長さ

$$l_c = 全伸出量 - s = 165 - 110.8 = 54.2 \text{ (m)}$$

(5.4) 式から，係駐力は

$$(w_a \times \lambda_a) + (w_c \times \lambda_c \times l_c) = 5200 \times 4 + 84 \times 0.75 \times 54.2 ≒ 24215 \text{ (kgf)}$$

となり，この値は外力 20.6 tf よりも大きいので走錨しない。

（3）走錨しないための錨鎖伸出量

船に働く風潮，波浪の水平外力が，アンカーによる係駐力よりも大きくなれば走錨し，小さければ錨泊は安全である。

走錨しない限界状態 (5.5) 式から，外力に対抗するためには次の係駐部の長さ l_c（m）が必要である。

$$l_c = \frac{F_x - (w_a \times \lambda_a)}{w_c \times \lambda_c} \quad (5.7)$$

この場合，カテナリー曲線部の長さ s（m）も必要であるから，外力に対しては上式の l_c（m）と s（m）の和以上の長さを伸ばさなければ走錨する。すなわち

$$\text{最少伸出量（m）} = l_c + s$$

【例題 5.2】

単錨泊中の船が 25.0 tf の風潮・波浪の水平外力を受けるとすれば，走錨しないためには，錨鎖を何 m 以上伸ばす必要があるか。ただし計算条件は例題 5.1 と同じとする。

〔解答及び解説〕

(5.7) 式より，$l_c = \dfrac{F_x - (w_a \times \lambda_a)}{w_c \times \lambda_c} = \dfrac{25000 - (5200 \times 4)}{84 \times 0.75} = 66.7$ （m）

(5.6) 式より，$s = \sqrt{z^2 + \left(2 \times \dfrac{T_x}{w'_c} \times z\right)} = \sqrt{21^2 + \left(2 \times \dfrac{25000}{84 \times 0.87} \times 21\right)}$

$\qquad\qquad = 121.7$ （m）

ゆえに $l_c + s = 66.7 + 121.7 = 188.4$ （m）

したがって錨鎖を 189 m 以上伸ばす必要がある。

5.5 操船に及ぼす外力の影響

操船においてはプロペラの総合作用や船の運動性能を知ると共に，これらに及ぼす風，波浪，潮流，水深などの影響についても十分熟知しておかなければならない。特に低速のときや性能の悪い船では，予想外に外力が作用して危険な状態に陥ることがある。

5.5.1 風の影響

　風を船首から受けると減速し，船尾から受けると増速する。船首尾線以外の方向から風を受けた場合は，船は横に圧流されながら一般に次のような回頭運動をする。

　　a. 前進中は船首が風上に切り上がる。
　　b. 後進中は船尾が風上に切り上がる。
　　c. 停止中又はこれに近い低速時には，正横より斜め少し後ろから風を受けた状態で圧流される。

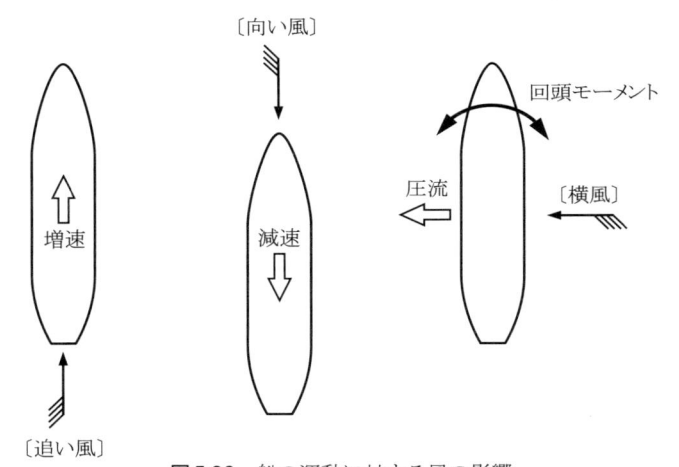

図 5.36　船の運動に対する風の影響

　このような回頭作用は，次の理由による。前進中の船は風に圧流されながら斜航するが，これに対する水の抵抗（head pusher）は常に船首の風下側に働き，船首を風上に回頭させようとする。一方，風圧力は風向が船首に近い場合は，船首を風下に落とすように作用するが，風向が斜めから正横に移るにつれて，その作用中心は後方へ移るため，図 5.37 に示すように，水の抵抗と風圧力の双方で船首を風上に切り上がらせるように働く。後進中はこれらと逆の状況となる。停止又はこれに近い低速時は，風による横流れ角が大きく水抵抗の作用中心は船体中央寄りになり，船首が風下に落とされる。

　停止時の圧流速力は，空船状態では風速の約 1/20，満載状態では約 1/30 に

なり，船速が増加するにつれて急速に減少する。

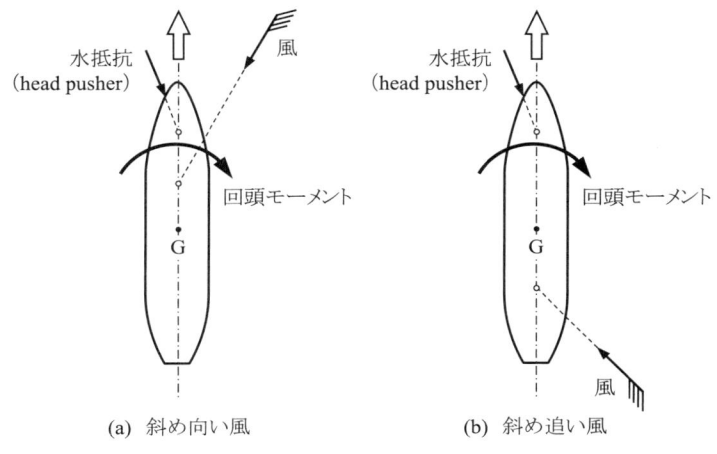

(a) 斜め向い風　　(b) 斜め追い風

図 5.37　船首の風上への切り上がり

注）風圧合力
　　1 m² の平板に風速 v (m/s) の風が当たると，約 $v^2/16$ (kgf) の風圧が働くといわれるが，船体については，次の風圧合力 R_a (kgf) が生ずる。

$$R_a = \frac{1}{2}\rho_a \cdot C_a (A_y \cos^2 \varphi + A_x \sin^2 \varphi) v^2$$

ρ_a：空気密度 0.123 kgf・s²/m⁴
C_a：風圧合力係数（表 5.11）
A_y：水線上の正面投影面積 (m²)
A_x：水線上の側面投影面積 (m²)
φ：相対風向角 (°)

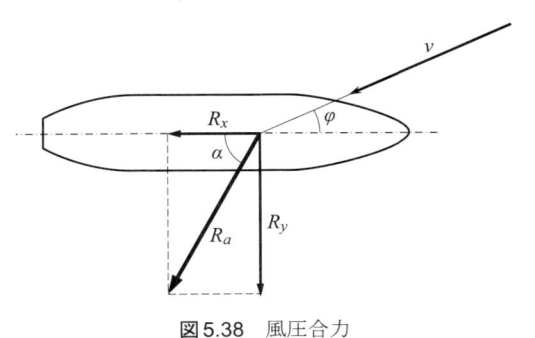

図 5.38　風圧合力

表5.11 風圧合力係数 C_a の一例

船種	タンカー(船尾船橋)		コンテナ船		自動車運搬船		漁船
L_{pp}	304 m		175 m		150 m		29.5 m
状態 φ	満船	空船	満船	空船	満船	空船	満船
0	1.404	1.091	0.810	0.778	0.937	0.684	—
10	1.287	1.110	0.919	0.838	1.169	1.017	0.719
20	1.143	1.183	1.194	1.171	1.536	1.374	0.916
30	1.086	1.183	1.364	1.331	1.712	1.596	1.088
60	0.999	1.056	1.317	1.200	1.452	1.355	1.031
90	1.021	1.030	1.176	1.097	1.343	1.267	0.937
120	1.050	1.067	1.146	1.197	1.262	1.306	1.057
150	1.422	1.314	1.402	1.489	1.516	1.518	1.040
180	1.513	1.152	0.760	0.705	0.791	0.721	—

5.5.2 波浪の影響

大波中を航走すると,次の影響を受けるので操船が困難となる。

1) 大きい波浪では船首揺れ(yawing)が大きく保針が困難である。特に斜め船尾から大波を受けると船首揺れの揺れ幅が大きい。
2) 停止又はそれに近い行き足のときは波の谷(trough)に陥り,少し船首を落とした姿勢で横波を受ける。
3) 波との出会い周期(encounter period)と船の揺れ周期が一致するようになれば(これを同調作用という),動揺が激しくなり操船が困難となる。
   すなわち縦揺れが同調すると船首船底部が波面を強く打つスラミング(slamming)を起こすとともにプロペラの空転(racing)も激しくなり,横揺れが同調すると大きく横揺れし荷くずれを起こして危険である。
4) 追波でも,大きい追波ではかえって船速を低下させる。

注) 大洋波の波速 (m/s) = $1.25\sqrt{波長 (m)}$
   もし波長100 mの追波中を順走するなら,波速は12.5 m/s(約25ノット)となるから,25ノット以下の船速の船では船尾から波の突襲(poop down)を受けることになる。

5.5.3 潮流の影響

1) 船が横に流されながら，ある進路上を進もうとするときは，上流へ向けた針路の修正が必要である。（tide way の修正）
2) 潮流は船体を一様に流すから船に対して回頭作用を与えないが，同じ舵角でも順流と逆流で対地の旋回軌跡が変わるため，逆流では舵効きが見かけ上良くなる。
3) 潮流が一様でない狭い水道では，ワイ潮，うず潮の乱流域に入ると船首が左右にふらつき保針は容易ではない。
4) 本流とワイ潮の境界，あるいは防波堤に沿う流れのある防波堤出入口付近では，その場所を通過するとき強い回頭作用が生じる。

5.5.4 水深の影響

（1）浅水影響

水深が浅くなると，船底への水の流れが制限されて側方への平面的な流れに強制されるので，船体周りの水圧分布が変わる。その結果，船は次のような浅水影響（shallow water effect）を受ける。

1) 一般に水深が喫水の 10 倍以下になると船体抵抗は増え，1.2 倍以下になるとさらに速力の低下が目立つようになる。
2) 浅水を高速で走ると，船首から出る八の字波は傘を開いたように広がり，伴流の影響でプロペラに起振力を生じて船体が異常に振動する。このような場合は浅水域とみて減速しなければならない。
3) 一般の商船の速力は低速範囲（フルード数 0.3 以下）にあるから，図 5.39 に示すように，深水，浅水とも船首トリムとなるが，浅水ではその程度が大きい。高速になるにつれて浅水の方が早く船尾トリムに移る。

したがって，水深が喫水の 1.1 倍以下になれば底触するおそれがあるから，減速しなければならない。

このように航走中の船体沈下現象は，水深が浅くなるほど極端に顕著になり，これを「スコット影響（squat effect）」という。スコット（squat）はもともと浅水を高速で走ったとき，船尾トリムが大きく船体がしゃがむ姿勢になることを称したものであるが，現象として船首沈下（bow squat），船尾沈下（stern squat）がある。

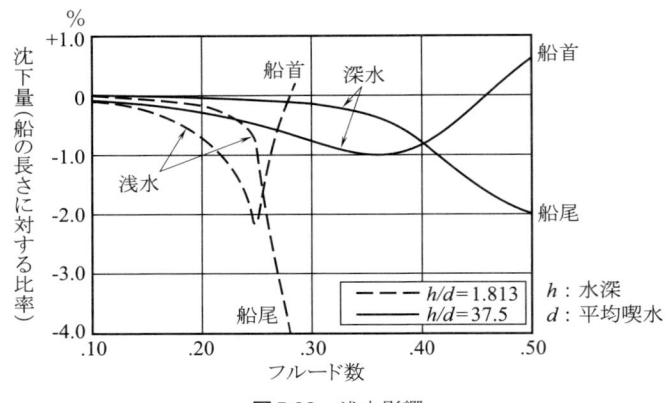

図5.39 浅水影響

4) 変針しようとしても，船底と海底間の間隔が狭いため，片舷の海水が反対舷へ円滑に流れないので，回頭を妨げる抵抗となり，舵効きが悪くなる。また海底が一方に傾斜しているようなときには，船体周りの水圧分布が左右不均等となり，船首には深い方へ押す作用が働き操船を難しくする。

　　水深が喫水の2倍程度から舵効きが悪くなる現象が現れ始め，喫水の1.2倍以下では著しく影響する。超大型船の実船実験では，喫水の1.2倍の浅水では，旋回縦距（advance）は13％増し，旋回径（tactical diameter）は70％増しの大きさとなった例がある。
5) 浅水では，前述のように旋回性は低下するが，針路安定性は逆に良くなる。

注）フルード数（Froude's number）：相似形の物体に生ずる現象を比較する場合に用いられる指標で，物体に作用する重力と慣性力の比である。船の場合は次の式から求まる。

$$フルード数\ F_n = \frac{V_k}{\sqrt{L \cdot g}}$$

　　ただし，V_k：船速（m/s），L：船の長さ（m），g：重力加速度（9.8 m/s^2）
　　　フルード数が同じ場合は，たとえ大きさが異なっても同じ現象が現れる。フルード数が0.3以上ならば高速船といわれるが，一般商船では0.3未満の低速領域である。

(2) 余裕水深

　　海底と船底最低部との間隔を余裕水深（under keel clearance：UKC）

といい，その決定に当たっては，浅水影響等以下の事項について考慮する必要がある．
1）水深に関する考慮事項
　　a．海図水深の精度
　　b．潮位や気圧の変化に伴う水深の変化
　　c．海底の障害物や底質を考慮した場合の海底の起伏
2）自船に関する考慮事項
　　a．浅水影響による船体沈下量とトリムの変化
　　b．海水比重の差に起因する喫水とトリムの変化
　　c．船体動揺による船底各部の沈下量
　　d．機関の冷却水取り入れ口に対する影響
3）主要な海域や港湾により定められた基準
　　　例えば，IMOはマラッカ海峡を通航する深喫水船（喫水15m以上）やVLCC（15万DWT以上対象）の余裕水深については，少なくとも3.5mを確保して通航することを定めている．港内のUKCについては，一般に満載喫水の10％としている場合が多い．

5.5.5　制限水路の影響

　水深が喫水に対して浅く，船幅に対して水路幅の狭い運河や河川のような水路を制限水路（restricted water）という．このような水路を通る船は，浅水のため船体の側方へ流れる水流がさらに制限されるので，前項の浅水影響が強く現れる．

　制限水路では，水路中央から左右いずれかに寄って航行した場合，船体の両側で流れに差が生じる．その結果，船体は側壁へ吸引され，また船首は側壁と反対方向へ押され回頭しようとする側壁影響（wall effect）を受ける．したがって，側壁に接近し過ぎたり，あまり高速で走ったりしてはならない．保針のためには，船が側壁の方へ回頭するよう当て舵をとる必要がある．

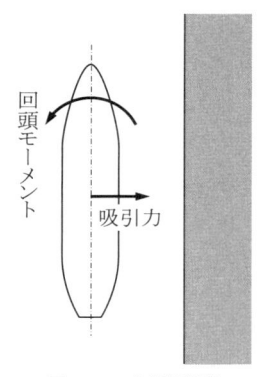

図5.40　側壁影響

5.5.6　2 船間の相互作用

　船が走ると，船首部では圧力が増すため水位が盛り上がり，船側部では流れが加速するため圧力が低下し水位は下がる。追越しや行会いにおいて，2 船が互いに接近して航走する場合，両船の位置関係によりこの水圧分布が変わり，船体周りの流れが左右で非対称になるため横向きの力が発生する。その結果，船体が吸引し合ったり反発し合ったりすると共に，回頭作用も働く。これを 2 船間の相互作用（interaction）という。

　両船間に作用する力の向きは図 5.41 のように，2 船の重なりの相対位置によって変わる。A 船が B 船を追い越す場合，初めは追越しの状態になるまで，A 船には内回りのモーメント（船首が相手船に近づく方向のモーメント）が働く。② の状態になったときそれが強くなると共に B 船への吸引力が作用する。A 船が B 船と ③ のように並航の状態になると，両船間の水の流れが速くなり，双方に吸引力と外回りのモーメントが働く。その後 A 船に働く吸引力は反発力に転じ，外回りのモーメントも弱くなり，追越しが終わるころには内回りのモーメントに変わる。

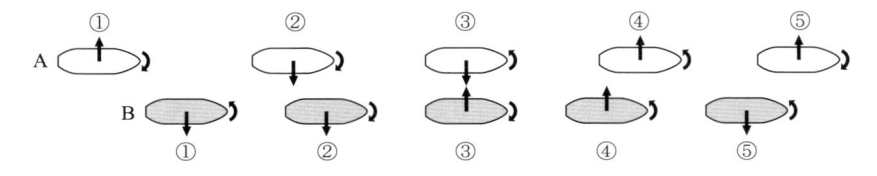

図 5.41　追い越す場合の 2 船間の相互作用

　理論的には 2 船に働く吸引力・反発力は両船間隔の 4 乗に，回頭モーメントは両船間隔の 3 乗に反比例し，いずれも速力の 2 乗に比例するといわれる。これまでの事故例，実験結果からみて，相互作用が強く働くのは，次の要因が重なることによる。

　　a. 両船の速力が大きく，それらの速力差が小さい。
　　b. 作用の持続時間が長い，追越し関係にある。
　　c. 並航する 2 船の横間隔が狭い。
　　d. 浅水域あるいは制限水路を航走中である。

2 船間の相互作用による危険を避けるためには，必要以上に他船に接近し過ぎないことが重要であり，接近して航行する場合には大きい船の長さ以上離し，速力も十分落とす必要がある。

このほか，追越し関係にある 2 船が接近して並航するとき，両船間に生ずる現象としてシーソーイング（see-sawing）がある。

速力の差があまりない大型船と小型船が並航する場合で，大型船の船首から左右に広がる八の字波（発散波）や，船首尾線と直角方向にできる横波の波頂の間に小型船が入った場合，大型船が先行するようになると，小型船は後方の波に押されて加速し，逆に小型船が前の波頂を乗り越えようとすると阻まれて減速する。あたかも両船が追いつ追われつのシーソーゲームに似た運動をすることから，シーソーイングの現象と呼ばれる。

《船舶の省エネ付加物》

舵やプロペラ周辺には，船体抵抗の軽減や推進効率の向上を目的とした装置が付加されている場合がある。以下にその 2～3 の例を紹介する。

1) 二重反転プロペラ（contra rotating propeller，CRP）
　　前後に互いにピッチが逆で回転方向の異なる 2 つのプロペラを設け，推進力に寄与しない前方プロペラの回転流を後方プロペラが回収し，その後方で回転の無い流れとすることで推進効率を向上させる。
2) コスタバルブ（costa bulb）
　　舵板上に，涙滴形状の構造物をプロペラ軸の中心線と一致するように付加したもので，プロペラ後方に発生する渦を除去する。推進効率を高めるほか振動の減少効果がある。
3) フィン付舵（rudder with thrusting fin）
　　舵の左右両側に水平フィンを取り付けたもので，プロペラ後方の回転流によって生じる揚力の船首尾線成分が推力となることから，推進効率を向上させる。上記のコスタバルブと組み合わせたものもある。

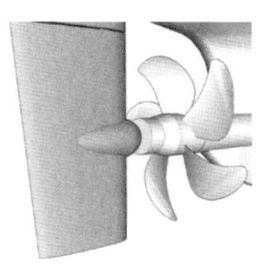

1) 二重反転プロペラ　　2) コスタバルブ　　3) フィン付舵

図 5.42　省エネ付加物

第6章
港内操船と停泊法

6.1 港内操船に関する基本事項

6.1.1 港内操船上の注意

(1) 一般的な注意
   1) 低速で航走すること。しかしながら外力の影響に注意し，操縦不能に陥らない速力とする（5ノット以下は注意を要する）。
   2) 緊急時に備えて投錨用意とし，舵と機関はためらわずに細かく使う。
   3) 港内にある他船の動静を監視し，見通しのきかない場所での急な出会いに注意する。
   4) 注意喚起信号や進路信号を怠らない。
   5) 航行水路や航法を十分検討すると共に，港の規則を遵守して慎重に操船する。

(2) 港内速力の調整上の注意
   1) 基本的には舵効きが得られる程度に減速する。
   2) 外力，特に風潮の影響に注意する。空船では風の影響が強く，満船では潮流の影響の方が大きく現れて思わぬ回頭作用が働き，舵が効かなくなることがある。（概して入港速力は7ノット程度）
   3) 載貨状態によって増減速の惰力が異なる。満船時は空船時よりも速力を落とす必要がある。
   4) 速力調整の程度は港内の広さ，船舶の交通量，付近障害物の有無によって変わる。
   5) 出入港時の変速の時機は，著明な物標をうまく利用して目標を定

め，その正横通過時に行うのがよい。
(3) 機関使用上の注意

主機関の種類によって性能が異なるから，自船の機関の特徴を把握して余裕のある使い方をしなければならない。たとえば，
1) ディーゼル船は前進後進ともすぐ発動し十分な推力が得られるので扱いやすい。

しかし発停をこまめに行うと，始動に必要な圧縮空気量には限度があるので機関がかからないことがある。また微速でも前進行き足は速いので，極微速で走らせたいときは機関を微速，停止と繰り返して使う必要がある。
2) タービン船は後進の発動が遅く，発令から発動までに1分近くかかることがある。しかし低速運転が可能で，波浪中のプロペラ空転に強い。

また港内では原則として低速航行であるが，一時的に舵効きを良くするために全速，半速をかけることがある。

6.1.2 アンカーによる減速法と投錨回頭法

港内操船では，アンカーを完全に海底にかかすことなく走錨抵抗を利用して行き足を制御することがある。この方法は中型船では利用できるが，載貨重量2万トン以上の大型船では危険であるため，タグを効果的に利用するのがよい。

(1) 投錨による前進行き足の調節
1) 必ず減速し，アンカーを吊り下げたコックビル（吊り錨）の状態から投錨する。投錨時の速力は2ノット以下とし，5ノット以上の投錨は危険であるため避けるべきである。
2) 錨鎖は水深の1.5～2倍程度伸ばして走錨させる。もし長く伸ばして船を定位置に止めるときは，錨鎖に急激な張力を与えないよう，徐々にブレーキをかける。
3) 船が止まり始めると船尾が振れるので注意する。
4) 風潮の影響，喫水の大小，底質で減速の程度が変わるから，予測を誤らないように停止距離は十分な余裕をみておく。

(2) 投錨回頭 (dredging round)

投錨回頭は，港内のように交通量が多くて操船水面に余裕がない水域で，船を回頭させる場合や，狭い水道で風潮の影響が強く回頭が困難なときによく行われる。例えば関門港のように潮流の速い港で順流にのって船を反転回頭させるような場合である。このようなときには次の注意が必要である。
1) 減速してコックビルの状態から投錨する。
2) 錨鎖の伸出量は大体水深の 1.5～2 倍位で，これ以上伸ばすと錨鎖切断の危険があり，これ以下であればアンカーが浮いて船首をおさえる力が弱くなるため，回頭は容易でない。
3) 回頭するときは行会い船に対し，注意喚起信号を吹鳴する。

6.1.3 タグの使用

大型船や中型船が離着岸するとき，タグ（曳船，tug）の支援を利用するが，わが国の操船用タグには Z 型プロペラ（ZP）タグが多く使用されている。

（1）港内操船用タグの推進装置と曳引力
1) 固定ピッチプロペラ（FPP）
プロペラの翼角が固定のスクリュープロペラで，一般の船舶と同様に従来から用いられているもの。この型式の曳引力は一般の概算値として主機関 100 馬力当たり 1 トン（tf）といわれる。
2) 可変ピッチプロペラ（CPP）
スクリュープロペラの羽根（blade）のピッチ角を変化させ，機関の回転を変えることなく，船を前後進及び停止させるもので，その操作時間が短い。
3) コルトノズル舵付き CPP
可変ピッチプロペラを円筒状の舵付きノズルで覆い，整流して推力を増強させるもので，後進時の引く力は前進時に比べて劣り，約 6 割である。
4) フォイト・シュナイダー・プロペラ（VSP）
船底から垂直に突き出た 4～6 枚の羽根を，垂直軸回りに回転する円盤に取り付け，これを回転することで推力を得る。前後進や停止はもちろん，推力の方向も自由に変えることができるため，回頭

や横方向の平行移動が自在で，この方式のプロペラを装備する船は舵を持たない。

プロペラが船尾にあるものをプッシャー型，船首部にあるものをトラクター型といい，ともに操縦性が優れる。

5）Z 型プロペラ（ZP）

コルトノズル付き FPP を，水平方向に 360°回転させることができ，左右 2 機装備している。シャフトの途中に Z 型をしたプロペラ回転の伝達装置をもつことからこの名称で呼ばれる。各舷の推力とプロペラの向きを調整して合成推力をうまく利用することで，船を真横に並進させることもでき，優れた操縦性能を有する。

Z 型プロペラは，メーカーのちがいにより，ゼットペラ，ダックペラ，レックスペラ等と呼ばれる。

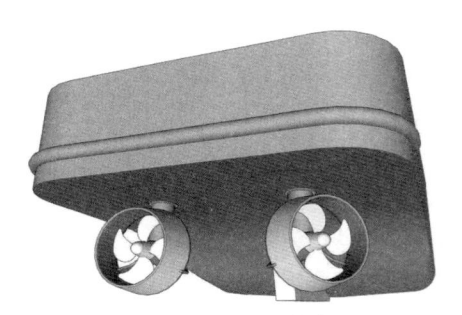

図6.1 タグ船尾のZ型プロペラ

表 6.1 にこれらタグのボラードプル（陸岸曳引力，bollard-pull）を示す。これはタグの船尾から後方に出した曳索を陸岸のボラード（係船柱）に取り付け，主機を全速運転して引っ張ったときの索張力をいい，プロペラスリップ100％の曳引力である。

表6.1　タグの陸岸曳引力の概略値

推進装置	主機100馬力当たりの曳引力	後進力／前進力
FPP	1.0 tf	85％
CPP	1.3 tf	65％
ノズル付きCPP	1.35 tf	55％
VSP	0.95 tf	90％
ZP	1.50 tf	90％

（2）引く力の方向と引かれ船の運動

　　風の影響がなければ，タグにより引いた場合は，引かれ船（被曳船）は原則として次のような運動をする。

　　図 6.2 において

（a）船が回頭しない位置（海水の側圧中心）に引き綱（曳索）を付けて，力 F で正横に引くと，船は回頭せず真横に平行移動する。

（b）力 F で船首を正横に引くと，船は正横に移動しながら回頭する。

（c）力 F で船首から斜め前方に引くと，その力の横分力 Y が（b）と同じような運動を起こし，縦分力 X が船を前進させる。このため船は引かれた方向へ回頭しながら斜め前方に進む。

（d）力 F で船首尾を正横に引くと，船は回頭せず（a）の約 1.4 倍（$\sqrt{2}$ 倍）の速さで横に移動する（抵抗を速力の 2 乗に比例するとみる）。

（e）力 F で船首尾を互いに反対向きに引くと，2 つの力は偶力となるから，（b）の約 1.4 倍（$\sqrt{2}$ 倍）の速さでその場回頭をする。

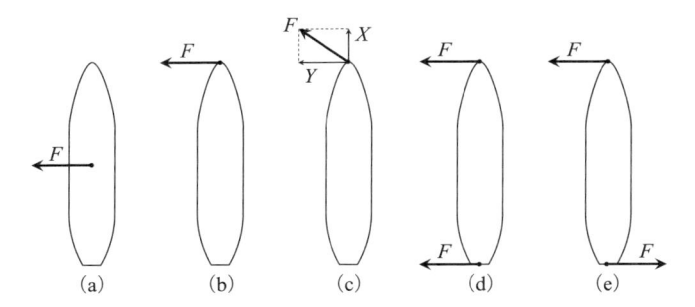

図6.2　引く方向と引かれ船の運動

（3）本船に対するタグの配置と役割

　　出入港操船におけるタグの使用法は，「引き」「押し」「横抱き」の 3 方法がある。使用するタグの馬力，隻数，配置は，本船の大きさ，喫水，操船水面の広さ，風潮等の外力影響などによって異なる。

　　図 6.3 に示すように，配置されたタグはそれぞれ次の役割を持つ。接岸時には D 船の押し船配置，離岸時には E 船の引きの配置をとる。

　　　　A 船：前進用のフック引き，及び前方警戒
　　　　B 船：前進制動と方向を変える舵船用

C 船：前後進の制御用と回頭用
D 船：頭付けの押しによる回頭用
E 船：フック引きによる回頭用

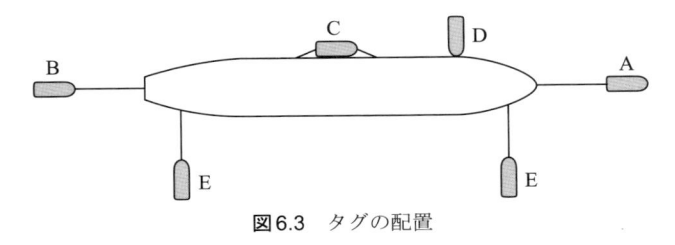

図6.3　タグの配置

6.1.4　ターニング・ベースン（船まわし場）

　ターニング・ベースン（turning basin）とは，港内などの狭い水面で船をその場回頭させるために必要な水面のことで，船の大きさ，操船法，風潮の影響などによってその広さが違う。
　2軸船やバウスラスタを持つ船など回頭し易い性能の船は別として，1軸船では図6.4及び表6.2に示すターニング・ベースンが必要である。

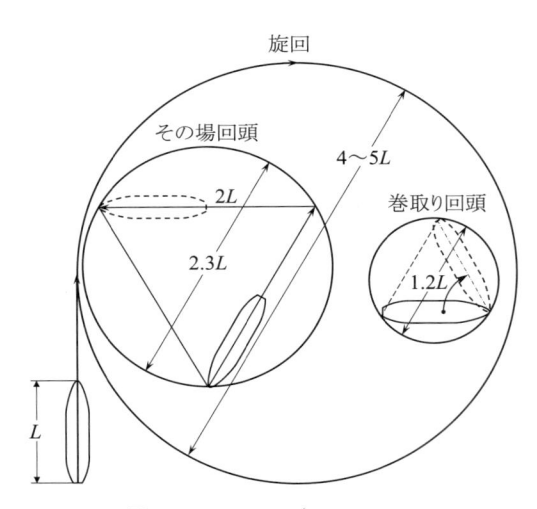

図6.4　ターニング・ベースン

表6.2　ターニング・ベースンの基準

操船法	必要な円形水域の直径	港湾施設技術基準
自力旋回のとき	$4 \sim 5L$	—
その場回頭	$2.3L$	標準として直径$3L$
十分な推力のスラスター又はタグを使用	$1.5L$	標準として直径$2L$

6.2　錨泊法

アンカーを使用して船を停泊させることを錨泊（anchoring）といい，安全な錨泊をするためには，それに適した泊地を選ばなくてはならない。

6.2.1　錨泊の方法

主な錨泊方法として，次の4つがある。

1) 単錨泊（riding to a single anchor）：（a）
2) 双錨泊（mooring）：（b），（c）
3) 二錨泊（riding both anchors）：（d）
4) 船首尾錨泊（anchoring by the head and stern）：（e）

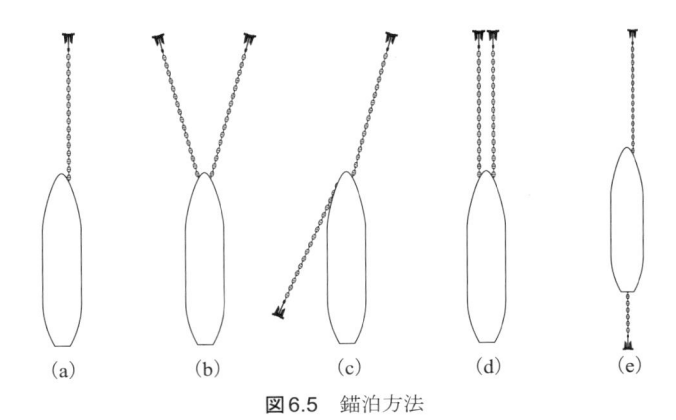

図6.5　錨泊方法

錨泊水面に余裕があるか一時的に錨泊するときには単錨泊を行い，狭い港内では振れ回りを抑える双錨泊が多い。二錨泊は1方向からの風潮が強い泊地（たとえば河川港），又は荒天のとき以外にはあまり行わない。

このほか荒天時には単錨泊に振れ止めアンカーを使ったり，小型船では港の事情によって船尾からアンカーを入れた船首尾錨泊をすることがある。

6.2.2 単錨泊の投錨法

（1）後進投錨法と前進投錨法

　　後進投錨法は，速力を調整しながら予定錨地に接近し，錨地手前で後進をかけて，行き足が止まった時に投錨する。そして後進行き足がつき始めると機関を停止し，後進惰性を利用して錨鎖を伸ばしていく。この方法は，風潮の影響を受けて保針がしにくく，正確に予定地点に投錨することが難しい。しかしながら，錨鎖が船首方向に張るから，外板を損傷させることがない。

　　前進投錨法は，前進行き足を持って投錨するから，予定錨地に対して保針がし易く正確な位置に投錨することができ，作業時間も短い。しかし前進行き足のため，錨鎖がベルマウスの所で大きく屈曲して後方に張るので，外板を損傷し，錨鎖が切断するおそれがある。

　　小型船では前進投錨法で行うこともあるが，商船では一般に後進投錨法を用いる。

（2）投下するアンカーの選択

　1）風潮の影響がない場合

　　　両舷の錨鎖の摩損が均等になるよう，使用頻度の少ない舷のアンカーを使用する。

　2）風潮の影響がある場合

　　　原則として風潮上舷のアンカーを使う。

　　　船首尾方向から風を受けているときも，投錨後の船の姿勢を考え回頭後風上舷となるアンカーを使うべきである。なお風潮の方向が判然としないときは，周囲の錨泊船の姿勢や係留ブイの傾き等で判断する。

　3）台風等の暴風の来襲が予想される場合

台風等の暴風の来襲時には風向が変転するため，北半球では本船が暴風圏の右半円に入るとみれば右舷アンカーを，左半円に入るとみれば左舷アンカーを投下する。
(3) 投錨に関する一般的注意
1) 投錨準備

投錨準備として，アンカーを水面近くまで下ろしたコックビル（吊り錨，cock-bill）の状態にしておく。これは，アンカーをウォークバックして，コックビルの状態にする過程で，ウインドラスの故障の早期発見につながるとともに，投錨時にアンカーが外板に接触して船体を損傷することを防止できる。（深海投錨法については6.2.11を参照）

2) 行き足

前進行き足の速いときに投錨すれば，錨鎖を切断させ，停止に近い状態では絡み錨の原因となるから，投錨時の行き足には注意する。

3) 錨鎖の繰り出し

投錨後は，錨鎖に過度の緊張を与えずかつ海底でできるだけ直線状になるよう，ブレーキを調節しながら所要の伸出量になるまで徐々に錨鎖を繰り出していく。

4) ブロートアップアンカー（brought up anchor）の判断

ブロートアップアンカーとは，投錨後，アンカーが錨鎖に引きずられてフルーク（爪）が海底に食い込み，十分な係駐力が得られた状態をいう。この状態は船上においては，以下の現象から判断できる。

a. 錨鎖を所要の伸出量繰り出し，ウインドラスのブレーキを締めて止めると，錨鎖は船の惰力により緊張するが，やがて錨鎖の重みで船体がアンカーの方向へ引かれるのでたるんでくる。

b. 左右のいずれかに振れていた船首は，錨鎖が緊張するときにいったん止まり，その後，錨鎖のたるみとともに再び振れ始める。

c. 船尾が風下に落とされるように回頭する。

6.2.3 双錨泊の投錨法

(1) 前進双錨泊と後進双錨泊

1) 前進双錨泊（running moor, flying moor）

第1錨を予定錨地手前で投下し，前進しながら錨鎖を伸ばす。第2錨は，予定錨地に対し第1錨とほぼ対称な位置に投下し，その後第2錨の錨鎖を伸ばしながら第1錨の錨鎖を巻き込んで予定錨地に錨泊する。

この方法は，保針がし易く比較的正確に予定位置に投錨でき，投錨操船時間も短い。そのため商船では一般にこの方法がとられる。ただし，第1錨の錨鎖はベルマウスで屈曲し，後方に伸びて外板を擦るため，錨鎖の切断や外板を損傷するおそれがある。

船尾から風潮を受けて入港するときは，一度，船を回頭させ，風潮に船首をたてながらこの方法を行うことが多い。

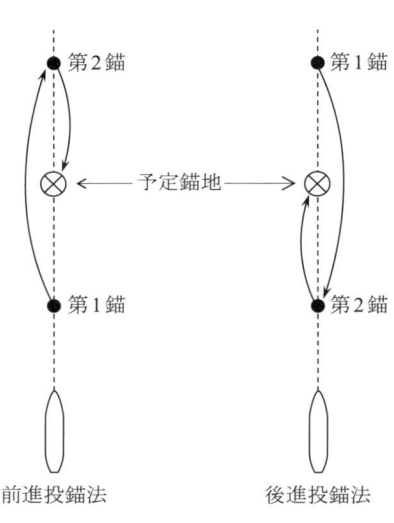

図6.6 双錨泊の投錨方法

2) 後進双錨泊（ordinary moor, standing moor）

前進行き足で進入し，予定錨地を過ぎた位置で第1錨を投下した後，後進しながら錨鎖を伸ばす。第2錨は予定錨地に対し第1錨とほぼ対称となる位置に投下し，その後第2錨の錨鎖を伸ばしながら第1錨の錨鎖を巻き込んで予定錨地に錨泊する。

前進双錨泊とは，第1錨投下後錨鎖を後進行き足で伸ばす点が異なる。

この方法は錨かきが良く，錨鎖も船体外板も損傷するおそれはないが，後進中の保針が難しいので第2錨の投錨位置に正確さを欠

き，さらに投錨操船にも時間がかかる。
(2) 第1錨の選択

　双錨泊後に両舷錨鎖が絡まないよう，前進双錨泊では風潮上舷のアンカーを，後進双錨泊では風潮下舷のアンカーを第1錨とする。

　双錨泊の最大の欠点は，錨泊中に風向が変化した場合に絡み錨鎖になることである。錨鎖が絡むことなく常に一様に張り合う状態にするためには，第1錨は風向の変化が時間の経過とともに右回りとなるか左回りとなるかによって判断する必要がある。すなわち図6.7に示すように，前進双錨泊では，風向の変化が右回りの傾向であれば右舷アンカーを，左回りの傾向であれば左舷アンカーを第1錨として投下する。

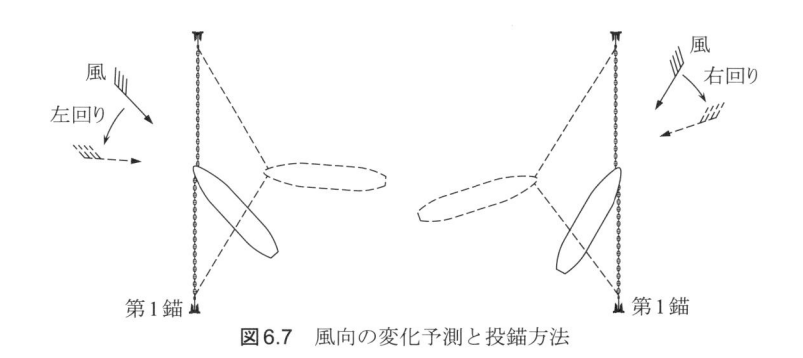

図6.7　風向の変化予測と投錨方法

6.2.4　錨地の選定と正確な位置の投錨法

(1) 錨地の一般的要件
　1）周囲の地形が風や波浪の直接の影響を防ぎ，平穏な水面が確保されていること。
　2）船の振れ回り範囲，他の錨泊船及び陸岸との離隔距離，走錨時の余裕水面等の観点から，十分に広い水面で，航路筋でないこと。
　3）錨泊に適した水深であること。在来型貨物船（DW1万トン級）では，深海投錨法によらない水深（15〜20m）程度がよい。
　4）錨かきの良い底質であること。

5）付近の船舶交通量が少なく，漁礁や海底ケーブルなどの水中障害物がないこと。
(2) 予定錨地に正確に投錨する方法
1）予定錨地に正確に投錨するには，単錨泊をするにしても双錨泊をするにしても，保針が容易な前進投錨法が適している。
2）海図上で予定錨地を選定し，アプローチ針路，減速地点，投錨地点等を船首目標や著明物標の方位・距離，2物標の見通し線などを利用して把握できるよう，あらかじめ検討しておく。
3）レーダー・ARPAやECDISを備える船では，予定錨地をあらかじめ画面上にマークしておくことで，修正すべき針路を容易に把握できる。

6.2.5 単錨泊と双錨泊の比較

(1) 単錨泊の長所と短所
1）長所
a. 投錨，揚錨にさほど時間を要しない。
b. 緊急時，急に揚錨する必要が生じた場合，捨錨が容易である。
c. 走錨しても他舷アンカーを投下すれば危急を脱することができる。
d. 他舷アンカーを振れ止め用として使用することができる。
2）短所
a. 船が振れ回るため広い錨泊水面を必要とする。
b. 錨泊中における船の前後運動や振れ回り運動のため錨鎖切断のおそれがある。
(2) 双錨泊の長所と短所
1）長所
a. 振れ回り範囲が狭く，単錨泊ほど広い水面を必要としない。
b. 風潮の変化があっても両舷錨鎖を適度に伸縮すれば，振れ回りを抑えることができる。
c. 両舷アンカーを使うため一般に係駐力が大きい。

2）短所
    a. 投錨，揚錨に時間がかかる。
    b. 船の振れ回りで絡み錨鎖になることがある。
    c. 両舷錨鎖のなす角が120°以上になると単錨泊よりも係駐力が劣る。
    d. 走錨するとこれを食い止めるための何ら適当な手段がない。

(3) 単錨泊における船の振れ回り運動

　風を受けると錨泊中の船は周期的に振れ回る。流れの中においても振れ回り現象は起こるがそれ程大きくない。

　船の振れ回り運動は，錨鎖のカテナリー曲線部が一種のバネの働きをして，風上及び風下への前後揺れ（surging）を起こし，風が強くなると風軸に対する左右揺れ（swaying），船首揺れ（yawing）も加わり，振れ回りが増幅される。

　そして風速 10 m/s を超すあたりから，船の重心（G）は図 6.8 に示すような横 8 字運動を繰り返す。この時，錨鎖にかかる張力も，風向に対する錨鎖の向きと船首尾線の方向の変化に伴い，周期的に変動する。

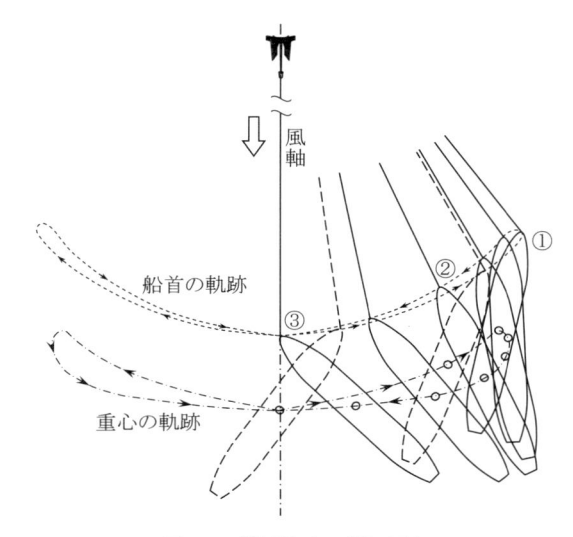

図 6.8 　単錨泊中の振れ回り

船が一方に振れて風に立ち，次第に船首が風下に落とされながら，船首尾線と錨鎖方向が一致する②の少し後で錨鎖に衝撃荷重がかかり，錨鎖が風軸と一致する姿勢③付近で錨鎖にかかる平均荷重が増大するので，これらの姿勢のときに走錨のおそれが出てくる。

船の振れ回り運動は，次の場合が小さい。
a. 喫水が深いとき（満船ほどよい）
b. 船首トリムのとき
c. 風圧中心が船尾寄りとなる船尾船橋船の場合

したがって，振れ回りを抑えるためには，喫水をできるだけ深くすることが最も効果的である。また操船上では振れ止め錨の投入やバウスラスタの使用が有効である。

主機の使用については，後進力を使えば振れを抑えられるが走錨のおそれがあり，前進力を使えば振れ回りを助勢するおそれがある。

双錨泊では風向に対しそれぞれ30°ずつの錨鎖角度（両舷錨鎖の水平開き角度60°），超大型船ではこの開き角度がさらに大きく90°位の方が効果的といわれる。

(4) 単錨泊と双錨泊の振れ回り範囲

単錨泊中は，錨鎖のカテナリー曲線部の接地点を中心として，その接地点から本船の船尾までの水平距離を半径とした範囲で振れ回る。（図6.9 (a) 参照）

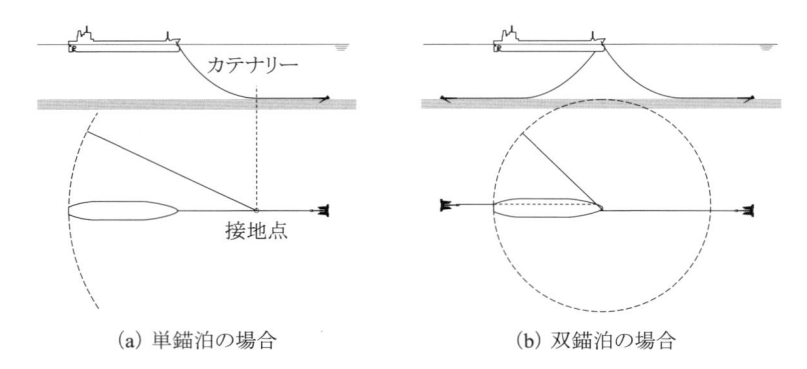

(a) 単錨泊の場合　　(b) 双錨泊の場合

図6.9　錨泊中の振れ回り範囲

双錨泊の場合は，同図 (b) に示すように船首を中心として船の長さを半径とする円くらいの振れ回りであるから，交通量が多く錨泊水面が限られた港内のような所に適し，また両舷とも錨鎖の伸出調整ができるので風向の変化が頻繁な場所での錨泊に適する。

ただし，泊地としての占有水面は，単錨泊では，錨位を中心としてほぼ伸出錨鎖長と本船の長さの和を半径とした円内の水面を考え，また双錨泊では，風向の変化に伴う錨鎖の伸出調整により本船が移動することを加味し，両方の錨を結ぶ線を直径とする円内の水面を考えておかなければならない。

(5) 双錨泊の係駐力

双錨泊は，両舷 2 個のアンカーを使っているけれども，その係駐力は 1 つのアンカーが持つ係駐力の 2 倍とはならない。

これは両舷錨鎖の開き角度 θ によって各錨鎖に加わる力が変わるため，風潮を受ける方向が 2 錨線に対して直交し，両舷の錨鎖が均等に張り合ったオープン・ムア (open moor) の状態では，

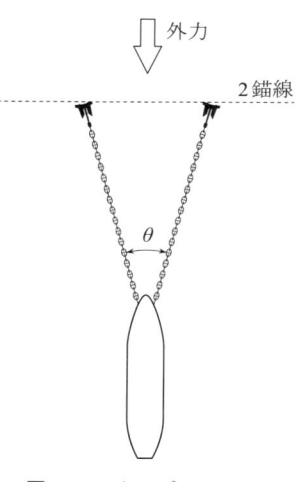

図6.10　オープン・ムア

$$双錨泊の係駐力 = 単錨の係駐力 \times 2\cos\frac{\theta}{2}$$

となる。

したがって双錨泊では，両舷錨鎖の開き角 θ が 120° 以下になるように錨鎖の長さを調整しなければならない。

表6.3　双錨泊の係駐力

両舷錨鎖のなす角度	単錨泊との比較
0°（二錨泊）	2倍
80°	約1.5倍
120°	1倍
150°	約0.5倍

6.2.6 錨鎖の伸出量

（1）錨鎖伸出量の決定に当たり考慮すべき事項

　　錨鎖を十分伸ばすことは，係駐力を増すだけでなく船の振れ回りや前後運動のショックを吸収して錨かきを安定させる。しかし必要以上に伸ばせば，錨泊水面に余裕がなくなるだけでなく，揚錨に時間がかかる。そのため以下の事項を考慮して伸出量を決めなければならない。

1）外力（風潮，波浪，うねり）が船に与える影響
2）泊地の底質：泥であっても必ずしも錨かきが良いとは限らない。
3）水深：水深が深いと海底を這う錨鎖の係駐部が短くなるので，錨鎖を長く伸ばす。泊地の標準水深は 10～15 m。
4）錨泊方法：単錨泊か双錨泊かによって違ってくる。
5）錨の種類：ストックアンカーはストックレスアンカーに比べて把駐性が良いので走錨しにくい。

　　ストックアンカーはストックのために錨かきが安定しており，走錨しても把駐力の最大値を保ち続ける。ストックレスアンカーは比較的深く海底に食い込むので把駐力もやや大きいが，過大な力で引かれると，両爪のかき方が不安定なため，シャンクを軸として回転しながら反転し海底面に浮き上がる。そして錨かきを弱め，再び爪がかくことは少ない。このためストックレスアンカーは走錨すると再投錨しなければならず，錨鎖を十分伸ばして走錨を食い止めようとしても効果は期待できない。

（2）伸出量の標準

　　従来の標準では

　　　　普通の場合（風速 20 m/s）　$3D + 90$ (m)
　　　　荒天の場合（風速 30 m/s）　$4D + 145$ (m)
　　　　　　　　　　　　　　　　　D：高潮水深（m）

といわれているが，風力 3 付近の普通の天候で泊地が良ければ，次の値を標準とする。

$$3D + 50 \text{ (m)}$$

　ただし，風力 5 以上から錨鎖の伸出量を増加し，風力 7 以上では状況に応じて保有量一杯まで伸ばす必要がある。

　投錨時，伸出量を船橋に報告する場合は，たとえば「Four shackles on

deck（又は in the water）」「4 節又は 4 つ・オンデッキ（又は，水のなか）」という。

6.2.7　守錨法（anchor watch）

錨泊中の当直者は次の点に注意し，錨泊の安全を期さなければならない。

1) 走錨の防止と早期発見に努める。そのため適宜船位を確認すること。
2) 気象・海象の急変に注意し，必要があれば直ちに錨鎖の伸長，振れ止めアンカーの投入，転錨等の処置をとる。
3) 他船の動静，とくに近距離に錨泊する船に注意し，必要な場合は転錨を促す。また VHF 無線電話の聴取及びレーダーの継続した監視を行い，他船の走錨にも注意しなければならない。
4) 船が振れ回ったときに，絡み錨や絡み錨鎖にならないよう，風潮流の変化に注意する。
5) 河口のように流れがある所で長期間錨泊すると，アンカーや錨鎖が埋没して揚錨が困難になることがある。このため数日ごとに起錨（おきいかり）まで巻き上げ再び投錨しなければならない。これを検錨（sighting anchor）という。

6.2.8　絡み錨鎖（foul hawse）とその解き方

(1) 絡み錨鎖の呼び方

　　双錨泊，二錨泊では絡み錨鎖になることが多く，絡みの状態で次の呼び方がある。
　　　a. 十文字（クロス，cross）：船が半回転したとき
　　　b. 半巻き（エルボ，elbow）：船が 1 回転したとき
　　　c. 一巻き（ラウンドターン，round turn）：船が 1 回転半したとき
　　　d. 一巻半（ラウンドターンアンドエルボ，round turn and elbow）：船が 2 回転したとき

(2) 絡み錨鎖の解き方

　　1) ウインドラスの操作のみで解く方法

　　　　先端に錘を付けた糸を互いに絡ませ，その上端をそれぞれ両手に

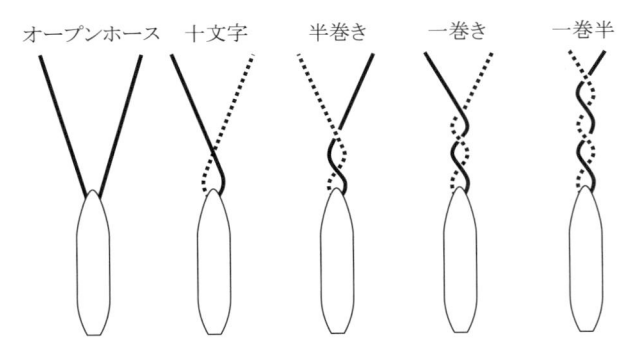

オープンホース　十文字　半巻き　一巻き　一巻半

図6.11　絡み錨鎖の状態

もってぶら下げると，絡みが自然に解けることと同様の原理を利用した方法である．具体的には以下の手順で解く．

　巻き揚げ可能な方の錨鎖 (a) をアンカーアウェイの状態まで巻きあげる．次にもう一方の錨鎖 (b) を繰り出すと，絡み部分は緊張が解け，錨鎖の自重で下部へ移動する．錨鎖 (a) をさらに巻きその後繰り出す．このような巻き揚げと繰り出しを交互に繰り返すことで，絡み部分が自重で下方へ移動し，最終的に錨の自重も手伝って絡みが解ける．

2）ホーサ又はワイヤを錨鎖にかけて解く方法

　ウインドラスを巻いて絡み部分を海面近くまで引き上げる．次に一方の錨鎖 (a) の絡み部分より上方にホーサ又はワイヤをかけて持ち上げる．そしてもう一方の錨鎖 (b) を繰り出すと絡み部分は緊張が解け，錨鎖の自重で下部へ移動する．その後，錨鎖 (b) の巻き揚げと繰り出しを交互に繰り返すことで，絡み部分が自重で下方へ移動し，最終的に錨の自重も手伝って絡みが解ける．

3）タグを利用して解く方法

　錨鎖の絡みとは逆向きに，タグで船を回して解く方法で，作業は簡単であるが，強風下では容易ではない．

4）甲板上で錨鎖を切り離す方法

　甲板上において，ジョイニングシャックル又はケンタシャックルの位置で一方の錨鎖を切り離し，切断部を一旦ホースパイプより船外に繰り出して絡みを解いた後に巻き揚げ，再び接続する方法である．

作業時機は，風がない憩流時（slack water）で，船の振れ回りが止まり，潮流の向きが変わり始めたときが最もよいといわれる。

ただし，この方法は多くの人手を要するほか，大型船においては作業自体がかなり大がかりとなるだけでなく危険を伴う。

6.2.9 走錨（dragging anchor）

（1）走錨の原因

船に働く外力がアンカーによる係駐力よりも大きくなれば，アンカーが引け始める。これを走錨といい，次の原因により発生する。
 1）錨鎖の伸ばし方が少ないとき
 2）錨かきが悪いとき
 3）底質が悪いため十分な把駐力が得られないとき
 4）風浪など外力の影響が予想以上に大きいとき
 5）絡み錨となったとき

（2）走錨の発見法

強い風潮や波浪を受け，以下の現象が観測された場合は走錨しているとみなさなければならない。
 1）船位が，自船の振れ回り運動の範囲外にある場合。
 2）船体が周期的な振れ回り運動をせず，片舷から風を受けているとき。
 3）錨鎖が張ったままでたるんだりしない場合。
 4）異常なショックを感じたとき。

（3）走錨しているときの処置
 1）直ちに機関を用意し，以下のいずれかの対策を講じる。
    a. 他舷アンカーを投下して，その錨鎖を伸ばす。
    b. 揚錨して転錨（shift anchor：錨地をかえる。）する。
    c. 揚錨が困難であったり風下の水面に余裕がなければ捨錨して航行する。

なお，機関を前進にかけても捨錨直後に船首が風浪に落とされ，操船の自由を失うことがある。したがって，上記のいずれの方法をとるかは，そのときの状況により判断しなければならない。

 2）付近の船舶に対し，注意喚起信号を鳴らしたり，VHF無線電話で走錨の発生を知らせる。

6.2.10 捨錨（slipping anchor）と探錨（sweeping anchor）

（1）捨錨

　　天候が急変するなど，揚錨する余裕がない状態で急に錨地を離れなければならないとき，あるいは揚錨できないときなどに，使用している錨鎖を切断してアンカーを捨てることがある。これを捨錨（しゃびょう）という。捨錨はアンカーチェーンのシャックルを外して行うが，あとの収錨作業を容易にするため，切断した方のチェーンの末端には，相互につないだ下記の用具を取り付けておく。

　　a. アンカーブイ：1 個（収錨に当たっての目印にする）
　　b. ブイロープ：水深位の長さのもの
　　c. ワイヤロープ：水深の約 2 倍の長さで錨鎖巻き込みに耐える強さのもの

（2）収錨

　　アンカーブイをとり，ブイに接続されたロープをホースパイプから船内に導き，ウインドラス又はキャプスタンで巻く。錨鎖が巻き上げられたらコントローラのストッパで止めて元のシャックルで接続する。

　　もしアンカーブイがなくなっているか，捨錨時に急を要してブイを付けなかったとき，あるいは誤って錨鎖を切断したときは四爪錨を入れて引き回すか，潜水夫を入れてアンカーを探す。これを探錨（sweeping anchor）という。

6.2.11　深海投錨法（deep anchoring）

（1）投錨法（ウォークバック方式）

　　水深が 20 m 以上の深海に投錨する場合，コックビルの状態からウインドラスのブレーキを緩めて投錨する普通投錨法では，アンカーが相当の速さで落下するため危険である。ウインドラスのブレーキによる制動が困難なだけでなく，錨鎖の切断やアンカーが着底時に損傷することがある。よってウインドラスを逆転させながら海底近くまでアンカーを下ろし投錨するウォークバック（walk back）方式をとる。水深 80 m 以上ではアンカーが着底するまでウォークバックさせ，その後ブレーキを効かせながら徐々に錨鎖を伸ばしていく。

（2）投錨できる水深の限度

投錨できる水深の限度は，自船に備える錨鎖の全量（長さ）ではなく，ウインドラスの巻き揚げ能力により決まる（運用上の水深限度は 100 m 程度）。

6.2.12　揚錨法と揚錨状態の呼び方

（1）揚錨法
1）船を風浪に立て，錨鎖に過度の張力をかけたりウインドラスが過負荷にならないよう，錨鎖の張り具合を見ながら巻き込む。必要な場合は錨鎖が弛むように機関を使用しながら巻く。
2）波浪で船首の上下動が激しい場合，立錨（up and down）の前後でアンカーが海底への着離底を繰り返し，ウインドラスに負荷変動を与えるから，揚錨作業に注意を要する。

（2）揚錨におけるアンカーと錨鎖の状態

アンカーは巻き始めたのち，次の状態を経て水面に上がり（anchor up），完全にホースパイプに収まる（housing）。

1）近錨（ちかいかり，ショートステイ，short stay）

錨鎖が水深の 1.5〜2 倍まで巻き込まれたときの状態をいう。
2）立錨（たちいかり，アッペンダウン，up and down）

錨鎖がベルマウス直下に垂れ下がったときの状態をいう。
3）起錨（おきいかり，アンカーアウェイ，anchor aweigh）

アンカーが海底を離れたときをいい，錨鎖は身震いするように振動する。このときに船は停泊状態から航海状態（under way）に入ったことになる。
4）正錨（まさいかり，クリヤアンカー，clear anchor）

アンカーの爪に錨鎖が絡んでいない状態をいう。
5）絡み錨（ファウルアンカー，foul anchor）

アンカーの爪に錨鎖が絡んだ状態をいう。単錨泊中，風潮の転向に追従して船の姿勢が変わるとき，船体が錨の上を通過すると錨鎖が引きずられて絡むことがある。

　　　　　　　ショートステイ　　　　　アッペンダウン　　アンカーアウェイ

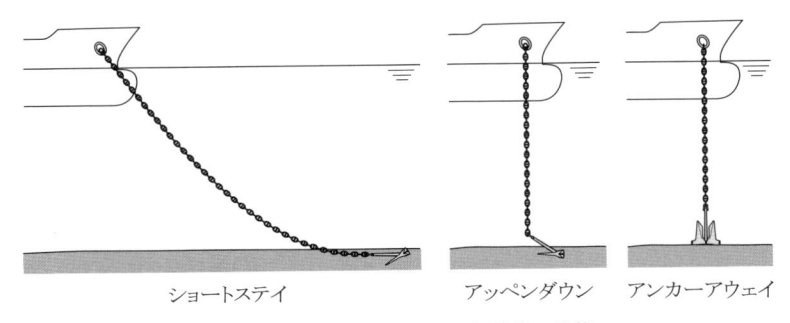

　　　　　　　　　図6.12　揚錨時のアンカーと錨鎖の状態

6.3　係船岸の横付け法

6.3.1　船の係留施設

　港内で荷役や旅客の乗下船のために船を係留し停泊する場所をバース（berth）という。船の係留施設には構造様式の違いから次のものがある。

1）係船岸（quay 又は wharf）

　　いわゆる「岸壁」と呼ばれているもので，海岸線に沿った平行岸壁，海上に突き出ている突堤岸壁がある。いずれも海底部から直立に立ち上がるコンクリート等の壁で構築されているから，水はこの壁を透過しないため，離着岸操船に際し船体回りの水の流れを拘束し，操船に影響を与える。

2）桟橋（pier）

　　海中に脚柱を立て，その上を床構造にしたもので，土留護岸の前面に沿って桟橋を設けたものを横桟橋，海岸線から突き出たものを縦桟橋という。

　　脚柱で支えられた構造であるから，船体回りの水の動きに影響を与えず，横付け操船がし易い。

3）デタッチドピア（detached pier）

　　岸壁に平行に離れた所に設けられた桟橋で，上部に床構造がなく脚柱とその間に渡された桁部からなる。石炭，鉄鉱石などばら荷を大量に扱うレール走行式の橋型クレーンの基礎を設け，これを係船岸として利用

した離れ桟橋である。
4）浮き桟橋（floating loading stage）
　　ポンツーン（方形の鉄製浮体，pontoon）を組み合わせて係船岸とし，陸岸とは渡り橋で連結したもの。水位の変化とともに上下するので，潮位差の大きい所に適し，主として旅客の乗下船を行う小型船用である。
5）ドルフィン（dolphin）
　　陸岸から離れた所に，数個の独立した柱状構造物を数か所設け，これらに係留索を止める。タンカーの専用バースでは多く使用されている。
6）係留ブイ（mooring buoy）
　　海底にアンカー等で係止された，船の係留用の浮標である。（6.4.1参照）

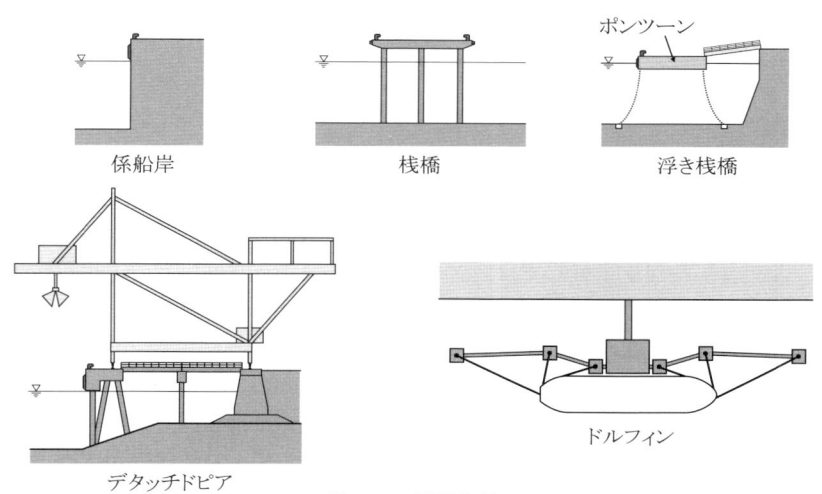

図6.13　係留施設

6.3.2　横付け操船（着岸操船）

（1）一般原則
　　岸壁や桟橋に横付けする（達着ともいう）場合，右舷付けにするか左舷付けにするかは，荷役舷や風潮の有無等により異なるが，着岸操船は原則として次の要領による。

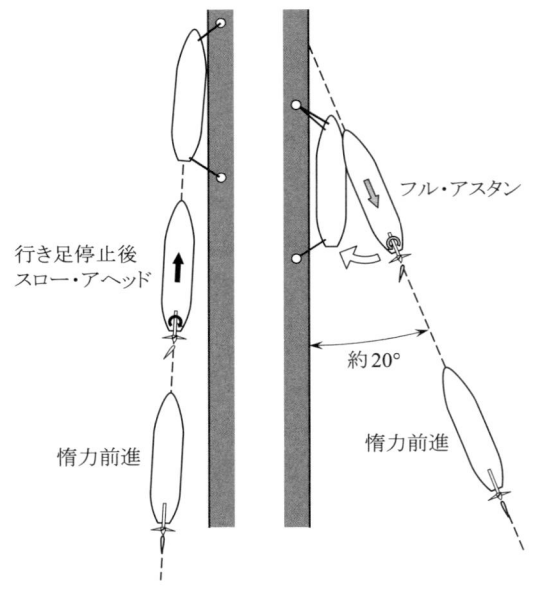

図6.14　横付け操船

1) 右回り1軸船では、プロペラの作用から左舷付けの方が右舷付けよりも容易である。
   a. 左舷横付け
      右回り1軸船は後進をかけると、プロペラ放出流の側圧作用と横圧力の作用で船尾は左舷の方に押されるため、船は左に横すべりしながら右に回頭し、たやすく左舷付けができる。このため接岸コースも岸壁線に対して約20°の深い進入角をとって惰性で近づき、横付け予定位置で後進をかけるようにすれば、船尾は岸壁に寄せられうまく船体が岸壁に平行となる。
   b. 右舷横付け
      できるだけ岸壁線に沿って前進し、横付け予定位置の手前で後進を短時間かけて船を止める。
      岸壁線に対し斜めコースで進入するときは、岸壁手前で船を止め、左舵一杯で主機を強く短い前進力をかける。左回頭し始

めたとき，これを抑えるように主機を後進にかけて岸壁と平行にもっていくか，又は前進惰性で岸壁に接近して左舷アンカーを投下し，左回頭させながら行き足を止めるようにする。
2) 速力はできるだけ落とし，着岸操船にアンカーを使用しない場合でも，万一の前進制動用として非接岸舷のアンカーの投下準備をしておく。
3) 風潮があるときは，それを船首に受けて操船するのが原則であるが，外力の影響が大きく安全な接岸が難しい場合は，アンカー又はタグを使うか，風潮の弱まりを待つ。
4) 最初の係留索は早めにとり，船首尾の係留索は同時に巻き込まず，交互に巻き込んで徐々に接岸する。

(2) 横付け操船におけるアンカーの利用（用錨操船）

錨鎖を短く伸ばして，アンカーの爪を完全に海底にかかせることなく，走錨抵抗を操船に利用する。このような人為的な走錨を dredging anchor といい，具体的には，以下の目的で利用する。
1) 過度の行き足を急に止めたり，狭い水面で回頭させる。
2) 投錨によって船首を安定させる。また船尾を投錨舷と反対方向に移動させるから，右回り1軸船の右舷横付けを容易にする。
3) 強風で横付けが難しい場合，投錨することで船首が風下に落とされるのを防止する。
4) 出港時の離岸を容易にするため，着岸時に前もって投錨しておく。

  アンカーと係留索を併用することで効果的な横付け操船ができるが，運用においては次の点に注意しなければならない。
  a. アンカーは，コックビルの状態から投下する。
  b. 錨鎖の切断を防止するため，投錨時の速力は2ノット以下とし，大型船ほど低速にする。小型船でも5ノット以上での投錨は避けるべきである。
  c. 錨鎖は一気に伸ばさず，ウインドラスのブレーキを小刻みにかけながら伸ばす。
  d. 他船の錨鎖の張り出しに注意し，絡み錨，絡み錨鎖にならないようにする。
  e. 投錨し船が止まり始めると，船尾が振れ始めるから注意する。

(3) アンカーを利用して横付けする操船例

アンカーを利用して横付けする場合の操船例を，図6.15に示す。

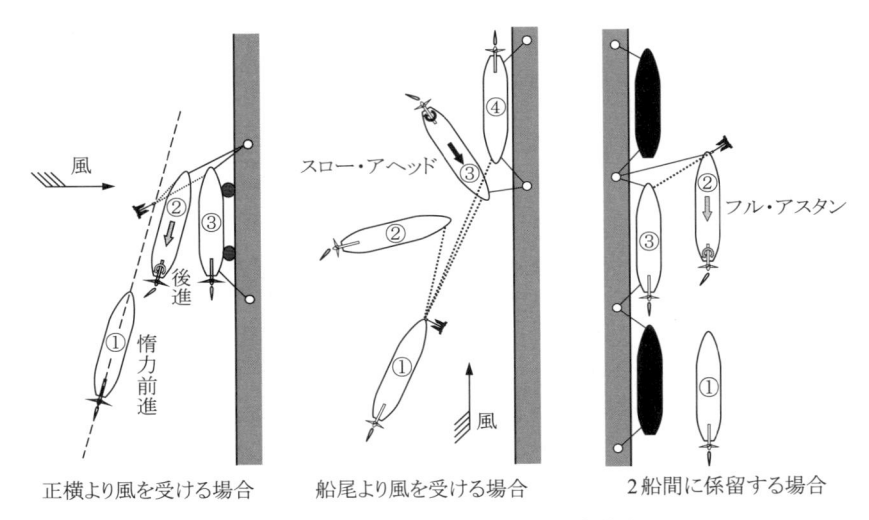

正横より風を受ける場合　　船尾より風を受ける場合　　2船間に係留する場合

図6.15　アンカーを利用した横付け操船例

6.3.3　係留索（mooring lines）

(1) 係留索のとり方と名称

係留索のとり方と名称を，図6.16に示す。船の前後揺れ（surging）は斜めに張ったスプリングで，左右揺れ（swaying）はブレストラインで抑え，ヘッドライン及びスターンラインはこれら両方の働きをするとともに，船首揺れ（yawing）も抑える。

一般に総トン数が5000トン級までは，接岸係留にはブレストラインを除く4点係留が多く，ヘッドライン及びスターンライン各3本，スプリング各1本程度の索数で，さらに増掛けするかどうかは船の大きさや外力影響の程度による。

英国運用書によると，スプリングの内，前方への船の動きを止めるものを head spring，後方への動きを止めるものを back spring という。これに従うと③は forward head spring，④は after back spring という。

	IMOの標準用語による名称	慣用名称
①	head line	船首索, おもてながし, おもてもやい
②	forward breast line	前方ブレストライン, おもてちかもやい
③	forward spring	前方スプリング, おもてスプリング
④	aft spring	後方スプリング, ともスプリング
⑤	aft breast line	後方ブレストライン, ともちかもやい
⑥	stern line	船尾索, ともながし, とももやい

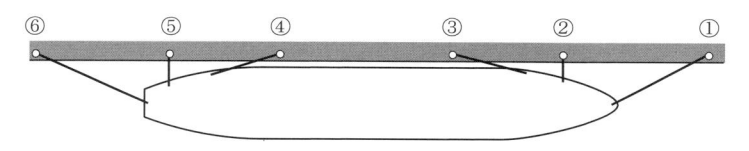

図6.16 係留索の取り方

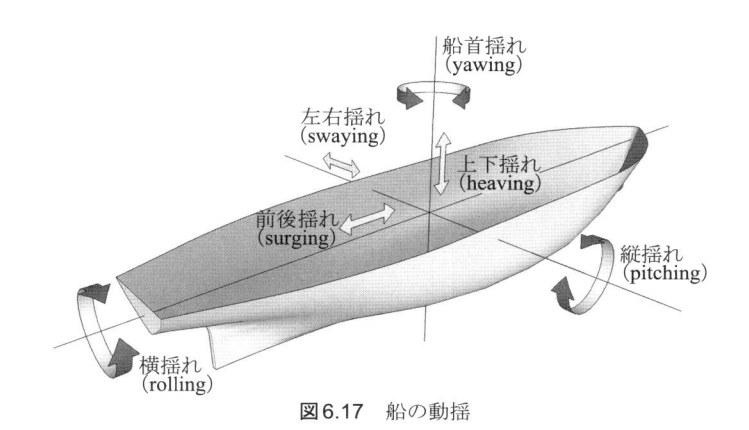

図6.17 船の動揺

(2) 係留索を巻き込むときの注意

　　船首尾のブレストライン（又はヘッドライン，スターンライン）を巻き込んで接岸横付けするときには，すべての係留索を同時に巻き込むことなく交互に巻き，作業中は，係留索にたるみが出ないよう注意する。

　　これは岸壁と船体間にある水の抵抗のため，巻き込みには必要以上の大きな力を要し，作業が困難なだけでなく係留索の切断を防止するためである。

（3）フォーワードスプリング（forward spring）に対する注意点

　船の前部から斜後方に張られる係留索で，船の前方への移動を防ぐ役目をするほか，以下のように操船の補助として用いられる。
1）接岸操船では，前進行き足を抑えながら，船を予定の地点に横付けする場合の支点にする。
2）離岸のときは船首の前進を抑えて船尾の離岸を助ける。（6.3.4参照）

　なお，これらの操船を行う場合，スプリングはフェアリーダ部で屈曲するため，索強度が大きく低下し切断の危険性が高くなる。よって，過度の荷重をかけないよう，索を張った状態での船体移動には十分注意しなければならない。

（4）スナップバック（snap back）に対する注意

　スナップバックとは，緊張した状態の索が切断して索端が跳ね返る現象をいう。跳ね返った索は強力な力でその進行方向にあるものを強打するため極めて危険である。

　係留作業に従事する者は，スナップバックの影響が及ぶ範囲から十分離れておく必要がある。

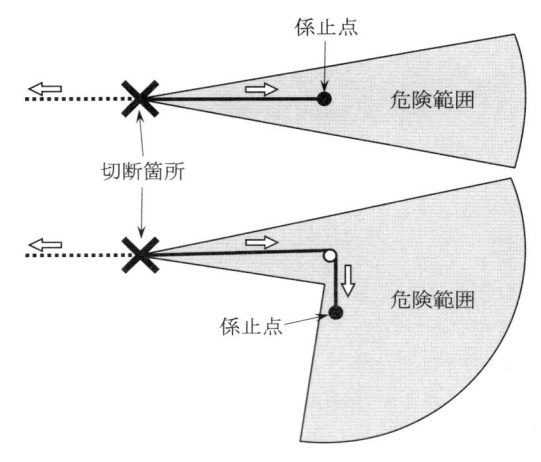

図6.18　スナップバックの影響

（5）岸壁ビット（bitt）を共用する場合の係留索のとり方

　　他船の係留索が掛けられたビットに，自船の係留索を後から掛ける場合は，先に掛けられている係留索のアイの下方より通して掛ける。このようにとることで，いずれの船の係留索も，もう一方の船の係留索を外すことなく，容易に取り外すことができる。この方法は，自船の係留索を同一のビットに複数とる場合においても有効である。

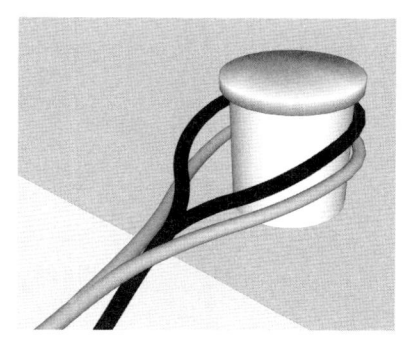

図6.19　ビットへの係留索の掛け方

（6）係岸中の係留索に対する注意
  1）荷役や潮の干満で船体が上下するため，係留索の張り具合には注意し，必要な場合には調整する。
  2）係留索にかかる張力は，いずれの索もほぼ均一になるように張り合わせる。
  3）増掛けをする場合は，同種同径の索を用い，特定の係留索だけに大きい張力がかからないよう，同じ場所にとっている他の索と均一に張り合わす。伸びやすい合成繊維索を併用するときには注意を要する。
  4）フェアリーダ等との接触部には，古ロープ，ゴム及び帆布などで擦れ当てを施す。
  5）フェアリーダ等で屈曲して張られた係留索は，フェアリーダが円滑に回転する場合においても，船体動揺により緊張と緩みを繰り返すと，強度が大きく低下する。条件次第では索本来の強度の半分程度の荷重で切断することがある。

　注）　ロープの強度低下については 3.1.5 を参照。

（7）ボートのもやい綱の止め方

　　小型のボートなどの船首尾に備え付けられた係留用のロープを「もやい綱」といい，ビットの係止には，もやい結び（bowline knot）か，巻き結び（clove hitch）を用いる。

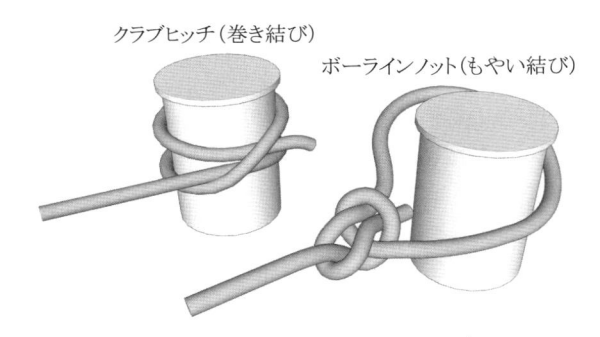

図6.20 ボートのもやい綱の止め方

6.3.4 離岸のための一般的な操船法

1) 風潮がない場合

　　係留索は，船首の動きを止めるフォワードスプリング1本のみとし，接岸舷の方に舵をとってスローアヘッドをかける。そしてまず船尾を離してから後進をかけ，その後スプリングを放す。

　　このとき船首部には，フェンダ（防舷物）を入れ，船体を保護しなければならない。

2) 風潮が岸壁に沿ってある場合

　　船尾から風潮を受けるときは，フォワードスプリングのみ残して船尾から離岸させる。風潮が弱ければ主機と舵で船尾を外方に振り，船尾が離れたら風潮で船尾が落とされない程度に後進をかけ，船を横移動させる。

　　船首から風潮を受けるときは，ヘッドラインをフォワードブレストラインに取り替え，アフトスプリングで船の後退を止める。次にフォワードブレストラインを緩めてアフトスプリングを巻き込むと，船首は岸壁から開くようにして離れる。船首が開くと，風潮は船首と岸壁との間に入り込んで船体を離すから，このとき全ての係留索を放し，前進力を持たせながら出港する。

3) 強風が正横から吹いている場合

　　陸からの風に対しては，係留索を放すと風圧で簡単に離岸できるが，沖から強風を受ける場合はタグの支援なしでは離岸することは難しい。

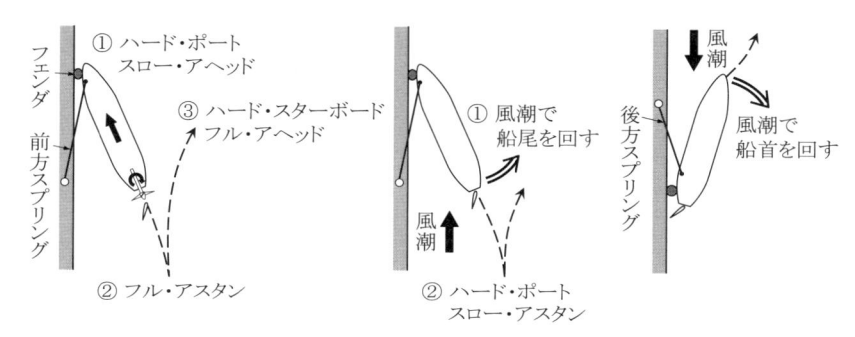

図6.21　離岸操船法

6.3.5　特殊な場合の横付け

（1）河口で接岸操船する場合の注意
　　1）入り船つなぎにする方が河の流れを利用することができ，接岸にも離岸にも便利である。
　　2）表面流と底流，中流と接岸流などに流れの差があって予期しない回頭が起こり舵効きを失うことがある。
　　3）干満の差が激しい河口では，接岸地点付近の水深，浅瀬，洲などに注意する。また増水などによってこれらの堆積していた砂が移動し水深が変わるから，水深については常に注意する。
　　4）等喫水（イーブンキール）の状態で航行すれば底触することが少ない。
（2）錨泊中の他船に横付けする方法
　　1）原則として岸壁横付けと同じ要領で，船首から風潮を受けて接近し，相手船の右舷に，すなわち本船は左舷横付けをする。
　　2）横付け位置でできるだけ後進をかけなくてもよい前進行き足で接近する（強い後進をかけると相手船を振れ回らせる）。係留索はまずフォワードスプリングからとり，次にヘッドライン，スターンラインをとる。
　　3）相手船では錨鎖を縮め機関を使用してできるだけ振れを抑える。一方，本船は相手船が振り切った状態になったとき横付けできるように余裕のある進路をとる。

4) 風潮の影響が大きいときは相手船の投入錨鎖に注意して投錨し，錨鎖を伸ばしながら横付ける。

注) 離船するときは離岸と同じ要領でよいが，振れ回っているときは振り切ったときに係留索を放つ。

(3) 洋上で停まっている他船に横付けする方法
  1) 風浪がないときは岸壁横付けの要領で本船は左舷横付けをする。
  2) 風浪があるときは次の要領による。
     a. 風圧による横流れ漂流速度の大きい船が風上の位置になるよう本船が横付けする舷を決める。たとえば本船の漂流速度が相手船よりも大きいときは，相手船の風上舷に進路をとる。
     b. 相手船の方は横波を受けないよう，風浪を船首又は船首から2〜3点（約 $20°〜30°$）に受けて保針ができる程度に行き足をつけた状態で待つ。
     c. 本船は，相手船とほぼ平行になるよう，その後方より進路を定めて接近する。このときの接近速力は風浪の影響を考慮し，相手船の正横でちょうど同じ行き足となるような操船をする。
     d. 正横に来れば風圧を利用して接近し，係留索をとり素早く横付けする。

6.4 ブイ係留法

係留ブイ (mooring buoy) による船の係留には，1つのブイに船首を係留する一点ブイ係留法と，2つのブイの間に船首尾を係留する船首尾ブイ係留法がある。超大型船では多点ブイ係留法もとられている。

一点ブイ係留法（単浮標係留）はブイに働くけん引力は小さくなるが，泊地面積は広い。船首尾ブイ係留法（双浮標係留）は泊地面積は狭くなるが，外力の作用方向によってブイに働くけん引力が大きくなる。

6.4.1 係留ブイ

係留ブイは，船が風，波，潮流で流されないように安全に泊地内に係留させる施設で，構造上から次の3種に分かれる。

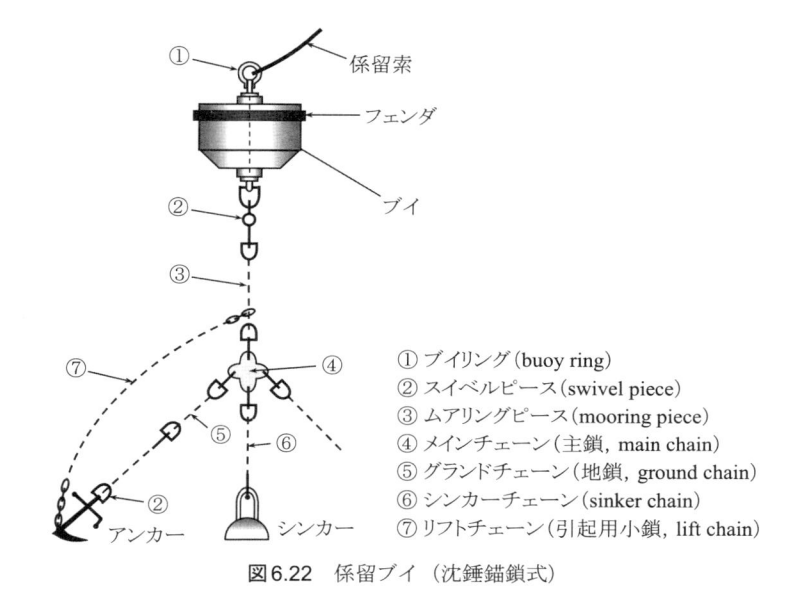

① ブイリング (buoy ring)
② スイベルピース (swivel piece)
③ ムアリングピース (mooring piece)
④ メインチェーン (主鎖, main chain)
⑤ グランドチェーン (地鎖, ground chain)
⑥ シンカーチェーン (sinker chain)
⑦ リフトチェーン (引起用小鎖, lift chain)

図6.22 係留ブイ（沈錘錨鎖式）

a. 沈錘式：浮体，チェーン，シンカー（沈錘，sinker）からなり，アンカーを使わない。
b. 錨鎖式：浮体，チェーン，アンカーからなり，工費が安い。
c. 沈錘錨鎖式：浮体，チェーン，シンカー，アンカーからなり，一般によく用いられている。

沈錘錨鎖式のグランドチェーンは，沈錘を中心に3方向Y字型に3本，あるいは反方向に2本，いずれも泊地の強風最頻度方向に敷設されているので，ブイを中心に半径60～70m以内で投錨操船することは避けなければならない。

6.4.2 ブイ係留法

（1）一点ブイ係留の一般的操船法

一点ブイ係留（single buoy mooring：SBM，又は単浮標係留）は，一般的に船首から出した錨鎖又はブイロープでブイ本体と係留する，いわゆる「馬つなぎ」の方法をとる。

1）風潮がない場合
- a. 右回り1軸船（FPP船）は，機関を後進にかけるとプロペラの作用で右回頭する特性があるから，原則としてブイを右舷船首に見て接近する。ブイから船幅程度の間隔をあけた進路とし，後進をかけて前進行き足が止まったとき，ちょうどブイを船首直下に見るように操船する。
- b. シーバース用の大型ブイに，タグを伴ったVLCC（Very Large Crude Carrier）が接近する場合は，ブイを左舷船首に見るように接近する方がよい。これは，VLCCの場合慣性力が大きく，主機を後進にかけた場合に現れる右回頭を抑えるのが容易でないため，ブイに接触した場合は，ブイやブイに接続された送油パイプを損傷しかねないからである。
- c. 2軸船ではブイを正船首に見るように接近し，両舷機を操作しながら船首の直下にブイが来るよう操船する。

2）風潮がある場合
- a. 原則として風潮を船首に受けて接近する。風と潮の方向が異なる場合は，他の在泊船の船首尾方向か，影響力の大きい方に沿ったコースをとる。

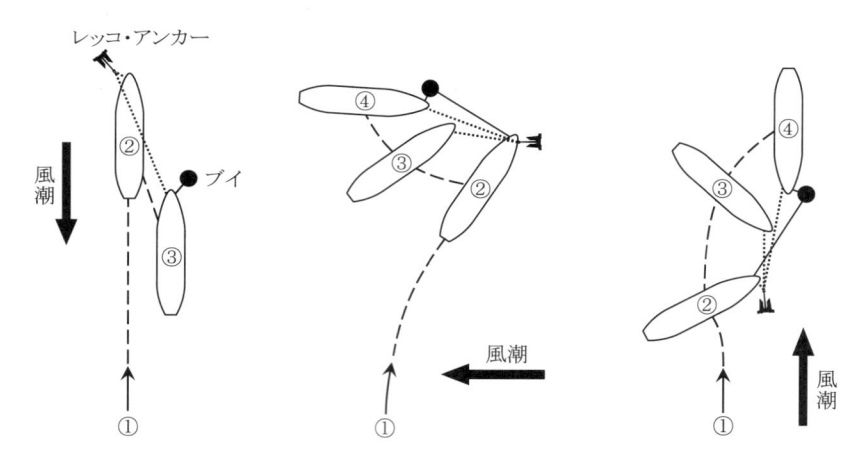

図6.23　一点ブイ係留操船（風潮がある場合）

b. 風潮をやむなく船尾又は正横から受けて接近せざるをえないときは，船首錨を投下して船を回頭させ，錨鎖を伸ばしながらブイに近づく方法をとる。この場合，ブイ係留用のグランドチェーンと絡ませないようにするため，ブイから十分離れた位置に投錨する。

(2) 係留作業

ブイには，最終的に錨鎖とスリップワイヤで係留されるが，そのための作業は以下のとおり。

1) 錨鎖の準備

アンカーが落下しないように舷外に係止した後，錨鎖を甲板上に繰り出し，第1節のシャックルを外して，錨鎖を切断する。

2) ブイロープのブイリングへの係止

切断した錨鎖をブイリングへ係止するのに先立ち，ブイロープを送り出し，先端をブイリングに係止する。

3) 錨鎖のブイリングへの係止

ブイロープを巻き込み，ブイがベルマウス直下に来れば錨鎖を降ろして，ブイシャックルでブイリングに接合する。このとき，ブイロープを巻き込んでも位置の調整が難しい場合は，反対舷から降ろしたワイヤロープ（リングロープ）をブイリングを介して錨鎖端に接続し，これを巻くことで錨鎖端をブイリングに引き寄せる。

4) ブイロープの解らんとスリップワイヤの係止

ブイロープを放して，錨鎖を所要量繰り出す。先のワイヤロープ

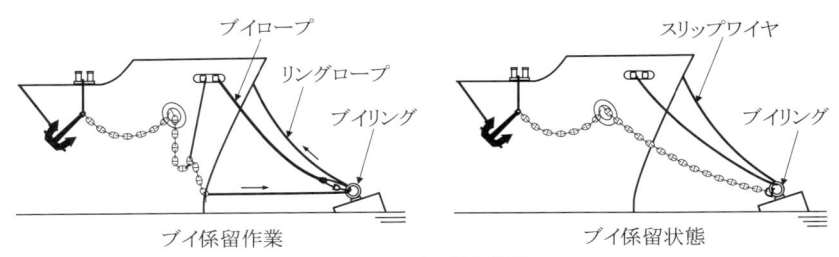

図6.24 ブイ係留作業

（リングロープ）は，ブイリングを通ってバイトにして甲板上に導き，スリップワイヤとする。

(3) 船首尾ブイ係留法

一点ブイ係留法と同じ要領で，まず風潮側のブイから係留し，次に船尾側のブイに係留する。この場合，一般にホーサ及びワイヤロープを船首尾係留索として使用することが多く，それとは別にスリップワイヤをそれぞれ両舷にバイトにとっておく。

係留後は船首尾係留索をほぼ同じ長さに張り合わせ，船首尾線を両ブイ線上に保つことが大切である。

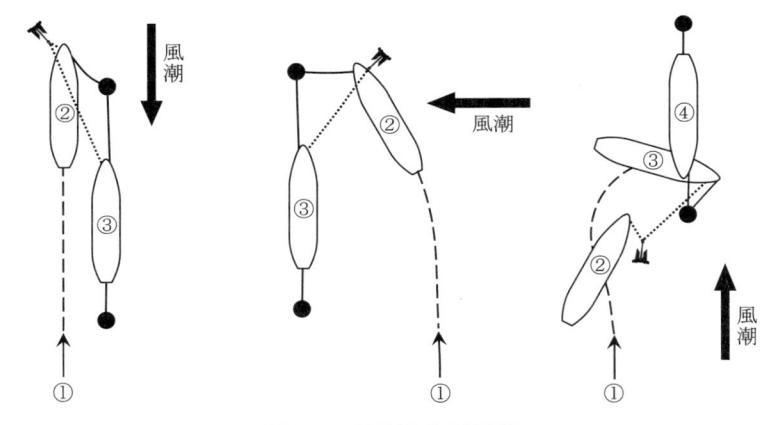

図6.25　船首尾ブイ係留法

6.4.3　ブイ係留の解らん法

係留索を解き放して出帆することを解らんという。

(1) 一点ブイ係留からの解らん操船

　1) あらかじめ錨鎖をブイから取り外して，係留時に切り離しておいたアンカーに接合し，スリップワイヤのみの係留状態とする。

　2) 解らん後は，次の要領で操船する。

　　a. 解らん後に，係留時の船首方向と同じ方向へ出港する場合，ま

ず後退してブイを十分離してから前進する。右回り1軸船においては，後進時は，通常，右に回頭する方が操船し易い。
b. 後方に後退する余地がなければ，ブイを右に見ながら左舵にとり前進をかけ，船首付近がブイを通過するとき舵を右に大きくとれば，キックの現象で船尾を振るため，ブイを安全にかわして出港することができる。
c. 解らん後に，船首を反転して出港するときは，スリップワイヤを伸ばしながら後退し，その後右その場回頭して出港する。

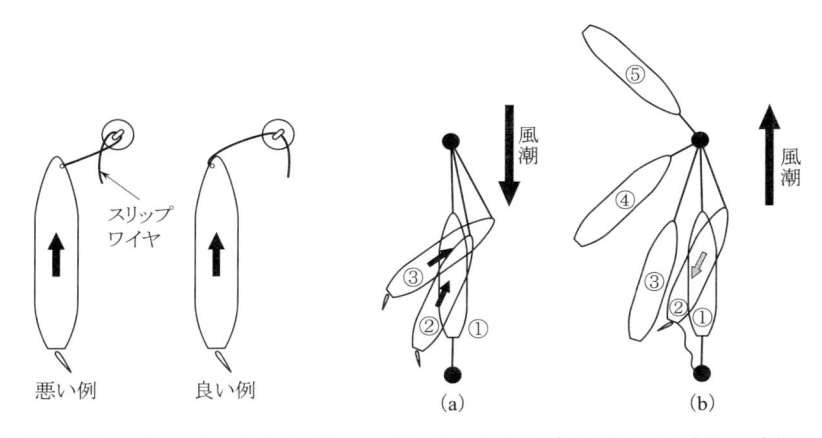

図6.26 スリップワイヤの解らん方法　　図6.27 船首尾ブイ係留からの解らん方法

(2) 船首尾ブイ係留からの解らん操船
　1) 風潮がないときは，船尾，船首の順に係留索を放し，もし投錨していれば船首索を伸ばしながら揚錨して出港する。
　2) 風潮がある場合は次の要領による。
　　a. 船首から風潮を受けるときは，船尾索を放し，一点ブイ係留の場合と同じ要領で出港する。
　　b. 入船つなぎで船尾から風潮を受けるときは，図6.27(b)の要領で船首ブイを使って回頭し，出船状態になってから船首索を放して出港する。

c. 正横付近から風潮を受けるときは，船尾，船首の順序で係留索を放せば，出港が容易である。このとき船尾の係留索をプロペラに絡ませないように注意する。

6.5　係留中の荒天対策

　係留中，台風などの来襲が予想されるとき，次の点について十分注意し，必要な対策を講じなければならない。

1) 気象情報に対する注意と，今後の気象状況の変化
2) 停泊地の強風，波浪，うねりに対する遮蔽状態
3) 現状の係留法の限界。すなわち現状で荒天準備をするか，転錨するか，あるいは港外で洋上避難するかの判断
4) 転錨するとすれば避泊地の選択
5) 荷役中止の時機，上陸員の帰船連絡，主機関の暖機に要する時間

　本船が台風の危険半円に入るおそれがあり，波浪やうねりに対して弱い泊地に停泊している場合は，すみやかに安全対策を講じなくてはならない。

　　注）「台風の危険半円」については，8.1.4 を参照。

6.5.1　荒天時における係留法の比較

　各係留法の利点及び欠点をあげると，以下のとおりである。

（1）錨泊
　　1) 利点
　　　　a. 船首が風に立つから外力の影響が少なく，二錨泊にして機関を併用すれば，相当の外力にも対処できる。
　　　　b. 風向の変転にもアンカーの打ち変えと錨鎖の伸出調節で対処できる。
　　　　c. 危急の際には捨錨して難を免れることができる。
　　2) 欠点
　　　　a. 底質により係駐力が左右され，いったん走錨すると止めることが難しい。風速 20 m/s を超えると走錨する可能性が高い。

b. 船の振れ回りのため，絡み錨鎖や絡み錨となれば係駐力が弱まる。
（2）ブイ係留
　　1）利点
　　　　ブイが1つの緩衝ばねの働きをするので，本船のアンカーを併用すれば振れ止めと係駐力の増強で外力に十分対処できる。
　　2）欠点
　　　a. 異常高潮によるブイの持ち上がりやブイのグランドチェーンの方向によって，係駐力に強弱がある。
　　　b. 本船が投錨する場合，ブイのグランドチェーンの方向に注意しないと絡むおそれがある。
（3）接岸係留
　　1）利点
　　　　風上に岸壁がある場合は，波は小さく遮へい物が多いので，比較的穏やかである。
　　2）欠点
　　　a. 風向の変化に対処できず，波浪やうねりで船体の上下動が激しいときは，係留索が切断して漂流することがある。
　　　b. 船体動揺が激しい場合，岸壁との接触で船体が損傷し易く，場合によっては激しく損傷し大事故になることがある。高潮のときは特に危険である。

6.5.2　荒天錨泊法

（1）荒天における錨泊法の選定
　　　台風が接近した場合には風向が変化するため，どのような錨泊法がよいかは，泊地の状況と風向の変化傾向で異なる。底質が良く水面に余裕があれば単錨泊に振れ止め錨を使用し，狭い泊地では双錨泊を，1方向から強風が襲うとみられるときは2錨の把駐力を十分利用できる二錨泊がよい。
　　　このようにいずれの方法にも一長一短はあるが，風向の変化と危急に対する処置の容易さからいって，単錨鎖を十分伸ばし，更に振れ止め錨

を投入した方法が無難である。これは振れ止め錨が船の運動を抑え，錨鎖に加わるショックを緩和でき，さらに，必要があれば双錨泊に移れるからである。また，走錨しても収錨作業が容易である。

しかしながらきわめて強い風には振れ止めの効果が少ないので，その場合は両舷の錨鎖は同じ長さになるよう十分に伸ばし，両錨鎖のなす角度が風向に対し左右30°（超大型船では45°）ずつの双錨泊にするのが有効な方法である。

(2) 単錨泊中に荒天となったときの処置
1) 錨鎖を十分伸ばすとともに，他舷アンカーを振れ止めとして入れ，その錨鎖を水深の1.5～2倍程度伸ばす。これと共に喫水を深くし，船首トリムにして船の振れ回り運動を抑える。
2) 主機関と舵を使用し，船首を風浪に立てて錨鎖に無理な力がかからないように操船する。
3) 走錨の早期発見に努める。適宜船位を測定すると共に，錨鎖の張り具合に注意する。
4) 気象情報の収集に努め気象状況の変化に注意し，風浪の状況によっては双錨泊にして風浪に対処する。
5) 付近の錨泊との位置関係や，四囲の状況に注意する。

(3) 双錨泊中に荒天となったときの処置

風が強くなる前に，転錨して余裕のある水面で振れ止め錨を入れた単錨泊とするか港外に出るのがよいが，双錨泊のまま荒天を凌ぐ場合には，以下に示すような措置を講じなければならない。
1) 絡み錨鎖にならないよう，風向の変化に対応して両舷錨鎖の伸出調整を行う。
2) 錨鎖の船体に対する接触箇所が変わるよう錨鎖の伸出調整を行い，錨鎖が切断しないよう注意する。
3) オープンムアのときは，錨鎖の交角をなるべく鋭角にして係駐力を増すようにすればよい。交角60°になると振れを抑えるといわれる。
4) 小型船において，風波が強いため振れ回りが激しく走錨の危険があるときは，機関と舵を併用して船首を風に立て，錨鎖を逆V字型に張り合わせて，荒天を乗り切る方法もある。

図6.28　小型船における荒天避泊方法の例

（4）荒天錨泊中に錨鎖を伸ばすときの注意

　　船が振れ回り，錨鎖が緩んだときに伸ばす。その場合，決して一気に伸ばさないよう，ウインドラスのブレーキを調節し少しずつ伸ばすことが重要である。もし一度に伸ばした場合には，錨鎖がその勢いで切断したり，船首が大きく風下へ落とされ，走錨の原因となる。

　　特に二錨泊においては，両舷とも同じ量だけ伸ばさなければ各錨鎖にかかる張力に差を生じ，その結果，一方の錨鎖にかかる張力が過大となった場合には，走錨や錨鎖切断のおそれが生じる。

（5）振れ止め錨の効用と投下時機

　1）振れ止め錨の効用

　　　単錨泊中の船の前後運動，振れ回り，風向の変化による風落ちを防ぐと共に，錨鎖に加わるショックを緩和し，錨鎖切断，走錨の危険を防ぐ。また船首を風浪に立てるので機関の使用が有効になる。

　2）投下時機

　　　振れ回り運動中の船が，振れ止め錨を入れる舷に最も振り切った時に投下する。そしてその錨鎖の伸出長さは，水深の1.5〜2倍程度とする。

（6）荒天時錨泊中における錨鎖の切断原因とその防止策

　1）切断の原因

　　　a. 船の振れ回りと上下動により，錨鎖に衝撃力が加わったとき。
　　　b. 錨鎖が，船体や他舷錨鎖と接触し摩擦するとき，又はベルマウスにおいて急な曲折が生じたとき。
　　　c. 錨鎖に元々亀裂等の欠陥があるとき。

2）防止策
    a. 船の振れ回りや前後運動を抑える方法をとる。たとえば転錨して外力の影響の少ない泊地を選ぶか，振れ止め錨を使用するなど。
    b. 機関と舵を適切に使い，船首を風浪に立てて錨鎖に衝撃力が加わることを防止する。
    c. 船体や他舷錨鎖との接触部が変わるよう錨鎖の伸出調整を行う。

6.5.3 係留施設に係留中，荒天になったときの処置

（1）接岸係留中のうねりに対する処置

一般的に係船岸には，波浪やうねりによる船体の動揺を十分吸収して，港内避泊が行えるような設備が施されていないのが現状である。したがって，台風や大型低気圧来襲時には，特に大型船は港外避泊を勧告される場合が多い。

その一方で，港内において避泊する船舶においては，うねりに対して以下の対策又は注意が必要である。

1）うねりのため船が動揺するから，強度が十分でない係留索に対しては，増掛けをして補強する。
2）岸壁との接触部分には十分なフェンダ（防舷物，fender）を配置し，船体を保護する。
3）うねりが高く船体を損傷させるようであれば，船首及び船尾にアンカーを入れ，岸壁との間隔をあけるか，船が岸壁に対し直角になるよう船首錨と船尾係留索によって係留する。
4）うねりを斜め後方から受けた場合は，船首尾が8字のような振れ運動を起こし，係留索に過大な張力を与えて切断させるおそれがある。

（2）ブイ係留中に荒天になったときの処置

1）係留ブイの係駐力に不安があるときは，早い時機に転錨するか港外に避泊する。
2）ブイ係留で荒天を凌ごうとするときは，係留錨鎖を伸ばし，ブイの

グランドチェーンに絡ませないよう注意しながら，他舷アンカーを投下する。
3) 風波が強くなれば機関と舵を使用して船首を風に立て，係留錨鎖に無理な張力を与えないようにする。
4) 他船の動向に注意し，接近し過ぎたり，衝突のおそれがあるときは錨鎖を伸ばすか機関を使用して避ける。
5) ブイ係留に危険を感じたときは捨錨して港外に避難する。この場合，機関の前進力が弱ければ風に流され，もし水面に余地がなければ，危険を招くことがあるから，その判断には注意を要する。

なお，ブイ係留の限界風速は 20 m/s とみられ，他舷アンカーを振れ止め錨として投下するにしても，30 m/s が最大限度とみられている。したがって，大型船は在来型ブイで荒天避泊することなく，港外で錨泊避泊することが良いとされている。

6.5.4　係留中における長周期波に対する注意

一見，波のない静かな水面に見える港内であっても，数十秒～数分程度の長い周期で水面が上下動する場合がある。このような波は長周期波と呼ばれ，たとえ波高が小さくても非常に大きなエネルギーを持つため，係留中の船を大きく水平方向に動揺させる。その結果，荷役を中断しなければならないだけでなく，係留索が切断したり船体及び岸壁を損傷させたりする原因になる。長周期波は，遥か遠方の海域にある台風や熱帯低気圧によって生じた波が，海洋を伝わってくること等が原因であることから，外洋に面した港湾において特に注意しなければならない。

《国際信号旗と国際モールス符号》

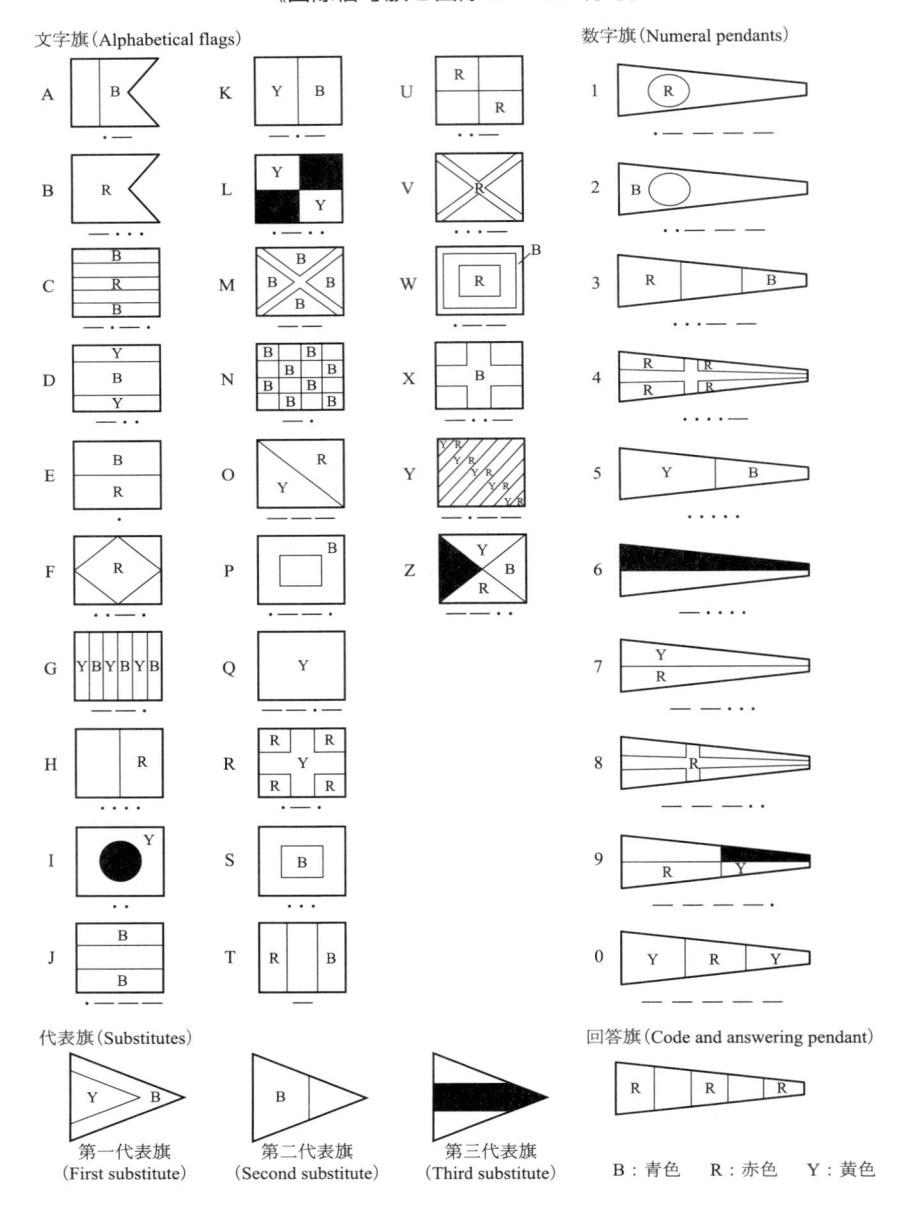

文字旗（Alphabetical flags）

A · —	K — · —	U · · —
B — · · ·	L · — · ·	V · · · —
C — · — ·	M — —	W · — —
D — · ·	N — ·	X — · · —
E ·	O — — —	Y — · — —
F · · — ·	P · — — ·	Z — — · ·
G — — ·	Q — — · —	
H · · · ·	R · — ·	
I · ·	S · · ·	
J · — — —	T —	

数字旗（Numeral pendants）

1	· — — — —
2	· · — — —
3	· · · — —
4	· · · · —
5	· · · · ·
6	— · · · ·
7	— — · · ·
8	— — — · ·
9	— — — — ·
0	— — — — —

代表旗（Substitutes）

第一代表旗（First substitute）
第二代表旗（Second substitute）
第三代表旗（Third substitute）

回答旗（Code and answering pendant）

B：青色　　R：赤色　　Y：黄色

第7章
航海当直と船舶通信

7.1 出入港作業

7.1.1 出港準備作業

　船員法等で，発航前に航海に支障がないかどうか，その他航海に必要な準備が整っているかを検査することが義務付けられている。具体的な準備内容は，船種や取扱い貨物，係留方法などで多少異なってくるが，ここでは一般的な出港準備について述べる。

1) 積載貨物等，移動のおそれのある物の固縛，ハッチ等の開口部の密閉
2) 船体コンディションの算出及び確認
   a. 喫水の読み取りと各タンク，ビルジの測深（sounding）
   b. 船の復原性，喫水及び船体に生ずる応力等を計算し，適正な値であることを確認する。
3) 船橋における航海準備
   a. 海図その他航海用具の準備と整理
   b. テレグラフ，操舵装置，汽笛の試運転
   c. ジャイロコンパスの整合
   d. レーダー，その他航海計器の調整
   e. 航海灯の点灯テスト
   f. 船内時計の整合
   g. 日出没，月出没，月齢，潮汐，潮流等の諸元データの船橋内への掲示
   h. 出港に必要な信号の掲揚

4）主機関の試運転（try engine）

　　主機関の試運転を行う場合は，以下の点に注意する必要がある。

　a. 船橋は，機関室からトライエンジン実施の連絡を受けたら，船首，船尾及び舷門当直者に連絡し，各配置からの了解が得られるまでトライエンジンを実施しないようにする。
　b. 連絡を受けた各配置は，岸壁係留中においては係留索のたるみをとると共に，係留索の切断や本船の移動による危険性を回避するため，岸壁のビットや舷梯付近にいる人を遠ざける。
　c. 錨泊中やブイ係留中であれば錨鎖のたるみをとり，船の振れ回り等による危険を防止する。
　d. 船尾付近に小型ボート等があれば，トライエンジンを行う旨を告げ，渦流に気を付けるように注意し，できれば本船から遠ざける。
　e. 風，潮，喫水，ビットの強度等から判断して，トライエンジンの実施に不安があるときは，機関室に連絡し，機関出力や回転方向，トライエンジンの時間等を加減して実施する。
　f. トライエンジン中は，船橋と甲板上の各配置は連絡を密にし，その状況を適宜把握し，係留索や錨鎖の張り具合，船尾付近に漂流物等が接近しないかを監視する。
　g. 係留索や錨鎖に過度の張力がかかったり，その他危険な状況が生じた場合は直ちに中止する。

5）シングルアップ（single up）

　　出港作業が短時間で完了するよう，停泊中に十分とっておいた係留索を，出港準備の段階で本数を減らし，簡易な状態にする。一般的には，ヘッドライン，スターンライン，フォワードスプリング，アフトスプリングを各1本とするが，どのような状態にしておくかは，船の状態（大きさ，喫水，主機関の種類等），風や潮等の外力，使用するタグの隻数や能力等の状況により異なる。

　　なお，ブイ係留中や錨泊中も，同様の目的で以下のように出港準備を整える。

　a. ブイ係留中：スリップワイヤ（slip wire）1本のみの係留状態にする。
　b. 単錨泊中：錨鎖を把駐力が得られる最小の伸出長さ（ショートステイの状態）まで巻き入れる。

　　　　c. 双錨泊中：片方の錨を巻き上げ単錨泊とし，上記 b の状態にする。
 6) 緊急時に備え，投錨用意の状態とする。

7.1.2　入港準備作業

　入港予定時刻が決まれば，ポートラジオや船社代理店にその予定を連絡する。そして船内では一般に次の準備を行う。

　　注) 　ポートラジオ：港湾管理者の委託を受け，VHF 無線電話により港湾通信業務を行う海岸局

 1) 船橋における入港準備
　　　a. 当直航海士は，入港の一定時間前（例えば 30 分前）にその旨を船長及び機関室に連絡し，その後，船長の指示に従い，入港配置を発令する。
　　　b. 測程器（log）やスタビライザフィンを格納し，必要な場合は測深（水深の測定）用意をする。
　　　c. 入港に必要な信号旗や停泊標識の掲揚準備をする。
 2) 甲板上における準備
　　　a. ムアリングウインチやウインドラスの試運転を行う。
　　　b. 岸壁係留，錨泊，ブイ係留のそれぞれの停泊状態に必要な準備を行う。
　　　c. 係留索を使用する場合は，円滑に繰り出すことができるよう，ホーサドラムに巻かれた係留索を甲板上に並べ，スネークダウンの状態にしておく。
　　　d. 水先人の乗船に備え，パイロットラダーを指定された舷に準備する。
　　　e. 緊急時に備え，投錨用意の状態とする。
　　　f. 荷役作業の開始準備を行う。
 3) 入港に必要な書類の準備
　　　　入港届や危険物荷役許可申請書，錨地指定願等，港長や港湾管理者へ提出するもののほか，出入国管理，税関，検疫関係の書類を準備するが，最近では多くの場合代理店が代行するため，代理店とよく連携しておく。

7.1.3 出入港作業

(1) 三等航海士の役割

出入港部署配置中，船橋における三等航海士の主な役割は船長の補佐であり，具体的には以下の作業を行う。

 a. テレグラフやスラスタの操作
 b. スタンバイブック（ベルブック）への記録
 c. インターホン，トランシーバ等による，船首，船尾等の各部への船長命令の伝達及び各部からの報告の船長への伝達
 d. 汽笛の吹鳴
 e. 周囲の見張り
 f. 旗りゅう信号の掲揚又はその指示
 g. 水先人の案内
 h. 船位の確認
 i. 操舵員への操舵号令の中継

(2) スタンバイブック（ベルブック）への記載事項

スタンバイブックは，ログブックを記載する場合に必要な下記の各種データを記録しておくもので，海難事故の際の重要な証拠ともなる。

 a. 出入港部署の発令及び解除とそれらの時刻
 b. 機関の全ての使用状況（エンジンモーション）と使用した時刻
 c. 係留索の解らん及び係止とそれらを行った時刻
 d. 水先人の乗下船とその時刻及び水先人氏名
 e. タグボートの使用状況と時刻，及びタグボートの船名
 f. 錨の使用状況（投錨，巻き上げ）とそれらの時刻
 g. 使用錨及び伸出錨鎖長
 h. 錨地の水深及び底質
 i. 主要な物標の通過とその時刻

7.2 航海当直

航海当直（navigational watch）は，一般に 4 時間を 1 回の当直時間として，以下のように区切って維持される。

統計的にみて最も海難の発生が多く，また薄明時を含むため見張りに熟練を

要する4時〜8時の当直には，経験の豊富な1等航海士が入直し，見張りが比較的平易で，乗組員の大半が就寝していないため緊急時の対応がとり易い時間帯には，3等航海士が入るような態勢がとられている。

（時刻帯）	（通称）	（当直者）
0時〜4時，12時〜16時	ゼロヨン	2等航海士（second officer）
4時〜8時，16時〜20時	ヨンパー	1等航海士（chief officer）
8時〜12時，20時〜24時	パーゼロ	3等航海士（third officer）

当直の構成員は，船や航行水域によって異なるが，一般的には，航海士（officer）と操舵員（quartermaster, helmsman）の2人が船橋で勤務に当たる。

7.2.1 航海中の当直勤務

（1）航海当直に関する基本事項
　　1）「航海当直基準（運輸省告示第704号）」を遵守し，航行の安全を維持する。
　　2）当直航海士は船長の職務の代行者であり，船長に対しては，航海に関する状況を適宜報告すると共に，少しでも航行上の不安や疑義を感じたり，異常が生じた場合には，速やかに報告し指示を受けなければならない。
　　3）自船の状況と航海に関する情報は船橋に集められ，船長に報告される態勢になっている。したがって船と乗船者の安全は当直者に依存するといっても過言ではなく，航海当直における最重要事項は，安全の確保である。
　　4）いついかなる場合であっても，船橋を無人の状態にしてはならず，適切な見張りを確保しなければならない。
　　5）当直航海士は，海図作業及びその他航海当直に関する作業を行うため，やむを得ず見張りを中断せざるを得ない場合は，極力その時間を短くすると共に，他の当直員に対してその旨を伝え，注意点を明確に指示すること。

（2）航海当直を維持する上での留意事項
　　　当直航海士は，以下の事項に留意し当直を維持しなければならない。
　　1）当直中，予定する針路を確保するために，利用することができる航

行援助装置等の使用により，船舶の位置，針路及び速力を確認すること。
2) 船内の安全設備及び航海設備の設置場所，操作方法及び停止距離その他の操縦性能等について精通していること。
3) 航海設備を効果的に使用するとともに，必要に応じて操舵装置，機関及び音響による信号を的確に使用すること。
4) 船橋において当直を行い，常に適切な見張りが行われることを確保すること。
5) 船長が船橋にいる場合にあって，船長が当直を引き受けることを相互の間で明確に確認するまでは，当該当直に係る責任を有するものとして，当直を行うこと。
6) 船舶に備えられている航行設備の作動状況を，可能な限り頻繁に点検しなければならない。
7) 航海の安全に関して疑義がある場合には，船長にその旨を連絡すること。さらに，必要に応じて，ためらわず緊急措置をとること。
8) 船舶の航行に関して適切に記録すること。

(3) 見張りに関する原則

当直航海士は，単独で見張りを行ってはならない。ただし，船舶の状況，気象，視界及び船舶交通の輻輳の状況，航海上の危険のおそれ，分離通航方式等について十分考慮して，航海の安全に支障がないと考えられ，かつ船舶の状況が変化した場合に必要に応じ補助者を直ちに船橋へ呼び出すことができる場合は，この限りでない。

当直中は，次に掲げる事項を十分に考慮して見張りを維持しなければならない。

1) 見張りは，船舶の状況及び衝突，乗揚げその他の航海上の危険のおそれを十分に判断するために適切なものであること。
2) 見張りの任務には，遭難船舶，遭難航空機，遭難者等の発見が含まれること。
3) 見張りを行う者の任務と操舵員の任務とは区別されるものとし，操舵員は，操舵中にあっては，見張りを行う者とみなされてはならないこと。ただし，操舵位置において十分に周囲の見張りを行うことができる小型の船舶において，夜間における灯火等による視界の制

限その他の見張りに対する障害のない場合は，この限りでない。
(4) 変針点に達した場合の注意と変針要領
   1) 変針前の指定された地点に達したとき，船長へその旨を報告する。その際，視界や周囲航行船舶の状況等も報告するとよい。
   2) 変針前に船位を確認し，海図上のコースラインからの偏位を求めておく。
   3) 変針後の進路上に，漂流物等，障害になるものがないか，変針することにより付近航行中の他の船舶と危険な見合い関係が生ずることがないか確認する。
   4) 変針前には転舵舷後方に注意を払い，自船を追い越そうとしている船がないか，自船の変針により航行を阻害される船がないかを確認する。
   5) 転舵発令に当たっては，変針前のコースラインからの偏位，自船の新針路距離を加味し，変針後のコースラインに乗せるようにする。
   6) 変針点に至れば，船長に報告し転舵を発令して変針する。このときの時刻及びログ示度を記録しておく。
   7) 変針後は速やかに船位を求め，予定のコースライン上にあるか否かを確認し，船長に報告する。
(5) 航海当直中，船長に報告すべき事項
   当直航海士は船長の職務の代行者であり，船長に対しては以下の事項を報告しなければならない。
   1) 漁船群の密集や，付近航行船舶の動向により，自船が予定進路や速力を維持して航行することが困難なとき，又は困難が予想されるとき。
   2) 視界不良や風向・風力等，天候が急変したとき，又はその徴候を認めたとき。
   3) 気象・海象に関すること等，運航上の重要情報を得たとき。
   4) 当直を引き継ぐ航海士が，明らかに当直を行うことができる状態でないと考えられるとき。
   5) 船位測定が不能になったり，船位に不安を感じたとき。（観測されるはずの目標が観測されなかったり，船位が予定航路より大きく偏したとき。）

6）遭難船や遭難者，流氷その他の異常な漂流物を発見したとき，又はそれらに関する情報を得たとき。
7）操舵装置や航海計器等に異常が生じたとき。
8）船体の損傷や機関の故障，海賊や不審船の発見等，保安上の危険が生じたとき。
9）変針点の前後において，決められた地点に達したとき。
10）ランドフォールしたとき。
11）他船や信号所等から信号を受信したとき。
12）コンパスの誤差を測定したとき。
13）その他，船長から特別の指示があった場合。

(6) 当直を次直航海士に引き継ぐ場合の原則
1）当直の交代が当事者間で相互に確認される等，適切に当直を引き継ぐまで船橋を離れてはならない。
2）次直航海士が明らかに当直を行うことができる状態ではない場合には，当直を引き継がず，かつ，船長にその旨を連絡しなければならない。
3）引継ぎを行う際に，避航等の危険を避けるための動作がとられている場合には，その動作が終了するまで引継ぎを行ってはならない。

(7) 前直者から当直の引継ぎを受ける場合の原則
1）自己の視力が明暗の状況に十分順応するまでの間は，当直の引継ぎを受けてはならない。遅くとも交代の5分以上前には船橋に立ち，周囲の状況を把握すること。特に夜間は眼をならす意味でも少し早め（15分位前）に登橋する必要がある。
2）引継ぎに際しては，前直者から必要情報を得る他，当直中の針路，気象，海象などの状態をよく調べておき，当直中はあまり海図にあたらなくてもよいようにしておく。
3）夜間命令簿（night order book）をよく読み，船長の命令及び指示事項を確認しておく。

(8) 交代時の引継ぎ事項
航海当直の交代に当たっては，航海士は以下の事項を引き継ぎ，又は確認しなければならない。
a. 船舶の針路，速力，位置及び喫水

b．予定する進路
　　　c．気象，海象及びこれらが針路及び速力に及ぼす影響
　　　d．航行設備及び安全設備の作動の状態
　　　e．コンパスの誤差
　　　f．付近にある船舶の位置及び動向
　　　g．当直中遭遇することが予想される状況及び危険
　　　h．船舶の航行に関する船長の命令及び指示事項
　　　i．船内の状況
　　　j．視野の内にある顕著な陸上物標や航路標識
（9）引継ぎの禁止
　　　　以下の状況においては，当直航海士は次直者に引継ぎを行ってはならない。
　　　1）次直航海士が，明らかに当直を行うことができる状態ではないと考えられる場合。
　　　2）次直航海士が，酒気を帯びている場合。
　　　3）引継ぎを行う際に，他船を避航中である等，危険を避けるための動作がとられている場合。
　　　4）次直航海士の視力が，明暗の状況に十分順応していない場合。

7.2.2　航海日誌

　船内の日誌には甲板部日誌，機関部日誌，無線部日誌があり，航海日誌とは甲板部日誌のことをいう。一般にログブック（log book）というが，これは，昔，航海中の測程儀（log）の示度を重視して記録したことに由来する。

（1）航海日誌の種類
　　　　航海士が記載する日誌には以下のものがある。
　　　1）公用航海日誌（official log book）
　　　　　船員法第18条によって船内に備え置かなければならない日誌で海難の発生とその救助，在船者の死亡と出生，犯罪や懲戒処分，諸操練や点検など法令に規定された事項について記載する。最後に記入した日から3年間は船内に備え置く必要がある。
　　　2）船用航海日誌（ship's log book）

航海中，停泊中を問わず当直中に起こったすべての事柄について当直航海士が責任をもって記入する日誌である。船の針路，航程，気象，位置，出入港，荷役及び船内作業の状況などを記載する。常時船橋に備え置き，海難や事件などの証拠となる。

船員法施行規則第3条の20第1項の規定により，国際航海に従事する国際総トン数150トン以上の船舶は，「航海に関する記録を定める告示」に従い，記録を作成し船内に保存しなければならず，船用航海日誌の記載に当たっては，同告示の規定を考慮する必要がある。

3) 航海撮要日誌（commander's abstract log book）

船用航海日誌より重要事項を抜粋して航海の概要をまとめたもので1航海ごとに船主又は用船者に報告する日誌である。「アブ·ログ」とも称される。最近は事務省力化のため，船用航海日誌や航海撮要日誌をまとめてカーボンコピーがとれる形式の日誌も採用されている。

4) 無線業務日誌（GMDSS radio log book）

電波法第60条によって備え付けなければならないもので，航海日誌ではないが，航海士が記入する。通信を行った時刻や相手局，通信事項，機器の故障に関する事項，法令に定める機能試験の結果等について記載する。

(2) 航海日誌記入上の注意

1) 用紙は絶対に裂き取ってはならない。
2) 記事の訂正，挿入，削除などは原字体が判るよう線を引いて訂正し，責任者はその上に捺印しておく。
3) 記事を英文で記載するときはすべて過去形とする。
4) 記事は略字，略号を適宜使用し，簡単明瞭に要約して数行以内にまとめる。

7.3　BRM

7.3.1　BRMとは

BRMとは"Bridge Resource Management（船橋資源管理）"の略称で，「人間はミスを犯すものである」というヒューマンファクターの基礎理論を用いた

安全性向上のための手法である。一般的に事故はいくつかのミスが重なることにより発生するため，事故を未然に防ぐためには，たとえミスが生じた場合においても途中でミスの連鎖（エラーチェーン）を断ち切ることが重要となる。BRM は，船橋におけるすべての資源（リソース）を有効活用することで，事故につながるエラーチェーンを断ち切ろうとする手法である。

7.3.2 リソースマネジメントの考え方

図 7.1 は BRM の基本概念であるリソースマネジメントの考え方を示したもので，「m-SHEL モデル」と呼ばれる。S，H，E，L，L は以下に示すとおり，船橋における各要素を表しており，L を中心として，その周りを S，H，E，L が取り囲んでいる。

- L（live ware）：中心にある L は，航海当直に立つ自分。BRM では「チームリーダ」と呼ぶ。
- S（soft ware）：規則，基準，規定，手順書，マニュアル等
- H（hard ware）：設備，機械，機器，装置，計器等
- E（environment）：環境（空調，騒音，照明），気象，海象，社会環境等の諸々の作業環境
- L（live ware）：自分以外の人間，他の当直員等。BRM では「チーム員」と呼び，複数の場合もある。
- m（management）：上記の各要素を機能的に動かすための管理要素

図において各要素の周辺にある凹凸はそれぞれの特性や限界を示しており，それらは常に揺らいでいる。そして凹凸の揺れが相互にうまく噛み合わなければそこに不具合が生ずる。例えば，中心の L を船長，周辺にあるもう一つの L を航海士や他の当直員とすると，両者が噛み合っていなければ，航海士や当直員からの報告が抜け落ちたり，船長からの指

図7.1　m-SHELモデル

示が上手く伝わらなかったりして，エラーチェーンが進展する。

そこで全ての要素の凹凸を噛み合わせ，各要素が機能的に働くようマネジメントすることにより，当直等の業務を行うチーム全体の能力を最大限に発揮させて，エラーチェーンを断ち切ることがBRMの考え方である。

7.3.3　エラーチェーンを断ち切るための基本原則

（1）エラーチェーン進展の兆候

エラーチェーンの進展を示唆する危険要素として，以下の8つのキーワード（eight warning words）が指摘されており，自身やチームの動作・行動が，これらに該当しないように注意しなければならない。
 a. 曖昧さ
 b. 注意散漫
 c. 不備・混乱
 d. 意思疎通の崩壊
 e. 不適切な操船指揮・見張り
 f. ルール・手順違反
 g. 航海計画の不履行
 h. 自己満足

（2）BRMの基本原則

「人間はミスを犯す。」これを受け入れることがBRMの前提である。人間の能力には限界があるため，エラーチェーンを断ち切るためには，チーム内の複数の人間でカバーし合う必要があり，以下の原則に沿った行動が重要となる。
 1）常に意思の疎通が図れる環境作りを心がける。
 2）得られた情報はチーム全体に伝え，情報の共有化を図る。
 3）「誰が正しいか」ではなく，「何が正しいか」を考えて行動する。
 4）気付いたことは，躊躇せずチーム員やチームリーダに伝える。
 5）1つの事柄に対し，2つ以上の方法でチェックする（クロスチェック）。
 6）行動すべき判断に迷う場合は，安全を最優先にする。

7.3.4　BRM の具体的行動例

BRM の具体的な行動の例を示すと以下のとおり。

1) 種々の報告・応答は，はっきり聞き取れるように明瞭に大きな声で伝える。
2) 情報を伝える場合，相手が理解できる適切なタイミングを選ぶ。
3) 見張りにより得た情報（他船や物標等の存在，方位・距離及びそれらの変化等）は，全て具体的に報告する。
4) 連絡，報告及び指示に対しては必ず復唱をする。
5) 操船者は，操船意図を声に出してチーム員に明瞭に伝える。
6) VHF 無線電話，音響信号や発光信号等，他船との意思疎通に必要なものを有効に活用する。
7) 他船や海岸局との交信内容，機関室との電話連絡の内容等，覚えきれない内容については必ずメモをとる。

7.4　船舶通信

7.4.1　国際信号書（International code of signals）

　国際信号書は，世界各国間の通信連絡において，互いの意思が自由に交換できるように政府間海事協議機関（現在の「国際海事機関（IMO）」）が採択した規約書である。

　船舶から，又は船舶に対し，信号を用いて通信しようとする場合は，法令に特別の定めがある場合以外は，国際信号書に定めるところによらなければならない。（国際信号書の使用に関する省令）

　国際信号書には，以下の通信手段について記述されている。

1) 旗りゅう信号（flag signaling）
　　国際信号旗（International code flags）を使用して行うもので，信号書の符字が用いられる。
2) 発光信号（flashing light signaling）
　　国際モールス符号を使用して，平文でも符字文でも送信することができる。

3) 音響信号（sound signaling）

汽笛（whistle），汽角（siren），霧中号角（fog-horn）などの発音装置を用いて，国際モールス符号で送信する。

4) 拡声器による音声通話（voice over a loud hailer）

言語が通じるときは常に平文で通話するが，この通話が難しいときは国際信号書の符字を音声通話表によって送信する。

5) 無線電信（radiotelegraphy）及び無線電話（radiotelephony）

信号の送信は国際電気通信連合の無線通信規則に従って行われる。無線電話による通信において言葉が通じるときは平文で，言葉が不自由なときは，信号書の符字を信号書の音声通話表により綴り発音して送る。

6) 手旗又は徒手によるモールス信号

（Morse signaling by hand-flags or arms）

国際モールス符号で送信する。（和文の平文を発光，音響，手旗信号により送信するときは，「日本船舶信号法」の定めるところによる。）

7.4.2 旗りゅう信号

(1) 旗りゅう（国際信号旗）の種類と形状

以下の 40 種類の国際信号旗（p.234 参照）で，生地は通常，羊毛地のバンテン（bunting）を使うが，合成繊維布のものも多い。

　a. 文字旗（alphabetical flags, 26 種類）：A, B は燕尾旗（barge），C から Z までは方旗（square flag）
　b. 数字旗（numeral pendants, 10 種類）：長旗（pendant）
　c. 代表旗（substitutes, 3 種類）：三角旗（triangular pendant）
　d. 回答旗（code and answering pendant, 1 種類）：長旗（pendant）

(2) 旗りゅう信号

1) 符字信号

符字（group）とは，1 個又は連続する 2 個以上の文字や数字で一つの信号を形づくるものをいう。国際信号書にある符字は主に旗りゅう信号用のものであるが，手旗，発光などの信号にも利用される。符字信号には次のものがある。

表7.1　1字信号

信号	意　　味
A	私は, 潜水夫をおろしている, 微速で十分避けよ。
B	私は, 危険物を荷役中又は運送中である。
C	イエス（肯定又は"直前の符字は肯定の意味に解されたい"）。
*D	私を避けよ。私は操縦が困難である。
*E	私は, 針路を右に変えている。
F	私は操縦できない。私と通信せよ。
*G	私は水先人がほしい。 私は揚網中である。（漁場で接近して操業している漁船によって用いられたとき）。
*H	私は, 水先人を乗せている。
*I	私は, 針路を左に変えている。
J	私を十分避けよ。私は火災中で, 危険貨物を積んでいる。又は, 危険貨物を流出させている。
K	私は, あなたと通信したい。
L	あなたは, すぐ停船されたい。
M	本船は停船している。行き足はない。
N	ノウ（否定又は"直前の符字は否定の意味に解されたい"）。この信号は, 視覚信号と音響信号にだけ使用し, 音声又は無線による送信は"NO"を使用する。
O	人が, 海中に落ちた。
P	<u>港内で</u>, 本船は, 出港しようとしているので全員帰船されたい。 <u>洋上で</u>, 音響信号により"私は水先人がほしい。"の意味にも使用できる。 <u>洋上で</u>, 本船の漁網が障害物にひっかかっている。（漁船はこのような意味に用いることができる）。
Q	本船は健康である。検疫上の交通許可をもとめる。
*S	本船は, 機関を後進にかけている。
*T	本船を避けよ。本船は, 2そうびきのトロールに従事中である。
U	あなたは危険に向かっている。
V	私は援助がほしい。
W	私は, 医療の援助がほしい。
X	実施を待て, そして私の信号に注意せよ。
Y	本船は, 走錨中である。
*Z	私は, 引き船がほしい。 私は投網中である。（漁場で接近して操業している漁船によって用いられたとき。）

1) *印の信号を音響信号で行う場合は, 海上衝突予防法第34条及び第35条の規定に従わなければならない。
2) KとSの信号は, 遭難中の人員の乗っている小型ボートの上陸用信号として, 特別の意味を持っている。（1974年SOLAS第V章第16規則）
　　・発光信号又は音響信号によるK「－・－」の信号：
　　　「ここが上陸に最適の地点である。」
　　・発光信号又は音響信号によるS「・・・」の信号：
　　　「ここに上陸するのは, 危険である。」
3) G及びZの音響信号は, 他の漁ろうに従事している船舶と著しく接近して漁ろうに従事している船舶によって継続的に使用されることがある。

表7.2　2字信号（一例）

信号	意　味
RU	私を避けよ。私は，操縦が困難である。
SM	私は，速力試験中である。
UW	ご安航を祈る。
UY	私は演習中である。私を避けよ。
〔数字を入れたもの〕	
RU1	私は，操縦の試運転をしている。
UW1	あなたの協力を感謝する。ご安航を祈る。

　　a. 1字信号：緊急又は重要な信号であったり，よく使用される信号。
　　b. 2字信号：遭難，損傷，操船，気象，国際衛生規則などに関する重要信号及び常用信号。
　　c. 3字信号：Mで始まる3字信号は医療信号。
　　d. 補足語表による信号：1字信号，2字信号に1桁の数学を付け加えた2字，3字信号と，Mで始まる3字信号に2桁の数字を加えた5字信号がある。

　その他，日本船舶の信号符字（船舶ごとに割り当てられ，船名を示す）はJ, 7, 8などを頭文字とする4字信号のほか，JD～JMに2001～9999の数字を付け加えた6字信号がある。船名，地名などの固有名詞には符字YZを併用した綴り信号とする。

　　注）　信号符字（identity signal）又は呼び出し符号（call sign）とは，各局が所属する政府によって割り当てられた文字，又は文字と数字からなる符字をいう。

2）綴り信号

　人名，船名，地名には信号書に符字がないので，信号旗を符字とせず，文字の綴りとして読ませる。この場合，誤解のおそれがあるときは，符字YZ「次の文は平文である」を前置きして送信する。

　たとえば，「貴船は本船を横浜にえい航されたい」を送信したいときは，下記のように符字KP「貴船は，本船を最寄りの港か錨地又は指示場所にえい航されたい」と綴り字信号の組み合わせとなる。

　　　　　KP，YOKOHAMA，又はKP，YZ，YOKOHAMA

（3）回答旗と代表旗の使い方
　　1）回答旗
　　　　回頭旗は，次の目的に使われる。
　　　　a. 信号の応答，解信，終信
　　　　b. 数字旗における小数点の表示
　　　　　　たとえば，4.5 = 数字旗 4 ＋ 回答旗 ＋ 数字旗 5
　　2）代表旗
　　　　代表旗は，第 1 代表旗，第 2 代表旗及び第 3 代表旗の 3 種類があり，同じ信号旗を同一の揚旗線（flag line）に複数掲揚するときに使用する。
　　　〔例〕AACB：A ＋ 1 代 ＋ C ＋ B
　　　　　　ACBC：A ＋ C ＋ B ＋ 2 代
　　　　　　ABCC：A ＋ B ＋ C ＋ 3 代
　　　　　　AAAB：A ＋ 1 代 ＋ 2 代 ＋ B
（4）出入港時における旗りゅう信号
　　　入出港時には，国旗や社旗，信号旗等を掲揚し，船舶の状態や行き先等を表示するが，各旗を掲揚する位置は概ね図 7.2 のとおりである。

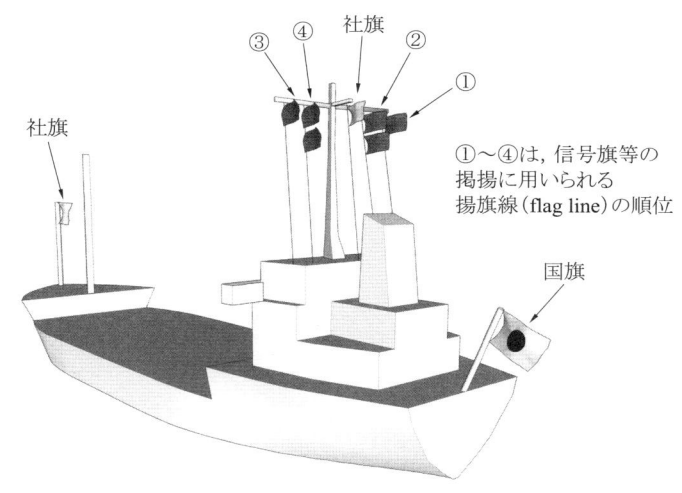

図7.2　旗の掲揚

1) 出港時
    a. 出帆旗（blue peter）：国際信号旗 P を出港時刻 24 時間前の日中に揚げ，出港と同時に降ろす。
    b. 信号符字（signal letter）：原則として航行状態になったとき揚げ，港界線で降ろす。しかし港内船への注意喚起や水先人の招へいなどの便宜のため，慣習として出港 15 分前に揚げる。
    c. 水先旗（pilot flag）：水先人を必要としているときは国際信号旗 G を，水先人が乗船すれば国際信号旗 H に揚げ替え，下船すれば降ろす。
    d. 行先旗（destination flag）：次に入港する目的港の国旗
    e. 国旗（ensign）：船籍国の国旗を船尾に掲揚する。
    f. 社旗（house flag）：船主又は用船者を示す旗で船首のポールに揚げる小旗をジャック（Jack）という。
    g. 特定信号：例えば出港航路指定旗など港の規則によって指定されたもの。
2) 入港時
    a. 信号符字：港界線付近で揚げ停泊状態になれば降ろす。
    b. 水先旗：水先人を必要とするときは G 旗，水先人が乗船すれば H 旗に揚げ替える。
    c. 検疫旗（quarantine flag）：検疫錨地で国際信号旗 Q を揚げて検疫官の来船を求める。
    その他の信号旗は出港の場合と同じである。

注）上記の旗は，必ずしも全てが掲揚されるのではなく，状況に応じて扱われる。
船舶は，下記の場合，国旗を船尾に掲げなければならない。（船舶法施行細則第 43 条）
① 日本国の灯台又は海岸望楼より要求があったとき。
② 外国の港を出入するとき。
③ 外国貿易船が日本国の港を出入するとき。
④ 法令に別段の定めがあるとき。
⑤ 管海官庁より指示があったとき。
⑥ 海上保安庁の船舶又は航空機より要求があったとき。

7.4.3　VHF 無線電話（国際 VHF）

　従来は，互いに視認できるような近距離通信においては，国際信号旗を用いた旗りゅう信号や発光信号が利用されたが，現在では VHF 無線電話による通信が主流となっている。自船から 20～30 海里の範囲まで通信が可能で，特に船舶交通の輻輳する海域においては，海上交通センター等の VTS（vessel traffic service）との通信や船舶間通信において重要な役割を果たしている。

（1）VHF 無線電話による交信法

　　　　VHF 無線電話装置を運用する場合は，国際電気通信連合憲章に規定する無線通信規則，電波法及び無線局運用規則等の関係法令に従わなければならない。交信時に使用頻度が高いチャンネルと用途及び使用順位は表 7.3 のとおりである。

表7.3　VHF 無線電話チャンネル及び使用順位

用　途	チャンネル	備　考
遭難・緊急・安全呼出し，一般呼出し及び応答	Ch 16	通話には使用不可
すべての船舶との通信	Ch 6, Ch 8, Ch 10	使用順位は Ch 6 → Ch 8 → Ch 10
	Ch 13	海上保安庁の海岸局との通信にも使用
海上保安庁の船舶局，海岸局，航空機局との通信	Ch 9	
海上保安庁などの海岸局との通信	Ch 11, Ch 12, Ch 14	使用順位は Ch 11 → Ch 12 → Ch 14

1) 呼出し及び応答は Ch 16 で行う。他の局が使用中はその交信が終了してからでなければ呼出しをしてはならない。
2) 船舶間の通信においては，呼出しを行う局は，事前に通話に使用するチャンネル（Ch 6, 8, 10 等）が他局によって使用されていないことを確認し，呼出し・応答後は，そのチャンネルへの変更を指示する。
3) 海上保安庁等の海岸局との交信に使用するチャンネルは，海岸局の指示に従う。

　基本となる交信方法を表 7.4 に示す。

表7.4 VHF無線電話による基本交信例

項目	使用チャンネル	船舶局 ひので丸	船舶局 あさひ丸	要領
呼出し	Ch 16	あさひ丸, あさひ丸	—	相手局の名称 3回以下
		こちらは, ひので丸, ひので丸		自局の名称 3回以下
		感度いかがですか? どうぞ。		
応答	Ch 16	—	ひので丸, ひので丸	相手局の名称 3回以下
			こちらは, あさひ丸, あさひ丸	自局の名称 3回以下
			感度良好です。 どうぞ。	
周波数の変更		チャンネル6に変えて下さい。	—	
		—	了解, チャンネル6に変更します。	Ch 6 に変更
通報	Ch 6	—	ひので丸 こちらは, あさひ丸 どうぞ。	
		あさひ丸 こちらは貴船前方の青い船体の反航船ひので丸です。貴船とは, 左舷対左舷で航過する予定です。了解でしょうか。どうぞ。	—	
		—	はい, 左舷対左舷で航過する。了解しました。 どうぞ。	
通報の終了		ご協力感謝します。ではよろしくお願いします。 おわり。	—	
通信の終了		さようなら。		Ch 16 に戻す

下線部は, 無線局運用規則により定められた, 送信しなければならない語である。

（2）非常時の通信

非常時の通信には，以下のものがある。いずれも Ch 16 を使用する。
1）遭難通信

船舶又は航空機が重大かつ急迫の危険に陥った場合の通信である。「メーデー」又は「遭難」の語（なるべく 3 回反復）を前置して送信する。
2）緊急通信

船舶又は航空機が重大かつ急迫の危険に陥るおそれがある場合，その他緊急の事態が発生した場合の通信である。「パンパン」又は「緊急」の語（3 回反復）を前置して送信する。
3）安全通信

船舶又は航空機の航行に対する重大な危険を予防するための通信である。「セキュリテ」又は「警報」の語（3 回反復）を前置して送信する。

（3）IMO 標準海事通信用語集（SMCPs）による通信

外国船舶との交信においては，IMO 標準海事通信用語集（SMCPs：Standard Marine Communication Phrases）を使用した通信が推奨されている。これは船舶相互間及び船舶と陸上施設との間の通信において，英語を共通語として円滑であり誤解のないコミュニケーションを図るためのものであり，IMO において用語集が編纂された。
1）手順

通信において SMCPs を使用することを明確にする必要があるときは，"Please use Standard Marine Communication Phrases."「標準海事通信用語を使用されたい。」等のメッセージを送る。
2）綴り

単語の綴りを送信する必要がある場合は，定められた綴り表に従う。例えば，"ABC" は，"Alfa Bravo Charlie" と送る。
3）メッセージマーカー

通信の意図を明確にするため，その通信の直前に以下の語（「メッセージマーカー」という。）を付けることができる。
a. INSTRUCTION（指示）

送信者はその通信文を送信するのに完全な権限を有している

ことを意味し，受信者は原則として従わなければならない。
〔例〕"INSTRUCTION, alter course."
「指示，進路を変更せよ。」

b. ADVICE（勧告）

受信者に勧告を受け入れて行動することを求めている。
〔例〕"ADVICE, Anchor in anchorage C2."
「勧告，錨泊地 C2 に投錨されたい。」

c. WARNING（警告）

危険について通報することを意図することを示す。
〔例〕"WARNING, You are running into danger."
「警告，貴船は危険な方へ向かっている。」

d. INFORMATION（情報）

航海及び航路情報等によく用いられ，その通信が観測事実や状況等に限られていることを示す。情報の利用は受信者に委ねられる。
〔例〕"INFORMATION, Tide against you."
「情報，潮は逆流である。」

e. QUESTION（質問）

続く通信が，質問的性格であることを示す。受信者は回答を期待されている。
〔例〕"QUESTION, Are you dragging anchor?"
「質問，貴船は走錨しているか？」

f. ANSWER（回答）

続く通信が，直前の質問に対する回答であることを示す。
〔例〕"ANSWER, Yes, I am dragging anchor."
「回答，はい，本船は走錨している。」

g. REQUEST（要求）

続く通信が，船舶に関連した事柄についての要求であることを示す。航法に関して，又は海上衝突予防法によって定められた事柄を変更させるために使用してはならない。
〔例〕"REQUEST, Make lee on your port side."
「要求，左舷側を風下舷にされたい。」

  h. INTENTION（意向）

   続く通信が，これから行う自船の航法を他船に知らせるものであることを示す。

   〔例〕"INTENTION, I will reduce speed."
　　　　　　「意図，本船は減速する。」

4）応答，修正，反復等

  a. 質問に対する回答が，"Yes"又は"No"の場合でも，誤解を避けるためそれらの後に適当な用語を続ける。

  b. 間違ったメッセージを送信した場合は，"Mistake"の後に修正すべき箇所を送り，さらに"Correction"の後に正しいものを続けて送信する。

  c. 保安上，特に重要なものについては，"Repeat"の後に該当部分を続けて送信する。

5）方位，位置，距離等の表し方

  a. 方位，針路は，北から360°方式で表す。（相対方位で表す場合は除く。）

  b. 位置を，緯度・経度により表す場合は，度と分を使用し，赤道の南北とグリニッジ子午線の東西を示さなければならない。また，顕著な目標の位置から示す場合は，その目標からの真方位と距離で示す。

  c. 距離は，マイルかケーブルで表すことが望ましい。さもなければkm又はmを使用し，必ず単位を明確にする。

  d. 速力は，ノットで表し，特に断らない限りは，対水速力を意味する。

  e. 時間は，24時間方式で表し，世界時，経帯時，地方時のいずれであるかを明示しなければならない。

  f. 数字は，1つ1つ区切っていう。例えば，「150」は"One-five-zero"。

6）多義単語の使用禁止

  "may"，"might"，"should"，"could"，"can"のように，使用される状況によって意味が変わる単語は使用せず，意図が明確に伝わるよう「メッセージマーカー」を使用して通信する。

7) 使用頻度の高い表現

以下に主な通信例文を示す。日本国内を航行する場合においても，外国船舶からVHF無線電話で呼び出されることが頻繁にあり，互いにそうすることで航行の一層の安全が図られるため，これら以外の通信例についても，習熟しておく必要がある。

日本語	英語
VHFチャンネル6に変更して下さい。	Change to VHF channel 6.
感度いかがですか？	How do you read?
貴船の感度は良好です。	I read you good.
貴船の現在の針路は？	What is your present course?
本船は右に変針します。	I will alter course to starboard.
本船の右側を追い越して下さい。	Overtake me on my starboard side.
本船は貴船と左舷対左舷で航過します。	I will pass you port-to-port.
本船は減速します。	I will decrease speed.
本船の位置は，浜崎灯台から256°，3.5マイルの所です。	My position is two-five-six degrees, three point five miles from Hama-saki light house.
了解	Roger
どうぞ	Over
おわり	Out

第8章
特殊操船

8.1 荒天航行の操船

8.1.1 荒天航行における危険性と対策

　荒天時は強風と波浪により船体動揺が激しくなり，操縦が困難となるだけでなく，復原性を低下させるなど多くの危険がある。その程度は風力，波高，波長，波との出会い周期，自船の復原力等で大きく異なるため，それらの影響について十分に注意して対策を講じなければならない。

(1) 航行中荒天のおそれのあるときに検討すべき事項
　　　現状の針路で続航するか，迂回し避航するか，あるいは近くの港に避難すべきかは，次の事項を検討し判断する。
　　1) 低気圧の種類（熱帯低気圧，温帯低気圧）とその規模
　　2) 低気圧の予想進路と本船位置の関係，及びそれに基づく風浪の変化
　　3) 本船の耐航性と運動性能
　　4) 避難港の有無及び現在の船位からの距離
　　5) 乗組員の士気と技量
(2) 荒天準備
　　1) 船体動揺に対する準備
　　　　a. 積載物の移動防止が確実に施されていることを確認する。また，必要な場合は，固縛索の増し締めや増し取りをする。
　　　　b. タンク内の自由水影響の排除やバラストの積載を行い復原性の保持に努める。
　　　　c. シーアンカー（sea anchor）を準備する。（図 8.7）

2) 海水の打ち込みに対する準備
　　a. ハッチ等の大型開口部の水密確保に加え，チェーンロッカ，諸タンクの甲板上空気抜き管及び通風筒についても閉鎖する。
　　b. スカッパーの点検・整備，フリーイングポート及びストーム弁その他の排水装置の円滑な作動確認を行う。
3) 人命の安全確保
　　甲板上にライフライン（life line，命綱）を張り，歩行及び作業の危険を防止する。

8.1.2　荒天航行中の操船法

(1) 波浪中における船の動揺

荒天では風浪が強く大波のために操船の自由を失い，転覆の危険にさらされる。

横波を受けると大きく横揺れ（rolling）し，向かい波では縦揺れ（pitching）が大きくなり，ときには激しいスラミング（船首底衝撃，slamming）を起こして船体は身震いし，プロペラも空転する。また斜め追い波になれば横揺れはますます大きくなり，船首揺れ（yawing）の振れ角も増して舵はあまり効かず，保針がきわめて難しい状態となる。

このような動揺は，船の固有周期が波との出会い周期と一致したとき，一揺れごとに大きくなっていくもので，これを同調（synchronism）といい，同調した横揺れ，縦揺れは，船体や積荷に悪い影響を与える。

1) 横揺れ，縦揺れ，波の周期等のおよその値は次の式で略算できる。

$$\text{船の横揺れ固有周期 } T_R(\text{秒}) \fallingdotseq \frac{0.8B}{\sqrt{\text{GM}}} \tag{8.1}$$

$$\text{船の縦揺れ固有周期 } T_P(\text{秒}) \fallingdotseq 0.5\sqrt{L} \tag{8.2}$$

大洋波の場合，

$$\text{波の周期 } T_w(\text{秒}) \fallingdotseq 0.8\sqrt{\lambda} \tag{8.3}$$

$$\text{波の速さ } V_w(\text{m/s}) \fallingdotseq 1.25\sqrt{\lambda} \tag{8.4}$$

ただし，B：船幅（m），L：船長（m），λ（ラムダ）：波長（m）とする。

2) 船と波との出会い周期（period of encounter，T_E）は船速 V_k（m/s）と波との出会い角 α とに関係し，図8.1から次式となる。

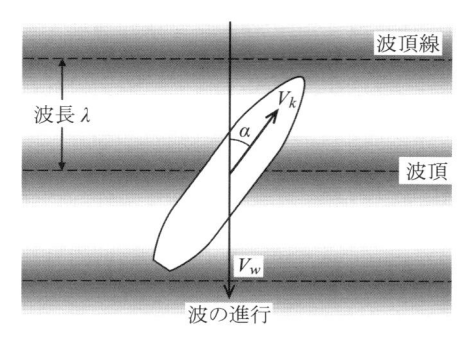

図8.1 船と波との出会い

$$T_E = \frac{\lambda}{V_w + V_k \cdot \cos\alpha} \tag{8.5}$$

3) スラミングは向かい波を正船首に受け，縦揺れと波との出会い周期が一致したときに起こり易い。縦揺れは波長が船の長さと等しい位のとき大きくなるので，船速を次の速力 V_C（m/s）以下に落とす必要がある。

$$V_C = \frac{L}{T_P} - 1.25\sqrt{\lambda} \tag{8.6}$$

T_P：船の縦揺れ固有周期

4) 同調横揺れは斜め追い波のときに起こり易い。同調しても海水抵抗のため，完全に転覆してしまうほどの横揺れではないが，かなり激しい揺れになるので，特に小型船では同調を起こし易い出会い角 α の針路をとることは避けなくてはならない。

$$\cos\alpha = \frac{1}{V_k}\left(\frac{\lambda}{T_R} - 1.25\sqrt{\lambda}\right) \tag{8.7}$$

ただし，$\alpha = 0°$ を向かい波（head sea），$\alpha = 90°$ を横波（beam sea），$\alpha = 180°$ を追い波（follow sea）とする。

5) 波浪中を航行する船の復原力は一定ではなく，船と波との相対的な位置関係により変化する。これは波で水線面の形状が変化することによるもので，船の長さに近い波長の波を受けて航行する場合，船

の中央部に波の山がきたとき復原力は小さくなり，波の谷が船の中央部にあるときは大きくなる。この傾向はコンテナ船や自動車運搬船のように，やせてスマートな船型の船においては著しい。特に追い波中を航行する場合は，波との相対位置の変化が遅いため注意しなければならない。更に，波との出会い周期が船の横揺れ固有周期の約 1/2 の場合，横揺れがひと揺れごとに次第に大きくなっていくパラメトリック横揺れ（parametric rolling）が発生し転覆に至ることもある。このような状況においては，針路の変更や減速により波との出会い周期を変えなければならない。

(2) 荒天中の波浪に対する操船法

1）風浪に向かって航走する場合

船の縦揺れ固有周期が向かい波との出会い周期と一致するようになると，同調した縦揺れとなりスラミングを起こす。速力は落ち，スクリュープロペラは空転（レーシング，racing）し，船首船底部は波面に叩きつけられ，その衝撃は破壊作用を伴う。

スラミングは船の長さと同程度の向かい波を受け，比較的高速で走っているときに起こる。したがって，このような縦揺れ状態になると，次のような操船をするのがよい。

　　a. 波浪を正船首から受けないように，20～30°変針して保針する。
　　b. 速力を現状よりも落とす。
　　c. 船首が波浪と会うとき回頭作用が働くから，保針に対する操舵は小刻みに行い，大舵角の荒い舵のとり方をしない。
　　d. 空転に対しては，機関室に連絡して回転数を調節する。

2）風浪を船尾付近から受けて航走する場合

高い波が後方から連続して襲いかかる出会い群波現象と呼ばれる状態に陥ると，姿勢制御が困難となり横揺れも増大するため，転覆につながる現象を引き起こす。

さらに青波や崩れ波が船尾から覆いかぶさってくるプープダウン（pooping down）が発生すると，船体や舵を損傷することもある。また，大波を受け，船をわずかに追い越すような追波状態で航走しているとき，波乗り状態に陥ると船は針路不安定になり，突然大きく片方に回頭して横波状態になることがある。これをブローチング

（broaching-to）といい，そのおそれのあるときは，特に操舵には注意する。

よってこれらの危険を避けるためには次のような操船をする。

a. 針路を少し変えるか，速力を落とす（逆に速力を一杯まで上げろという説もあるが，荒天中の増速は無理である）。
b. 操舵は小刻みに行い，船首が回り始める瞬間にこれを抑えるような舵をとる。

3）船体の動揺を小さくする一般的な操船法

向かい波では縦揺れが激しく，正横又は斜め追い波になれば横揺れがはなはだしくなる。このため縦揺れ，横揺れともに小さくするためには，船首 20～30° から波を受けて走るのがよいといわれる。

また，動揺の同調作用は，縦揺れは向かい波で，横揺れは斜め追い波で起こり易いから，波との出会い周期を変えるため，針路を変えるか速力の増減を行う。荒天中の増速は無理であるから普通は減速する。このような減速は，特に縦揺れの緩和に効果がある。

注） 横波を受けて同調横揺れをするのは，波長が船幅の約 25 倍の波のときである。（ただし GM が船幅の 4 %のとき）

4）IMO の操船ガイダンス

追い波中や斜め追い波中を航行中の船が，上述の危険な状態に陥るおそれがないかどうかを判断できるよう，IMO は操船ガイダンスを提供している。図 8.2 において，船速 V_k，波周期 T_w 又は船の

(a) 出会い群波現象に陥る危険性　　(b) 波乗り状態に陥る危険性

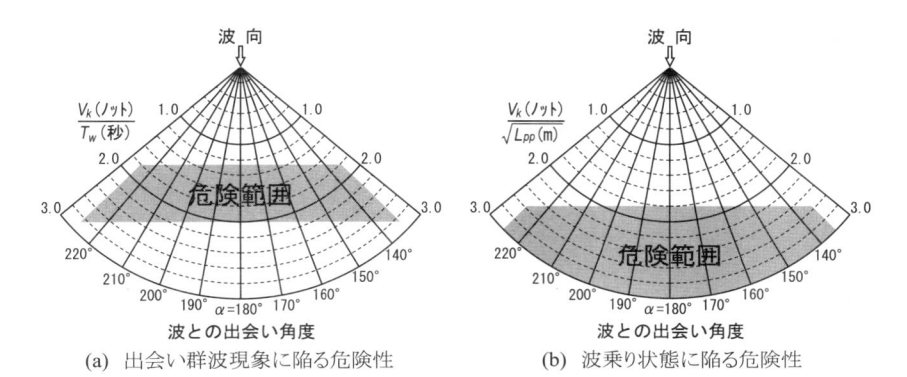

図 8.2　追い波中における危険性の判定資料

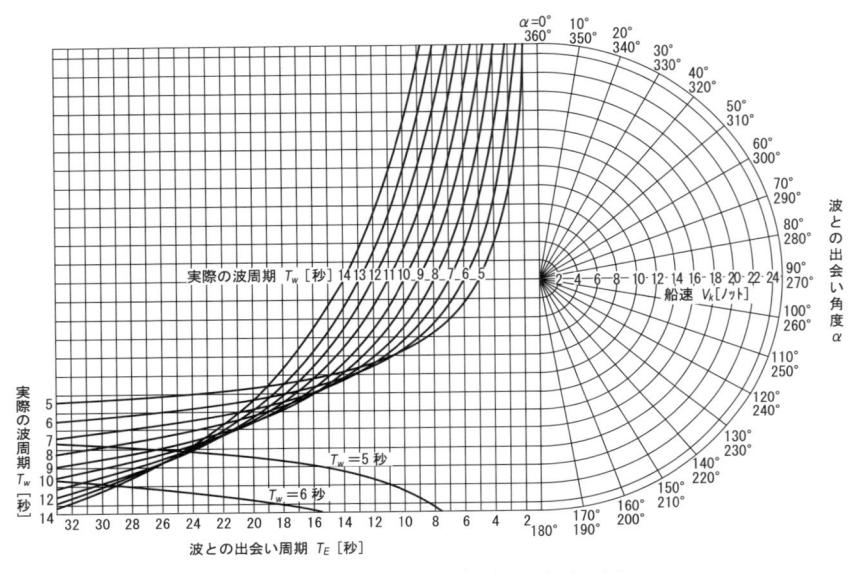

図8.3 実際の波周期を算出するための図

長さ L_{pp}，波との出会い角度 α から求めた点が，同図の危険範囲内にあるときは，それらを回避するために減速や変針をしなければならない。なお T_w は図8.3を用いて求めることができる。

【例題8.1】
長さ (L_{pp}) 110 m の A 丸において，右正横後 80°（α）から追い波を受けて 14 ノット（V_k）で航行中，波との出会い周期（T_E）を計測したところ 26 秒であった。実際の波周期（T_w）はいくらか。
〔解答〕
図8.4に示すように点 a に最も近い曲線を求めると，実際の波周期 T_w は 6 秒と読み取れる。

【例題8.2】
前問の状態で航行している場合，出会い群波現象や波乗り状態に陥る危険な状態になっていないか判定せよ。
〔解答〕
図8.5に示すように点 b 及び点 c を求めると，いずれも危険範囲外であることがわかる。

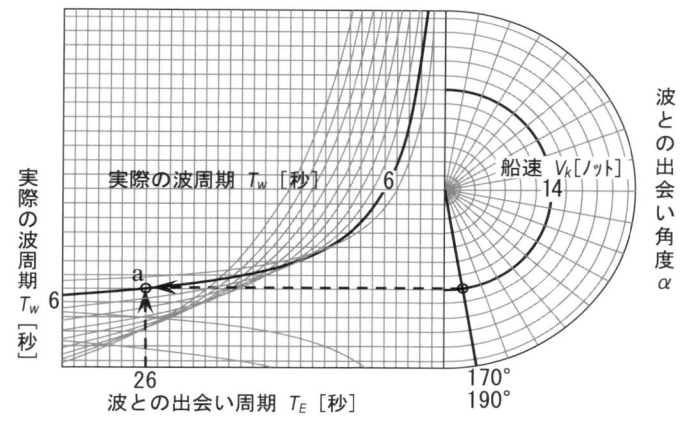

図8.4　例題8.1における波周期の算出

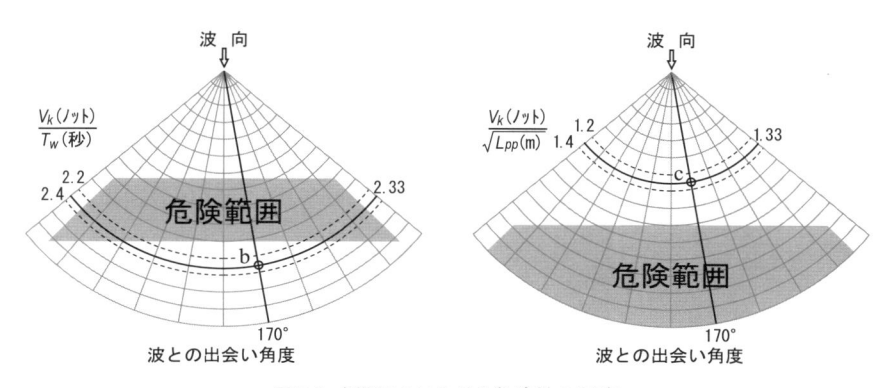

図8.5　例題8.2における危険性の判定

(3) 荒天航行中の操舵上の注意事項

　　原則として小舵角で小刻みに操舵しなければならない。

　1) 保針するための操舵

　　　荒天航行中は波による回頭作用が働くため、船は大きく船首揺れ（ヨーイング）する。これを抑えるように操舵するが、その際に大舵角をとると、波の影響が加わった場合、たとえ当て舵をとっても、一時的に操船の自由を失うことがある。そのような状況に陥らないためには、小舵角での保針に努める。

2）変針するための操舵

　船は転舵して旋回し始めると外方に傾斜する。そのときの傾斜角は，船の速力が速く大舵角ほど大きくなるため，横揺れの激しい荒天中では転覆することがある。このため小舵角で小刻みに変針するのがよい。減速して変針すれば，大きな横波を受けない限り大舵角もとれる。

　他の方法として，回頭するときの動揺を緩和するため，小型船では船尾からロープを流して回頭することがある。

(4) 荒天中におけるプロペラの空転（レーシング）

　航行中，スクリュープロペラが水面上に出て空回りすることをレーシング（racing）という。

1）レーシングに伴う事故

　機関の負荷変動が激しいので，主機関の回転数が急に上昇し，特に危険回転数付近になると異常な振動を起こして，機関のみならず船体もその振動で破損することがある。レーシングの繰り返しはプロペラ軸受が熱を持ち機関故障の原因となる。レーシングに対しては，タービン機関は強く，ディーゼル機関は弱い。ディーゼル船においては主機が過回転になった場合自動停止し，船体の制御が不可能となる。

2）レーシングの軽減方法

　a. 減速するか波浪を斜め船首から受けるように変針をし，縦揺れの軽減に努める。

　b. 喫水を深くする。

　c. 縦揺れの激しいときを捉え，船橋から機関室にその都度連絡して回転数の調整をするか，機関室において回転数の変動に注意し，過回転にならないよう調節する。

8.1.3　荒天航行が困難になったときの処置

(1) 操船上の処置

　荒天に遭遇し，続航が困難か機関又は操舵機の故障で航行できなくなったときは，船の保安上あるいは圧流防止の点から次のような処置を

とる。
1) 船首を風浪に立ててその場に留まる方法

これには舵が効く程度に前進力を持ち，自力で船首斜め 20～30°に風浪を受けるように操船する方法と，シーアンカー又は錨鎖などを船首から出して，その抵抗力で船首を風浪に立てる方法がある。前者を「ちちゅう」（ヒーブ・ツー，heave to），後者を「漂ちゅう」（ライ・ツー，lie to）という。

「ちちゅう」は一般に大型船で行われ，シーアンカーによる「漂ちゅう」は漁船のような小型船に有効であるが，総トン数 500 トン以上の船ではもはや効果が薄い。

漁船では操業中に「漂ちゅう」又は「ちちゅう」するとき，船尾マストにスパンカーといわれる帆を揚げ，船首を風上に立てる方法をとる例があり，有効である。

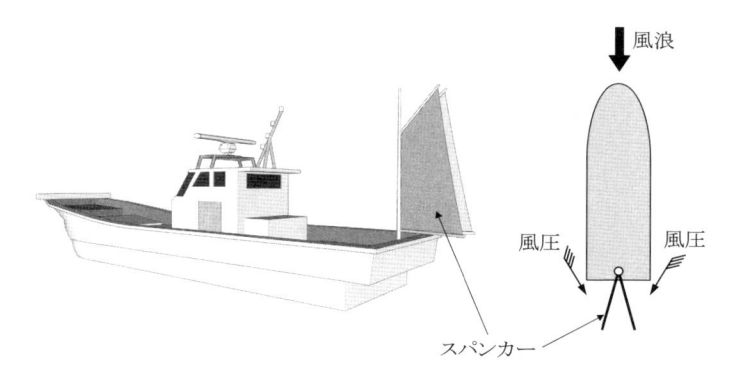

図8.6　船尾スパンカーの利用

2) 主機関を止め無抵抗で漂流する方法

この方法をとるには，海水の打ち込みが少ない比較的乾舷の高い船で，開口部の水密が確実であり，横風・横波に対して十分な復原性能を有する必要がある。さらに風下側に島や障害物などがなく広い海域が確保されていなければ実施すべきではない。

機関が使用できる状態であれば，「ちちゅう」するか，低速で動揺を抑えながら航行するのが良策である。

(2) シーアンカーと散油の効果
　1) シーアンカー（海錨，sea anchor）
　　　荒天で航行の自由を失ったときに，横波を受けて転覆しないよう船首を風浪に立てるために，船首から流す抵抗物のことで，「海錨」又は「たらせ」「たらし」ともいわれる。
　　　従来，これには凧形やキャンバス製円錐形（conical canvas bag），さらには船内にある漁具等を利用して応急的に作製したものも使われていたが，現在では保管や取り扱いの容易さからパラシュート形が一般に普及している。
　　　効果は小型船に限られ，総トン数200トン未満の漁船並びに救命艇及び救命いかだには備え付けが義務付けられている。

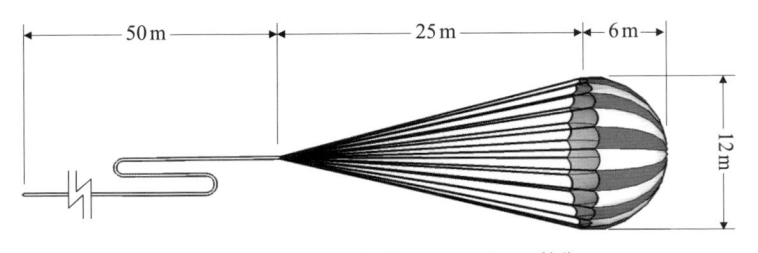

図8.7　パラシュート形シーアンカー（例）

　2) 鎮波のための散油
　　　荒天のとき，船の周辺に油を流し，その表面張力により，しぶきとなって飛び散る砕波を抑えるもので，波やうねりそのものを鎮めることはできない。
　　　この油は粘性があり海水と結合しない鯨油など動物性油が適しており，次に植物性油，鉱物性油の順に良い。
　　　散油要領は油袋に小孔をあけて舷外に吊すか，波浪のため打ち揚げられるときは排水管を利用する。風浪を船首に受けるとき，及び順走のときは船首両舷から，風浪を正横に受けるときは風上舷前部又は中央部に，暴風の中心に入ったときは船の全周において，10～15mの間隔で油を流す。余裕がなければ甲板上に流す。
　　　もしシーアンカーを使用するときは，その曳索の途中に油袋を取

り付けて流す。

　なお，船舶からの油の排出の規制については，船舶の安全を確保し，又は人命を救助するための油の排出は，適用が除外される（海洋汚染等及び海上災害の防止に関する法律第4条）。
　　注）　順走（scudding）：風浪を斜め船尾に受けて航走すること。

8.1.4　台風圏内における本船位置の判断と避航法

（1）気象変化からみた自船位置の推定
　　次のような気象状況の変化から自船の位置を推定することができる。
　1）北半球では，風向が右回り（時計回り）に変化すれば台風の右半円に，左回り（反時計回り）に変化すれば左半円に，風向が変わらなければ，自船は台風の眼の進路上にいる。

　　　これは，以下の理由によるものである。北半球では風は等圧線に対してある傾角をもって台風の眼に吹き込むので，台風が進むにつれ台風圏内の自船の相対位置は，図8.8の1→2→3又はa→b→cと変わる。この時の風向の移り変わりを見れば，右半円では右に回り，左半円では左に回ることがわかる。そして台風の眼の進路上ならば風力の強弱はあっても風向は変わらない。

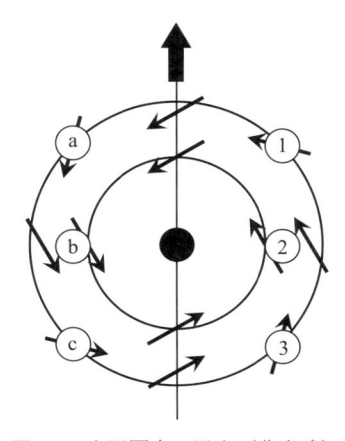

図8.8　台風圏内の風向（北半球）

2) 気圧が下がり風雨が強くなれば自船は台風の前面に，反対のときは後面に位置する。さらに気圧が最も下がり，風雨もなく晴れ間が見えるようであれば台風の中心（台風の眼）とみる。

以上より，台風圏を軸線に対し図 8.9 のように分けると，気象状況の変化から，自船がどの範囲に位置しているかがわかる。

  第 1 象限：風向は右転し
  第 2 象限：風向は左転し
   気圧が下がり，風雨がますます強くなる。
  第 3 象限：風向は左転し
  第 4 象限：風向は右転し
   気圧が上がり，風雨が次第に弱まる。
  軸線上：風向はほぼ一定で，気圧が下がり風雨が強くなれば台風が近づいてくる。この逆であれば台風は遠ざかる。
  台風の眼：気圧は最低値を示し，風雨はなく晴れ間が見え，海面には三角波が立つ。

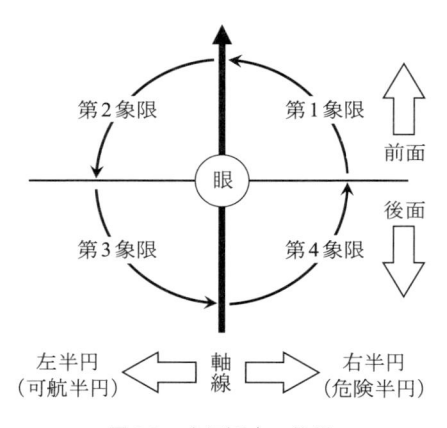

図8.9　台風圏内の位置

(2) 危険半円と可航半円

 北半球では台風圏内の右半円は左半円に比べ風が強い。これは，地上

付近では台風の中心に向かい反時計回りに強い風が吹き込んでおり，右半円では，この台風自身の風に台風を移動させる一般流が加わるため一層風が強くなり，左半円では両者の差となるため幾分か弱くなるからである。また右半円の前面の風は，船を台風の進路上に向かわせる方向に働くが，左半円は，船を圏外に出す方向に働く。このため，避航困難な右半円を「危険半円」といい，風波が比較的弱く避航し易い左半円を「可航半円」という。またバイス・バロットの法則は低気圧の方向を判別するのに役立つ。

注）バイス・バロットの法則：風は，地球自転の偏向力のため，等圧線に対して直角には吹かず，ある傾角をもって気圧の低い方へ吹き込む。北半球では，観測者が風に背を向けて立つと，低気圧は左手約 20〜30° 前方にある。

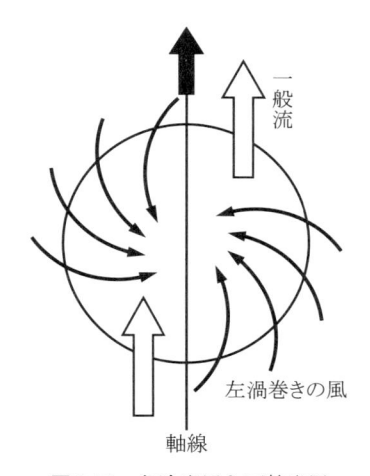

図8.10　危険半円と可航半円

(3) 避航の大要

　　全速で台風圏外に出ることが望ましいが，台風の接近が早いときは次の方法をとる。

1) 右半円前面にあって左半円に移れると確信したとき，あるいは台風の進路上にあるとみたときは，右船尾に風浪を受けて順走する。
2) 左半円にあるときも右船尾に風浪を受けて順走する。
3) 右半円で圏外に避航できる可能性があれば，右船首 2〜3 点に風浪

を受けて避航する。
4）台風の中心か中心に近いときは，ちちゅう（heave to）して時機を待つのがよい。

8.1.5　避難港の選定と避難入港するときの注意

（1）避難港としての条件
1）低気圧の進路上にないこと。
2）周囲の地勢が強風や波浪に対して十分遮蔽されていること。
3）港内が広く水深が適当で底質が良く，錨かきが良いこと。
4）出入港が容易で，航路筋に危険な障害物がないこと。
5）現在位置から近距離にあって目的港寄りであること。

（2）避難入港するときの注意事項
1）避難時機は天侯が悪化しないうちに決める。
2）多少遠距離であっても最も良いと判断した避難港を選ぶ。
3）入港するときは付近海面の水中障害物の有無に注意し，遠回りになっても安全と思われる進路を選んで入港する。
4）あまり密集した停泊船溜りでは，接触したりしてかえって危険なことがあるから，錨地を決めるにあたっては，第1案，第2案も用意して入港する。

8.2　狭水道，狭視界，空船等の航行

8.2.1　狭水道航行

　一般に狭水道は，可航幅が狭く地形も複雑で潮流も速い。関門海峡，鳴門海峡，来島海峡，浦賀水道のようなところをいう。

（1）狭水道航行上の一般的注意事項
1）航行水域の状況の把握：狭水道の地形，水深，浅瀬，潮流，航行障害物，航路標識，船舶交通の状況，特定航法等について入念に調査する。
2）安全面から見た適切な通峡時期の選定：夜間や狭視界時，強潮流時

の通峡は避け，なるべく視界の良好な日中の憩流時に通峡する。屈曲の多い水道は逆潮時に，屈曲の少ない水道は順潮時に通峡する。暗礁や浅瀬の多い水域の通峡は視認し易い低潮時を選ぶ。

3) 詳細な航行計画の立案：調査結果に基づき航行計画を立てる。その際，海図上にはコースラインに加え，向針目標や避険線のほか，進入不可能海域（No Go Area），計画中断地点（Abort Position），操舵開始地点（Wheel Over Position），錨要員等の呼出し地点（Crew Call Out Point）等，必要情報も記入する。

4) BRMの実施による安全体制の確立：立案した航行計画は関係乗組員全員に周知し，BRM（Bridge Resource Management）の実施による全船的な航行の安全体制を整える。

5) 厳重な見張りと船位確認の励行：目視観測の他，レーダー・ARPAやECDIS，AIS，音響測深機等の航行援助装置を活用し，自船の船位及び他船の航行状況の把握に努める。

6) 操船上の安全の確保：自船の操縦性能や海域並びに周囲の船舶の状況，操船に及ぼす外力の影響，浅水影響や側壁影響，2船間の相互作用等を十分に勘案し，安全第一の操船を行う。

7) 緊急時に備えた準備：緊急時に備え，機関用意，投錨用意とする。

(2) 航行計画（passage plan）策定に当たり考慮すべき事項

1) 特定航法が定められていれば，それに従う。
2) 推薦航路があればそれに従うか，水道の形状に一致するよう右側航行する進路とする。
3) 潮流の強い狭水路では水路の中央を航行する。
4) その他，次の条件を満足させる進路がよい。
  a. 水深が十分で水道内を見通せること。
  b. 一時に大舵角変針をとる必要がないこと。
  c. 操舵目標として顕著な物標があり，避険線も簡単に設定できること。
5) 向針目標や避険線に加え，航行の安全確保に必要な以下の項目についても検討し，海図上に記入すること。
  a. 進入不可能海域（No Go Area）：周辺で船舶の侵入できない海域。

  b．計画中断地点（Abort Position）：地形や水深等の航行環境を考慮した結果，それより先は針路変更，引き返しなどの航行の中断が困難となる地点．
  c．操舵開始地点（Wheel Over Position）：新針路距離や自船の操縦性能を考慮した転舵地点．
  d．錨要員等の呼出し地点（Crew Call Out Point）：航海保安要員，錨要員等の呼出しやパイロットラダーの準備地点などの情報．
  e．非常事態時の計画（Contingency, Contingency Plan）：非常時に当直航海士が即座に対処できるよう設定した避難錨地や経路等．
 6）他船の動静等により，予定したコースラインに沿って航行できない場合や，緊急時に安全な水域に移動する場合に備え，補助的なコースラインも設定しておく．

(3) 狭水道通過時における操船上の注意事項
 1）安全な速力の維持：舵効を維持でき，かつ浅水影響や側壁影響，航走波が付近船舶に及ぼす影響，その他の航行の安全に関する事項を考慮し，過大とならない安全な速力とする．
 2）小刻みな変針：大角度の変針は避け，小刻みに変針し緩やかな曲線状の進路とする．
 3）右側航行：航法上特別な規定がある場合を除き，水道の中央より右側を航行する進路とする．
 4）追い越しの自粛：他船に不必要に接近することは慎み，水域に十分な余裕がある場合以外は，追い越しは避ける．
 5）外力等の影響に対する注意：風潮流等の外力影響を加味した針路をとり，浅水影響による舵効の低下や側壁影響による回頭作用を考慮した操船をする．
 6）機関の使用：操舵のみで回頭が困難な場合は機関を併用する．
 7）投錨による危険の回避：危険な状況に陥りそうな場合は，投錨し安全を確保する．

8.2.2　河川航行

（1）河川航行上の注意事項
　　1）河川の水深，浅洲の広がり，航路標識の位置は変化し易いから海図を過信してはならない。このため河口に入るには潮時を考え，満潮の末期で水面が平穏なときがよい。
　　2）河川の水深は一般に浅く，船の喫水も海水の場合よりも増えるので，トリムをつけず，水深，水流の強弱に注意しながら速力を調整する。特に浅水を高速で走るとトリム変化を起こして底触のおそれがあり，舵効きも悪くなり，浅瀬，川底の起伏のはなはだしいところでは反発，吸引のため回頭作用を生じて乗揚げの危険も生じる。
　　3）機関用意，投錨用意，測深用意をし，回頭時のアンカーの使用，機関の使用を躊躇してはならない。
　　4）屈曲部では行会い船に注意する。
　　5）水路の右側を通航し，追越しはできるだけ避け，行会い船があるときは上流へ向かう船が下流へ下る船を避けるか，その通過を待って航行する。

（2）操船上の注意事項
　　　河川や狭水道における流れは，水路にほぼ平行であり中央部は強く両側の岸に近づくほど弱くなる。また湾曲部では，内側よりも外側の方が流速は著しく速い。
　　1）順流時における注意
　　　　速力の制御が難しく，舵の反応も遅れるため保針には十分な注意を要する。湾曲部においては，船尾が流れに押されて船首が内側へ回頭する傾向があるため，水道のほぼ中央又は若干外側寄りの進路をとり，湾曲に沿って少しずつ変針し，大舵角はとらない。
　　2）逆流時における注意
　　　　保針や旋回のための十分かつ安全な速力で航行し，特定航法が定められている場合は，その速力を維持すること。
　　　　湾曲部においては，船首は流れに押されて外側へ回頭する傾向があるため，これを防ぐよう当て舵をとりつつ，常に水道の中央を航行するよう，湾曲に沿って少しずつ変針する。

(3) 流れを利用した回頭法
　1) 下流へ向かって航行中に，上流に向けて回頭する場合
　　　減速して流れの速い水域から遅い水域へ向かうように回頭する。また，流れを横から受ける状況になったとき上流舷のアンカーを投下すると，船首の下流への移動が抑えられ，船尾が流れに押されることにより回頭できる。
　2) 上流へ向かって航行中に，下流に向けて回頭する場合
　　　減速して流れの遅い水域から速い水域へ向かうように回頭する。
(4) 狭い河川等で真っ直ぐに後退させる方法
　　狭い河川や流れのある狭水道等で相当長い距離にわたって後退する場合，舵とプロペラの作用を利用して後進する通常の操船法では困難である。
　　このようなときはアンカーを外した錨鎖1～2節を船首から伸ばし，これを引きずりながら後退すれば操船が容易である。しかし水路の屈曲具合や両岸の停泊船のアンカーの投入方向に注意しなければならない。

8.2.3　狭視界航行

狭視界航行時は，レーダーやその他の航行援助装置の作動とその適切な使用は当然のことであるが，それらを過信することなく，以下の基本事項に留意し，航行の安全を確保しなければならない。

(1) 夜間航行上の注意事項
　1) 目視による見張りを強化し，無灯火の船舶や暗岩，その他の障害物の早期発見に努める。
　2) 視認した灯火は，その性質を臆断することなく動静に注意しなければならない。
　3) 自船の灯火の点灯状態に注意を払うとともに，不要な照明や船内照明の漏れがないようにする。
　4) 信号を発する場合は，音響信号のみならず，探照灯や昼間信号灯による灯火も効果的に使用する。
　5) 見張りの妨げにならないよう，船橋内の機器類の照明は最低限の明るさに調整する。

6）視力が暗順応するには時間がかかるため，当直者はチャートワークにかかる時間を短くし，できるだけその回数を減らす。
　　7）灯火を視認した場合，明るい灯火は近距離に，暗い灯火は遠方にあるものと錯覚することがある。したがってレーダーにより正確な距離の把握に努めなければならない。
（2）霧中航行上の注意事項
　　1）海上衝突予防法に定める「視界制限状態における航法」を遵守して航行するとともに，同法に従い霧中信号を吹鳴しなければならない。
　　2）速力は，緊急時に速やかに停止できる程度であること。
　　3）見張り員を増員し，目視による厳重な見張りを行う。
　　4）機関用意及び投錨用意とし，乗揚げを防止するため必要な場合には連続して測深する。
　　5）複数の手段を用いて，正確な船位の把握に努めること。
　　6）船橋の扉は開放し，他船の霧中信号や機関の音等の外部の音に対して聴覚による見張りも強化する必要がある。
　　7）昼夜の別なく航海灯を表示し，他船により視認され易い状態にする。
（3）陸上の霧信号に対する注意事項
　　　音の経験的現象から海上では温度や風速の分布が一様でないため，音の伝播方向が湾曲したり遮断されたり，また障害物や風向のいかんにかかわらず無音帯がある。この現象は天気の良い無風のときに著しいので，平穏な霧中では次の注意が必要である。
　　1）音の強弱で信号所からの距離を臆断してはならない。
　　2）聞こえないからといって信号所から聴取距離外にあると考えてはならないし，信号機の故障もあり発動していないことがあるから注意する。
　　3）音の方向は1，2回の聴取で断定することなく，船を停止させてから音源の方向を探知する。

8.2.4　軽喫水航海

(1) 軽喫水航行が危険である理由
　　1) 受風面積が増大することによる影響
　　　　a. 風圧による傾斜モーメントが増加するため，復原性能の低下を招く。
　　　　b. 風圧による回頭モーメントが増加するため，保針が困難となる。
　　　　c. 風圧力が増加するため，風圧差（lee way）が増す。
　　　　d. 風圧抵抗の増加により船速が低下するため，操縦性が低下する。
　　2) 浅喫水による影響
　　　　a. 空船航海では船尾トリムが大きくなるため，荒天中はスラミングの発生を誘発させる。
　　　　b. プロペラの上部が水面上に露出するため，推進効率が低下する。荒天中では，プロペラの空転（racing）を起こし，機関故障の原因になる。
　　　　c. 舵の上部が水面上に露出するため，舵効きが悪くなる。
　　3) ボトムヘビーの影響
　　　　　一般的に空船状態では重心位置は低く，GM が大きいため横揺れ周期が短くなり，荷崩れを誘発するとともに乗り心地も悪くなる。
(2) 軽喫水航行にあたり出港前に注意すべき事項
　　1) 荒天が予想される水域の航行は避けるか，荒天のおそれのあるときは出港を見合わす。
　　2) 喫水を深くするため，バラストを積載する。バラストタンクへの積載のみでは十分な喫水が確保できない場合は，貨物倉にも積載する。
　　3) 船内の移動物を確実に固縛するなど，荒天準備を整える。
(3) 軽喫水航行に必要な喫水等の最小値
　　　軽喫水航行に必要な船体コンディションは，船型，船種，航行水域によって異なるが，次の値を限度の目安とする。全航海を通じて，少なくとも下記の状態を確保できるよう，航海中の燃料や清水の消費を考慮して出港時のコンディションを決める必要がある。

1）排水量：〔夏季〕夏期満載排水量の 50 ％
〔冬季〕夏期満載排水量の 53 ％
2）平均喫水：等喫水になったとき，水面がプロペラボスの上縁に接する程度。
3）トリム：船尾トリムとし，その大きさは船の長さの 2.0 ％以下。在来の一般貨物船では 1 ％程度が適当なトリムである。

(4) 船倉への注水法（圧倉法）

バラストタンクのみでは十分な量のバラストが確保できない等，やむなく船倉に海水を漲る場合は，以下の点に注意する。

1）船倉への注水により浮遊するものは撤去して甲板上に上げ，適当な場所に格納する。
2）倉内の塵や錆がビルジ管を塞ぎ，排水の妨げとならないよう，注水前に倉内の清掃を完全に行う。
3）船の復原性に関し，自由水影響をできるだけ軽減するよう措置を講ずること。

8.2.5 礁海域航行

さんご礁（coral reef）は平均水温 25〜35 ℃の，流れの強い澄んだ海水の熱帯水域で，しかも日光の届く浅い所に発育する。

(1) 多礁海域の特徴

南洋の諸島やオーストラリア北東岸付近のように，さんご礁が多く存在する多礁海域は，一般的に以下の特徴がある。

1）測量不足の箇所や測量漏れの浅瀬が点在しており，海図等の水路図誌記載の水深や精度が実際と異なる場合がある。
2）島嶼の標高が低く遠方から視認できる顕著な目標が少ない。また，航路標識も十分には整備されていない。
3）予期しない激しいスコールにより，視界が制限される。
4）海潮流が複雑で，強い場所が存在する。外洋から礁湖内に入るときは，入口付近で強い潮流により流されたり，船尾から外洋のうねりを受けて船首揺れが大きくなり，保針の難しい状態で航行しなければならない場合が多い。

(2) さんご礁に対する見張り

　　さんご礁は日光の届く浅い海で発育するから，高所から見張れば，浅礁の存在や水深は，周囲との水の色の違いで発見することができる。しかし，底質，太陽光線の反射具合で一様ではない。特に雲が海面に映っているとき，さざ波があるときは，水の色による深度の識別は困難である。

　　高度の低い太陽を前方に見て進むときは，さんご礁を発見することは難しいが，太陽を背にして高い所から水の色を見ると，深い所は紫藍色，次に青緑色，浅くなるにしたがい，黄色味に淡褐色が混じるようになる。

(3) 操船上の注意

　　多礁海域の特徴を十分加味し，航行に当たっては下記について注意しなければならない。

1) さんご礁からできるだけ離した航路をとる。
2) 音響測深機による連続した水深の計測を行うとともに，高所からの目視による見張りも行い，浅瀬の存在を警戒する。
3) レーダーや ECDIS 等の航行援助装置を活用し，船位確認に努める。
4) パイロットサービスのある水域では，嚮導を依頼する。
5) あらかじめ投錨用意，機関用意をして危急に備える。

第9章
保安応急処置

9.1 防火

9.1.1 船舶火災の特殊性

1）陸上から隔絶しているため，他からの援助を受けにくく自力で消火する必要がある。その場合の消火作業においても陸上の消防士ほどの熟練度を求めることができない。
2）船舶の浮力及び復原力を保持するために，消火剤としての海水を無制限に注水し続けることができない。
3）以下のように消火の妨げとなる条件が多い。
    a. 船体の鋼材は熱伝導性が高い。
    b. 船内には可燃性材料が多く使用されている。
    c. 積荷火災の場合，多量の可燃物を除去することは困難である。
    d. 船体構造が複雑である。
4）火災の規模や消火の効果を把握しつつ，消火の見込みが立たない場合の退船時期を見極めながら消火活動を行わなければならず，人命に対する危険性が極めて高い。

9.1.2 船内の防火対策

（1）発火源の管理

火災防止のため，発火源の管理を完全に行うとともに，船内巡視を励行し十分な安全対策を講じなければならない。発火源としては以下のものがある。

1) 裸火と高熱表面：喫煙やマッチ及びライターの火気，ギャレーストーブの火気，パントリーの電熱器，加熱した軸受の高熱部，機関室内の高熱蒸気管や内燃機排気管の露出部分，煙突の火の粉，他船の火気
2) 金属の摩擦・衝撃による火花：工具による火花，金属の落下等による衝撃火花，金属間の摩擦による火花
3) 自然発火：油の浸みたウエスなどの自然発熱による熱の蓄積や酸化熱等
4) 自動燃焼：発火点以上に加熱された場合の燃焼
5) 電気火花：電気設備による火花，迷走電流に起因する火花，無線通信による火花，落雷，静電気の放電による火花

(2) 船内の消防体制

　船舶において火災が発生した場合には，あらかじめ定められた非常配置表に従い消火作業を行う。また，船員法の定めるところにより定期的に操練を実施して，施設及び用具の操作・点検，指揮命令系統及び各人

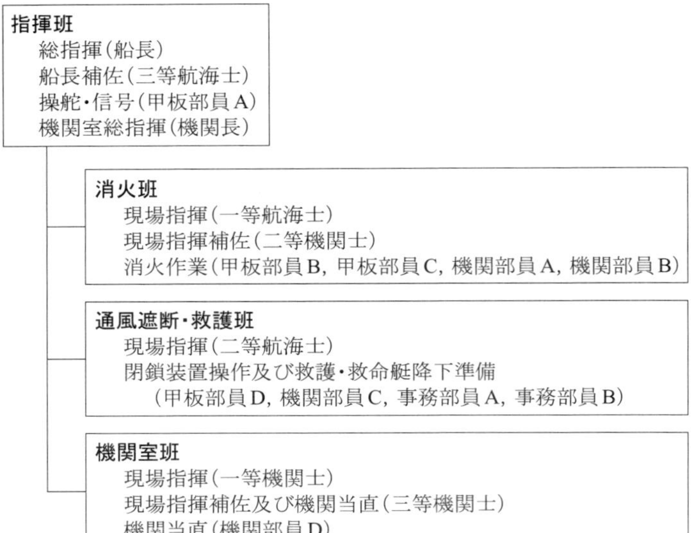

```
指揮班
    総指揮(船長)
    船長補佐(三等航海士)
    操舵・信号(甲板部員A)
    機関室総指揮(機関長)

    消火班
        現場指揮(一等航海士)
        現場指揮補佐(二等機関士)
        消火作業(甲板部員B, 甲板部員C, 機関部員A, 機関部員B)

    通風遮断・救護班
        現場指揮(二等航海士)
        閉鎖装置操作及び救護・救命艇降下準備
            (甲板部員D, 機関部員C, 事務部員A, 事務部員B)

    機関室班
        現場指揮(一等機関士)
        現場指揮補佐及び機関当直(三等機関士)
        機関当直(機関部員D)
```

図9.1　防火部署配置例

の役割の確認を行い，さらに作業の習熟と技能の向上に努めなければならない。図 9.1 に防火部署配置の一例を示す。

注）「船員法第 14 条の 3 及び同施行規則第 3 条の 3」参照

（3）火災制御図の備え付け

火災制御図（fire control plan）は，船舶において火災が発生した場合に消火作業を行う船舶職員の手引きとするため，「船舶の防火構造の基準を定める告示第 47 条」に定める事項を明示したものである。甲板ごとに，制御場所，A 級又は B 級仕切りで囲まれた場所，消防設備や通風装置，区画室等への出入設備の詳細，非常脱出用呼吸器の配置等について記載されている。

火災制御図は，船内の適当な場所に恒久的に掲示しなければならず，また，ターミナルやバース着桟中に陸上の消防要員の助けとするために，甲板室の外部の明瞭に表示した風雨密の入れ物に恒久的に格納しておかなければならない。

注）「船舶防火構造規則第 57 条」参照

9.1.3 火災が発生したときの一般的な処置

1）直ちに初期消火を行い，火災発生を船内に知らせると共に，乗組員は防火部署の発令に備える。そして乗組員総員による対応が必要と判断される場合は，防火部署を発令し，本格消火に移る。
2）信号を発し付近船舶に火災の発生を知らせ，会社及び海上保安機関等の関係方面にも通報する。自船の消火活動のみでは消火が困難と判断した場合は，最寄りの海上保安機関等に，救援を要請する。
3）注水量が多量になると，浮力の減少に加え船体も傾斜し，場合によっては転覆のおそれもあるため，排水も同時に行う。
4）消火の見込みがなく，これ以上の在船は危険であると判断した場合は，「総員退船」を発令する。なお退船時に可能であれば，以下の処置を施す。
    a. ファイヤワイヤ又は係留索を水面まで下げる。
    b. ジャコブスラダー又はネットを両舷側につり下げる。
    c. 舵は中央にしておく。

d. 開口部は全て閉鎖する。
　　e. 夜間の視認を容易にするため照明を点灯し，発電機は運転したままとする。

9.1.4　消火作業

　消火作業は，単に火を消すだけではなく，人命の安全確保，延焼の防止，換気・排煙作業，鎮火の確認と再発防止，被害状況の調査を含む一連の作業をいい，全てを通して作業に従事する者の安全が図られなければならない。

1) 初期消火
　　火災発見者は，至近にある持運び式消火器等により初期消火に努めると共に，火災発生を船内に知らせる。

2) 防火部署の発令
　　初期消火が成功しなかった場合，防火部署を発令し本格消火に移る。

3) 人命救助及び本格消火
　　a. 火災現場その他危険区域に取り残された生存者の救助を最優先で行う。
　　b. 火災現場を局限するため，下記の要領で火勢の拡大及び延焼防止に努める。
　　　・居住区域，業務区域の火災：開口部の閉鎖，換気装置の停止及び閉鎖，火災場所周辺の冷却，可燃物の移動
　　　・貨物区域の火災：火災場所周辺の冷却及び遮蔽
　　　・機関区域の火災：火災場所周辺の冷却，高温ガス及び煙の排出
　　c. 感電防止のため，火災現場に通じる電路を遮断する。
　　d. 可燃物の種類，火災場所，燃焼面積，装備されている消火装置及び消火剤から判断して，適切な方法を選び消火する。なお，航行中の場合は，風による火勢の増大を防止するため減速し，火災現場が風下舷になるように操船する。

4) 鎮火の確認と事後処理
　　a. 火勢が衰え，鎮火したと判断される場合は，火災区画の十分な温度低下を待ち，排煙及び通風換気を行い現場の安全性が確認された後，鎮火確認，火元探索及び被害状況の調査を行う。

b. くすぶっている可燃物は完全に消火する等，適切に処理し，再発火を防止する。

9.2　衝突・浸水時の応急処置
9.2.1　衝突事故後の処置

　他の船舶と衝突した場合，互いに人命と船体の救助に必要な手段を尽くさなければならず，一般的には以下の処置を施す。

1）船橋における初期対応
　　a. 事故の発生を，船内へ周知する。
　　b. 状況が許す限り機関を停止する。
　　c. 安全通信又は緊急通信を発信する。
　　d. 夜間等必要な場合は，甲板上の照明を点灯する。
2）状況把握と応急処置
　　a. 本船の損傷箇所及び損傷程度を調査し，損害の拡大防止に努める。
　　b. 浸水，油流出，火災発生の有無を調査し，損害の拡大防止に努める。
3）相手船との情報交換
　　相手船へ本船情報（船名，船主名，船籍，仕出港，仕向港）を通知するとともに，相手船情報についても収集する。
4）会社等への報告
　　事故の発生及び状況等について会社へ報告し指示に従うと共に，海上保安機関等の関係機関にも通報する。
5）事故状況の記録と保管
　　衝突前及び衝突時の本船の状況及び対処行動，相手船の状況，周囲の状況，人命救助の有無等を記録し，証拠となる諸記録を保管する。
6）緊急事態の判断と処置
　　損傷程度や損傷箇所から見て，急迫した危険があると判断される場合は，総員退船部署の発令及び救助要請を行う。
7）相手船に対する処置
　　a. 相手船の衝突前の行動，損害状況を把握し，救助の必要性がある場合は対処する。

b. 相手船に対し現認書を差し出し，船長の署名を取り付ける。相手船から現認書に署名を求められた場合は，社内規定に従い対処する。

9.2.2　衝突直後における操船上の処置

1) 相手船の船側に自船の船首が衝突したときは，すぐに機関を停止し，後進をかけずに自船船首を押しつけた状態を維持する。必要があれば少し前進行き足をつけて離れないように操船する。この時浸水防止策をとらないまま後進をかけると，船尾が振れて破口を大きくするだけでなく，破口から浸水して沈没の危険がある。
2) 両船とも沈没のおそれがない場合は，損傷が拡大しないように係留索で互いの姿勢を保持し，浸水区画の防水・排水作業にかかる。もし沈没の危険がある場合は，遭難信号を発し，安全な船の方へ乗船者を移すなど，人命の救出に全力を尽くす。
3) 沿岸航行中に衝突して沈没のおそれがあるときは，浅瀬又は海岸まで超微速で航行して座礁させる。

9.2.3　浸水に対する処置

(1) 浸水量の推定

　一定の時間における浸水量は，破口の大きさが大きいほど，そして破口が水面から深い位置にあるほど多い。

　水面下 h_a (m) に面積 A (m^2) の破口が生じたとき，1秒間の浸水量 Q (m^3/s) は，次式で求まる。

$$Q = C \cdot A \sqrt{2gh_a} \quad (\text{m}^3/\text{s}) \tag{9.1}$$

C は流量係数で，破口の形状等により決まる値であるが，$C = 0.6$ とすると，1分間の浸水量は，

$$Q \fallingdotseq 159 A \sqrt{h_a} \quad (\text{m}^3/\text{min}) \tag{9.2}$$

となる。

(2) 浸水区画の防水・排水作業

1）破口部に対する応急工作

　　人為的に防水可能な破口の大きさは，限度として喫水線下 1.5 m，破口径 20 cm 程度といわれている。したがって小破口に対しては，内部から毛布や古帆布を詰めて木栓を打つか，当て板をしてその周辺に木枠を作り排水した後，セメントを詰める。

2）防水マット（collision mat）の設置

　　防水マットとは，破口を船体外部からふさぎ浸水を防止するための四角形のマットであり，以下のような構造となっている。すなわち 2～5 m 平方の 1 号帆布を二重に合わせ，この内部にオーカムなどを詰め，片面にスパンヤーンを一面にふさ状に縫い付ける。周囲はボルトロープで補強し，マットの四隅に設けたアイに，マットを船体に取り付けるための上索，下索（一部チェーン），前索，後索の各ロープをつなぐ。上索には 50 cm 刻みの深度目盛を付け，船底を回し反対舷に導く下索には取扱いやすく重みでマットが破口に圧着するものを選ぶ。船体へ取り付ける場合は，スパンヤーンの面は船体側ではなく外向きになるようにする。

　注）　オーカム：麻綱等をほぐして麻くずのようにしたもの。

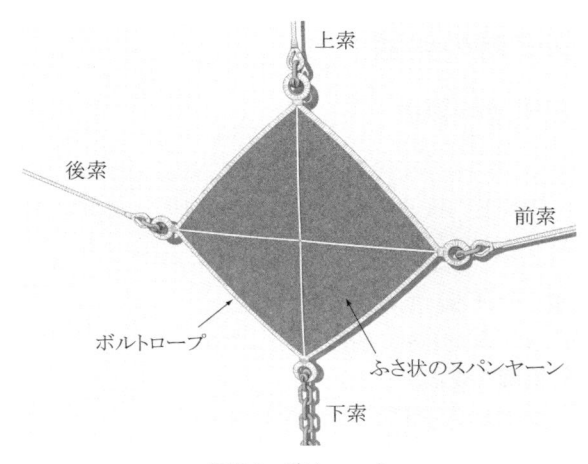

図 9.2　防水マット

3）水密扉の閉鎖と隔壁の補強

　　浸水範囲が隣接区画に及ぶのを防止するため水密扉を閉鎖し，両端隔壁の補強も行う。浸水した区画の隔壁に加わる水圧の中心は，底部から浸水した水位の 1/3 の高さの所にあるから，浸水すれば一区画全部に満水するものとみて，止水隔壁の高さの 1/3 の所を十分補強しなければならない。

4）浸水区画の排水

　　上記のとおり必要な浸水防止措置を施すと共に，ポンプにより浸水区画の排水を行う。

(3) 横傾斜及びトリム変化への対応

　　船内の一部区画に浸水した場合は，船体が傾斜するため，反対側のタンクに注水したり船内重量の移動により姿勢の立て直しを図る。この場合，注水による予備浮力の減少や自由水影響による GM の見かけの減少に注意し，さらには GM が不足している場合には，注水や重量移動に伴い反対側にさらに大きく傾斜することがあるので，その予測を誤らないよう注意して船体の姿勢を調整する。

　　注）自由水影響については 11.1.2(4) を，横傾斜修正時の注意点については 11.1.5(5) を参照

9.3　座礁時の処置

9.3.1　座礁後の処置

　座礁した場合は十分な状況把握を行い，船体損傷の拡大や油流出等の二次災害の防止，機関及び推進器の保護に万全を期し，必要に応じて離礁の措置をとらなければならない。

1）船橋における初期対応

　　a. 事故の発生を，船内へ周知する。
　　b. 機関を停止する。
　　c. 安全通信又は緊急通信を発信する。
　　d. 夜間等必要な場合は，甲板上の照明を点灯する。
　　e. 海上衝突予防法に定める灯火・形象物を表示する。

2）状況把握
    a. 海底との接触箇所及び範囲，本船姿勢等の座礁状況を把握する。
    b. 喫水，トリム，タンクコンディション，機関，舵及び推進器の状況を確認する。
    c. 本船及び積荷の損傷箇所及び損傷程度を調査する。
    d. 浸水及び油流出の有無を調査し，発生場所並びにその程度を把握する。
    e. 水深，底質，海底の起伏等の地理的状況や，潮汐，天候，風及び波浪等の環境条件を把握する。

3）応急処置
    a. 外板が損傷し浸水がある場合は，当該区画の防排水作業と隣接区画の補強を行い，浸水の拡大防止に努める。
    b. 復原力確保のため，浸水区画の排水，積荷や燃料及びバラストの移動，積荷やバラストの投棄等の措置を必要に応じて講じる。
    c. 船外への油流出がある場合，関係機関に速やかに連絡すると共に，流出油の拡散防止と引き続く流出の防止に努める。
    d. 自力離礁の可能性があると判断した場合は，その準備を行う。
    e. 波浪による動揺のため船体損傷が拡大するおそれがある場合は，適切な方法により船固めを行う。

4）会社等への報告
    事故の発生及び状況等について会社へ報告し指示に従うと共に，海上保安等の関係機関にも通報する。

5）事故状況の記録と保管
    a. 座礁直前までの本船位置，針路，機関の使用や測深状況等が把握できる諸記録を整理・保管する。
    b. 座礁後の対応，損傷状況等を記録し諸記録を保管する。

6）緊急事態の判断と処置
    損傷程度や損傷箇所，座礁状況から見て，急迫した危険があると判断される場合は，総員退船部署の発令及び救助要請を行う。

9.3.2 座礁直後の機関使用の危険性

座礁直後,安易に機関を後進にかけることは,次の理由により危険である。

1) 岩礁で船底に岩が食い込んでいるときは,破口を広げるおそれがある。
2) 座州場所が砂州である場合は,吸水口から砂泥を吸い込み機関の冷却器（condensor）を詰まらせ,機関故障の原因となる。
3) 1軸船ではスクリュープロペラの作用で船尾が振れ動き,船体全面が座州したり,岩礁では舵やプロペラを破損させるおそれがある。

9.3.3 離州方法

(1) 自力で離州する方法
  1) 離州の時機は満潮時又はその直前に行う。
  2) 船体の浸水・漏水個所はすべて応急修理を施しておく。
  3) 船体を軽くするためバラストを排水し,必要な場合は積荷を陸上げしたり他船へ移動するか投棄する。
  4) 事前に船体引き降ろし用の強力なアンカー及びケーブルを沖合に投入し張り合わせる。機関を後進全速にかけるとともに船尾方向に投じたアンカーを同時に巻く。このとき長時間連続して機関を使用すれば,砂泥を吸水口から吸い込み機関を故障させるから注意しなければならない。
  5) 離州を容易にするには,潮の干満差や強い潮流を利用して船尾を振り,遠方に投下した船固め錨鎖の緩みをとりながら少しずつ巻き込む。
  6) 干潮時,強力なポンプで船底部に堆積した土砂を洗い流し,離州し易くする。

(2) 救助船による引き降ろし
  1) 救助船が投錨できる海面の場合
      a. 救助船は引き降ろす方向のできるだけ沖合いに双錨泊し,乗揚げ船と救助船のそれぞれから沖に張り出した錨鎖を満潮時に巻き込み,同時に機関の後進推力と併用して離州を図る。
      b. 海岸に沿った強い潮流があるときは,救助船は乗揚げ船の沖合

いに単錨泊又は二錨泊して後退し，乗揚げ船から強力なホーサをとって転流時によく張り合わせておく。このようにすれば潮流が最盛期になると救助船を横に圧流するから，この力が両船を引き降ろす能力以外の力として加わり，引き降ろし易くなる。

2）救助船が投錨できない海面の場合

曳航して引き降ろそうとすると，救助船の船首が曳索の緊張ごとに振れ回って針路が安定せず，操船の自由を失い救助船も流されて乗り揚げることがある。

このため曳索を救助船の中央より船首寄りに係止し，前進力と操舵によって船首を風潮に立てるよう操船する。これは曳索が切断したときスクリュープロペラに絡む心配もなく，乗揚げ船を引き降ろした直後に起きる両船の衝突を避けることができる。

船首から曳索をとって後進で引くときは，船首端から右舷後方に曳索をとる。これは右回り1軸船のプロペラの作用による右回頭の傾向を抑えて操船がし易いからである。しかし，後進推力は前進推力よりも弱いので，事情の許す限り引き降ろす方向に船首を向けるべきである。

9.3.4 船固め方法

自力で離州できる見込みがないとき，あるいは離州できるにしても次の満潮時までの間，波浪のため現状以上に船体が押し揚げられないようにするための措置として，主錨，予備錨，中錨を適当な方向の位置に搬出して船を固定する。これを船固めという。アンカーの投入位置は，船体の海岸線に対する姿勢で異なる。

1）海岸線に直角に乗り揚げたときは，アンカーを船尾，風潮上，風潮下の順に入れる。
2）海岸線に平行に乗り揚げたときは，沖合い，陸岸の順に少なくとも4個のアンカーを入れて張り合わせる。
3）海岸線に沿った強潮流があるときは，船尾が振れ回らないようにまた船体が大きく傾かないように増し錨をする。

4) 陸岸に近いときは，陸上の固定物から維持索を張る。この場合，搬出したアンカーにはアンカーブイを付けて引揚げに便利なようにし，張り合わせた維持索には見張りを付けて緩まないように常時注意しなければならない。

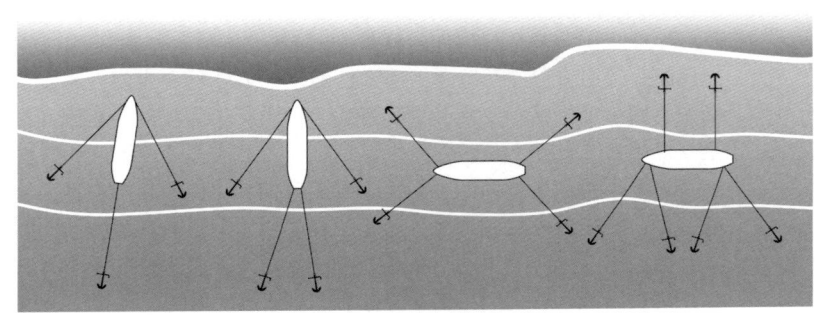

図9.3　船固めの方法

9.4　油流出時の処置

　船舶からの油流出の原因は，荷役作業等の通常の運航における機器の誤操作又は油の不適切な取り扱いによるものと，船舶の衝突や座礁といった海難事故に起因するものがある。いずれにおいても，一度海洋へ油が流出すると，多大な環境破壊を招くことになり，その社会的な損失は量り得ない。したがって海洋汚染等及び海上災害の防止に関する法律等の関連法令を遵守するとともに，油及び有害液体の取り扱いにおいては細心の注意を払う必要がある。不幸にして事故が発生した場合は，二次災害の防止と被害を最小限に食い止めるため，何よりも迅速に対応することが重要である。MARPOL73/78条約附属書Ⅰ第26規則及び海洋汚染等及び海上災害の防止に関する法律は，船舶に油濁防止緊急措置手引書（Shipboard Oil Pollution Emergency Plan：SOPEP）の備え置きを義務づけており，油流出に対処するための指針を与えている。

　　注）　総トン数150トン以上のタンカー及び総トン数400トン以上のタンカー以外の船舶は，油濁防止緊急措置手引書を備え置かなければならない。（海洋汚染等及び海上災害の防止に関する法律第7条の2）

9.4.1　油流出時の緊急処置

1）初期対応

　　荷役中又は補油作業中においては，
　a. 直ちに作業を中止する。
　b. 当直責任者又は作業責任者へ連絡する。
　c. 関係するパイプラインのバルブを閉鎖する。
　　さらに，衝突及び座礁等の事故による場合も含め，
　d. 引火性ガスの居住区及び機関室への侵入を防止するため，開口部を閉鎖する。
　e. 可能であれば風上へ移動する。

2）状況把握

　　流出原因，流出箇所，流出油量，流出油種，更なる流出の可能性，油膜の状態及び流向，火災及び人身事故の発生状況，処置した対策等を把握するとともに，流出原因が船体損傷による場合，復原性や船体強度への影響についても検討する。

3）関係機関へ連絡

　　油濁防止緊急措置手引書に定める通報手続に従い，沿岸国連絡先（外国の沿岸における場合），海上保安庁，港湾連絡先，船舶所有者及び運航者等の本船連絡先，海上災害防止センター等の関係連絡先に対し，同手引書の初期通報標準様式により必要事項を通報する。

4）応急処置

　　油流出事故においては，人命の安全確保を最優先するとともに，油濁による損害範囲を可能な限り局限することが何よりも重要である。そのためには更なる油流出を防ぎ，流出油に対しては拡散防止を図らなければならない。そしてそれらの処置を施した上で流出油の回収等の処置をとる。船舶において取り得る対策としては以下のものがある。
　a. オイルフェンスの展張等による流出油の拡散防止
　b. 損傷箇所の修理等，引き続く油流出の防止
　c. 他のタンクへの残油の移送
　d. 流出油の回収
　e. 油処理剤による処理

f. 他の船舶又は施設への残油の移し替え（瀬取り）
g. その他の流出油防除措置

9.4.2 油流出時の技術的対応

（1）流出油量の推定

　　座礁及び衝突等により船体が損傷し，油タンクに破口が生じた場合の流出油量は次のとおりである。

　a. 破口が船底部の場合：破口部において油水界面の圧力が等しくなるまでタンク内の油が流出する。
　b. 破口が水面より下の場合：破口より下部の油が全量流出し，更に破口部における油水界面の圧力が等しくなるまでタンク上部の油が流出する。
　c. 破口が水面にある場合：油タンク内の油の全量が流出し海水と入れ換わる。

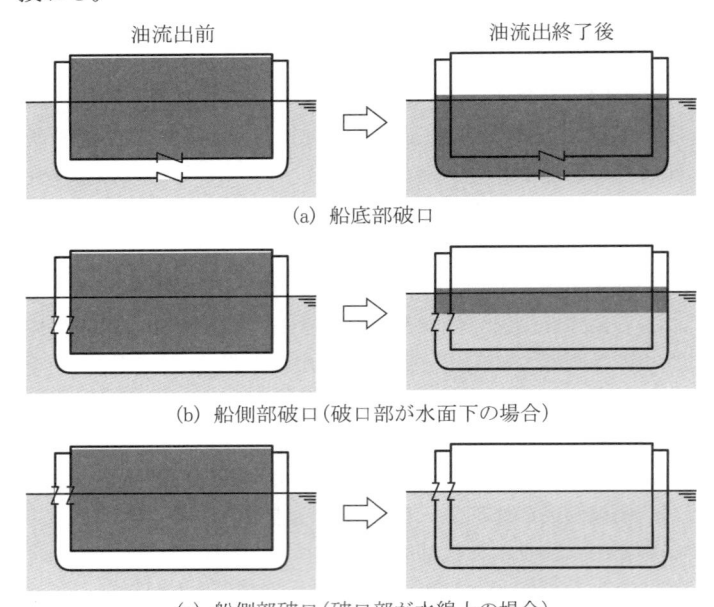

(a) 船底部破口

(b) 船側部破口（破口部が水面下の場合）

(c) 船側部破口（破口部が水線上の場合）

図9.4 船体損傷による油流出

(2) 流出油防除資機材
　　a. オイルフェンス
　　　　海面に帯状に展張して流出油の拡散防止を図るほか，ボートで曳航するなどして流出油を回収するために用いられる。円柱状の浮体の下部に短い垂下膜（スカート）を持つ。
　　b. 油吸着材
　　　　流出油面に拡げて油を吸着させるための資材で，厚さ4mm程度のマット状のものやオイルフェンス状のタイプ等がある。油吸着材は放置すると小型船の航行の障害になるだけでなく，自然分解されないため環境破壊の原因となるので，必ず回収しなければならない。
　　c. 油処理剤
　　　　油を微粒子に分解して，海中の微生物等による自然分解を促進するための薬剤である。散布機で原液を噴霧状にして海面に散布する。使用に当たっては，処理機能を損なうため絶対に水で希釈してはならず，油吸着材との併用もできない。
　　d. 油ゲル化剤
　　　　油を凝固させるための薬剤である。流出油面に散布することで固まり油回収を容易にする。

9.5　応急舵

　舵を失い操縦不能に陥ったとき，船に応急的に取り付ける舵の機能を持つ工作物を応急舵（Jury rudder）又は仮舵という。
　舵を失った場合，2軸船は両舷機の操作で不便ながらも保針・変針が可能であるが，1軸船は全く操船できないため，曳航されるにしても応急舵を設ける必要がある。

9.5.1　応急舵の要件

1）船内の材料と乗組員の工作技術で作製できるものであること。
2）操作が簡単で操縦に有効であること。
3）船体への取付けが簡単で使用中に破損しないこと。

4) 応急舵が故障しても，操船の途中で船体を損傷したりプロペラに絡まったりしないこと。
5) 水中で適度の深度を保ち安定していること。
6) 応急舵の舵面積は本船の舵面積の 1/2 以上であること。

9.5.2 応急舵の種類

(1) 小型船用
1) 艇のようなごく小型の船では，備付けの操舵用オールを用いるか，船尾両舷に円材を突出させ，その先端から流したホーサの伸縮加減で操船する。船の大きさにもよるが，1 コイルほど流しその先に円材等を付けると更に効果がある。
2) 図 9.5 のように，船尾から抵抗物を曳航しその抵抗で操舵する。抵抗物としてドラム缶を使用した例がある。
3) 船尾固定式の応急舵の一例として，便所の鉄の扉を舵板に代えて取り付け，両舷に導いたワイヤにより操舵した例がある。

これらのうち 1) 及び 2) は操舵自体よりもむしろ保針に効果があり，3) は回頭力を得るのに役立つ。

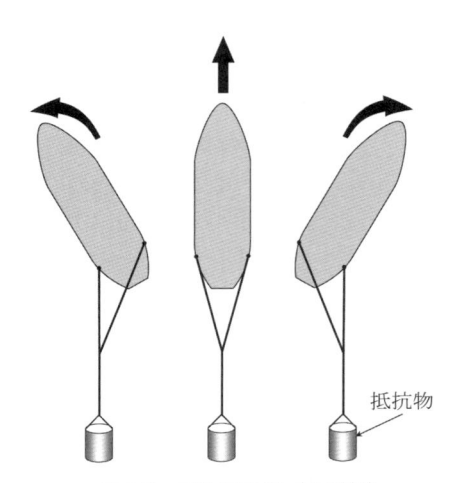

図9.5 応急舵の例（小型船）

(2) 大型船用
曳航舵の 1 例として，図 9.6（6710 GT 貨物船の実例）のように船内工作した舵本体を船尾から曳航し，両舷ガイロープの巻き込みで船を回頭させ，舵角に応じた舵効きは曳索の伸縮加減で行う方法がある。これは小型船でも有効であるが，船内の作製材料と工作技術からみて簡単でない。

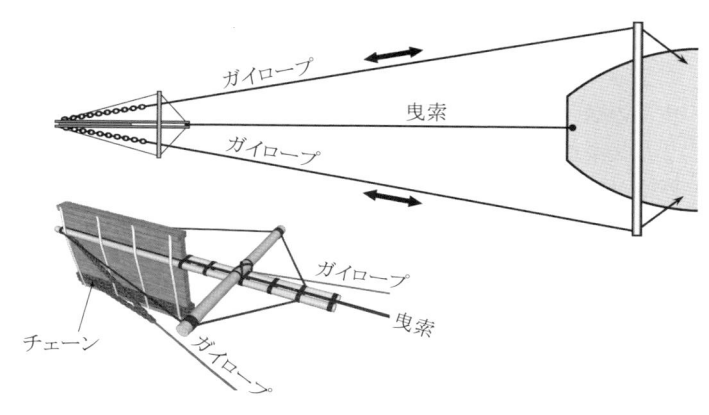

図9.6　応急舵の例（大型船）

9.6　曳航

9.6.1　曳航計画

曳航を専業としない一般の船が，遭難船など他船を曳航するときは，次の事項について十分検討しておく必要がある。

1）曳航の方法

　　船首引き（おもて引き）にするか，船尾引き（とも引き）にするか，あるいは接舷して横引きにするかは，曳航物体の損傷具合を考慮するとともに，波切りの形状によって抵抗の少ない方法をとる。とも引きは針路不安定であるから，なるべく避ける方がよい。

2）曳航速力

　　曳船の主機関を能力一杯に使用すると，推力軸受を焼き故障させることがあるから，能力の8割ぐらいの限度で使用するようにし，それを曳航速力の基準とする。

3）曳索の選択

　　曳索は，曳航中のショックが軽減できる適当なカテナリー曲線を描くような重量と長さを持ち，曳航中切断するおそれがないものを選ぶ。索

の太さは主に曳航速力における被曳船の全抵抗の大小や航行海面の風浪によって決まる。
4）曳索の送り方と係止法
荒天中遭難船に曳索を送る場合の連絡索のとり方も研究しておく。
5）航海計画
風浪や海潮流の影響を考慮し余裕のある航海計画を立てる。

注）国際航海に従事する旅客船及び総トン数 500 トン以上の貨物船は，船舶の既存の設備を用いて曳航するための手順を記載した「非常用えい航手順書」を備え付けなければならない。（SOLAS 条約附属書第 II-1 章）
載貨重量トン数 20,000 トン以上のタンカー，液化ガスばら積船，液体化学薬品ばら積船には，「非常用えい航設備（ETA：Emergency Towing Arrangement）」を備えなければならない。（船舶設備規程第 131 条）

9.6.2 曳航速力の決め方

　曳航速力は，船内に保有する曳索の強度で速力の上限が制限される場合と，被曳船の主機出力から制限される場合がある。すなわち曳索の安全使用力が，被曳船の船体抵抗と曳索の水抵抗の合計抵抗と等しくなる速力か，主機出力に余裕を持たせた速力のうち，何れか低い方でなければならない。
　索の安全率は，海上が平穏で短距離曳航のときは 4，長期の曳航のときは 6 以上とし，曳航速力は，曳航物が抵抗の大きい箱形の場合は 3～4 ノット，抵抗が比較的小さい船体形状の場合は 6～8 ノットとして検討を始めるのがよい。また，洋上曳航中は，曳索が水面に出ないように速力を調整すべきである。

〔参考〕船の全抵抗の略算
　曳船及び被曳船の大まかな全抵抗（R_S）を知る略算式として，次のものがある。ただし，プロペラ抵抗（R_p）は被曳船のみ考える。

$$R_S = R_{fw} + R_a + R_p$$

R_{fw}：摩擦抵抗と造波抵抗の和の合成抵抗

$$R_{fw}(\text{tf}) = \frac{W^{2/3} \times V_k^2}{K_R}$$

W：排水量
V_k：船速（ノット）
K_R は係数で，3000（浅喫水船）～4000（深喫水船）

もし船底が汚れているときは，ドック出し後3か月以後1か月ごとに3％，6か月以後は1か月ごとに6％の増加があるものとみて，上式に加算する。
R_p：プロペラの抵抗。遊転しないときは$0.5R_{fw}$，遊転するときはその約1/3倍
R_a：空気抵抗（5.5.1を参照のこと）

9.6.3　曳索の選択

（1）曳索（引き綱）の種類
　　1）平水の曳航用
　　　　a. 繊維索：小型船の平水用曳索として取扱いやすく，なかでも編み索とした合成繊維索は伸びが少なく強力で曳索として最適である。
　　　　b. ワイヤロープ：少し大きい小型船の平水曳航には強度もあり取扱いによいが，ショックを吸収する適当なカテナリー部が得られないので，中央に小アンカーを付けて急激な緊張を緩和する。
　　2）洋上曳航用
　　　　　一般に錨鎖とワイヤロープを併用したものを使用する。これは被曳船から錨鎖を伸ばしこれに曳船から出したワイヤロープをつなぐもので，適当なカテナリー部が得られるだけでなく，ウインドラスを使用すれば錨鎖の長さを調節できるので便利である。錨鎖のみの使用は取扱いが不便であるばかりでなく，水中に垂れ過ぎて適当でない。
　　　　　また，両船から出したワイヤロープの接合部に緩衝を目的としてナイロン索を入れる方法も用いられる。
（2）曳索の太さ
　　　曳索の太さは，曳索の安全使用力により決まる。安全使用力の算定に用いる被曳船の抵抗は，洋上曳航では荒天中の被曳船の動揺や波の衝撃を考え，平水中の被曳船抵抗の約6倍の抵抗の増加があるものとみなす。
（3）曳索の長さ
　　1）曳索の長さは，曳船及び被曳船の運動に起因するショックの吸収，被曳船の船首揺れの抑止効果を考えて，経験的に両船の長さの和の1.5〜2倍，外洋に出たときには約3倍の長さが適当であるといわれている。
　　2）曳航中の曳索の急激な緊張を防ぐため，曳船と被曳船とが波面に対

して同じ運動をするような長さでなくてはならない。すなわち波に向かって走っているときは波長の倍数となり，波に斜航しているときは斜航針路上にとった波長の倍数になるような長さがよい。

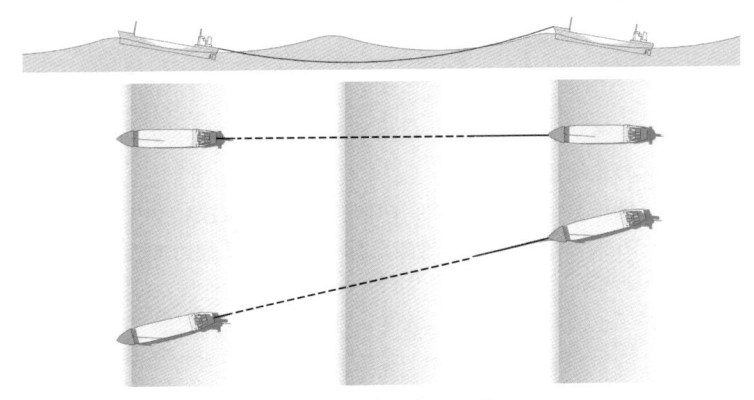

図9.7 曳索長さの調整

9.6.4　曳索の送り方と操船上の注意事項

（1）曳索の送り方

　　ヒービングライン（heaving line）等の細い索を導索（messenger line）として被曳船に送り，次第に太い索をつないで曳索を被曳船に渡すもので，導索の渡し方には次の方法がある。
  1）海上が穏やかな場合
　　　接舷するまで接近してヒービングラインを投げるか，ボートを降ろして相手船に索を渡す。
  2）荒天の場合
　　　a．救命索発射器やもやい索発射器を使って風上から被曳船に索を送るか，索の先端に救命浮環や浮力材を付けて風上から流し拾わせる。
　　　b．被曳船は，曳船の船首尾線方向と平行に船尾側から接近し，曳船の船首をかわした位置で停止するように進める。両船間で風圧による横流れ速度に差があるときは，速い船が風上に位置するよう接近する。横波を受けて作業が困難な場合は，被曳船の

船首を横切る進路をとる。いずれの場合も船首同士が最接近したときに導索を送る。
(2) 曳航開始時の注意
1) 曳索各部を点検し現場より人員を退避させ，プロペラに曳索が絡まないようにしたのち機関をデッド・スロー・アヘッドにかける。
2) 曳船と被曳船の間が，曳索に張力がかかる距離になるまで，デッド・スロー・アヘッドとストップ・エンジンの反覆操作をし，ゆっくりと前進させる。
3) 曳索が次第に張力を持つ曳航状態になれば，曳索の張り方に注意しながら次第に速力を上げていく。
(3) 曳航中の注意
1) 針路に対し風浪の方向は希望するようにいかないが，保針がし易く曳索が急激に緊張しないような修正針路をとるべきで，被曳船は必ずしも曳船の船尾に向ける必要はない。
2) 一時に 20° 以上の変針は避け，段階的に 5° 刻みの変針を重ねる。曳船は被曳船が新しい針路に乗ったことを確かめて次の変針操船を行うようにする。
3) 一度に 0.5 ノット以上の増速は避ける。
4) 曳索の長さが波長に対して不適当なときは曳索にショックを与えるから，針路を変えるか停止して曳索の長さを調節する。
5) 狭隘な水路に入るか港湾に接近したときは，水深を考慮し，曳索を少し短くして操船し易い状態にしておく。
6) 荒天になれば減速して，ちちゅうするか漂ちゅうする。
(4) 曳索を放すときの注意
1) 通常，被曳船は速力や針路の制御ができない運転不自由船であるから，減速中に他船と衝突したり，曳船に追突することがないようにするため，被曳船は投錨用意をする。
2) 曳航が終わり曳索を放すときは，次第に減速して行き足がなくなったのちに放すが，曳索が垂れる深海や被曳船の速力が大きい場合は，曳船は追突されないように，適宜微速と停止を繰り返しながら行き足を止めるようにする。
3) 被曳船は曳索解放前，曳船を追尾せずいずれかの舷に向けて転舵

し，曳索をプロペラに絡ませないように注意する。
4）両船が危険のない程度に接近したとき放す。重くて取扱いにくい曳索のときは，索端にアンカーブイを付けて放すと取込み作業が容易である。

9.7 人命救助

9.7.1 海中転落者の救助

（1）平素から注意しておくべき事項
1）海中転落者を救助する場合も，遭難船の乗船者を救助する場合も，すぐに救助艇を降ろせるように平素から艇やその揚卸装置を整備し，応急医療具を確保しておく。
2）定期的に救助艇操練を行い，効率的に短時間で作業が行えるようにしておく。
3）救助艇の操作，救助艇と本船との連絡法，応急医療処置などに習熟しておく。
4）救命浮環，自己点火灯，自己発炎信号の配置を熟知し，それらの使用方法をよく理解しておく。

（2）海中転落発見時のとるべき処置
1）発見者は，直ちに付近の者に大声で事故発生を知らせ，手近にある救命浮環，自己点火灯，自己発炎信号もしくは浮力を有するものを投入する。
2）当直航海士に知らせるとともに，転落者を見失わないよう継続して見張りを行う。
3）当直航海士は船長に報告し，事故の発生を船内に周知する。また，事故発生位置を海図に記入し，見張りも強化する。
4）転落者が自船のプロペラに巻き込まれるおそれがある場合は転落舷へ転舵し，キックの作用で船尾を転落者から離す。
5）転落者を救助するため，救助艇部署を発令する。

（3）海中転落事故発生時の操船法
　　操船の実行については船長の指示に従うべきであるが，操船法は自船

の置かれている状況によって次のように異なる。
1) 狭い水道で付近海面に広さの余裕がないときは，転落者の方に舵をとって機関を逆転するか，舵中央のままで船を止める。
2) 人が海中に落ちた直後で，付近海面が広い場合は，転落した舷に最大舵角で急旋回し，転落者に向首する 20° 手前で舵を中央に戻し船を停止させる。この方法をシングル・ターン（single turn）という。

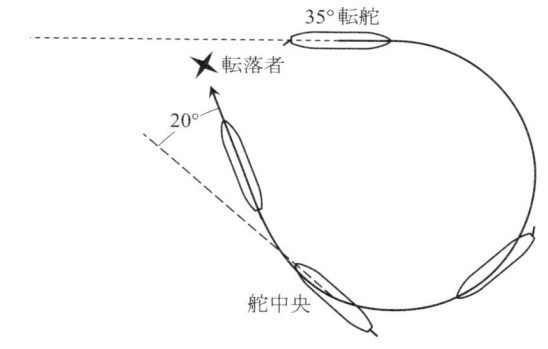

図9.8　シングル・ターン

3) 転落者と同じ舷にまず 180° 旋回し，次に転落者が正横後 30° 付近になったところで再び 180° 旋回する。そして最初のコースラインに船を乗せ，転落者の風上に針路をとって停船させる。この方法をダブル・ターン（double turn）という。

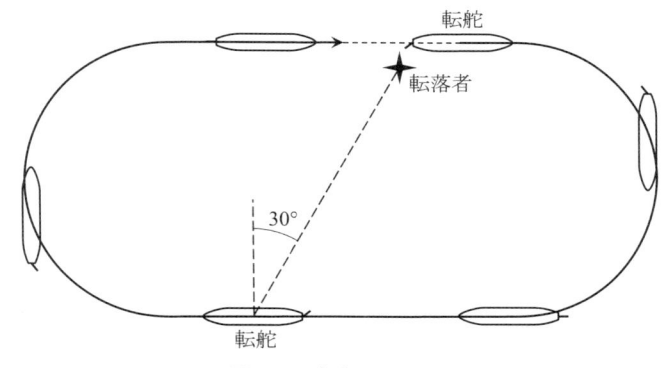

図9.9　ダブル・ターン

4) 海中転落後，しばらく時間が経過したようなときは，転落した方の舷に舵を一杯にとり，原針路から 60° 回頭したとき反対舷に舵を一杯切り返す。そして原針路の反方向 20° 手前で舵中央とすれば船は原針路上に向きを変えて保針し易くなるから，減速して原針路をたどっていけば転落者を発見し易い。この方法をウイリアムソン・ターン（Williamson turn）という。

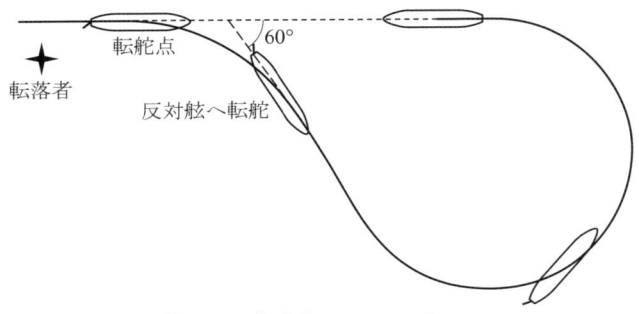

図9.10　ウイリアムソン・ターン

5) ウイリアムソン・ターンの逆の軌跡をたどる要領の操船法として，シャーナウ・ターン（Scharnow turn）がある。これは，いずれか一方に舵角一杯にとって急旋回し，原針路から 240° 回頭したところで舵を反対舷に一杯とる。そして元のコースライン上に逆針路で入る手前で舵を中央に戻し，回頭惰力を抑えながら元のコースライン上に船を乗せるように操船する。

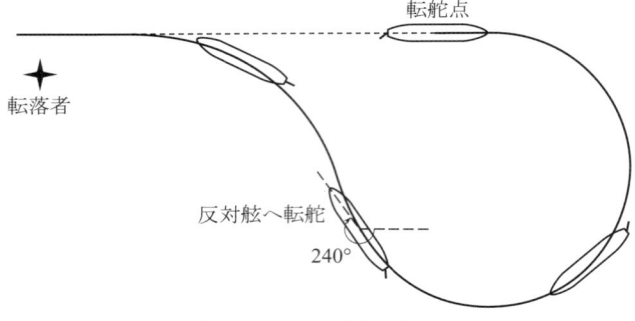

図9.11　シャーナウ・ターン

9.7.2　遭難船からの人命救助

（1）救助艇による遭難船からの人命救助

　　　海上が平穏な場合，救助艇で遭難船に近寄り1人ずつ救助するが，波浪のある海上では遭難船への接近が難しいので次の方法がとられる。

　　　救助船は遭難船の風上で「ちちゅう」しながら，風下舷から救助艇を降ろす。艇を送り出した後は，救助船は遭難船の風下に移動し，遭難者を乗せた艇の到着を待つ。救助艇が遭難船に接舷することは困難なため，引込み索を付けた救命浮環を救助艇から流し，これを遭難者につかませたのち艇に引き寄せ，1人ずつ収容する。

　　　もし一度に遭難者を収容しきれないときは，いったん救助艇を救助船に揚げ，再び遭難船の風上に移動して同様の作業を繰り返す。

（2）救助艇による救助が不可能なときの人命救助

　　　救助艇の使用が難しいときは，救助船から直接救命浮環を送るか，ブリーチェス・ブイ（breeches buoy）で1名ずつ救助する方法をとる。その場合，以下の要領でまず救命索発射器等で導索となる細索を送る必要がある。

　　1）遭難船の風上の適当な位置に近づき，風下に向けて索を送るか，索の先端に救命浮環や浮力材を付けて流し拾わせる。なお，救命索発射器の到達距離は230 m以上，救命索の長さは320 m以上である。

　　2）両船間で風圧による横流れ速度に差があるときは，速い船が風上に位置するように救助船を進め，両船が再接近して通過するときに救命索発射器を使って導索を送る。

　　注）ブリーチェス・ブイ：遭難船と救助船、又は遭難船と陸上との間にロープを張り、遭難者を吊して救助するためのブイのこと。救命浮環の下部に半ズボンを取り付けた形状をしている。

（3）遭難船の救命艇や救命いかだからの人命救助

　　　遭難船から救命艇や救命いかだが降ろされている場合は，救助船はそれらの風下側に停留して収容する。その場合，救助船の舷側には救命艇や救命いかだの係留用にロープを張り，さらに上甲板には，救助作業用にヒービングライン，救命索発射器，ジャコブスラダーやネットを準備する。

（4）海面上の生存者の救助

1) 救助船は舷側にネットを張るか救命艇又は救命いかだを降ろし，さらに必要な場合は，救助者が海中に入り生存者の介添をする。
2) 荒天時の鎮波には動物油（魚油を含む），植物油が適している。なければ潤滑油もよいが，燃料油は水中の生存者に有害である。
3) 多数の艇が救助作業をしているときは救命いかだを本船に横付けし，それを足場とすることは特に有用である。

9.7.3 救命信号

捜索・救助活動が，航空機と共同で実施される場合において，捜索及び救助業務に従事している航空機が遭難航空機，遭難船舶又は遭難者の方へ船舶を誘導するために使用する信号については，以下のとおり定められている。

(1) 航空機が，遭難航空機又は遭難船舶の方へ船舶を誘導していることを意味する場合は，航空機により下記の動作が順次行われ，それが繰り返される。
　1) 船舶の上空を少なくとも1回旋回する。
　2) 船舶のすぐ前方でその針路を低空で横切り，翼を振るか，スロットを開閉するか又はプロペラ・ピッチを変化させる。
　3) 船舶を誘導する方向に機首を向ける。
(2) 信号が送られる船舶による救助の必要がなくなったことを意味する場合は，船舶のすぐ後方でその航跡を低空で横切り翼を振るか，スロットルを開閉するか又はプロペラ・ピッチを変化させる。

なお，航空機から上記の信号を受けたときは，船舶は次の方法で応答しなければならない。

　a. 航空機の要求に応じるとき
　　● 国際信号旗の「回答旗」を全揚すること。
　　● 信号灯によりモールス符号の"T"（—）を発光すること。
　　● 要請された方向に変針すること。
　b. 航空機の要求に応じられないとき
　　● 国際信号旗"N"旗を掲揚すること。
　　● 信号灯によりモールス符号の"N"（—・）を発光すること。

注）船舶安全法施行規則第 63 条の救命施設，海上救助隊並びに捜索及び救助業務に従事している航空機と遭難船舶又は遭難者との間の通信に使用する信号並びに捜索及び救助業務に従事している航空機が船舶を誘導するために使用する信号の方法並びにその意味を定める等の件（平成 4 年運輸省告示第 36 号）

9.8 海難発生時の措置

9.8.1 海難が発生したとき船長がとるべき船員法上の義務

1）人命，船舶及び積荷の救助義務（法第 12, 13, 14 条）

第 12 条 船長は，自己の指揮する船舶に急迫した危険があるときは，人命の救助並びに船舶及び積荷の救助に必要な手段を尽くさなければならない。

第 13 条 船長は，船舶が衝突したときは，互に人命及び船舶の救助に必要な手段を尽し，且つ船舶の名称，所有者，船籍港，発航港及び到達港を告げなければならない。但し，自己の指揮する船舶に急迫した危険があるときは，この限りでない。

第 14 条 船長は，他の船舶又は航空機の遭難を知ったときは，人命の救助に必要な手段を尽さなければならない。但し，自己の指揮する船舶に急迫した危険がある場合及び国土交通省令の定める場合は，この限りでない。

注）救助に赴かなくてもよい「国土交通省令の定める場合」とは，次の場合である。
1. 遭難者の所在に到着した他の船舶から救助の必要のない旨の通報があったとき。
2. 遭難船舶の船長又は遭難航空機の機長が，遭難信号に応答した船舶中適当と認める船舶に救助を求めた場合において，当該救助を求められた船舶のすべてが救助に赴いていることを知ったとき。
3. やむを得ない事由で救助に赴くことができないとき，又は特殊の事情によって救助に赴くことが適当でないか若しくは必要でないと認められるとき。
上記 3. の場合においては，その旨を付近にある船舶に通報し，かつ，他の船舶が救助に赴いていることが明らかでないときは，遭難船舶の位置その他救助のために必要な事項を海上保安機関又は救難機関（日本近海にあっては，海上保安庁）に通報しなければならない。（施行規則第 3 条）

2）船舶が衝突したときに船名などを通知する義務（法第 13 条）
3）国土交通大臣への報告義務（法第 19 条）

船長は，次のいずれかに該当する場合は，地方運輸局長等に報告書を提出し，かつ，航海日誌を提示しなければならない。

a. 船舶の衝突，乗揚，沈没，滅失，火災，機関の損傷その他の海難が発生したとき。
b. 人命又は船舶の救助に従事したとき。
c. 無線電信によって知ったときを除いて，航行中他の船舶の遭難を知ったとき。
d. 船内にある者が死亡し，又は行方不明となったとき。
e. 予定の航路を変更したとき。
f. 船舶が抑留され，又は捕獲されたときその他船舶に関し著しい事故があったとき。

4) 航海日誌等に記載する義務
（法第18条，同施行規則第11条第2項）

5) 死亡した者に対する処置
a. 水葬：船長は，船舶の航行中船内にある者が死亡したときは，国土交通省令の定めるところにより，これを水葬に付することができる。（法第15条）
　船員法施行規則第4条及び第5条は，水葬に付すことができる条件及び水葬に付すときの処置について定めている。
b. 遺留品の処置：船長は，船内にある者が死亡し，又は行方不明となったときは，法令に特別の定がある場合を除いて，船内にある遺留品について，国土交通省令の定めるところにより，保管その他の必要な処置をしなければならない。（法第16条）
　施行規則第5条，第6条及び第7条は，これらの処置について定めている。

9.8.2 遭難信号

船舶は，遭難して救助を求める場合は次の信号を行わなければならない。（海上衝突予防法第37条，同施行規則第22条）

1) 約1分間の間隔で行う1回の発砲その他の爆発による信号
2) 霧中信号器による連続音響の信号
3) 短時間の間隔で発射され，赤色の星火を発するロケット又はりゅう弾による信号

4) あらゆる信号方法によるモールス符号の「・・・ — — — ・・・」（SOS）の信号
5) 無線電話による「メーデー」という語の信号
6) 縦に上から国際信号書に定める N 旗及び C 旗を掲げることによって示される遭難信号
7) 方形旗であって，その上方又は下方に球又はこれに類似するもの 1 個の付いたものによる信号
8) 船舶上の発炎（タールおけ，油たる等の燃焼によるもの）による信号
9) 落下さんの付いた赤色の炎火ロケット又は赤色の手持炎火による信号
10) オレンジ色の煙を発することによる発煙信号
11) 左右に伸ばした腕を繰り返しゆっくり上下させることによる信号
12) デジタル選択呼出装置（DSC）による 2187.5 kHz 等の所定の周波数の電波による遭難警報
13) インマルサット船舶地球局その他の衛星通信の船舶地球局の無線設備による遭難警報
14) 非常用の位置指示無線標識による信号
15) 衛星の中継を利用した非常用の位置指示無線標識（EPIRB）による遭難警報
16) 捜索救助用レーダー・トランスポンダー（SART）による信号
17) 直接印刷電信（NBDP）による「MAYDAY」という語の信号

注) 信号装置の具体例については，2.3.3 を参照。上記の 12），13），15）～17）は，GMDSS の導入により設けられた遭難信号である。
MAYDAY は，フランス語の m'aidez（help me）を変形したものである。

船舶は，上記の信号を行うに当たっては，次の事項を考慮する必要がある。

1) 国際信号書に定める遭難に関連する事項
2) 国際海事機関（IMO）が採択した国際航空海上捜索救助手引書（IAMSAR マニュアル）第 III 巻に定める事項
3) 黒色の方形及び円又は他の適当な図若しくは文字を施したオレンジ色の帆布を空からの識別のために使用すること。
4) 染料による標識を使用すること。

9.9 捜索救助体制

9.9.1 SAR条約

　海上における遭難者を迅速かつ効果的に救助するため,「1979年の海上における捜索及び救助に関する国際条約(International Convention on Maritime Search and Rescue, 1979)」(SAR条約)が採択された。この条約では,沿岸国が自国の周辺海域において適切な捜索救助業務を行えるよう国内制度を確立するとともに,各国の捜索救助組織間の協力を促進することにより,いわゆる「世界の海に空白のない捜索救助体制を作り上げること」を達成するため,次の事項について要求又は勧告がなされている。

1) 捜索救助業務実施のための組織と調整
2) 国家間の協力
3) 捜索救助活動の手続き
4) 船位通報制度

9.9.2 船位通報制度

(1) 船位通報制度の概要

　　遭難船舶や医療援助を求めている船舶に対して,迅速に捜索救助活動を行うためには,船舶の動静を把握しておく必要がある。船位通報制度は,航海中の船舶が,自船の航海計画や最新の位置を一定の手順にしたがって海上保安機関に通報するもので,その情報はコンピュータで管理される。海難等が発生した場合は,巡視船艇等が現場へ到着するまでに時間を要する場合でも,付近を航行中の船舶を検索し,救助の協力を要請することにより,迅速な救助を可能にするシステムである。

(2) JASREP(ジャスレップ)

　　JASREP(Japanese Ship Reporting System)は我が国の船位通報制度である。北緯17°以北,東経165°以西の海域を航行する船舶を対象としており,通報の種類は航海計画,位置通報,変更通報,最終通報の4種類ある。

　　1) 航海計画

　　　船位を推定するための基本情報であり,出港時又はJASREP海

域に入域するときに通報する。
2) 位置通報
航海計画で入力された船位が正確であるかどうかを確認するための情報で，出港後24時間毎の間隔で通報する。
3) 変更通報
気象・海象の急変等により航海計画に変更が生じたときや，目的地を変更した場合など，航海計画の内容を変更した場合に，その都度通報する。
4) 最終通報
JASREPへの参加を終了するための情報で，目的港に到着する前や到着したとき又はJASREP海域を出域するときに通報する。

なお，近隣諸国にも以下の船位通報制度があり，日本とアメリカ，アメリカとオーストラリアは情報を交換することにより，連携を図っている。
a. アメリカ：AMVER
b. オーストラリア：MASTREP
c. 中国：CHISREP
d. 韓国：KOSREP
e. インド：INSPIRES

9.9.3　GMDSS（全世界的な海上遭難安全制度）

従来の海上遭難通信システムは，モールス電信を主体とするものであり，以下の難点があった。
a. 遠距離通信に対応できないことがある。
b. モールス無線電信には専門的技術が必要である。
c. 突然の船舶の転覆や爆発等においては遭難信号が発信されない場合がある。
d. 耳による遭難警報等の受信の信頼性に限界がある。

これらの諸問題を解決すべく，「1974年の海上における人命の安全のための国際条約」（74 SOLAS条約）が改正され，新たに導入された通信システムがGMDSS（Global Maritime Distress and Safety System）である。

GMDSSは，海上における遭難及び安全のため世界的に通信網を確立した制度で，最新のデジタル通信技術，衛星通信技術等を利用して，世界のいかなる水域にある船舶も遭難した場合には，捜索救助機関や付近航行船舶に対して迅速確実に救助要請ができ，更に，陸上からの航行安全にかかわる情報を適確に受信することもできる。

　各種の無線機器を最大限に利用して全ての水域をカバーするため，海岸局からの電波の通達距離により水域を以下の4つに区分し，それらの水域ごとに一定の無線設備を備え付けることが定められている。
（船舶安全法施行規則第1条第10項～第13項，船舶設備規程第311条の22）

1) A1水域：VHF（超短波）の電波でカバーされる水域（湖川を除く）。陸岸から約25～30海里の範囲が相当する。
2) A2水域：MF（中波）の電波でカバーされる水域（湖川及びA1水域を除く）。陸岸から約150海里の範囲が相当する。
3) A3水域：インマルサット衛星でカバーされる水域（湖川，A1水域及びA2水域を除く）。北緯70°～南緯70°程度
4) A4水域：湖川，A1水域，A2水域及びA3水域以外の水域。極地域が相当する。

　設備は常に有効な機能状態を保持するため，設備の保守要件が以下のとおり定められている。（船舶安全法施行規則第60条の5～8）

1) 設備の二重化：予備の無線設備を備えること。
2) 陸上保守：無線設備の修理を行う能力を有する者（船員以外）が，定期的に点検及び修理を行うこと。
3) 船上保守：無線設備の修理を行う能力を有する船員が，保守及び修理を行うこと。

9.9.4　国際航空海上捜索救助マニュアル（IAMSAR Manual）

(1) IAMSARマニュアルの概要

　　　IAMSAR（International Aeronautical and Maritime Search and Rescue）マニュアルは，航空と海上での捜索救助活動のより一層の調和を図るため，IMO（国際海事機関）とICAO（国際民間航空機関）が合同で作成した捜索救助に関するガイドラインで，次の3巻からなる。

第 I 巻：組織及び管理
第 II 巻：活動調整
第III巻：移動施設

第 III 巻には，捜索救助に関する具体的な指針が示されており，船舶，航空機及び救助隊に搭載されることを意図している。その主な内容は以下の通り。
1）SAR システムの概要
2）援助の提供
　　初期行動，捜索作業，訓練
3）現場における調整
　　捜索救助活動の調整，捜索の計画作成及び実施，捜索の終了
4）船舶及び航空機の緊急事態

注）　国際航海に従事する総トン数 150 トン未満の船舶，国際航海に従事しない総トン数 500 トン未満の船舶及び平水区域を航行区域とする船舶以外の船舶には，第 III 巻を備え付けなければならない。（船舶設備規程第 146 条の 3）

(2) 捜索活動の大要
1）捜索救助活動を要する事態が発生すると，救助調整本部（RCC：Rescue coordination centre，日本では管区海上保安本部に設置）は捜索救助活動調整者（SMC：Search and rescue mission coordinator）を指定し，捜索救助活動の実施機関（専任の捜索救助部隊，民間の船舶，航空機，軍等）の確保，捜索計画の作成及び総合調整を行わせる。複数の機関が協力して活動を行う場合，調整を行う現場指揮官が必要になるが，その任務には現場調整者（OSC：On-scene coordinator）があたる。通常 OSC は SMC によって指定され，商船等の一般船舶が，専任の捜索救助部隊と一緒に活動を行うときは，OSC からの指示を受けることになる。ただし SMC により OSC が指定されるまでは，現場に最初に到着した実施機関の責任者が OSC の職務を行う。また，SMC が OSC を指名することができない場合で複数の機関が捜索救助活動に参加しているときは，相互の合意によって OSC を指名する。
2）捜索計画は SMC が作成し OSC に提示するが，各種の状況に対処するため，IAMSAR マニュアルでは，視認捜索を前提とした以下

の標準的な捜索パターンが設定されている。
  a. 拡大方形捜索（expanding square search：SS）
  b. 扇形捜索（sector search：VS）
  c. 航路線捜索（track line search：TS）
  d. 平行スイープ捜索（parallel sweep search：PS）
  e. 船舶と航空機の合同クリープ線捜索（CSC）
3）他の船舶より現場に早く到着した場合は，推定基点（漂流値を推定して捜索目標が所在する公算の最も大きい位置）に直行し，拡大方形捜索を開始する。

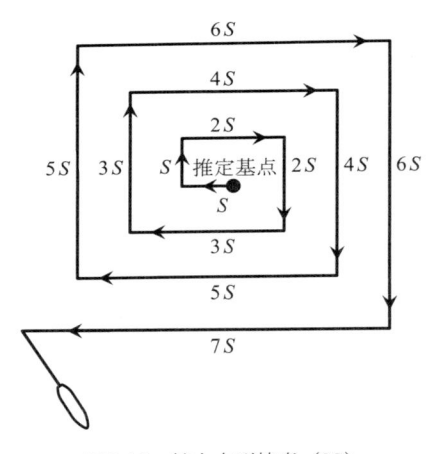

図9.12　拡大方形捜索（SS）

(3) 現場における通信

　　通常，SMC は現場での通信に使用する捜索救助活動専用の周波数を選定し，OSC や船舶等へ通知する。事故船舶，OSC，救助船舶間においては，下記の VHF チャンネルを使用する。
　　事故船舶・OSC 間の通信：チャンネル 16
　　捜索救助船舶・OSC 間：チャンネル 06

(4) 捜索打ち切りの判断事項

　　OSC は次の事項に留意しなければならない。
  1）生存者が捜索海面にいる見込み

2) 捜索目標が捜索を完了した海面内にあるとしても，それを発見できる見込み
3) 捜索船及び捜索航空機が現場に留まることができる時間
4) 生存者が，そのときの温度，風，海上模様で生存できる見込み（図9.13）

注) 水中における生存時間を科学的に正確に予測することは不可能であり，図9.13は単に一つの指標を示しているに過ぎない。水温が20℃以上においては，捜索時間は24時間を超えることも考えなければならない。

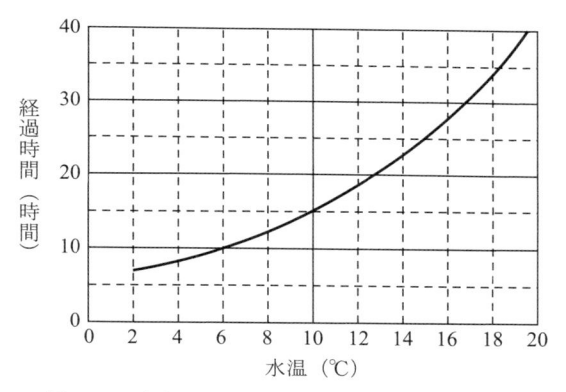

図9.13 水中における生存時間の現実的な上限値
（出典：参考文献［12］）

《貨物の海上運送に関する国際基準》

　SOLAS条約（海上における人命の安全のための国際条約）は，海事関係の基本的な条約の一つで，航海の安全を図るため，船舶の構造，設備，貨物の積み付けに関する要件等を規定している。同条約には附属する多くのコード（規則）があり，貨物の運送に関する主なものを上げると以下のとおりである。

1) IMDG Code（International Maritime Dangerous Goods Code）「国際海上危険物規則」
2) IBC Code（International Code for the Construction and Equipment of Ships Carrying Dangerous Chemicals in Bulk）「危険化学薬品をばら積み運送する船舶の構造と設備に関する国際規則（国際バルクケミカル規則）」
3) IGC Code（International Code for the Construction and Equipment of Ships Carrying Liquefied Gases in Bulk）「ばら積みで液化ガスを運搬する船舶の構造及び設備に関する国際規則（国際ガスキャリア規則）」
4) IMSBC Code（International Maritime Solid Bulk Cargoes Code）「国際海上固体ばら積み貨物規則」
5) International Grain Code（International Code for the Safe Carriage of Grain in Bulk）「ばら積み穀類の安全輸送に関する国際規則」
6) Timber Deck Code（The Code of Safe Practice for Ships Carrying Timber Deck Cargoes）「甲板積み木材運搬船に関する安全実施規則」
7) CSS Code（Code of Safe Practice for Cargo Stowage and Securing）「貨物の積み付けと固縛に関する安全基準」

　これらのうち，1)～3)は「危険物船舶運送及び貯蔵規則」に，4)～7)は「特殊貨物船舶運送規則」に主にその内容が取り入れられている。

　なお，タンカーについては，OCIMF（Oil Companies International Marine Forum，石油会社国際海事評議会）とICS（International Chamber of Shipping，国際海運会議所）が，タンカーの安全性の向上を図るために独自に設けたISGOTT（International Safety Guide for Oil Tankers and Terminals，オイルタンカーとターミナルに関する国際安全指針）も，業界の標準となっている。

第10章 載貨法

10.1 海上貨物輸送の概要

10.1.1 海上貨物輸送の特徴

　鉄道やトラック，航空機そして船舶といった様々な手段で貨物が輸送される中，船舶による海上輸送は次の特徴を有している。

1) 大量輸送に適している。さらに，ばら荷やかさ高貨物，長尺物など，他の機関では輸送が困難なものも輸送できる。
2) 長距離輸送が可能である。しかし，他に比べ低速で航行する船舶の場合，輸送に要する期間は長く，その間，気象や海象の環境変化の影響を大きく受けると共に，船体動揺にも耐えなければならない。
3) 多種類の貨物を輸送する場合，積荷計画や荷役が煩雑であり，積み合わせによる損傷や，揚げ違い，その他の貨物事故が発生するおそれも高い。
4) 国際輸送においては，安全面，衛生面，経済面等において国際規則や慣習に適応しなければならない。

10.1.2 海上貨物輸送の要点

　海上輸送は多くの利点を有する一方，技術的にも運用上も習熟すべき課題は多い。積載，輸送，陸揚げの一連の過程を通じて，貨物を十分な管理体制の下に置き，常に人命，船体及び積荷の安全性を保持した上で，運送効率を向上させる必要がある。そのために留意すべき点は以下のとおりである。

（1）船舶の安全性の確保

　　輸送機関である船舶の安全性を確保するため，以下の要件が満たされなければならない。

　1）船体，機関及び船舶の各種設備等，船舶自体の安全性が確保されている。
　2）満載喫水線を遵守する。
　3）適切なトリムと復原性を確保できるよう積荷を配置する。
　4）船体各部の強度に十分配慮し，不当な応力の発生を防止するような積荷の配置とする。
　5）積荷の移動防止措置を講ずる。

（2）荷役作業の安全性の確保及び運航能率の向上

　　荷役作業の安全はスムーズな荷役に不可欠であり，船舶の運航効率の向上に繋がる。安全性を確保しつつ，最短の時間と最小の経費で荷役を完了するよう，次の点に留意すること。

　1）荷役設備，荷役用具の定期的な検査を行うと共に，それらを適切に使用する。
　2）荷役作業計画及び作業手順に関し，関係者と十分な打ち合わせを行い，周知する。
　3）労働安全衛生に関する規則を遵守する。
　4）停泊期間の短縮を図るため，効率的な荷役が行えるように積み付け計画を立てる。
　5）荷役費用及び燃料費等の運航費の節減により経済性の向上を図る。
　6）定められた運航スケジュールに従う。

（3）最大量の貨物の積載

　1）可能な限り容積的にも重量的にも満載（full & down）になるよう積み付ける。
　2）運賃の算定基準である「運賃建て」の面から検討し，できるだけ高運賃が得られるように積み付ける。

（4）貨物の完全輸送

　　積載貨物の品質及び数量を損なうことなく揚地で引き渡すため，下記について留意しなければならない。

　1）貨物の性状を把握し，荷役中及び輸送中の貨物事故（圧損，汚損，

濡損，盗難，腐敗，変質等）を防止する。
2) 検数，検量を確実に行い貨物数量の明確化を図る。
3) 荷役及び貨物の状況を記録し，貨物関係書類の確実性を確保する。
4) 貨物の取り扱い及び運送に関する法令を遵守する。

(5) 海洋環境の保全

　　海洋汚染や大気汚染といった海上輸送に起因する海洋環境等への負荷を軽減するため，油その他の有害物質の排出規制が強化されてきた。また船舶からのバラスト水の排出による外来生物の影響も問題となり，規制の対象になっている。しかしこれらの規制の有無に関わらず，海上輸送に従事する船舶運航者にとっては，海洋環境の保全は重要な責務である。

10.1.3　運送形態と運送契約

商船は，運送契約に従い貨物や旅客の輸送を行う。海上貨物は，定期船又は不定期船により運送されるが，それぞれ運送契約が異なるため，荷役に関する本船側の責任範囲も異なる。

(1) 定期船（liner boat）

　　寄港地，寄港日があらかじめ定められたスケジュールに従い運航され，数港積み，数港揚げを基本とする。多数の出荷主による多種類の貨物を運送し，表定運賃（tariff rate）による個品運送契約を主体としている。荷役作業は船社（運航者）が手配し，荷役費用も船社が負担するもので，これをバース・ターム（birth term）という。定期船として運航されている主な船種は，コンテナ船，セミコンテナ船，Ro/Ro船，一般貨物船等である。

(2) 不定期船（tramper）

　　特定の貨物を特定の荷主のために運送し，通常は1～2港積み，1～2港揚げである。運送は用船契約によって行われ，運賃は契約運賃となる。したがって大量の貨物輸送が前提となり，対象貨物は原材料などのばら荷が多い。多くの場合，荷役作業の手配と費用は用船者（荷主）の負担となり，積荷役及び揚荷役の両方を用船者が負担する場合をFIOターム（FIO term）という。不定期船として運航されている主な船種は，

ばら積船，タンカー，その他の専用船等である。

```
                          ┌─個品運送契約 ⇒ 定期船
              ┌─貨物運送契約─┤ （バース・ターム）
海上運送契約──┤          └─用船契約    ⇒ 不定期船
              │            （FIOターム等）
              └─旅客運送契約
```

10.2 船積み貨物

10.2.1 船積み貨物の分類

多種類の貨物を合理的に取り扱うために，運送，積み付け，保管，取り扱い等の観点から分類される。

(1) 荷姿による分類

　　貨物の外観により分類したものである。
  1) 包装貨物（packed cargo）
　　　　箱や袋類，ドラム缶などの容器に入れた貨物。繊維製品，食品類，電気器具などの日用品が多く，軽量な貨物である。
  2) 無包装貨物（unpacked cargo, nonpacked cargo）
　　　　包装や結束がなされていない貨物で，原木材や鋼材などの長大品である。
  3) ばら荷（bulk cargo）
　　　　ばら状で輸送される貨物で，粒粉状の穀類，鉱石，石油などの液状物である。

(2) 性質による分類

　　貨物自体が有する性状により分類したもので，貨物の取り扱い，運送中の管理及び他の貨物への影響などにおいて重要となる。
  1) 普通貨物（general cargo）
　　　　貨物の性質上，特殊な積み付けや保管を必要としない貨物の総称で，一般に雑貨といわれるもの。
    a. 精良貨物（clean cargo, fine cargo）
　　　　　清潔で乾燥していて，他の貨物と混載しても損傷を及ぼすおそれのないもの。

b. 不潔貨物（dirty cargo），粗悪貨物（rough cargo）
　　湿気，臭気又は粉末の飛散などにより他の貨物を汚損するおそれのあるもの。
c. 液体貨物（liquid cargo）
　　液状又は半液状品を，缶，樽，びん等の容器に入れた貨物で，容器の破損や漏洩により，他の貨物を濡・汚損するおそれがある。油類，酒類，薬品，その他の食料品が多い。

2）特殊貨物（special cargo）
　貨物の性質，形状，重量，価格などの点で，積み付け保管上特別の注意を必要とする貨物で，以下の種類がある。
　　a. 危険貨物（dangerous cargo）
　　　爆発性，引火性，腐食性，毒性等の危険性を有し，運送に際しては，「IMDG Code（国際海上危険物規程）」や「危険物船舶運送及び貯蔵規則」等の法令に則り取り扱う必要のある貨物。
　　b. 重量物（heavy cargo, heavy lift）
　　　車両，ボイラ，機械類などのように，1個の重量が特に大きなもの。
　　c. かさ高貨物（bulky cargo）
　　　舟艇や飛行機などのように体積の特に大きい貨物。
　　d. 長尺貨物（lengthy cargo）
　　　レール，建築資材のように，長さの特に長い貨物。
　　e. 冷蔵貨物（refrigerated cargo）
　　　運送中の腐敗や変質を防止するため，一定の温度を保つことを必要とするもので，貨物の種類により冷却の程度が異なる。
　　f. 高価貨物（valuable cargo）
　　　貴金属，貨幣，有価証券，絵画，精密機械等価格が特に高いもの。一般に少量だが，紛失や盗難の危険がある。
　　g. 動植物（live stock & plants）
　　　輸送中，飼育，潅水など特別な管理を必要とするもの。

(3) その他の分類
　1）運賃建てによる分類
　　運賃建て（freight basis）とは，運賃算定の基準をいい，重量（重

量建て),容積(容積建て),価格(従価建て),個数(個数建て)等を基準にする。例えば,鋼材のように船倉に貨物が満たされないうちに満載喫水線まで船が沈むような重い貨物は,重量を基準にした運賃とし,茶などのように軽量で船倉が満たされても満載喫水線に至らず,なお喫水に余裕のある貨物については,容積を基準として運賃を算定する。

　　a. 重量貨物(weight cargo)
　　　　運賃建てを重量建てとする貨物。容積 $40\,\text{ft}^3$ 当たりの重量が,1 long ton(2240 lb ボンド)を超えるもの。
　　b. 容積貨物(measurement cargo)
　　　　運賃建てを容積建てとする貨物。容積 $40\,\text{ft}^3$ 当たりの重量が,1 long ton(2240 lb)以下のもの。

　　注) 貨物に対しては以下のトン数が用いられる。
　　　　● 重量トン
　　　　　1 L/T(long ton),英トン= 2240 lb(= 1016.05 kg)
　　　　　1 S/T(short ton),米トン= 2000 lb(= 907.18 kg)
　　　　　1 M/T(metric ton)= 1000 kg(= 2204.62 lb)
　　　　　K/T(kilogram ton 又は kilo ton)
　　　　● 容積トン
　　　　　1 M/T(measurement ton)= $40\,\text{ft}^3$(= $1.133\,\text{m}^3$)

2) 積付場所による分類:
　〔例〕甲板積み貨物,倉内積み貨物,底積み貨物等
3) 数量による分類:〔例〕大口貨物,小口貨物
4) 運送上の契約による分類:
　〔例〕通し貨物,接続貨物,揚地選択貨物等
5) 通関上の分類:〔例〕外国貨物,内国貨物

10.2.2　ユニットロード方式

　荷役において様々な荷姿の貨物を個別に取り扱うのではなく,複数の貨物をまとめて1つの単位の貨物(unitized cargo)として取り扱い,これを途中で崩すことなく一貫して荷役,輸送する方式をユニットロード方式(unit load system)という。これにより荷役の機械化及び合理化が図られ,効率的で経済的な輸送が可能となった。主なものとして,次の種類がある。

（1）コンテナ方式

長方形の規定寸法の金属製大型容器に貨物を入れて輸送する方式で，一般雑貨用，冷凍用，液体用タンク等がある。国際海上貨物輸送にはISO規格の20フィート型及び40フィート型のものが最も多く使われている。

図10.1 20フィート型ドライコンテナ

（2）倉内荷役におけるユニットロード方式
1）パレット付き貨物（palletaized cargo）
箱物などをパレット（荷台，pallet）の上に数段積み上げ，フォークリフトトラックで倉出しから船積み，陸揚げが行われる。
2）プレスリング貨物（pre-sling cargo）
鋼材やパイプのような長尺重量貨物ではスリングをかけたまま倉内に積み込み，揚地ではそのスリングを使って荷役し作業時間を短くする。

10.2.3 包装貨物の荷印（cargo mark）

包装貨物の外装に，荷主，揚地，重量，取り扱い注意等について明示するマークで，貨物の仕分け，受け渡しを正確にし，揚げ違い，持ち越し，渡し違いのないようにするものである。貨物の受け渡しは，荷印の確認によって行わ

れるため，明確に表示されなければならない。主なマークとして次のものがあり，包装上に記入されるほか，ラベルを貼ったり荷札を付けたりする。

　a. 主マーク（main mark）：荷主を表示するマークで，荷主の頭文字や略称，紋様等を表示する。
　b. 副マーク（counter mark）：主マークに付記するマークで，貨物の区分や製造所の別，受荷主を表示したりする。
　c. 揚地マーク（port mark）：仕向地を表示する。通常，主マークの下に表示する。
　d. 積地マーク（export mark）：貨物の輸出国又は原産地を示す。
　e. 品質マーク（quality mark）：番号，記号，数字等で，貨物の品質を示す。
　f. 才量マーク（quantity mark）：貨物の重量や容積を示す。
　g. 荷番号（case mark）：同一荷印の貨物を個々に区別するために，通し番号と総個数を記入する。
　h. 取り扱い注意マーク（care mark）：貨物の取り扱いにおいて注意を要する事項を表示する。

　注）上記の他，危険物については「危険物船舶運送及び貯蔵規則」により義務付けられたラベルが貼付される。

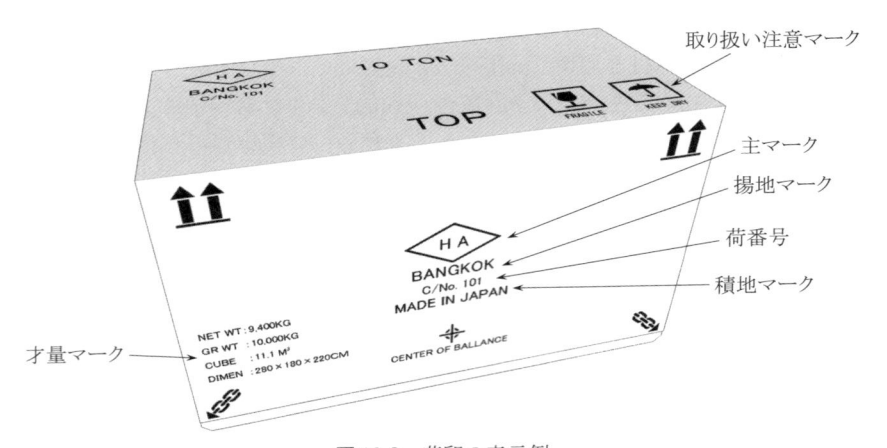

図10.2　荷印の表示例

10.3　船積み計画

10.3.1　船の積載能力を決定する一般的事項

1）重量的な積載能力については，載貨重量トン数で総量が制限されるほか，船体の縦強度や積載場所の局部強度，荷役に用いるクレーンやデリック等の揚貨装置の能力等によっても制限される。
2）容積的な積載能力については，載貨容積トン数を積載総量の上限とし，個々の貨物の積み付けの可否は，倉口や倉内寸法によって制限される。
3）貨物の荷姿や性状の点から，荷役中及び運送中に特別な取り扱いや管理を必要とする貨物に対しては，それぞれに適応した船舶の構造や設備を備えていなければならない。

10.3.2　船積みする予定量の求め方

（1）重量的積載量の算出
　1）純載貨重量

　　　積載総重量は載貨重量トン数で制限されるが，船が貨物を積載して目的港まで航海するためには，燃料その他の航海の必需品を搭載する必要がある。したがって実際に積載可能な貨物重量（純載貨重量）は，載貨重量トン数から当時の出港状態に応じて，貨物以外の重量（非貨物重量）を除いた残りのものとなる。

$$純載貨重量 = 載貨重量トン数 - 非貨物重量$$
$$= (満載排水量 - 軽荷重量) - 非貨物重量$$

　2）非貨物重量

　　　純載貨重量の算出に当たり，載貨重量トン数から除く「非貨物重量」には以下のものが含まれる。
　　　　a. 燃料（fuel oil：F.O.）：C重油（F.O.），A重油（D.O.）
　　　　　　　　　　　　　　　　　潤滑油（lubricating oil：L.O.）
　　　　b. 缶水（boiler water：B.W.）
　　　　c. 清水（fresh water：F.W.）：飲料水（drinking water：D.W.）
　　　　　　　　　　　　　　　　　　雑用水（fresh water：F.W.）
　　　　d. 荷敷類（dunnage etc.）

　　　　e. 倉庫品及び食料品（store & provision）
　　　　f. バラスト（ballast）
　　　　g. 乗組員，船客及びその手荷物（crew & effects）
　　　　h. コンスタント（constant）
　3）コンスタント（constant, unknown constant）
　　　　船舶は，長期間の航海でビルジや船底の付着物が増加し，また新造後の工事等により，設備が増加されたりする。これらの重量のほとんどは測定不可能であるため，不明重量として取り扱う。すなわちコンスタントとは，現在の軽荷重量と船舶新造時の軽荷重量との差で，具体的には下記の累計重量である。
　　　　a. タンク内の残水
　　　　b. ビルジ，船底付着物
　　　　c. 新造後に付加されたペイント，セメント，鋼材，諸設備等
　　　　　（船齢と共に増加する。）
　　　　d. その他測定できない不明重量
　　　　コンスタントの算出時期は，貨物や船底付着物がなく，喫水標が明瞭で排水量を正確に求めることができ，さらにタンク内には残水がないときが良い。したがって入渠時には船内残存重量を正確に記録しておき，出渠直後にコンスタントの把握に努める。
(2) 容積的積載量の算出
　　　「船倉内の積載可能容積」と，貨物の収まり具合を表す「載貨係数」を用いた次の関係から，積載可能量が求まる。

$$積載可能重量 = \frac{船倉内の積載可能容積}{載貨係数}$$

　1）載貨係数，ストウェージファクター（stowage factor, S/F 又は S.F.）
　　　　貨物1トンを積み付けるのに必要な容積を表した値を「載貨係数（又は積付係数）」といい，次の種類がある。載貨係数は貨物の種類や荷姿別に与えられ，また積載後にも算出される。
　　　　a. 貨物を積み付けた船倉容積と，積み付けた貨物の重量との比
　　　　　（貨物の重量1トンを積み付けるのに必要な船倉容積）

$$S/F = \frac{船倉容積}{貨物の重量トン} \qquad (10.1)$$

b. 貨物の容積と，その貨物の重量との比
（貨物の重量1トン当たりの容積）

$$S/F = \frac{貨物容積}{貨物の重量トン} \quad (10.2)$$

注） a. はブロークン・スペースを含むが，b. は含まない。

2）ブロークン・スペース（broken space）（空積，荷隙）

貨物を船倉に積み付けた場合に生ずる，貨物相互間，貨物と船体及び船倉内構造物の間の隙間をいう。ブロークン・スペースは，貨物寸法と船倉内の寸法の関係，貨物の通風・換気の必要性，貨物重量と甲板強度の関係等によりその大きさは異なる。

表10.1 主な貨物の載貨係数（ft³）

貨物	荷姿	載貨係数	貨物	荷姿	載貨係数
鉄材	裸荷	10〜20	缶詰	箱入	53
レール	裸荷	14	生ゴム	梱包	60
セメント	袋入	32	ガソリン	ドラム缶	65
石炭	袋入	42〜48	印刷紙	巻	60〜68
大豆・砂糖	ばら荷	50	綿花	梱包	90
まくら木	袋入	50	生糸	梱包	100〜110
白米	ばら荷	50〜52	紅茶	箱入	90〜120

【例題 10.1】

船倉容積（bale capacity）28,000 ft³ に対して，紅茶（S/F = 110）は何トン積むことができるか。

〔解答及び解説〕

S/F = 110 であるから，紅茶を 1 L/T（long ton）積載するのに 110 ft³ の船倉容積を必要とする。したがって 28,000 ft³ の船倉容積に対する積載可能重量は，

$$\frac{28,000}{110} \fallingdotseq 255 \,(L/T)$$

となる。

【例題 10.2】

綿花（S/F = 90）を 200 L/T 積む場合，必要な船倉容積はいくらか。

〔解答及び解説〕
S/F = 90 であるから，綿花を 1 L/T（long ton）積載するのに 90 ft^3 の船倉容積を必要とする．したがって 200 L/T 積載するのに必要な船倉容積は，

$$90 \times 200 = 18,000 \text{ (ft}^3\text{)}$$

となる．

10.3.3　船積み計画に用いられる主な図表及び資料

(1) 排水量等曲線図（hydrostatic curves），排水量等数値表（hydrostatic table）

排水量計算，復原力計算及び喫水計算等の荷役計算に必要なデータの内，排水量をはじめとして，喫水の増減に伴い変化する種々の値が記載されている．各データをグラフ形式で表したものが排水量等曲線図，数値表としてまとめたものが排水量等数値表で，前者は「ハイドロカーブ」，後者は「ハイドロテーブル」等と呼ばれる．新造時に造

表10.2　排水量等数値表における船の状態

a. 海水比重が1.025
b. 船体には撓みがない．
c. 船はイーブンキールで浮かんでいる．
d. 横傾斜がない．

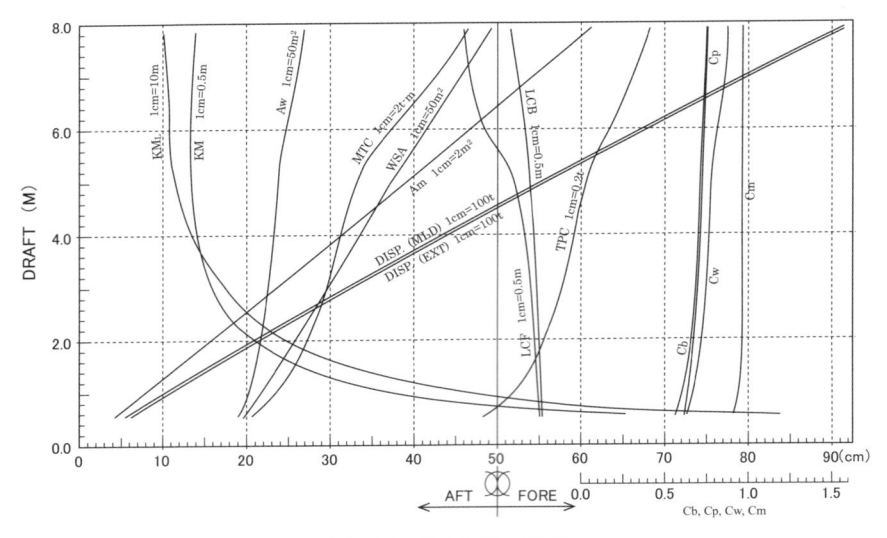

図10.3　排水量等曲線図

第10章　載貨法

```
                              HYDROSTATIC TABLE

DRAFT    DISPT     DIFF    T P C   M T C    L C B    L C F    T KM
(EXT)    (EXT)
 (M)     (MT)      (MT)    (MT)   (MT-M)    (M)      (M)      (M)

6.00    6798.25   12.81   12.76   76.03    F 1.78   A 0.62   6.53
6.01    6811.07   12.81   12.77   76.15    F 1.78   A 0.64   6.53
6.02    6823.88   12.82   12.78   76.28    F 1.77   A 0.65   6.53
6.03    6836.71   12.82   12.78   76.41    F 1.77   A 0.67   6.53
6.04    6849.54   12.83   12.79   76.53    F 1.76   A 0.69   6.54
6.05    6862.37   12.84   12.80   76.66    F 1.76   A 0.70   6.54
6.06    6875.21   12.84   12.80   76.78    F 1.76   A 0.72   6.54
6.07    6888.06   12.85   12.81   76.90    F 1.75   A 0.73   6.54
6.08    6900.92   12.85   12.82   77.02    F 1.75   A 0.75   6.54
6.09    6913.78   12.86   12.82   77.14    F 1.74   A 0.76   6.54

6.10    6926.64   12.87   12.83   77.26    F 1.74   A 0.78   6.54
6.11    6939.51   12.87   12.84   77.38    F 1.73   A 0.79   6.54
6.12    6952.39   12.88   12.84   77.50    F 1.73   A 0.80   6.54
6.13    6965.27   12.88   12.85   77.62    F 1.72   A 0.82   6.54
6.14    6978.16   12.89   12.86   77.73    F 1.72   A 0.83   6.54
6.15    6991.06   12.89   12.86   77.85    F 1.71   A 0.85   6.54
6.16    7003.96   12.90   12.87   77.96    F 1.71   A 0.86   6.55
6.17    7016.86   12.91   12.87   78.08    F 1.70   A 0.87   6.55
```

図 10.4　排水量等数値表

船所から供与される図表の一つで，いずれも表 10.2 の前提条件の下で計算された値が記載されており，それ以外の条件下で船が浮かぶ場合には，得られた値に対して種々の修正が必要となる。

(2) 載貨重量トン数表（deadweight scale）

任意の喫水に対し載貨重量トン数を読み取れるようにした図表で，船積みできる貨物重量や貨物積載後の喫水の推定に用いられる。これも表 10.2

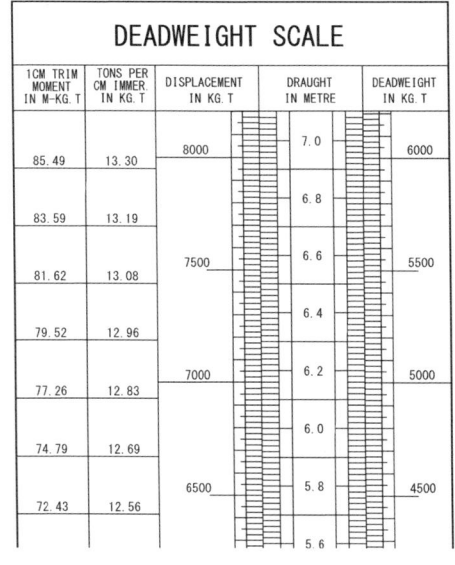

```
              DEADWEIGHT SCALE

1CM TRIM    TONS PER
MOMENT      CM IMMER.  DISPLACEMENT   DRAUGHT    DEADWEIGHT
IN M-KG.T   IN KG.T    IN KG.T        IN METRE   IN KG.T

 85.49       13.30        8000          7.0         6000
                                        6.8
 83.59       13.19
                                        6.6
 81.62       13.08        7500                      5500
                                        6.4
 79.52       12.96
                                        6.2
 77.26       12.83        7000                      5000
                                        6.0
 74.79       12.69
                                        5.8
 72.43       12.56        6500                      4500
                                        5.6
```

図 10.5　載貨重量トン数表

の条件下で計算された値である。
(3) 載貨容積図（cargo capacity plan）
　1) 積量図（capacity plan）
　　　船倉やタンクの場所，容積，重心位置などを示す図面で，船の側面図と平面図，容積及び重心位置等を示す数値表が記載されている。各船倉のベール・キャパシティやグレーン・キャパシティはこの図から求めることができる。
　2) 船倉区画図（modular capacity plan）
　　　船倉をいくつかの区画に分けてその容積を示したもので，中甲板は平面図で，船倉は側面図で示される。ストウェージ・プランの作成に用いる。
(4) タンク・テーブル，測深表（tank table）
　　タンクに積載されている水や油等の液体の容積等と液面高さとの関係を示した数値表で，任意の液面高さに対する重心位置や，自由水影響の計算に必要な自由表面の慣性モーメントの値も求めることができる。
(5) トリミング・テーブル（trimming table），トリミング曲線（trimming diagram）
　　船の長さ方向の任意の場所に，一定の重量を積載した場合の，船首及び船尾喫水の変化量を記載した図表である。平均喫水と積載重量を基にして，喫水の変化量を推定できる。
(6) ストウェージ・プラン，貨物積付図（cargo stowage plan）
　　貨物の積み付け状態を示すため船で作成される図である。船舶の用途や構造により様式が異なるが，一般貨物船においては，中甲板は平面図で，船倉は側面図で示される。図には貨物の数量（トン数や個数等），荷姿，品目・揚地等が記載され，さらに揚げ違いを防止するため揚地別に色分けされる。
　　船積み計画時に作成するほか，揚地での荷渡しを円滑にするため，実際の積付状態を反映させたものも作成される。
(7) ローディング・マニュアル（loading manual）
　　貨物やバラストの積載が，船体の縦強度に及ぼす影響を検証するため，必要な種々の資料を含んだ手引書である。標準的な積み付け状態における「せん断力」及び「縦曲げモーメント」や，それらの船内における計算

方法等が解説されており，積荷の前後配置を検討する場合に用いる。
（8）復原性マニュアル（stability manual）

　　船の復原性能を検証するための資料で，標準的な積み付け状態における復原力及び喫水等の計算結果や復原力曲線の他，それらの計算方法の解説を含む。
（9）貨物固縛マニュアル（cargo securing manual）

　　ばら積み以外の貨物の積付け及び固定の方法を解説した資料で，固縛方法の検討に用いる。

10.3.4　貨物の積付けと船体への影響

（1）船の縦強度に対する影響

　　船が港内のように波のない静かな水面（静水中）に浮いているときは，船の総重量（軽荷重量＋載貨重量）と船体に作用する浮力は，全体として釣り合った状態にある。しかし，図10.6に示すように船を輪切りにしたとすると，積荷の配分次第では各部分の浮力と重力は必ずしも釣り合わず，両方の力が釣り合うまで各部分は上下に移動しようとする。

　　実際には船体はつながっているため，各断面には移動を防止する抵抗力が働く。その結果，船体を上下にはさみで切るような「せん断力（shearing force）」と船首尾方向に曲げようとする「曲げモーメント（bending moment）」とが生じ，それにより船体がたわむ。

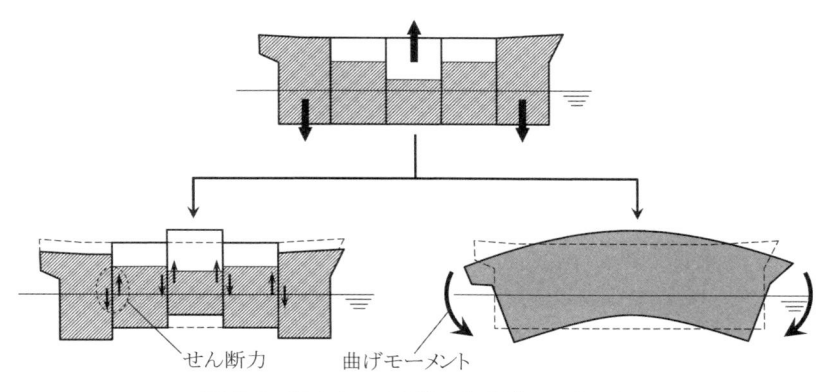

図10.6　静水中のせん断力と曲げモーメント

すなわち重量が船首尾付近に集中すると，ホギング状態となって船体は凸形となり，甲板に引張力，船底に圧縮力が働き，逆に重量が船体中央付近に集中するとサギング状態となり，船体は凹形にわん曲して，甲板には圧縮力，船底には引張力が働く。また，前後に隣り合った区画の重量の差が大きい場合にはせん断力が過大となる。したがって各倉均等に積み付け，せん断力や曲げモーメントが船の許容値以上にならないようにしなければならない。これらの影響は大型船ほど顕著であり，さらに波浪中においては一層助長される。積荷計画に当たっては，ローディング・マニュアルに従い縦強度計算を行い，船体に不当な応力が発生することを防止する必要がある。

(2) 局部強度に対する影響

　大型機械類や鋼材等の重量物は，甲板や二重底の許容耐荷重を超えないように重量配置には注意しなければならない。また，ガーダやビーム，フロア等の強度部材に重量がかかるようダンネージを配置し，荷重の分散を図る必要がある。

10.4　荷役の段取りと積み付け

10.4.1　荷役準備

立案された船積み計画の下，安全に効率よく荷役を行い，輸送中における貨物事故を防止して完全輸送を達成するためには，入念に準備しなければならない。その内容は船種や積載貨物により異なるが，一般的には次の準備が必要である。

(1) 貨物の積み付けに適した倉内環境の整備

　積載される貨物の性質，性状，荷姿，混載貨物への影響，さらに前航海での積載貨物による影響等を考慮し，倉内を貨物の積載に適した環境に整える。

〔例〕

a. 倉内の清掃及び整頓

（前航貨物の残留物処理，タンカーのタンククリーニング等）

b. 積載貨物からの船体の保護

（貨物の接触や漏えいによる腐食防止措置等）

c. 倉内の乾燥
　　　d. 倉内温度の調節
　　　e. 倉内損傷箇所の点検・修理
　　　f. 排水機能の点検・整備　等
（2）荷役設備・用具の点検・準備

　　安全な荷役と確実な貨物の積み付けを図るため，荷役関連資機材の点検及び準備を行う。
　〔例〕
　　　a. クレーンやデリック等の揚貨装置及びその他の荷役関連設備の準備と作動点検
　　　b. ブロック，ワイヤロープ，カーゴフック等の揚貨装具の点検・準備
　　　c. ダンネージの準備
　　　d. ワイヤロープ，チェーン，ラッシング・ロッド，ターンバックル等の固縛資材の点検・準備　等

　　注）　ダンネージ（dunnage）：荷敷とも呼ばれ，貨物の積み付けに当たり，下記の目的で使用される板材，角材，マット等のことをいう。
　　　　● 貨物を甲板，隔壁等から離して浸水，漏水，発汗あるいは貨物自体からの漏液等による貨物の濡損を防止する。
　　　　● 貨物相互の接触及び上方貨物の重量による下積貨物の圧損を防止する。
　　　　● 船体と貨物金属部との接触摩擦による損傷ならびに火花発生を防止する。
　　　　● 貨物間の通風を良くする。
　　　　● 貨物の局部的な荷重集中による甲板の損傷を防止するため，荷重を分散させる。
　　　　● 航海中の貨物移動による貨物及び船体の損傷を防止する。
　　　　● 貨物間の境界をつくる。

（3）船内衛生環境の維持

　　多種多様の貨物を積載し，国際貿易に従事する船舶は，ねずみ族の侵入や感染症の病原体に汚染されていることが懸念されるので，外国からの入港船に対しては検疫法により検疫が実施され，必要な場合は消毒その他の措置が取られる。特に，穀類などの食品類の積載に当たり，害虫等の存在形跡が確認されると積載前に船内消毒が行われる。方法としては，一酸化炭素ガス，青酸ガス，硫黄ガスなどがあるが，殺菌力の強い青酸ガス消毒が一般的である。

　　ただし，青酸ガスは猛毒で，微量を吸引しても中毒を起こして死亡事故につながる。このガスは無色で甘味の臭気があるが，消毒に使用する濃度では無臭に近いので細心の注意が必要である。

10.4.2 揚貨装置とその取扱い

(1) 装置の構造と各部の名称

 1) デリック（derrick）

  デリックは，貨物の揚げ卸しをするための荷役装置で，重量貨物を扱うヘビーデリック（heavy derrick）と，それより軽量の貨物に使用される普通デリック（ordinary derrick）がある。その準備や後始末及びメンテナンスに多くの労力を必要とする一方，機構が簡単で低価格なため，従来から船舶における揚貨装置として使用され，様々なタイプのものが開発されてきた。2本1組で使用するものと，1本のブームを振り回して使うものがあるが，代表的な構造は図10.7のようになっている。

  デリックは，デリックポスト（derrick post）又はマスト（mast）と，ブーム（boom）からなる主要部に加え，多数のブロックやロープ等によって構成される。ブームの下部はグーズネック（goose neck）によりデリックポストに連結され，これを支点にブームを旋回させ

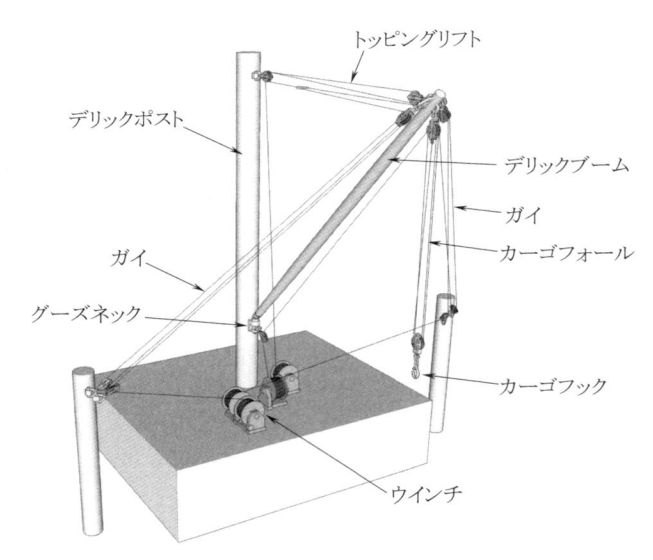

図10.7　デリック装置

たり仰角を変えたりすることができる。トッピングリフト（topping lift）は，ブーム及び貨物の重量を支持するとともに，ブームの仰角を調節するためのロープである。

　貨物の上げ下ろしに使用されるロープはカーゴフォール（cargo fall）と呼ばれ，内端はカーゴウインチに巻き取られている。そしてグーズネックに装着されたヒールブロック（heel block）やブームの先端にあるヘッドブロック（head block）を介してブーム先端から吊り下げられる。カーゴフォールの先端には貨物を吊るためのカーゴフック（cargo hook）が取り付けられている。

2）デッキクレーン（deck crane），ジブクレーン（jib crane）

　デッキクレーンもデリックと同様の目的で使用される荷役装置であるが，本体にウインチやブロック，ロープ等をすべて組み込んだ構造をしているため，デリックに比べ，準備や後始末に要する時間は短く，省力化が図られている。デッキクレーンは，クレーン本体の旋回（slewing），ジブの起伏（luffing），吊り下げられた貨物の上下動（hoisting）という3通りの動きをワンマンコントロールでき，さらにこれらの動きを一定の範囲内に制限できる安全装置が取り付けられている。

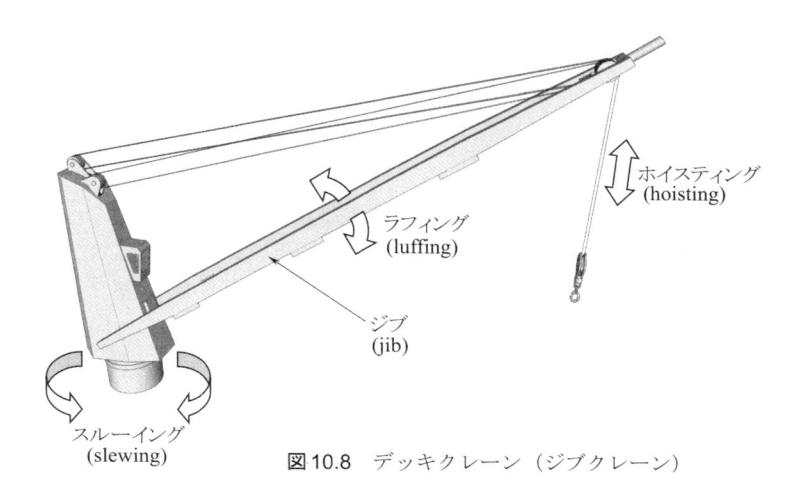

図10.8　デッキクレーン（ジブクレーン）

(2) 揚貨装置の各部に加わる力
   1) 貨物をブームの先端に吊り下げた場合
   　貨物の重量 w を，トッピングリフトの方向とブームの方向に分解すると，F_{tl} はトッピングリフトにかかる引張力（tension）となり，F_b はブームにかかる圧縮力（compression）となる。

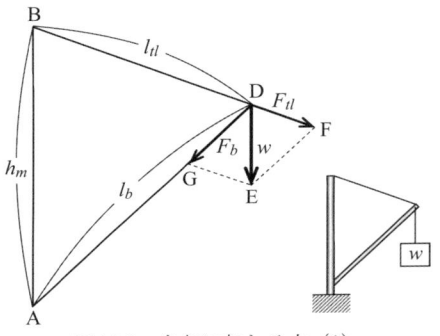

図10.9　各部に加わる力（1）

△ABD と △EDF とは相似形であるから，

$$\frac{w}{h_m} = \frac{F_b}{l_b} = \frac{F_{tl}}{l_{tl}}$$

　　h_m：マストの高さ
　　l_b：ブームの長さ
　　l_{tl}：トッピングリフトの長さ

が成り立ち，この関係からそれぞれの力を求めることができる。

　　ブームに加わる圧縮力　　$F_b = w \times \dfrac{l_b}{h_m}$ 　　(10.3)

　　トッピングリフトに加わる引張力　　$F_{tl} = w \times \dfrac{l_{tl}}{h_m}$ 　　(10.4)

　このうちブームに加わる圧縮力は，マストとブームのなす角度に無関係なことがわかる。

   2) カーゴフォールをブームに沿って巻き上げる場合
   　カーゴフォールをブームに沿って巻くと，ブームの先端のヘッドブロックに加わる力 f_{hb} は，貨物の重量 w とカーゴフォールを引く

力 p の合力になる。この f_{hb} を，トッピングリフトの方向とブームの方向に分解すると，それぞれに加わる力を求めることができる。

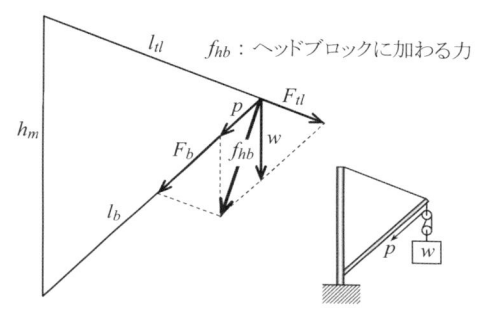

図10.10 各部に加わる力（2）

ブームに加わる圧縮力　　$p + F_b = p + \left(w \times \dfrac{l_b}{h_m}\right)$ （10.5）

トッピングリフトに加わる引張力　　$F_{tl} = w \times \dfrac{l_{tl}}{h_m}$

1）の場合と比べると，ブームには F_b と同じ方向にカーゴフォールを引く力 p が加わるので，ブームに加わる圧縮力は増加している。この p は使用するテークルの倍力により異なる。

3）カーゴフォールをトッピングリフトに沿って巻き上げる場合

2）と同様に，ヘッドブロックに加わる力 f'_{hb} を，トッピングリフトの方向とブームの方向に分解すると，それぞれに加わる力を求めることができる。この場合，F_{tl} と p の方向が相反するので，トッピングリフトに加わる引張力は，両者の差になる。

ブームに加わる圧縮力　　$F_b = w \times \dfrac{l_b}{h_m}$

トッピングリフトに加わる引張力　　$F_{tl} - p = \left(w \times \dfrac{l_{tl}}{h_m}\right) - p$

（10.6）

1）の場合と比べると，トッピングリフトに加わる力は小さくなる。このため大型プラントや舟艇などの重量物荷役に使用するヘビーデリックは，この方式を用いている。

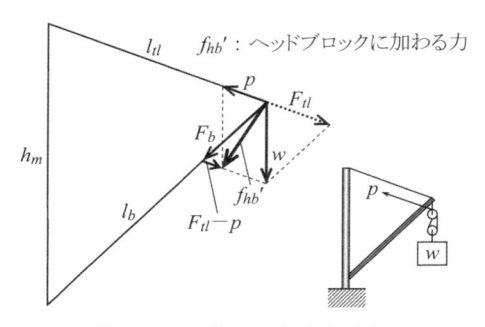

図10.11 各部に加わる力（3）

4) 各場合の計算にブームの重量を加味する場合

　　上記の計算は，いずれもブームの重量を無視しているので，それを加味する場合は，略算として，貨物の重量にブーム重量の 1/2 が加わったものとみて計算する。

(3) スリング（sling）

　貨物を束ねて揚貨装置の荷役フックなどに掛ける吊り具をスリング又はカーゴスリング（cargo sling）といい，以下の種類がある。

　a. ロープスリング（rope sling）：雑貨用
　b. ワイヤスリング（wire sling）：重量物，鋼材等の荷役用
　c. チェーンスリング（chain sling）：パイプ類等の長尺物荷役用
　d. ネットスリング（net sling）：複数の小型貨物をまとめて行う荷物用
　e. ウェブスリング（web sling），キャンバススリング（canvas sling）：破れやすい袋物用
　f. フック付スリング（can hook）：ドラム缶，樽，鉄板などに使用
　g. プラットフォーム（platform sling）：破損しやすい箱物に使用
　h. パレットスリング（pallet sling）：貨物をパレットに載せた状態で使用

10.4.3　貨物の固縛

　航海中の船体傾斜や動揺によって貨物が移動することがないように確実に固縛をしなければならない。固縛にあたっては，以下の力が総合的に貨物に作用するものとして考慮する。

1）船体傾斜による静的な力：貨物を滑らせる力，貨物を転倒させる力
2）船体動揺による動的な力：縦揺れ，横揺れ，上下揺れによる力
3）暴露甲板上の貨物に作用する力：風圧力，波飛沫による衝撃力

　固縛索等の固縛用具の強度がこれらの力に十分耐え得るよう配置する必要がある。なお簡易的ではあるが，各固縛用具における許容荷重の合計が，その貨物の各舷において貨物重量（単位は kN）と等しくなるように配置する方法がある。

10.5　各種貨物取扱い上の留意点

10.5.1　固体ばら積み貨物の積み付け

　固体ばら積み貨物とは，穀物，塩，鉱石，石炭等で，包装されずにばら状で積み込まれる貨物をいい，多くの場合，ばら積み専用船によって運送される。積載量は，荷役前後の喫水を読み取り，それらを基に排水量計算によって決定する。一般的に以下のような危険性を有しており船舶の復原性に大きく影響することから，「特殊貨物船舶運送規則」によって，積み付け及び運送に関する種々の基準が定められている。

（1）固体ばら積み貨物の性質
　　1）移動性
　　　　ばら積みされた穀類や微粉鉱石等の粒粉状貨物は，運送中の船体動揺により移動し易い性質を有している。そして，片舷への大量移動は船体を傾斜させ，荒天航海とも重なると極めて危険な状態となる。移動性の難易については静止角の大小がその目安となる。
　　　注　静止角（angle of repose）：粒粉状の物質を上方から自然落下させたときにできる堆積の斜面と水平面とがつくる角。各貨物により固有の値を示し，静止角が小さい貨物ほど移動し易い。

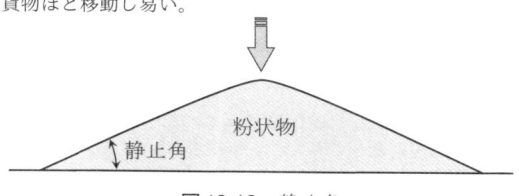

図 10.12　静止角

2）沈下性

　　穀類等は，航海中の動揺や振動により，積み込み当初より2～5％程度沈下し，空隙を生じる。

3）液状化の危険性

　　浮遊選鉱により得られる精鉱やその他の水分を含んでいる物質は，船積みされるときは比較的乾燥したように見えるが，積荷の荷重と航海中の船体の振動で貨物表面は軟泥状となる。そして船体が一方へ横傾斜した場合片舷に流れ出し，次に反対舷へ横傾斜しても完全に貨物は元に戻らず，船は次第に危険な傾斜に達し，最悪の場合転覆に至る。

4）化学的な危険性

　　石炭は酸化作用により自然発熱しメタンガスも発生する。またリン鉄は水と反応して毒性ガスを放出する等，ばら積みした場合のみ，その貨物の有する化学的危険性が生じるものがある。

(2) 危険防止措置

　固体ばら積み貨物の船舶運送に当たっては，「特殊貨物船舶運送規則（以下「特貨則」という。）」によらなければならない。主な留意点は以下のとおりである。

　a. 荷送人から貨物の性状，危険性及び取扱い等に関する資料を得ること。

　b. 貨物が規則の要件に合致しており，ばら積み運送できるものであることを必ず確認する。

　c. 規則に従った方法で，荷役計画書等の作成，積載，荷役及び貨物の管理を行う。

　d. 液状化物質は水分値が高いほど液状化し易いため，公的機関が運送許容水分値及び含有水分値の測定を行ったもの以外は，ばら積み運送をしてはならない。

　e. 水分が12％を超える液状化物質を積載する場合は，「含水液状化物質運搬船」の要件を満たしていること。

　注）特貨則の第2章は，固体貨物のばら積み運送に関する国際規則であるIMSBCコードを国内規則として導入したものであるが，同コードの一部は危険物船舶運送及び貯蔵規則にも取り入れられている。(10.5.3 (4) 参照)

(3) ばら積み船の主な作業
　1）バラストの注排水（ballasting and deballasting）
　　　一般的にばら積み船は，積地へは貨物を持たないバラスト状態で入港するため，積荷役時にバラストを排水（deballasting）する必要があり，逆に揚荷役において注水（ballasting）しなければならない。バラストの注排水計画は，船体応力，復原性，喫水及びトリムを勘案し，荷役計画と並行して行う。注排水作業は，余裕水深やローダーとの接触防止，係留索の張り具合等に注意しなければならない。
　2）喫水鑑定（draft survey）
　　　貨物の積高及び揚高算出のため，荷役開始前と終了後に鑑定人（surveyor）とともに喫水を計測し排水量を算出する。また，バラスト等船内非貨物重量及び海水比重の計測も同様に行う。
　　注）　排水量計算については，11.3 を参照。

10.5.2　木材の甲板積み運送

(1) 木材の甲板積み運送の危険性
　　木材の甲板積み運送は，重心を上昇させ復原性の低下を招くおそれがあり，また荒天中に固縛の緩みや切断により貨物が移動した場合には復旧が極めて困難である。さらに，ハッチカバー等の閉鎖装置が破損した場合も容易に接近し修理することができないなど，多くの危険性を有する。よって積み付けに当たっては「特殊貨物船舶運送規則」に従い安全性の維持に努めなければならない。
(2) 貨物の積み付け上の留意点
　1）浸水防止措置
　　a. 甲板積み木材の積載場所にあるハッチカバーは完全に閉鎖しておくこと。
　　b. 通風管，空気管及び操舵設備は，甲板積み木材により損傷を受けないように保護しておくこと。
　2）荷崩れ防止措置
　　a. 甲板積み木材はできる限り密に積み付けること。

b. 丸太材をブルワークの高さ以上に積載する場合には，甲板の梁上側板（ストリンガプレート）に強固に取り付けられた十分な強さを有する支柱を，3m以下の適当な間隔で配置すること。
c. 航行区域並びに甲板積み木材の種類及び積付け高さごとに，告示で定める方法により甲板積み木材を締め付けること。
d. 航海中，定期的にラッシングの点検を行い，緩みがあれば増し締めすること。
e. ラッシングの点検及び緊縛については，航海日誌に全て記入すること。

注）告示：ここでいう告示とは，「甲板積み木材の締めつけの方法を定める告示」を指す。

3) 転覆防止措置
a. 船をできる限り直立状態に保持して積み付けること。
b. 全航海を通じて十分な復原性を維持できるよう，降水や海水の打ち込み等の水分の吸収による質量の増加，燃料消費等の影響を考慮して，積載量を決めること。
c. 大型丸太材の積付け高さは，上甲板から上方に積載場所の甲板の幅の3分の1を超えないこと。

10.5.3　危険物の積み付け

　危険物を船舶に積載し運送する場合は，「危険物船舶運送及び貯蔵規則（以下「危規則」という。）によらなければならない。危規則では，危険を防止するため，船舶，船長及び荷送人等に対する様々な義務規程を設けている。危険物の運送形態には，個々の貨物を容器等に入れ運送する「個品運送」と，主として専用船による「ばら積み運送」の2通りがあり，それらに対応して運送規準が定められている。

(1) 船積み危険物の種類（第2条）
1) 個品運送される危険物
　　火薬類，高圧ガス，腐食性物質，毒物類，放射性物質等，引火性液体類，可燃性物質類，酸化性物質類，有害性物質
2) ばら積み液体危険物

　　　　　　液化ガス物質，液体化学薬品，引火性液体物質，有害性液体物質
　　3）常用危険物
　　　　　　船舶の航行又は人命の安全を保持するために，その船舶で使用する危険物。例えば，機関用燃料，炊事用の高圧ガス，信号火器類等。
(2) 一般的な規制
　　運送形態にかかわらず，遵守しなければならない主な事項は以下のとおりである。
　　a. 法令で定める場合等を除き，常用危険物以外の危険物を船舶に持ち込んではならない。（第4条）
　　b. 溶接，リベット打その他火花又は発熱を伴う工事を行う場合は，危規則による禁止事項又は制限事項を遵守しなければならない。（第5条）
　　c. 船長又はその職務を代行する者は，危険物の船積み，陸揚げその他の荷役をする場合，立ち会わなければならない。（第5条の4）
　　d. 液化ガス物質及び液体化学薬品をばら積みして運送する場合や危険物をコンテナに収納して運送する場合，又は自動車等に積載して運送する場合で，貨物の安全な運送に必要な情報が得られないときは，船長は積載を拒否しなければならない。（第5条の5）
　　e. 危険物を積載している船舶の標識（昼間は赤旗，夜間は赤灯）を，マストその他の見やすい場所に掲げなければならない。（第5条の7）
　　f. 船長は，危険を防止するための注意事項を詳細に記載した「危険物取扱規程」に記載された事項を，乗組員及び作業を行う作業員に周知させ，かつ，遵守させなければならない。（第5条の8）
　　g. 船長は，船舶に積載してある危険物により災害が発生しないように十分な注意を払わなければならない。（第5条の9）
(3) 個品運送に関する規定
　　荷送人の義務として危険物を収納する容器，包装及び危険物の内容を示す標札等について，船長に対する義務規定として船舶への積み付け方法等が定められている。
　　a. 危険物を運送する船舶は，「危険物運送船適合証」の交付を受け，それを船内に備え置かなければならない。（第38条）
　　b. 危険物を運送する場合は，その積載場所その他の積載方法に関し告示で定める基準によらなければならない。（第20条）

c. 危険物が相互に反応して発熱やガスの発生等，危険な状況を引き起こすおそれがあることから，一定の危険物については，告示で定める規準により隔離しなければならない。（第21条）
d. 危険物の船積みをする場合は，船長は，その容器，包装，標札等及び品名等の表示が危規則の規定に適合し，かつ，「危険物明細書（荷送人より提出される）」の記載事項と合致していることを確認しなければならない。（第19条）
e. 船長は，船舶に積載した危険物について，危険物積荷一覧書又は積付図2通を作成し，うち1通を船舶所有者に交付し，他の1通を船舶内に当該危険物の運送が終了するまで保管しなければならない。（第22条）
f. 一定の危険物については，積付検査を受検しなければならない。（第111条）

(4) 固体危険物のばら積み運送に関する規定

可燃性物質，酸化性物質，腐食性物質，有害性物質のうち，告示で定める危険物は，それぞれ，告示で定める積載方法による場合に限り，旅客船以外の船舶にばら積みして運送することができる。この場合，① 積載する場所は積載前に清掃し，② 同一の船倉又は区画には，同一品名のもののみを積載しなければならない。（第13条）

注）告示：ここでいう告示とは，「船舶による危険物の運送基準等を定める告示」を指す。

(5) 液体危険物のばら積み運送に関する規定

ばら積み液体危険物を運送する船舶に対しては，その構造及び設備要件と共に，作業要件が定められている。

1) 液化ガス物質

常温・常圧下では気体であるため，加圧又は冷却により液化して運送されるものが該当する。作業要件として，防火措置や低温での貨物運送，貨物の移送に関して定められている。（第253条～第255条）

2) 液体化学薬品

常温・常圧下でも液体の物質である。貨物の積載場所の制限，貨物の隔離，1タンク当たりの最大許容貨物量，荷役中及び揚荷後のバラスト作業中における貨物タンクの閉鎖，試料の保管方法，静電

気による発火危険の防止措置，ボンディングの方法に関して規定されている。（第318条～第324条）
3）引火性液体物質

　　油タンカーによる運送に関する規定で，荷役前の注意，火気取扱いの制限，タンク内の引火性蒸気の置換，静電気による発火危険の防止措置，ボンディングの方法，荷役時の確認及び措置，荷役の禁止等が規定されている。（第326条～第337条）
4）有害性液体物質

　　上記1)～3)以外の液状の危険物を，タンク船に積載して運送する場合について規定されている。主に貨物タンクに関する一般的な安全確保のための要件が定められている。（第357条～第365条）

10.5.4　タンカーによる石油類の運送

石油類は，燃料や各種工業製品の原料として広く利用されており，われわれの日常生活において欠くことができない。その一方で多くの危険性を有しているため，ひとたび事故が発生すると，当事者だけでなく周辺環境も巻き込んだ甚大な被害をもたらすことになる。したがって，運送に当たっては危規則等の法令の遵守は当然のこと，貨物の性質を十分に理解し，万全の注意を払わなければならない。

(1) 石油類の危険性
　1) 火災・爆発の危険性

　　　タンカーでばら積み運送される石油類は，危規則に定める引火性液体物質であり，安全確保のためにはガス検知を確実に行うと共に発火源を厳しく管理する必要がある。

　　注）　発火源については，9.1.2（1）参照。

　　　a. 可燃性蒸気の燃焼（爆発）範囲

　　　　石油等の可燃性液体の燃焼及び爆発は，液体自体が燃えるのではなく，液体が気化した可燃性蒸気に引火することにより生じる現象であり，蒸気濃度が一定の範囲にある場合にのみ発生する。その上限濃度を「爆発上限界（U.E.L.）」又は「燃焼上限界（U.F.L.）」といい，下限濃度を「爆発下限界（L.E.L.）」又は

「燃焼下限界（L.F.L.）」という。

注）　U.E.L. : Upper Explosive Limit，Upper Explosion Limit
　　　U.F.L. : Upper Flammable Limit
　　　L.E.L. : Lower Explosive Limit，Lower Explosion Limit
　　　L.F.L. : Lower Flammable Limit

b. 引火点

引火とは，火が移ってそこに新たな火ができる現象をいう。石油類への引火は，その液体表面から十分な濃度の可燃性蒸気の発生がある場合に起きる。このような蒸気が発生する最低液温を引火点（flash point）という。表 10.3 に示すとおり，灯油や軽油の引火点は常温以上であるのに対し，原油及びガソリンの引火点は氷点下であり，常温では常に可燃性蒸気が発生しているため極めて危険性は高い。

なお，引火点が高い油でも，霧状になったりウエスに浸み込んだりして，空気との接触面積が増加すると引火しやすくなる。

表10.3　石油類の性状

	爆発下限界	爆発上限界	引火点	発火点
原油	1％	10％	−12℃以下	約230℃
ガソリン	1.4％	7.6％	−40℃以下	約300℃
灯油	1.1％	6.0％	30〜60℃	約250℃
軽油	1.0％	6.0％	50〜70℃	約250℃
重油	1％	7％	60〜150℃	約250℃

注）原油については含まれる成分により値は異なるため概略値である。
　　重油の爆発下限界及び爆発上限界は推定値である。

c. 発火点

発火とは，火のないところに火が発生する現象をいう。石油類は，発火源がなくとも，熱が蓄積され一定以上の高温に達すると発火する。このような現象が起きる最低液温を発火点（ignition point）という。

重油等の揮発しにくい油が，ウエスや金属の切くず等にしみこんだ場合，酸化によって発熱し，それが蓄積され温度が発火点以上に達すると発火する。

2）人体に対する毒性

　　石油蒸気には種々の有毒成分が含まれる。特に硫化水素とベンゼンは微量でも極めて毒性が強い。

　　注）　ガス検知及び有害ガスの許容濃度については，4.5.3 参照。

3）海洋汚染・大気汚染の危険性

　　不適切な取り扱いや船舶の座礁・衝突といった事故により石油が海洋に流出した場合は，重大な環境破壊を起こすこととなり，また石油蒸気に含まれる揮発性有機化合物（VOC：Volatile Organic Compounds）は，大気汚染の原因になる。

　　注）　安全データシート（SDS，Safety Data Sheet）について
　　　　化学物質の特性や取扱いに関する情報を記載した文書で，危険性を有する一定の化学物質を事業者間で提供・譲渡する場合は，このデータシートを付与することが種々の法令等で義務付けられている。従前は，「化学物質等安全データシート（MSDS，Material Safety Data Sheet）」と呼ばれていた。
　　　　油をばら積み運送する場合又は燃料油を搭載する場合は，当該油の特性及び取扱いに関する情報を記した文書を船内に備え置かなければならない。（船員労働安全衛生規則第24条の2）

(2) タンカーの構造・設備

　石油類を運送するタンカーには，原油を運送する「原油タンカー」と，石油精製品を運送する「プロダクトタンカー」がある。内航船においては原油及び重油等の重質油を運送するタンカーは「黒油タンカー」，ガソリン，灯油，ナフサ等の軽質油を運送するものは「白油タンカー」と呼ばれる。

　運送対象とする貨物の種類や船の大きさ等で構造・設備は異なるが，海洋汚染等及び海上災害の防止に関する法律や危規則等で定められており，以下のものを備える。

　1）タンク

　　a. カーゴオイルタンク，貨物油タンク（Cargo Oil Tank，C.O.T）
　　　　貨物油を積載するタンクで船体の大半をしめる。船体を縦及び横隔壁により仕切ることで異種の油の積み付けができるように配置されている。

　　b. 分離バラストタンク（Segregated Ballast Tank，S.B.T.）
　　　　カーゴオイルタンク及び燃料油タンクから完全に分離された水バラストを積載するための専用のタンクである。バラストを

注排水するための専用の配管およびポンプが設けられている。
  c. スロップタンク（slop tank）
    カーゴオイルタンクを水洗浄した後に生ずる油水混合物を一時的に保持し，水と油の比重差を利用して油分を分離するためのタンクである。総トン数150トン以上のタンカーに設置が義務付けられている。
2）パイプライン
  a. カーゴライン
    貨物油の積み卸しに用いられるパイプラインの総称である。上甲板，カーゴタンク内及びポンプルーム内に配管されている。カーゴラインはその設置場所により，デッキメインライン，ドロップライン，ライザー等，種々の名称で呼ばれる。上甲板にあって陸側のパイプとの接続部をマニホールドという。
  b. バラストライン
    水バラストの注排水のためのパイプラインである。シーチェストと呼ばれる船底部の取水口からバラストタンクに配管されている。
  c. ベントライン
    カーゴオイルタンク内の圧力は，密閉された状態では温度の上下に伴い変化する。これを調整するため，カーゴオイルタンクには外気と通じるパイプラインが配管されており，途中に設けられた自動呼吸弁（ブリザーバルブ，breather valve）を通じて外気を吸排気する。なお，固定式イナート・ガス装置（IGS）を備えているタンカーにおいては，イナートガスの供給管とベントラインを併用している場合がある。
    注）固定式イナート・ガス装置については，2.4.4（3）2）を参照。
  d. COWライン
    COWとは原油洗浄（Crude Oil Washing）のことで，原油タンカーの揚げ荷役中に，貨物油の一部を固定式洗浄マシンから高圧力でカーゴオイルタンク内に噴射し，タンク内に付着している原油残留物を溶解させて，貨物油と共に揚げ荷する作業をいう。COWラインはそのための配管である。COWには次の

ような利点がある。
- 残油量の減少
- 海洋の油濁防止
- 積高の増加
- 入渠前のタンク・クリーニング作業量の軽減
- タンクの防蝕

なお，入渠前にはこのラインに海水を通し，カーゴオイルタンクのクリーニングを行う。

e. ヒーティングコイル

常温で固化する重質油等を加熱し流動し易くするための設備で，一般的にはタンク内の配管に蒸気を通す。熱媒油を加熱して循環させる方式のものもある。

f. その他のパイプライン

消火ライン，油圧ライン，電線用カバーライン，清水ライン，圧縮空気ライン，蒸気ライン

3）荷役用バルブ

パイプライン上に取り付けられた多くのバルブにより，貨物油やバラスト水等の流れを制御する。荷役を安全かつ確実に行うために極めて重要な設備である。種々の型式のものがあるが，荷役用としては仕切弁とバタフライ弁が主流である。バルブの操作は人力で行う方式や，荷役コンソール上で集中制御できる油圧駆動式のものがある。

4）カーゴポンプ

内航の中・小型タンカーは，主にスクリューポンプ，ギヤーポンプ，渦巻ポンプを備え，これらは主機により駆動されるものが多い。一方外航大型タンカーにおいては，専用の蒸気タービンによって駆動される渦巻ポンプが主流である。

(3) タンカーの荷役

1）荷役に関する留意点

タンカー以外の船における荷役は，ステベドアと呼ばれる荷役業者によって行われる。その場合，船の乗組員は荷役作業の監督と安全の確保が主な業務であるのに対し，タンカーの場合は荷役作業自

体もその船の乗組員が中心となって行う。荷役は荷主の専用岸壁又は専用の施設で行われるため，作業に当たっては危規則等の法令遵守に加え，各ターミナルの規則にも従う必要がある。さらにターミナル側荷役関係者と十分な意思疎通を図り，安全性の確保に努めなければならない。

2) 主な荷役作業
 a. ローディングアーム又はカーゴホースの接続及び切り離し
 b. 各種パイプライン上のバルブ操作
 c. カーゴポンプの運転（揚げ荷役）
 d. バラストの注排水
 e. タンク内圧の調整
 f. 原油洗浄（原油タンカーの揚げ荷役）
 g. 油面高さその他の安全確保のための監視及び確認
 h. 油量計測
 i. 係留索の調整

(4) 積載油量の算出

カーゴオイルタンク内の貨物油の油面高さを計測し，標準温度における容積及び重量を算出する。油面高さは，外航原油タンカーにおいては，油面から上甲板上の基準面までの高さ（アレージ又は隙尺（すきじゃく），ullage）で表すのに対し，内航タンカーではタンク底面から油面までの高さ（測深値，sounding）を用いるのが一般的である。また，標準温度は，外航原油タンカーの場合は 60°F（15.6°C），内航タンカーの場合は 15°C としている。

第11章
船の安定性

11.1 復原力

11.1.1 船が浮かぶための条件と釣合い

（1）船が静止して浮かぶための条件

船がある喫水で水面に浮かぶのは，図11.1のように船体に鉛直下向きに働く重力と，鉛直上向きに働く浮力とが，大きさが等しく釣り合っているからである。浮力の大きさは，アルキメデスの原理により船体によって排除された水の重量に等しいので，船が浮かぶための条件は次式で表される。

$$W = \gamma V \tag{11.1}$$

W：排水量（船の全重量），船体に働く重力
γ：水の単位体積当たりの重量（比重量）
V：排水容積（浸水部の容積）

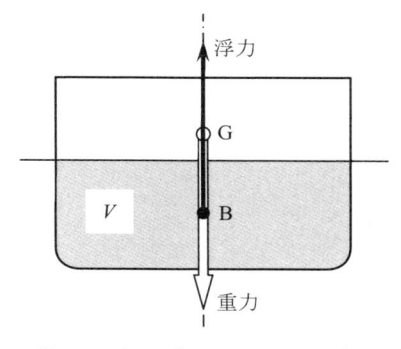

図11.1 船が浮かぶための釣り合い

重力の作用点のことを"重心"といい，"Gravity「重力」"の頭文字をとって"G"で表し，浮力の作用点を"浮心"と呼び，"Buoyancy「浮力」"の頭文字をとって"B"で表す。Gは船体の全重量が一箇所に集中した点と考えられるので，船内の重量配分が変わらない限り，その位置

が移動することはない。ところがBは浸水部（船体の水面下に没している部分で，図中アミ掛けを施した部分）の中心であるため，船が傾斜したり，沈下又は浮上したりしてこの形状が変わるとその位置も移動する。船体は一般的には左右対称なので，直立状態では，Bは船体中心線上に位置することになる。よって船が直立状態を維持するためには，Gも船体中心線上に位置し，重力の作用線と浮力の作用線が同一の鉛直線上を通る必要がある。

(2) 横メタセンタ（傾心）(transvers metacenter：M)

図11.2に示すように，静かな水面に直立状態で浮かんでいる船が，風や波などの外力の影響により傾斜した場合，浸水部の形状が変化するので，浮心は傾斜した方向へ移動する。小角度傾斜において，移動後の新浮心 B_1，B_2 より鉛直上方に延びる浮力の作用線と，直立時における浮力の作用線（通常は船体中心線）とが交わる点Mを横メタセンタという。水線面の形状が極端に変化しない小角度傾斜（15°程度まで）の範囲においては，浮力の作用線は傾斜角に関係なく，喫水ごとに一定点となるMを通る。

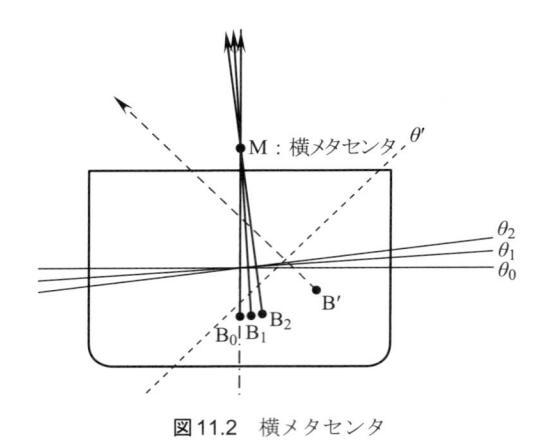

図11.2　横メタセンタ

(3) 船の釣合の安定，中立，不安定

直立で静止している船が外力により傾いたとき，船の重心位置は変わらないが浸水部の形状が変化するため浮心位置が変化する。その結果，

図 11.3 及び表 11.1 の 3 状態の釣合が生ずるが，これらは横メタセンタ M に対する重心 G の上下位置で決まる。船が安全に航海するためには，「安定」の釣合でなければならない。

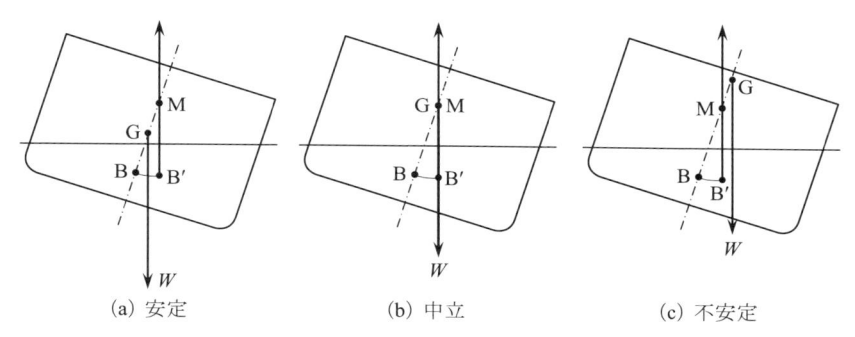

(a) 安定　　　　(b) 中立　　　　(c) 不安定

図 11.3　船の釣合の安定，中立，不安定

表 11.1　船の釣合の安定，中立，不安定

	安定な釣合	中立の釣合	不安定な釣合
状態の傾向	元の直立状態に起き上がろうとする。	傾斜したまま，起き上がりもそれ以上傾斜しようともしない。	ますます傾斜しようとする。
重力と浮力の作用線の関係	重力は浮力の内側に作用する。	重力の作用線と浮力の作用線は一致する。	重力は浮力の外側に作用する。
横メタセンタ M に対する重心 G の位置	G は M の下方	G と M は同じ位置	G は M の上方
横メタセンタ高さの符号	GM はプラス (KM−KG>0)	GM は 0 (KM−KG=0)	GM はマイナス (KM−KG<0)

11.1.2　復原力（stability）

（1）静復原力（statical stability）

　　船が外力で横傾斜したとき，重力と浮力の双方の作用で，船を元の直

立状態に戻す強さを"復原力"と呼んでいる。なお，船が傾斜したり元の直立状態に戻ったりするのは，船体の回転運動であるから，復原力は，正確には"力"ではなく"モーメント"といわれるものである。言い換えれば，復原力（静復原力）とは，「船が外力を受けて傾斜した場合に元に戻るのに必要なモーメント」である。復原力の大きさは，次式で表すことができる。

$$\text{復原力} = W \times GZ \tag{11.2}$$

ここでGZは，重力と浮力の両作用線間の距離で，「復原てこ（righting lever）」と呼ばれる。船の傾斜に伴い浮心の位置が変化するためGZも変化し，よって復原力も変化する。

(2) 初期復原力（initial stability）とGM

横傾斜角 θ が小さい場合は，浮力の作用線は傾斜角度に関係なく，常に横メタセンタMを通るから，GZは次式で表すことができる。

$$GZ = GM \times \sin\theta$$

この範囲における復原力は，初期復原力と呼ばれ，上式を式 (11.2) に代入した次式で表される。

$$\text{初期復原力} = W \times GM \times \sin\theta \tag{11.3}$$

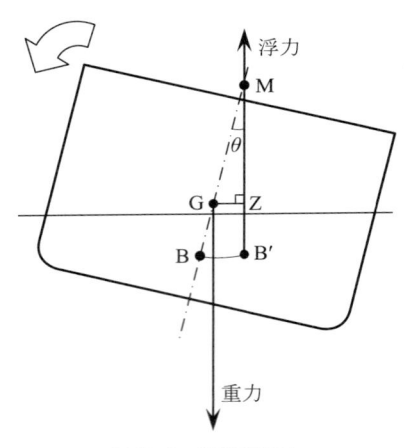

図11.4 初期復原力

ここで GM は，重心 G と横メタセンタ M との距離で「横メタセンタ高さ（metacentric height）」と呼ばれる。GM が大きい方が初期復原力も大きいため，GM は復原力の大小を表す指標のひとつとして用いられる。

(3) 復原力曲線（stability curve）

復原力の大きさは，小角度傾斜においては GM の大小で知ることができるが，傾斜角が大きい場合には，復原力曲線を描き把握する必要がある。

復原力曲線とは，船の横傾斜に伴って復原力がどのように変化するかを示した図で，横軸に傾斜角度を，縦軸には GZ をとって示される。この図から，各傾斜角における GZ の大きさ，復原力が最大となる傾斜角やそのときの GZ の値，傾斜後 GZ が再びゼロになり復原力が消失する角度などを知ることができる。なお，曲線の形状は，船の喫水及び重心の高さ KG で変化する。

いま，原点において復原力曲線に接線を引き，その延長線と傾斜角が 57.3°（1 ラジアン）のところに立てた垂線との交点の値を縦軸で読み取ると，それは GM の大きさを示す。すなわち，GM が大きい船の復原力曲線は，原点付近（すなわち小角度傾斜時）においてその傾きは大きいが，それより大きく傾斜した場合の曲線の形状は必ずしも GM には関係

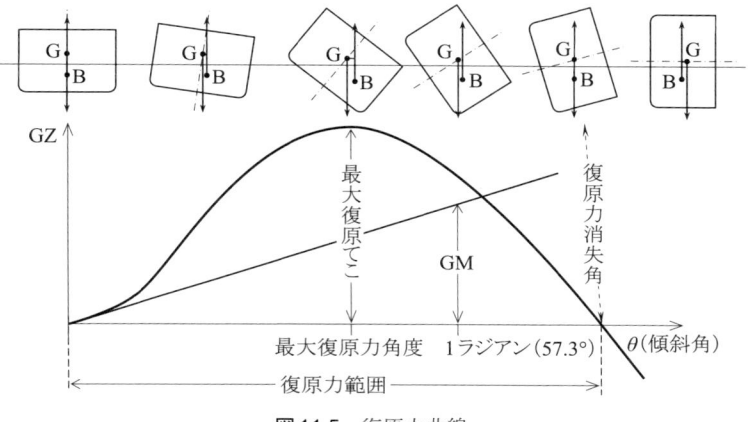

図 11.5　復原力曲線

しない。したがって GM は船の復原性能を示す重要な要素であるものの，主として小角度傾斜における復原力を左右するもので，大角度の傾斜では GM が大きいからといって，復原力が大きいとは限らない点に注意しなければならない。

(4) 自由水影響（free water effect）

自由水とは，自由に移動できる表面を有する液体のことをいい，これが船内にある場合，船体が傾斜すると，それに伴い液体も傾斜した舷へ移動するので，船体は一層傾斜するようになる。つまり，液体の移動分だけ復原力を減少させることになる。

1) 復原力を低下させる現象

船体が傾斜すると，タンク内の液体が移動し，その重心が g から g' に移動する。液体が gg' だけ移動すると，船体重心 G も G' へ移動するので，復原てこも，GZ から G'Z' に減少する。

いま，液体が移動する前の重力の作用線（船体中心線と一致）と，移動後の重力の作用線との交点を G_0 とすると，$G_0Z_0 = G'Z'$ であるので，船体重心が G' ではなく G_0 に移ったと考えても，復原力に及ぼす効果は変わらないと見なすことができる。そこで，自由水の移動により，実際には G' に移った重心を，見かけ上 G_0 に上昇した

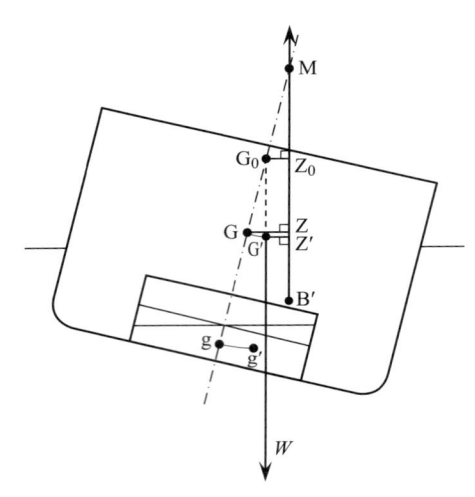

図11.6　自由水影響

と考え，その上昇量 GG_0 を「自由水影響に関する修正量」として GM より減じ，復原力の減少を加味する。

すなわち，初期復原力の範囲内においては，復原力は，GM の大小に置き換えて考えることができるので，自由水の影響により，横メタセンタ高さが，GM から見かけ上 G_0M になり，復原力が減少したと見なすのである。自由水影響を加味した場合の横メタセンタ高さ G_0M は，

$$G_0M = GM - GG_0 \tag{11.4}$$

で求めることができる。

2）GM の見かけの減少量

自由水影響による重心の見かけの上昇量 GG_0 は，次式で求められる。

$$GG_0 = \frac{\gamma_0 \times i}{W} \tag{11.5}$$

ここで，W は船の排水量，γ_0 は自由水の単位体積当たりの重量（比重量），i は自由表面の慣性モーメント（自由表面の重心を通り，船首尾線に対する平行線を軸とする。）と呼ばれ，面の広がりの程度を示す量で，自由表面の形状や面積によって変化する。したがって，タンク内の液面高さによりその値が変化するため，実船においては，「測深表（tank table，sounding table）」より求めることができるが，自由表面の形状が長方形の場合は次式から求まる。

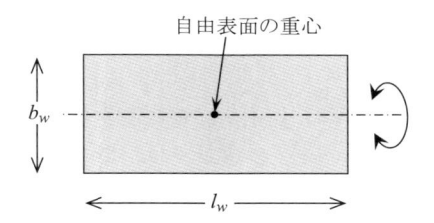

図11.7　自由表面の慣性モーメント

$$i = \frac{l_w \times b_w^3}{12} \tag{11.6}$$

l_w：自由表面の船首尾方向の長さ
b_w：自由表面の船幅方向の長さ

3）自由水影響に関係する要素

自由水影響による GZ の減少量は，横揺れによって遊動するくさ

び形容積分の液体の量と，その移動距離によって決まる。したがってタンク内を縦隔壁や制水板で仕切ることでそれらを小さくでき，自由水影響が抑えられる。その場合，仕切りの数が多いほど GM の見かけの減少量 GG_0 は小さくなるが，その割合は，2 等分すれば $1/2^2 = 1/4$，3 等分では $1/3^2 = 1/9$，n 等分すれば $1/n^2$ のように，仕切りの数 n の 2 乗に反比例する。タンク形状は，船幅方向に広いものよりも船の前後方向に長い方が，またタンク内の液体の比重が小さい方が GG_0 は小さくなり，自由水影響は少ない。

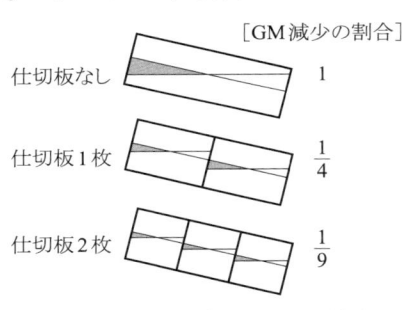

[GM 減少の割合]

仕切板なし　　1

仕切板 1 枚　　$\dfrac{1}{4}$

仕切板 2 枚　　$\dfrac{1}{9}$

図 11.8　タンク内の仕切りの効果

4) 自由水影響に関するタンクの使用上の留意点

　　a. タンクは，できるだけ空にするか液体で満たすなどして自由表面を無くしておくのが好ましく，タンク間の液体の移送や注排水に当たってはこの点に注意する。

　　b. 航海中はタンク内の燃料，飲料水，ボイラ水の使用につれて自由表面ができるので，多くのタンクに自由水をつくらないようタンクの使用に注意する。

(5) 動復原力 (dynamical stability)

　静復原力が，船が傾斜したときに元の直立状態に戻るのに必要な「モーメント」であるのに対し，動復原力は，船が釣り合い位置からある角度 θ_1 まで傾斜したときになされた「仕事」をいう。そして直立状態から θ_1 まで傾斜した場合の動復原力は，図 11.9 (a) の面積 OGE で示される。また，傾斜の要因として風圧を考えると，風圧モーメントは船を傾斜させるエネルギー（船に対し仕事をするエネルギー）を有しており，それは同図 (b) の面積 AFEO で示される。

第 11 章　船の安定性　359

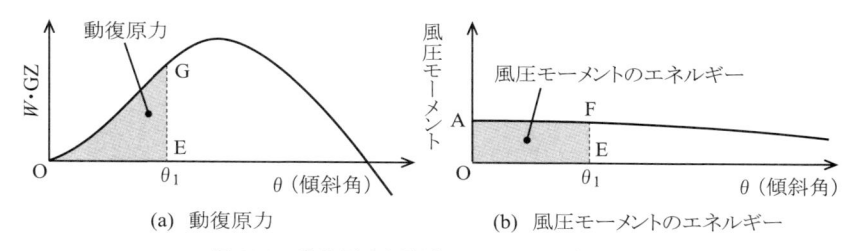

図 11.9　動復原力と風圧モーメントのエネルギー
(a) 動復原力
(b) 風圧モーメントのエネルギー

　いま，直立に浮かんでいる船が正横から突風を受けた場合について考えてみる。図 11.10 に示すように，船体はいったん θ_1 まで傾斜するがすぐに戻ろうとし，風圧がその後も一定であれば，船は左右に動揺しながら，やがて B 点の傾斜角 θ_0 に落ち着く。これらのことを動復原力の考え方で説明すると次のようになる。

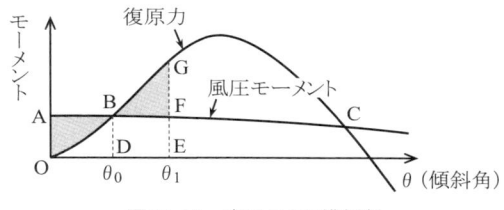

図 11.10　突風による横傾斜

　はじめは風圧モーメントの方が復原力より大きいから船を傾斜させる。そして風圧モーメントの有する全てのエネルギーが船に対して仕事をするまで船は傾斜する。すなわち風圧モーメントのエネルギーと，傾斜することによって船がなされた仕事とが等しくなる角度 θ_1 まで船は傾斜することになる。θ_1 まで傾斜すると，復原力の方が風圧モーメントより大きくなるから船は起き上がり出すが，起き上がり過ぎると再び傾斜する。このような動揺運動が続く間に，運動のエネルギーは船体と海水との摩擦抵抗に奪われて，だんだんと動揺の振幅が小さくなっていき，最後に復原力と風圧モーメントが等しい傾斜角 θ_0 で静止するのである。

風圧モーメントの有するエネルギーは，風圧モーメント曲線より下方の面積であり，船のなされる仕事（即ち，動復原力）は，復原力曲線より下方の面積で表されるから，図 11.10 に示したように，船がこれら両面積の等しくなる角度 θ_1 まで傾斜した場合，風圧モーメントのエネルギーは面積 AFEO であり，動復原力は面積 OBGE である。これらのうち面積 OBFE は，ともに共通する部分であるから，両面積から引き去ると，面積 ABO と面積 BGF が等しいことになる。言い換えれば，傾斜角 θ_1 は面積 ABO と面積 BGF が等しくなるような角度である。

風圧モーメント曲線より上方の復原力曲線で囲まれた面積が大きければ大きいほど，突風を受けた場合にも転覆しにくい。図 11.10 の場合も，面積 BGCF から面積 BGF を取っても，まだ面積 GCF が残っているから転覆しない。この面積 BGCF を予備復原力という。なお，図 11.5 に示したように，一般的に復原力曲線の縦軸には GZ（復原力を排水量で割った値，$W \cdot GZ/W = GZ$）をとるため，風圧モーメント等の傾斜モーメントをグラフ上に表す場合も，図 11.11 のように傾斜偶力てこ（傾斜モーメント／排水量）を縦軸にとって表す。

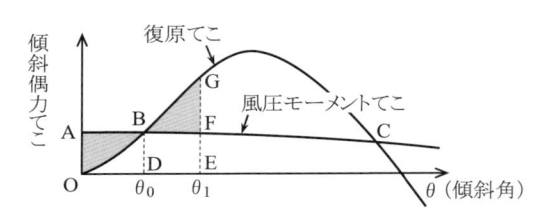

図 11.11 突風による横傾斜（傾斜偶力てこによる表示）

11.1.3　GM の算出

（1）重量重心計算により求める方法

　　船内の重量配置から重心位置 KG を算出し，次式から GM を求める。

$$GM = KM - KG \tag{11.7}$$

1) KM の算出

KM は，キール上面 K から横メタセンタ M までの距離で，喫水を基に排水量等数値表や排水量等曲線図から求まる。

2) KG の算出

KG は，キール上面 K から船体重心 G までの距離で，船内重量配置を基に次式から求まる。この計算を「重量重心計算」という。

$$KG' = \frac{W \times KG + w_1 \times Kg_1 + w_2 \times Kg_2 + \cdots + w_n \times Kg_n}{W + w_1 + w_2 + \cdots + w_n} \tag{11.8}$$

W：荷役前の排水量（船の全重量）
KG：荷役前の船体重心高さ
$w_1, w_2, \cdots, w_n$：積載又は除去重量
（積載重量については符号は（＋），
　除去重量については符号は（－））
$Kg_1, Kg_2, \cdots, Kg_n$：重量 $w_1, w_2, \cdots, w_n$ の重心高さ

【例題 11.1】

荷役前の排水量が 11,500 t，重心位置がキール上 7.20 m の船において，下記のように荷役を行った場合の，荷役終了後の重心高さ KG を求めよ。

> No.1 貨物倉：キール上　7.00 m　に　800 t 積荷
> No.2 貨物倉：キール上　8.00 m　に　250 t 積荷
> No.3 貨物倉：キール上　5.00 m　から　600 t 揚荷
> No.4 貨物倉：キール上　11.00 m　から　200 t 揚荷

〔解答及び解説〕

式 (11.8) より，

$$KG' = \frac{11500 \times 7.20 + 800 \times 7.00 + 250 \times 8.00 + (-600) \times 5.00 + (-200) \times 11.00}{11500 + 800 + 250 + (-600) + (-200)} = 7.25 \,(\text{m})$$

〔別解〕

式 (11.8) を，下記のような計算表（重量重心計算表）の形にして用いる。
この表において重心高さは，

$$KG：② = \frac{③}{①} = \frac{85200}{11750} = 7.25 \,(\text{m})$$

となる。したがって，荷役後の喫水に対する KM が，排水量等曲線図や排水量等数値表（以下，「排水量等曲線図等」という。）から，例えば 8.52 m として求

まると，このときの GM は，

$$GM = KM - KG = 8.52 - 7.25 = 1.27 \,(m)$$

となる．

項　目	重量 W(t)	重心位置 KG(m)	モーメント $W \cdot$KG(t·m)
排水量（荷役前）	11500	7.20	82800
No.1 貨物倉（積荷）	800	7.00	5600
No.2 貨物倉（積荷）	250	8.00	2000
No.3 貨物倉（揚荷）	-600	5.00	-3000
No.4 貨物倉（揚荷）	-200	11.00	-2200
合　計	① 11750	② 7.25	③ 85200

(2) 傾斜試験により求める方法

　船上にある重量を横移動させ，船体が横傾斜したときの傾斜角度を計測して，GM を求める．

　排水量 W の船において，船上の重量 w を，横方向に距離 l_y 移動すると，船体重心 G も同じ方向に GG′ だけ移動する．

$$GG' = \frac{w \times l_y}{W} \tag{11.9}$$

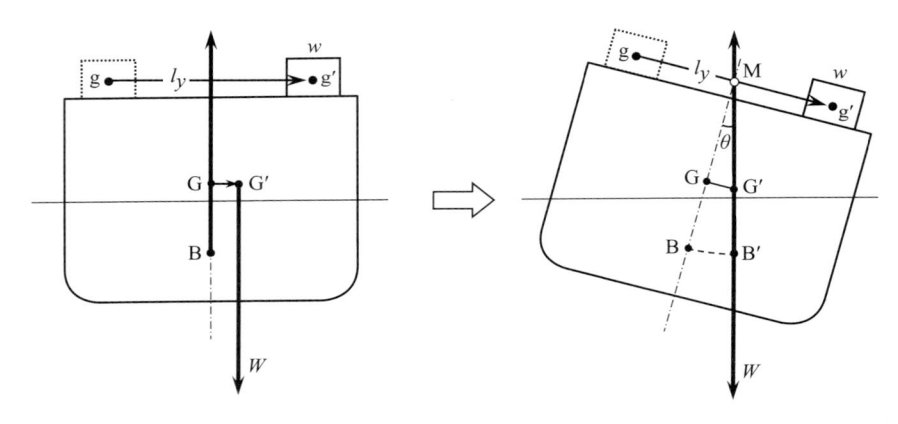

図 11.12　傾斜試験

重心の移動に伴い船体は傾斜し出すが，角度 θ まで傾斜して浮心 B′ と新重心 G′ とが同一の鉛直線上に位置するようになったとき傾斜は止まる。このとき △GMG′ において，次の関係が成り立つ。

$$\tan\theta = \frac{\mathrm{GG'}}{\mathrm{GM}}$$

これに，式 (11.9) を代入すると，次の関係が得られる。

$$\tan\theta = \frac{w \times l_y}{W \times \mathrm{GM}} \tag{11.10}$$

したがって，傾斜角 θ を計測することで次式から GM を求めることができる。

$$\mathrm{GM} = \frac{w \times l_y}{W \times \tan\theta} \tag{11.11}$$

なお，$\tan\theta$ を正確に知るためには，下端に重錐を取り付けた長い振り子（長さ l_p）を船内に吊り下げ，傾斜時の振り子の横移動量 y を計測する。この場合，$\tan\theta = y/l_p$ となる。

(3) 動揺試験により求める方法

船が横揺れしているとき，ある姿勢から再びその姿勢に戻るまでの一揺れ分の時間を横揺れ周期（rolling period）といい，GM（m）とは次の関係がある。

$$T_R(秒) = \frac{2.01k}{\sqrt{\mathrm{GM}}} \tag{11.12}$$

k は環動半径と呼ばれるもので，船幅に関係し，一般商船の場合は $k = 0.4B$（B：船幅（m））程度であるため，これを式 (11.12) に代入すると，次の略算式が得られる。

$$T_R(秒) \fallingdotseq \frac{0.8B}{\sqrt{\mathrm{GM}}} \tag{11.13}$$

したがって，横揺れ周期（T_R）を計測することで，次式からおおよその GM を求めることができる。

$$\mathrm{GM}\,(\mathrm{m}) \fallingdotseq \left(\frac{0.8B}{T_R}\right)^2 \tag{11.14}$$

注）環動半径 k は，積載重量と動揺中心間の距離によっても異なる。具体的には積載する重量の高さが同じであれば，船体中心線より離れた位置に積載する方が k は大きくなる。

（4）旋回試験により求める方法

定常旋回中の外方横傾斜角等を計測して，次式より GM を求める。前述の外方傾斜角を求める式 (5.2)（5.1.4(5)2）参照）から

$$\mathrm{GM} = \frac{V_t^2 \times \mathrm{GE}}{g \times R \times \tan\theta} \tag{11.15}$$

海水側圧抵抗中心 E を浮心 B と同じ位置とみれば，GE = GB = BM − GM となるので

$$\mathrm{GM} = \frac{\mathrm{BM}}{1 + \dfrac{g \times R}{V_t^2} \times \tan\theta} \tag{11.16}$$

θ：定常旋回中の横傾斜角度（°）
V_t：旋回中の速度（m/s）
R：旋回半径（m）
g：重力加速度（9.8 m/s^2）
BM：メタセンタ半径（m）

となる。

11.1.4　重心の移動

重量の積載や除去，船内での移動によって，船の重心がどの方向にどの程度移動するかは，復原性能や船の姿勢に直接かかわる問題であり，把握しておく必要がある。

（1）船内の重量移動に伴う船体重心の移動

船内の重量が移動すると，その移動方向が上下，左右，前後等のいずれであっても，船の重心 G も移動重量 w と同じ方向に平行移動する。このときの重心の移動距離 GG′ は次式から求まる。

$$\mathrm{GG}' = \frac{w \times \mathrm{gg}'}{W} \tag{11.17}$$

W：船の排水量
w：移動重量
GG′：船体重心の移動距離
gg′：重量 w の移動距離

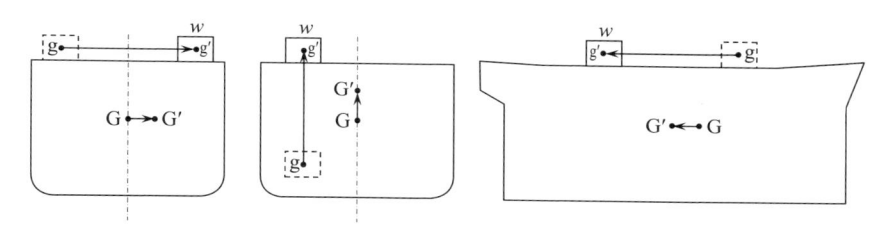

図11.13 重量の移動に伴う船体重心の移動

（2）重量の積載又は除去による船体重心の移動

重量を積載又は除去した場合の重心の移動距離は，以下のようにして求めることができる。

まず元の重心位置 G に重量 w を積み，その後所定の積載位置まで w を移動すると考える。w を G に積載した時点で船の排水量は $(W+w)$ となり，その後は，上記と同じく船内にある重量を移動するだけであるから，このときの重心の移動距離 GG′ は次式から求まる。

$$\text{GG}' = \frac{w \times \text{gg}'}{W+w} \tag{11.18}$$

重量を除去した場合は，これとは逆に，まず元の重心位置 G から重量 w を揚げ，その後所定の位置から元の重心位置まで w を移動すると考える。w を G から揚げた時点で船の排水量は $(W-w)$ となり，その後は上記と同じく船内にある重量を移動するだけであるから，このときの重心の移動距離 GG′ は次式から求まる。

$$\text{GG}' = \frac{w \times \text{gg}'}{W-w} \tag{11.19}$$

11.1.5 復原性の把握

(1) 復原性の要件

船舶が具備すべき復原性の要件(非損傷時復原性, intact stability)については,「船舶復原性規則」に規定されている。貨物等の積み・卸しや水及び燃料の消費等, 船のコンディションで復原性は変化するため, 航海ごとに復原性の要件を満たしていることを, 復原性マニュアル等の資料を用いて確認しなければならない。

「船舶復原性規則」により要求される復原性の要件は, 船種, 航行区域, 船の長さにより異なるが, それらは以下の考え方が基本になっている。

1) 次の定常的な外力による傾斜モーメントが作用した場合でも, 一定以上横傾斜しないこと。
   a. 一定の強さの定常風を正横より受けた場合
   b. 旅客が横移動した場合
   c. 船の旋回運動に伴い横傾斜した場合
2) 波浪中において横揺れしている船が, 風上側にもっとも傾斜したときに正横より突風を受けた場合においても転覆しないこと。
3) 打ち込み海水の滞留や, 船内において重量物の移動があった場合においても安全であること。

船に備え付けられている復原性マニュアルには, これらの要件を満足していることを容易に確認できるよう,「所要横メタセンタ高さ曲線図 (allowable G_0M curves)」がある。求めた G_0M (自由水影響を加味した横メタセンタ高さ)と喫水を基に, 該当する点をグラフ上に記入した場合, その点が所要範囲に入っていれば復原性の要件を満たしている。

(2) 航海中における GM の減少

航海中は以下の要因で出港時よりも船体重心が上昇し, GM を減少させる。

a. 二重底タンク等, 船体下部からの燃料や清水の消費, あるいは下部タンクからのバラストの排出により, 船体重心が上昇した場合。
b. 燃料や清水等の消費, バラストの調整等により, タンク内に自由表面が生じた場合。

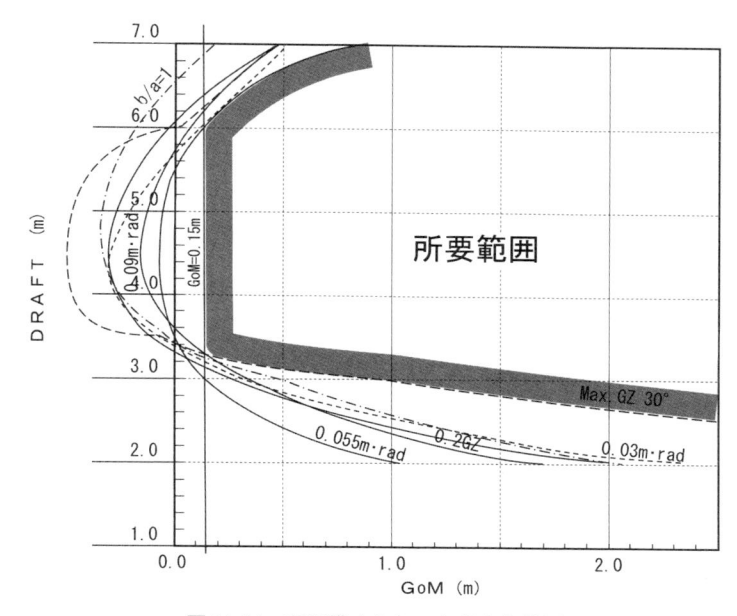

図11.14 所要横メタセンタ高さ曲線図

c. 甲板に打ち上げられた海水の排水が不良な場合。
d. 甲板積み貨物が，雨水や海水を吸収した場合。
e. 船体に着氷したり，積雪があった場合。

したがって，これらの影響も加味し全期間を通じて十分な復原性が確保できるようにしなければならない。

(3) 航海中における復原性の判断
　1) GMが大きい船

　　　船底部が重く頭部が軽い状態の船を，ボトムヘビー (bottom heavy) な船，又は軽頭船 (stiff ship) といい，GMは大きく復原力が強すぎて横揺れ周期が短い。このような船は波の中では波の周期に近い周期で横揺れするから，乗船者に不快感を与えると共に，激しい揺れで積載貨物の移動や，器物破損のおそれがある。

　2) GMが小さい船

　　　甲板積み貨物があるときや満船では，重心が上がるのでGMは小さくなり，船底部は軽く頭部が重い状態となる。このような状態

の船をトップヘビー（top heavy）な船，又は重頭船（tender ship, crank ship）といい，復原力が弱すぎるので横揺れ周期は長くなる。

　　波の中でもゆっくり横揺れするが，ときには長く傾斜して起き上がりにくいこともあり，荒天中の航行は概して危険である。
3）船上でのボトムヘビーかトップヘビーかの判断

　　横揺れ周期 T_R（秒）から知るひとつの尺度として

$$横揺数\ p_R = T_R \times \sqrt{\frac{g}{B}}\quad (B：船幅（m）) \qquad (11.20)$$

によるものがある。重力加速度 $g = 9.8\,\mathrm{m/s^2}$ であるから，あらかじめ自船の $\sqrt{9.8/B}$ を求めておき，横揺れ周期を測って p_R を算出する。そして，
　　　　　$p_R < 8$　　　　のときは，ボトムヘビー（軽頭船）
　　　　　$p_R > 14$　　　のときは，トップヘビー（重頭船）
　　　　　$p_R = 8 \sim 14$ のときは，適当な横揺れ状態
にあると見ればよい。

(4) 復原力の不足が懸念される状態
　a. 横揺れ周期が長すぎるとき。
　b. 片舷から風を受けたときの傾斜がはなはだしいとき。
　c. 舵をとったときの傾斜がはなはだしいとき。
　d. タンク内の水や船内重量物をわずか移動してもぐらつくとき。
　e. 水や燃料を左右のタンクからほぼ均等に消費しており，なおかつ，さほど大きな風圧が働いていない状況下で片舷へ傾斜しているとき。
　f. 左右舷の重量配置が均等になるように積荷をしているにも関わらず，荷役中に急に横傾斜した場合。

(5) 横傾斜を修正する場合の注意点

　　上記 (4) の e や f の状態に船があるときは，GM の不足が傾斜の原因であるから，決してバラストや積荷等の重量を横移動することで傾斜を修正しようとしてはならない。傾斜舷から反対舷へ重量を移動させることは，GM が不足したまま重心を横方向に移動させることになる。

　　すなわち，重心が船体中心線からずれた位置に移動するため傾斜モーメントを加えたことになり，船が起き上がっても直立状態を過ぎて反対

舷へ傾斜し，転覆の危険が生じる。

　このような場合は，重心を下降させることが何よりも重要であって，バラストを二重底に入れるか若しくは，バラストを入れる余裕のない場合は，上方の積荷を取り除くか，いずれにしても重心を下降させることにつながる方法によって，船の傾斜を正さなければならない。

11.1.6　各種の要因による横傾斜

（1）風圧による横傾斜

　排水量 W の船が正横から F_w の風圧を受けた場合，船は風下へ圧流され，その結果，風下舷の水線下側面には海水の側圧抵抗が生じる。船体の圧流速度が一定になれば，風圧と海水抵抗は大きさが等しく向きが反対の平行力となり偶力を形成する。この偶力によるモーメント $F_w \times h$（h：風圧力の作用点と海水の側圧抵抗の作用点との鉛直距離）が，風圧による傾斜モーメントであるから，船はこれと復原力とが釣り合う角度 θ まで横傾斜する。すなわち，

$$W \times \mathrm{GM} \times \sin\theta = F_w \times h$$
$$\therefore \ \sin\theta = \frac{F_w \times h}{W \times \mathrm{GM}} \tag{11.21}$$

傾斜角度は，風圧が強く復原力の弱い船ほど大きくなる。

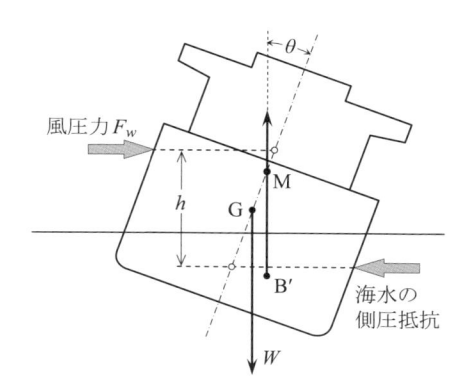

図11.15　風圧による横傾斜

(2) 重量物の移動による横傾斜

船内にある重量を，正横方向に移動した場合の横傾斜は，11.1.3(2)の傾斜試験と同じであり，式(11.10)の関係が成り立つ。

$$\tan\theta = \frac{w \times l_y}{W \times \mathrm{GM}} \quad (11.10)\text{ 再掲}$$

(3) 重量物の積載による横傾斜

船体中心線からずれた位置に重量を積載した場合の横傾斜角は，以下のようにして求めることができる。例として元の重心より高い位置に積載した場合について考える。

まず元の重心位置 G に重量 w を積み，その後所定の積載位置と同じ高さまで w を移動すると考える。このとき重心は G から G′ に移動するので，横メタセンタ高さも GM から G′M に減少する。すなわち，

$$\mathrm{G'M} = \mathrm{GM} - \mathrm{GG'} \quad (11.22)$$

ここで，GG′ は式(11.18)から求まる。

$$\mathrm{GG'} = \frac{w \times gg'}{W + w} \quad (11.18)\text{ 再掲}$$

重量 w を，g′ から所定の積載位置 g″ まで距離 l_y だけ正横方向に移動すると，船は横傾斜する。この時の傾斜角度 θ は，傾斜試験の式(11.10)を応用して求めることができる。すなわち，式(11.10)の W が $W+w$，

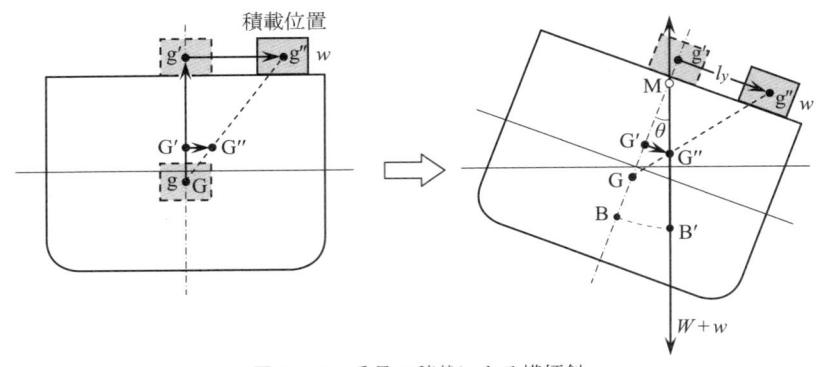

図 11.16　重量の積載による横傾斜

GM が G'M になり,

$$\tan\theta = \frac{w \times l_y}{(W+w) \times \text{G'M}} \tag{11.23}$$

となる。

11.2 トリムと喫水の変化

11.2.1 トリムとトリムの変化量

トリム t とは,船の縦傾斜の程度を表し,船尾喫水 d_a と船首喫水 d_f との差で示す。一方トリムの変化量 Δt とは,船内の重量を移動するなどして船のトリムが変わった場合に,その変化の程度を表すもので,変化後のトリム t_2 と変化前のトリム t_1 との差で示す。すなわち,

$$\text{トリム} \quad t = d_a - d_f \tag{11.24}$$
$$\text{トリムの変化量} \quad \Delta t = t_2 - t_1 \tag{11.25}$$

であり,両者を明確に区別する必要がある。

【例題 11.2】
　船首喫水は 4.52 m,船尾喫水は 4.84 m で浮かんでいる船において,バラストを後方のタンクへ移動したところ,船首喫水が 4.30 m,船尾喫水が 5.06 m になった。バラストの移動前後におけるトリムの変化量はいくらか。
〔解答及び解説〕
　バラスト移動前後のトリムを,それぞれ t_1,t_2 とすると,
　　バラスト移動前のトリム　$t_1 = 4.84 - 4.52 = 0.32$(m)
　　バラスト移動後のトリム　$t_2 = 5.06 - 4.30 = 0.76$(m)
　　トリムの変化量　$\Delta t = t_2 - t_1 = 0.76 - 0.32 = 0.44$(m)

答　0.44 m

11.2.2 重量の移動によるトリムの変化

（1）重心の移動とトリムの変化

　　いま,図 11.17(a) のように等喫水で浮かんでいる船において,重量 w を距離 l だけ後方へ移動したとすると,船内の重量配分が変わるため,船体重心は G から G' に移動する。その結果,同図 (b) に示すとおり,

重心 G' と浮心 B は同一の鉛直線上からずれるため，重力と浮力によるモーメントが，船体を後方へ傾斜させるように働く。船が傾斜し始めると，浸水部分の形状が変化するため，浮心は B から後方へ移動する。そして図 11.17(c) のように，浮心が B' にまで移動し，重心 G' と同一鉛直線上に位置するようになったとき傾斜は止まる。船体はその状態で安定するので，船尾トリムを維持するようになる。

(2) 縦メタセンタと縦メタセンタ高さ

等喫水で浮かんでいるときの浮力の作用線と，わずかに縦傾斜したときの浮力の作用線との交点を縦メタセンタ M_L，重心 G と M_L との距離 GM_L を縦メタセンタ高さ（longitudinal metacentric height）という。GM_L は船の長さ程度の長さがあり，トリム変化に関する主要な要素である。

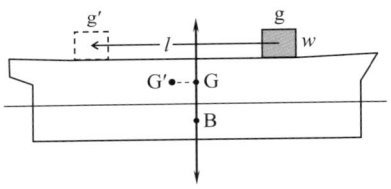

(a) 重量 w 移動前

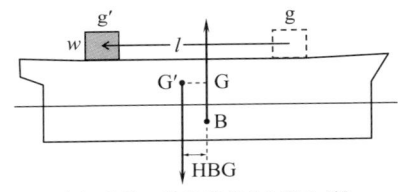

(b) 重量 w 移動後（トリム変化前）

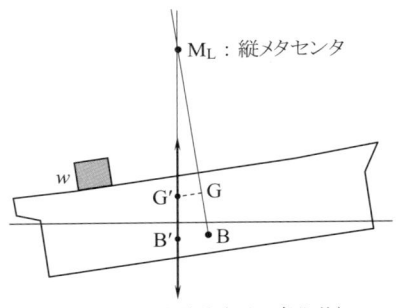

M_L：縦メタセンタ

(c) 重量 w 移動後（トリム変化後）

図 11.17　重量の移動によるトリムの変化

(3) トリミング・モーメント

船にトリム変化を生じさせるモーメントをトリミング・モーメント（trimming moment）という。船がトリム変化するのは，図 11.17(b) に示すように，重力と浮力による偶力のモーメントが作用するからで，これがトリミング・モーメントであり，次式にて表すことができる。

$$\text{トリミング・モーメント} = W \times \text{HBG}$$
$$= W \times GG' = w \times gg' = w \times l \quad (11.26)$$

HBG：新船体重心 G' と浮心 B との前後水平距離

すなわち，重量 w を距離 l だけ前後方向に移動した場合のトリミング・モーメントは，

$$\text{トリミング・モーメント} = w \times l \tag{11.27}$$

により求まる。

11.2.3　トリム変化に関する要素

（1）浮面心（center of floatation：F）

水線面の中心を浮面心といい，船の中央付近にある。船のトリムがわずかに変化した場合，元の水線面と新しい水線面の浮面心は一致する。このことから，船をシーソーに例えれば，浮面心はシーソーの支点に相当すると考えることができる。したがって，浮面心を通る鉛直線上において，積み又は卸しを行ってもトリムは変わらず，船は平行に沈下又は浮上する。

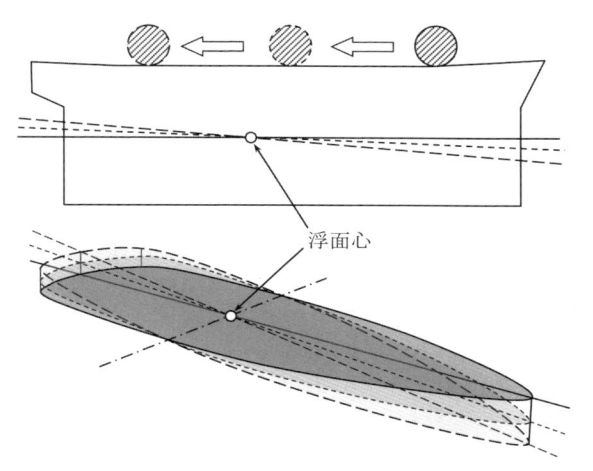

図11.18　重量を移動した場合の水線及び水線面の変化

(2) 毎センチ排水トン数（tons per centimeter immersion：TPC）

船の喫水を 1 cm 変化させるのに必要な重量を毎センチ排水トン数といい，次式から求まる。

$$\text{TPC} = \gamma \frac{A_w}{100} \text{ (t)} \tag{11.28}$$

A_w：水線面積（m^2）
γ：水の単位体積当たりの重量（t/m^3）

排水量等曲線図等に記載されている TPC の値は，$\gamma = 1.025\,t/m^3$ として計算されている。

これにより，重量 w（t）を積載又は除去した場合の平均喫水の変化量 Δd は，次式から求めることができる。

$$\Delta d = \frac{w}{\text{TPC}} \text{ (cm)} \tag{11.29}$$

【例題 11.3】
A 丸は，3.00 m の等喫水で浮かんでいる。浮面心上に 10 t の貨物を積むと，喫水はいくらになるか。ただし毎センチ排水トン数は 2 t である。

〔解答及び解説〕
浮面心上に積むと，船はトリムを変えず平行に沈下する。

$$\text{平行沈下量 } \Delta d = \frac{w}{\text{TPC}} = \frac{10}{2} = 5 \text{ (cm)} = 0.05 \text{ (m)}$$

積荷後の喫水 $d = 3.00 + 0.05 = 3.05$（m）

答　3.05 m

(3) 毎センチトリムモーメント（moment to change trim 1 cm：MTC）

船のトリムを 1 cm 変化させるのに必要なモーメントを毎センチトリムモーメントといい，次式から求まる。

$$\text{MTC} = \frac{W \times \text{GM}_\text{L}}{100 L_{PP}} \text{ (t·m)} \tag{11.30}$$

L_{PP}：船の長さ（垂線間長）（m）

これにより，トリムの変化量 Δt は，次式から求まる。

$$\Delta t = \frac{\text{トリミング・モーメント}}{\text{MTC}} \tag{11.31}$$

したがって，重量 w（t）を距離 l（m）だけ前後方向に移動した場合，トリミング・モーメントは $w \times l$ であるから，その場合のトリムの変化量 Δt は，

$$\Delta t = \frac{w \times l}{\text{MTC}} \quad (\text{cm}) \tag{11.32}$$

となる。

注） 式 (11.30) は，傾斜試験の式 (11.10) を用いて，以下のように導かれる。いま，排水量 W（トン）の船において，船上の重量 w（トン）を，前後方向に距離 l（m）移動した場合の縦傾斜角を θ とする。トリム変化も船の傾斜であることから，横傾斜を表す式 (11.10) を縦傾斜においても適用できるように，l_y を l に，GM を GM_L に置き換えると，次式が成り立つ。

$$\tan \theta = \frac{w \times l}{W \times \text{GM}_L}$$
$$w \times l = W \times \text{GM}_L \times \tan \theta \cdots (\text{a})$$

ここで，トリムの変化量 Δt を 1 cm ＝ 1/100 m とすると，

$$\tan \theta = \frac{\Delta t}{L_{PP}} = \frac{1}{100} \times \frac{1}{L_{PP}} = \frac{1}{100 L_{PP}}$$

となり，この場合の $w \times l$ は，トリムを 1 cm 変化させるのに必要なモーメント MTC を意味する。よって，式 (a) にこれらを代入すると，以下のとおり式 (11.30) が得られる。

$$\text{MTC} = W \times \text{GM}_L \times \tan \theta = W \times \text{GM}_L \times \frac{1}{100 L_{PP}} = \frac{W \times \text{GM}_L}{100 L_{PP}}$$

【例題 11.4】
　船の甲板上にある 55 t の貨物を前部から後部（船首尾線方向）へ，80 m 移動した場合のトリムの変化量を求めよ。ただし，MTC は 125 t・m である。
〔解答及び解説〕

$$\Delta t = \frac{w \times l}{\text{MTC}} = \frac{55 \times 80}{125} = 35.2 \, (\text{cm})$$

答　35.2（cm）

11.2.4　トリムの変化に伴う船首・船尾喫水の変化量の算出

　図 11.19 は，等喫水で浮かんでいる船が，排水量を変えることなく，トリム変化した場合の，喫水線の変化を示したものである。これより船首及び船尾喫水の変化量を求めると以下のようになる。

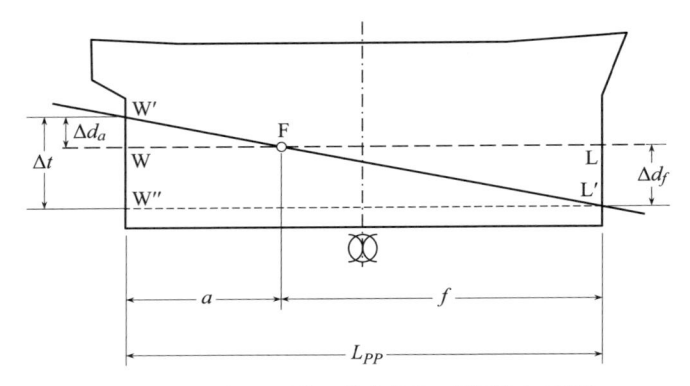

図 11.19 トリムの変化に伴う船首・船尾喫水の変化

ΔFWW′ と ΔFLL′ 及び ΔL′W″W′ は相似形であるから，相対する辺の比は等しく，次式が成立する．

$$\frac{WW'}{FW} = \frac{LL'}{FL} = \frac{W''W'}{W''L'}$$

ここで， WW′ = Δd_a （船尾喫水の変化量）
LL′ = Δd_f （船首喫水の変化量）
W″W′ = Δt （トリムの変化量）
W″L′ = L_{PP} （垂線間長）
FL = f （浮面心から前部垂線までの距離）
FW = a （浮面心から後部垂線までの距離）

を上式に代入すると，

$$\frac{\Delta d_a}{a} = \frac{\Delta d_f}{f} = \frac{\Delta t}{L_{PP}}$$

よって，

$$\left. \begin{array}{l} \Delta d_f = \Delta t \times \dfrac{f}{L_{PP}} \\ \Delta d_a = \Delta t \times \dfrac{a}{L_{PP}} \end{array} \right\} \quad (11.33)$$

となる．

11.2.5　重量の前後移動によるトリムの変化量と喫水の算出

　船内にある重量を，前後方向に移動した場合の喫水は次の手順で求めることができる。例として，重量 w（t）を距離 l（m）だけ後方に移動した場合について考える。

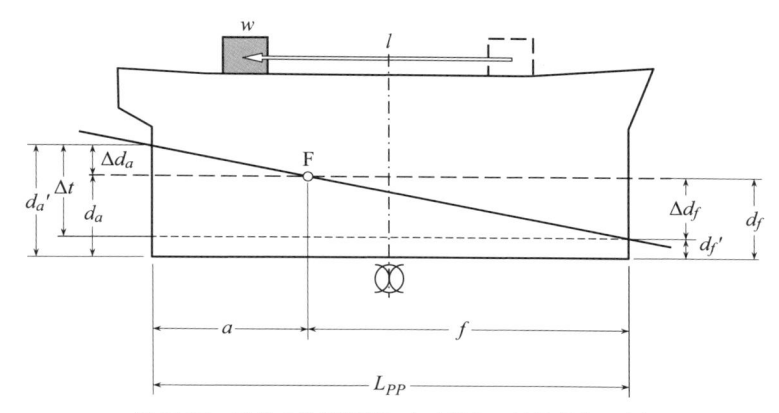

図 11.20　重量の前後移動による船首・船尾喫水の変化

（1）トリムの変化量を求める。
　　式 (11.32) より，
$$\Delta t = \frac{w \times l}{\text{MTC}}$$

（2）トリム変化に伴う船首及び船尾喫水の変化量を求める。
　　式 (11.33) より，
$$\Delta d_f = \Delta t \times \frac{f}{L_{PP}}$$
$$\Delta d_a = \Delta t \times \frac{a}{L_{PP}}$$

（3）新しい船首及び船尾喫水を求める。
　　　最初の船首喫水 d_f 及び船尾喫水 d_a に変化量を加減し，新しい喫水を求める。重量を後方へ移動したので，元の喫水に比べ，船首喫水は減少

し，船尾喫水は増加する。よって，

$$新しい船首喫水\ d_f' = d_f - \Delta d_f$$
$$新しい船尾喫水\ d_a' = d_a + \Delta d_a$$

注） 重量を元の位置から前方へ移動した場合は，船首喫水が増加し，船尾喫水が減少するので，上式において Δd_f 及び Δd_a の（＋）（－）の符号は反転する。

11.2.6　積み荷によるトリムの変化量と喫水の算出

　船に重量を積載した場合の喫水は，次の手順で求めることができる。例として，重量 w （t）を浮面心より後方に積載した場合について考える。考え方は，まず，トリム変化を起こさない位置に積載し，その後，所定の位置まで移動する。

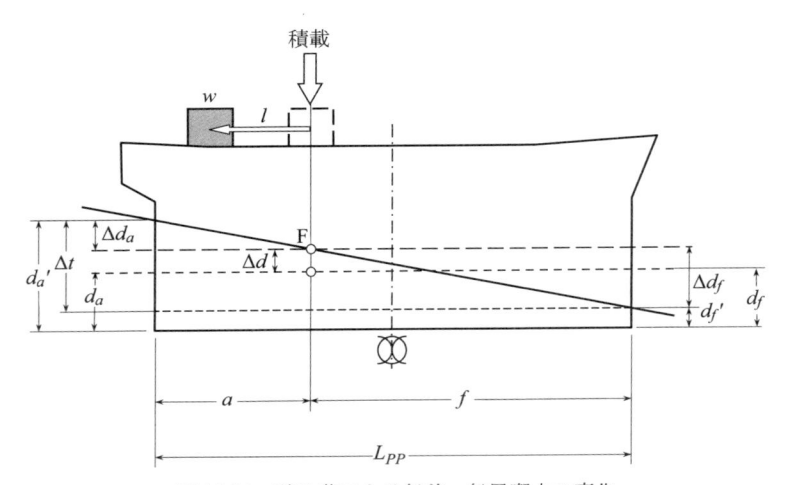

図11.21　積み荷による船首・船尾喫水の変化

(1) 平行沈下量を求める。

　　重量 w を浮面心上に積載したと考えると，船はトリムを変えずに平行に沈下する。その場合の平行沈下量は式 (11.29) より，

$$\Delta d = \frac{w}{\text{TPC}}$$

(2) トリムの変化量を求める。

浮面心上に積載された重量 w を，所定の位置まで距離 l だけ後方に移動する。その結果トリムが変化するが，その場合のトリムの変化量は式 (11.32) より，

$$\Delta t = \frac{w \times l}{\text{MTC}}$$

(3) トリム変化に伴う船首及び船尾喫水の変化量を求める。

式 (11.33) より，

$$\Delta d_f = \Delta t \times \frac{f}{L_{PP}}$$

$$\Delta d_a = \Delta t \times \frac{a}{L_{PP}}$$

(4) 新しい船首及び船尾喫水を求める。

最初の船首喫水 d_f 及び船尾喫水 d_a に変化量を加減し，新しい喫水を求める。浮面心より後方へ積載したので，元の喫水に比べ，船尾喫水は増加するが，船首喫水については，Δd の分は増加するものの Δd_f については減少する。よって，

$$\text{新しい船首喫水 } d_f{}' = d_f + \Delta d - \Delta d_f$$

$$\text{新しい船尾喫水 } d_a{}' = d_a + \Delta d + \Delta d_a$$

注）重量を浮面心より前方に積載した場合は，トリム変化に伴い船首喫水が増加し，船尾喫水が減少するので，上式の Δd_f 及び Δd_a の（＋）（－）の符号は反転する。

11.2.7　揚げ荷によるトリムの変化量と喫水の算出

船から重量を除去した場合の喫水は，次の手順で求めることができる。例として，重量 w を浮面心より後方から除去した場合について考える。考え方は，所定の位置から浮面心上まで移動し，その後除去するようにする。

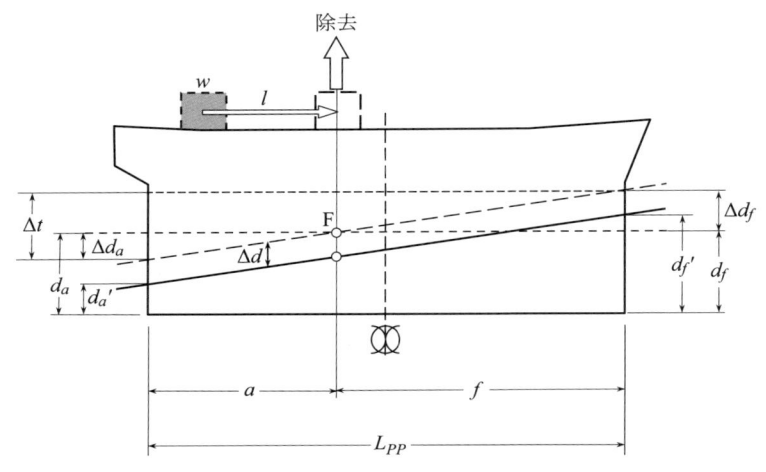

図11.22 揚げ荷による船首・船尾喫水の変化

(1) トリムの変化量を求める。

　除去重量 w を，所定の位置から浮面心上へ距離 l だけ前方に移動する。その結果トリムが変化するが，その場合のトリムの変化量は式 (11.32) より，

$$\Delta t = \frac{w \times l}{\text{MTC}}$$

(2) トリム変化に伴う船首及び船尾喫水の変化量を求める。

　式 (11.33) より，

$$\Delta d_f = \Delta t \times \frac{f}{L_{PP}}$$
$$\Delta d_a = \Delta t \times \frac{a}{L_{PP}}$$

(3) 平行浮上量を求める。

　重量 w を浮面心上から除去すると，船はトリムを変えずに平行に浮上する。その場合の平行浮上量は式 (11.29) より，

$$\Delta d = \frac{w}{\text{TPC}}$$

(4) 新しい船首及び船尾喫水を求める。

最初の船首喫水 d_f 及び船尾喫水 d_a に変化量を加減し，新しい喫水を求める。浮面心より後方から除去したので，元の喫水に比べ，船尾喫水は減少するが，船首喫水については，Δd の分は減少するものの Δd_f については増加する。よって，

$$新しい船首喫水\ d_f{'} = d_f - \Delta d + \Delta d_f$$
$$新しい船尾喫水\ d_a{'} = d_a - \Delta d - \Delta d_a$$

注) 重量を浮面心より前方から除去した場合は，トリム変化に伴い船首喫水が減少し，船尾喫水が増加するので，上式の Δd_f 及び Δd_a の (＋)(－) の符号は反転する。

11.2.8 複数の積み荷及び揚げ荷によるトリムの変化量と喫水の算出

複数の重量を同時に積載及び除去した場合も，基本的には 11.2.6 及び 11.2.7 の繰り返しにより求めることができる。しかし同様の計算を少しずつ条件を変えて何度も行わなければならず煩雑である。これを避けるため下記の手順で，重量の変化量やトリミング・モーメントをまとめて計算することにより，比較的簡便に喫水が求められる。例として，図 11.23 に示すように，積み荷及び揚げ荷を行う場合について考える。

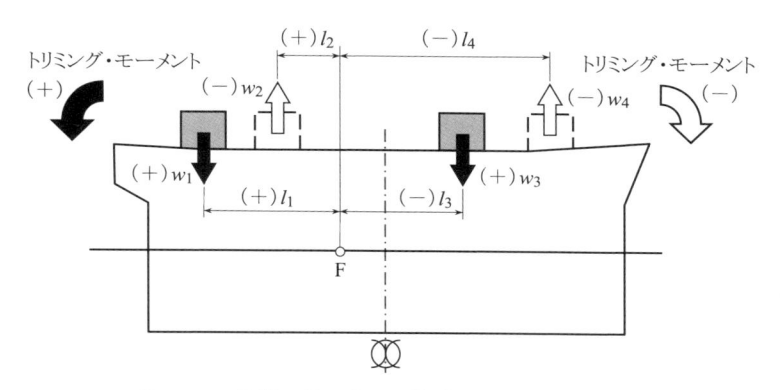

図 11.23 複数の積み荷及び揚げ荷をする場合の符号

(1) 平行浮沈量を求める。

各重量（w_1, w_2, w_3, w_4）を，浮面心上において，積載及び除去したと考えると，船はトリムを変えずに平行に沈下又は浮上する。その場合の平行浮沈量は式 (11.29) を応用して，

$$\Delta d = \frac{w_1 + w_2 + w_3 + w_4}{\text{TPC}} \qquad (11.29')$$

ただし，w_1, w_2, w_3, w_4 の符号は，積載重量については（＋），除去重量については（－）とする。

(2) トリムの変化量を求める。

各重量の積載又は除去位置と浮面心の間で，前後方向に重量の移動があるため，トリムが変化する。その場合のトリムの変化量は式 (11.32) を応用して，

$$\Delta t = \frac{(w_1 \times l_1) + (w_2 \times l_2) + (w_3 \times l_3) + (w_4 \times l_4)}{\text{MTC}} \qquad (11.32')$$

ただし，ここでも w_1, w_2, w_3, w_4 の符号は，積載重量については（＋），除去重量については（－）とする。さらに，l_1, l_2, l_3, l_4 についても，積載又は除去位置が，浮面心より後方の場合は符号を（＋），前方の場合は符号を（－）とする。このように符号を定めることで，結果的に，トリミング・モーメント $w \times l$ にも次のように符号が付き，元の状態から船首又は船尾のいずれの方向にトリムが変化するのかが区別される。すなわち，浮面心より後方に積載したり前方から除去したりすると $w \times l$ の符号は（＋）になるため，船尾方向にトリムが変わることを示し，逆に浮面心より後方から除去したり前方に積載したりすると $w \times l$ の符号は（－）になるため，船首方向にトリムが変わることを示す。

(3) トリム変化に伴う船首及び船尾喫水の変化量を求める。

式 (11.33) より，

$$\Delta d_f = \Delta t \times \frac{f}{L_{PP}}$$

$$\Delta d_a = \Delta t \times \frac{a}{L_{PP}}$$

(4) 新しい船首及び船尾喫水を求める。

最初の船首喫水 d_f 及び船尾喫水 d_a に変化量を加減し，新しい喫水を

求める．この場合，Δd，Δd_f 及び Δd_a は，（＋）（−）の符号を含めた値として計算されているので，新しい喫水は，各値をそのまま次式に代入したものとなる．よって，

$$\text{新しい船首喫水 } d_f' = d_f + \Delta d - \Delta d_f$$
$$\text{新しい船尾喫水 } d_a' = d_a + \Delta d + \Delta d_a$$

11.2.9　比重が異なる水域での喫水の変化

船の排水量は，式 (11.1) に示したとおり，

$$W = \gamma V \tag{11.1 再掲}$$

　　　　　W：排水量（船の全重量），船体に働く重力
　　　　　γ：水の単位体積当たりの重量（比重量）
　　　　　V：排水容積（浸水部の容積）

で表される．

　船の重量が同じでも，水の比重が変われば γ も変わるため，それに反比例して排水容積 V が変わる．例えば船が海水中から河水中に移動すると，比重が小さくなるため喫水が増加し，逆の場合，喫水は減少する．

　このような喫水の変化は，排水量等曲線図等を用い，次のいずれかの方法で求めることができる．

注）「比重 ρ」と「単位体積当たりの重量（比重量）γ」
　　ここでいう比重とは，船が浮かんでいる水域における水の密度と，真水の密度との比である．真水の密度は $1.000\,\text{t/m}^3$ であるから，密度が $1.025\,\text{t/m}^3$ の海水の比重は，$\rho = (1.025\,\text{t/m}^3) \div (1.000\,\text{t/m}^3) = 1.025$ となり，この場合，比重と密度とは同じ値になる．また，密度と重力単位における γ も値は同じになり，例えば，密度が $1.025\,\text{t/m}^3$ の海水の場合，γ も $1.025\,\text{t/m}^3$ と表すことができる．よって，ρ と γ は同じ値となるため，これらは混同して用いられることが多い．

（1）喫水の変化量を求める場合

　　水域 A（比重 ρ_1）に浮かんでいる船（排水量 W_1，喫水 d_1）が，水域 B（比重 ρ_2）に移動した場合の喫水の変化について考える．移動中の燃料や清水の消費により，水域 B に入ったときの排水量は W_2，喫水は d_2 になるものとする．

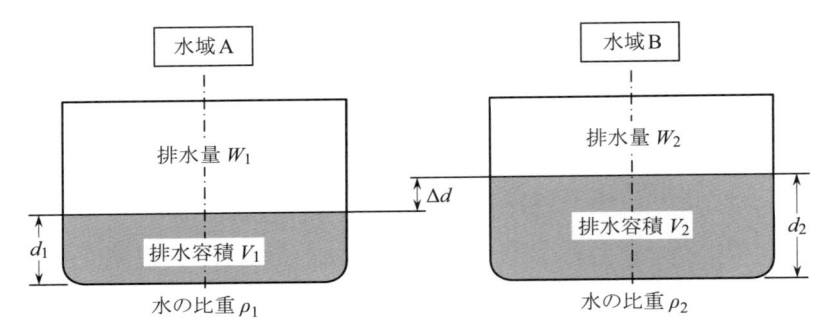

図 11.24 比重が異なる水域における喫水の変化量

この場合の喫水の変化量 $\Delta d\,(=d_2-d_1)$ は，次式で求めることができる。

$$\Delta d = \frac{\gamma_0}{\text{TPC}_0}\left(\frac{W_2}{\gamma_2}-\frac{W_1}{\gamma_1}\right) = \frac{\rho_0}{\text{TPC}_0}\left(\frac{W_2}{\rho_2}-\frac{W_1}{\rho_1}\right) \quad (11.34)$$

W_1：水域 A における排水量
W_2：水域 B における排水量
γ_0：比重 1.025 (ρ_0) の海域における水の比重量
γ_1：水域 A における水の比重量
γ_2：水域 B における水の比重量
TPC_0：γ_0 の水域における毎センチ排水トン数

注) 式 (11.34) は，以下のようにして導かれる。
いま仮に，水域 A において排水量が W_1 から $W_1{}'$ に変化したため，喫水が d_2 になったとすると，喫水の変化量 Δd は，次式で表すことができる。

$$\Delta d = \frac{W_1{}'-W_1}{\text{TPC}_1} = \frac{\gamma_1 V_2 - \gamma_1 V_1}{\text{TPC}_1} = \frac{\gamma_1}{\text{TPC}_1}(V_2-V_1) \quad \cdots \text{(a)}$$

d_2 を基に，排水量等曲線図等から得られる毎センチ排水トン数を TPC_0（γ_0 = 1.025）とすると，式 (11.28) より，$\text{TPC}_0 = \gamma_0 \frac{A_w}{100}$ であり，$\text{TPC}_1 = \gamma_1 \frac{A_w}{100}$ であるから，この 2 式から

$$\text{TPC}_1 = \frac{\gamma_1}{\gamma_0}\text{TPC}_0 \quad \cdots \text{(b)}$$

となる。また

$$V_1 = \frac{W_1}{\gamma_1}, \quad V_2 = \frac{W_2}{\gamma_2} \quad \cdots \text{(c)}$$

であるから，(b) (c) を (a) に代入すると，式 (11.34) が求まる。

(2) 直接新しい喫水を求める場合

水域 A（比重 ρ_1）に浮かんでいる船（喫水 d_1）が，水域 B（比重 ρ_2）に移動した場合の喫水 d_2 は，次式から求めた W_{02} に対する喫水を，排水量等曲線図等から読み取ることで直接求められる。

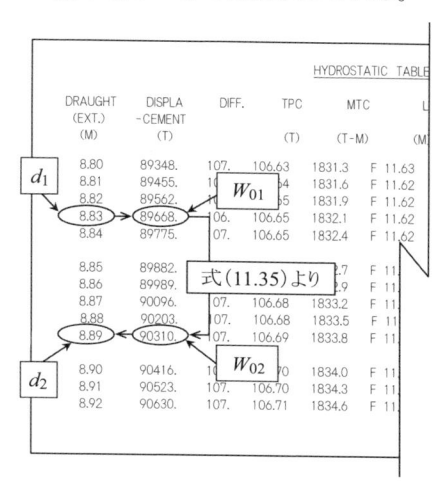

```
                          HYDROSTATIC TABLE
     DRAUGHT  DISPLA-  DIFF.   TPC    MTC
     (EXT.)   CEMENT
     (M)      (T)              (T)    (T-M)
     8.80     89348.   107.   106.63  1831.3  F 11.63
     8.81     89455.          106.    1831.6  F 11.62
     8.82     89562.          106.    1831.9  F 11.62
d₁   8.83     89668.   106.   106.65  1832.1  F 11.62
     8.84     89775.   107.   106.65  1832.4  F 11.62
     8.85     89882.          106.    1833.    F
     8.86     89989.          106.    1833.    F
     8.87     90096.          106.68  1833.2   F
     8.88     90203.   107.   106.68  1833.5   F 11.
     8.89     90310.   107.   106.69  1833.8   F 11.
d₂   8.90     90416.          106.70  1834.0   F 11.
     8.91     90523.   107.   106.70  1834.3   F 11.
     8.92     90630.   107.   106.71  1834.6   F 11.
```

図11.25　比重が異なる水域における喫水の求め方

$$W_{02} = W_{01} \times \frac{\gamma_1}{\gamma_2} = W_{01} \times \frac{\rho_1}{\rho_2} \qquad (11.35)$$

W_{01}：排水量等曲線図等から求まる d_1 に対する排水量
W_{02}：排水量等曲線図等から求まる d_2 に対する排水量
γ_1：水域 A における水の比重量
γ_2：水域 B における水の比重量

注）　式 (11.35) は，以下のようにして導かれる。
　　両水域において排水量は変化しないとすると，

$$W = \gamma_1 V_1 = \gamma_2 V_2$$

であるから，

$$\frac{V_2}{V_1} = \frac{\gamma_1}{\gamma_2}$$

の関係が得られる。
　　排水量等曲線図等における d_1 及び d_2 に相当する排水量（見かけの排水量）を，それぞれ W_{01}，W_{02} とすると，

$$W_{02} = \gamma_0 V_2 = \gamma_0 V_2 \times \frac{V_1}{V_1} = \gamma_0 V_1 \times \frac{V_2}{V_1} = W_{01} \times \frac{\gamma_1}{\gamma_2}$$

となり，式 (11.35) が求まる．

11.3 排水量の精測

船の排水量は，読み取った喫水を基にして排水量等曲線図等を参照することで求めることができる．

排水量等曲線図等に記載されている値は，10.3.3 の表 10.2 に示す前提条件の下で計算されており，それ以外の条件下で船が浮かぶ場合には，以下の手順を踏んだ修正が必要となる．

注) 喫水の標示及び読み取り方法については，1.5.1 を参照．

11.3.1 船首尾喫水修正（stem & stern correction）

喫水計算や排水量計算における船首及び船尾喫水は，それぞれ前部垂線（F.P.）及び後部垂線（A.P.）上における値である．したがって喫水標が各垂線上にない場合，喫水標より読み取った喫水（測読喫水）をそのまま計算に用いることができず，F.P. 上及び A.P. 上の喫水に換算する必要がある．

図 11.26 に示すとおり，修正後の船首喫水 d_f' は，測読喫水 d_f に修正量 C_d を加減すれば求まる．

$$C_d = l_f \times \frac{t}{L_{PP}} \qquad (11.36)$$

t：トリム

l_f：喫水標と F.P. との前後距離

実船においては，C_d は船首尾喫水修正表（stem & stern correction table 又は draft correction table）として与えられることが多い．

船尾喫水についても船首喫水を修正する場合とほぼ同様であるが，喫水標が A.P. 上に記されていることも多く，その場合には修正は不要である．

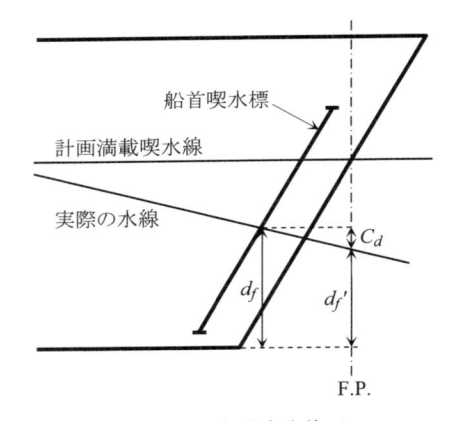

図 11.26 船首喫水修正

11.3.2 トリム修正 (trim correction)

(1) トリムが小さい場合(トリム第一修正)

排水量等曲線図等には,等喫水で船が浮かんでいるときの値が記載されているので,その条件に合う喫水を基にして排水量を求めなければならない。つまり船がトリムした状態にある場合には,図 11.27 で示した d_c を知る必要がある。

浮面心は必ずしも船の長さの中央(⊗)にないため,平均喫水 d_m と d_c とは一致しない。したがって d_c を求めるためには,d_m に式 (11.37) から求まる修正量 C_t を加減する。

$$C_t = t \times \frac{\text{⊗F}}{L_{PP}} \tag{11.37}$$

⊗F:⊗から浮面心 F までの前後距離

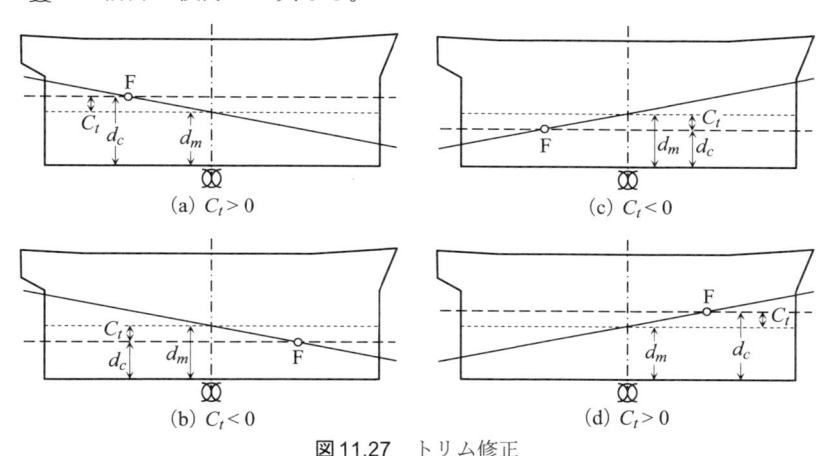

ただし,C_t の符合は,船尾トリムか船首トリムか,浮面心の位置が,⊗より前方か後方かで異なる。

(a) $C_t > 0$　　(c) $C_t < 0$

(b) $C_t < 0$　　(d) $C_t > 0$

図 11.27　トリム修正

(2) トリムが大きい場合(トリム第二修正)

トリム変化がさほど大きくない場合は,トリム変化前後の浮面心位置は一致すると考えることができる。しかし,トリムが大きい場合は,トリム変化に伴う浮面心位置の変化を無視できず,更なる修正が必要とな

る。

　トリムが変化したときの浮面心の軌跡は，図 11.28 に示すように，曲率中心を O，曲率半径を φ とする弧となる。したがって，図 11.29 に示すように，水線 WL で浮かぶ船の排水容積を変えることなく等喫水の状態にすると，そのときの水線は W_2L_2 となる。W_2L_2 における喫水は，トリム第一修正後の水線 W_1L_1 における喫水と比較して C_{t2} だけ上にあり，これを修正することをトリム第二修正という。

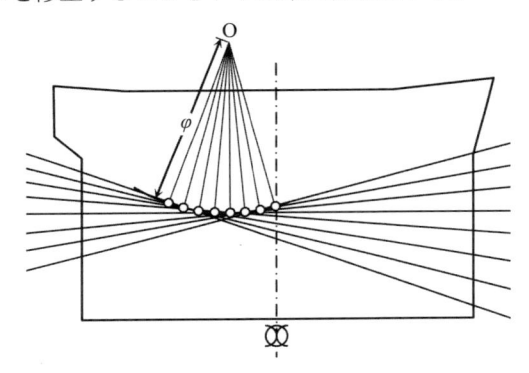

図 11.28　浮面心の軌跡

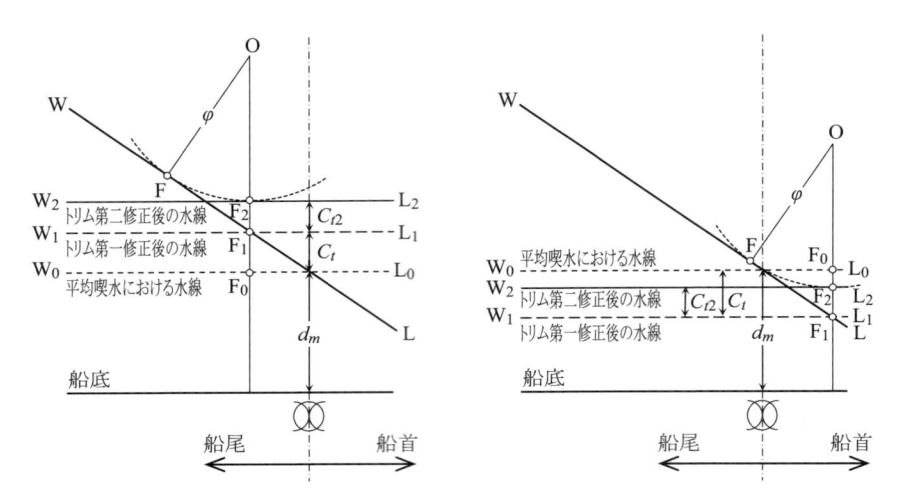

図 11.29　トリム修正と各水線位置の関係

11.3.3 ホグ・サグ修正
（hog. or sag. correction, deflection correction）

船体がたわんでホギング又はサギングの状態で浮かんでいる場合，中央部喫水 $d_{\otimes}$ と平均喫水 d_m との間に差が生じる。この差を加味し船体がたわんでいない状態にした場合の喫水 d_q を求めるための修正を，ホグ・サグ修正という。d_q はクォーター・ミーン・ドラフト（quarter mean draft）と呼ばれ，次式から求まる。

図中：

d_m：平均喫水
$d_{\otimes}$：中央喫水

クォーター・ミーン・ドラフト
$d_q = d_m + 3/4 \cdot \delta_d$ （ただし，δ_d の符号は(-)）

クォーター・ミーン・ドラフト
$d_q = d_m + 3/4 \cdot \delta_d$

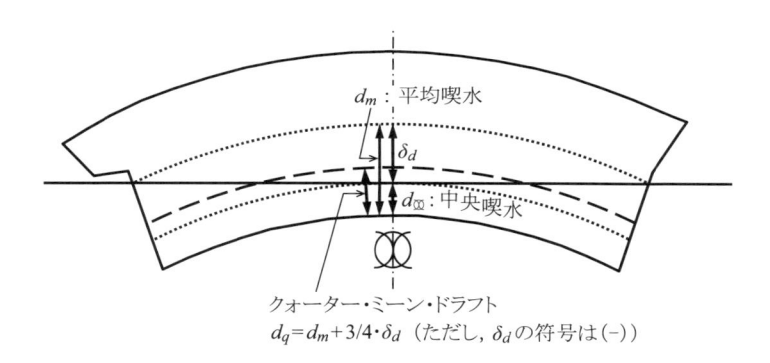

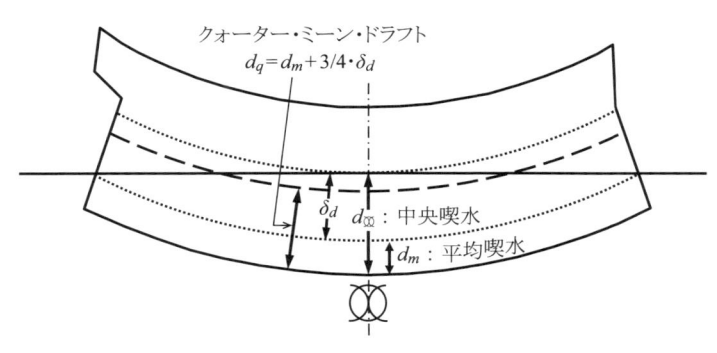

図 11.30　ホグ・サグ修正

$$d_q = \frac{\dfrac{\dfrac{d_f' + d_a'}{2} + d_{\otimes}}{2} + d_{\otimes}}{2} \tag{11.38}$$

$$= d_m + \frac{3}{4}\delta_d \tag{11.39}$$

$$\delta_d = d_{\otimes} - d_m \quad (\text{ホギングの場合，符号（ − ）}) \tag{11.40}$$

d_f'：船首喫水修正後の船首喫水
d_a'：船尾喫水修正後の船尾喫水

11.3.4　海水密度修正（density correction）

　排水量等曲線図等には，船が海水比重 1.025 の海域に浮かんでいると仮定した場合の値が記載されているため，これ以外の海域に浮かんでいる場合は，図表より得られた値 W_0 を式 (11.41) により修正して，正しい排水量 W を求める必要がある。

$$W = \frac{\rho}{1.025} \times W_0 \tag{11.41}$$

注）　式 (11.41) は，以下のようにして導かれる。
　　喫水 d に対する排水容積を V とすると，排水量等曲線図等から求まる排水量 W_0 は，

$$W_0 = 1.025V$$
$$V = \frac{W_0}{1.025} \quad \cdots (\text{a})$$

となる。また同じ喫水 d で，比重量 γ（比重 ρ）の水域における排水量 W は，

$$W = \gamma V \quad \cdots (\text{b})$$

であるから，式 (a) を式 (b) に代入すると，

$$W = \frac{\gamma}{1.025} \times W_0 = \frac{\rho}{1.025} \times W_0$$

となり，式 (11.41) が求まる。

参考文献

- [1] 日本工業標準調査会：各種 JIS
- [2] 福井淡他著：基本海事法規（海文堂出版）
- [3] 造船テキスト研究会：商船設計の基礎（成山堂書店）
- [4] 日本舶用品検定協会：船用品の検査について
- [5] 東京製綱繊維ロープ（株）ホームページ
  http://211.6.81.118/rope/load.html
- [6] 本田啓之輔著：操船通論（成山堂書店）
- [7] OCIMF：MOORING EQUIPMENT GUIDE LINES（Third edition）
- [8] 日本海難防止協会：平成 21 年度漁船によるシーアンカー使用時の航行安全確保に関する調査報告書
- [9] Capt. A. J. Swift 著：ブリッジチームマネジメント—実践航海術（成山堂書店）
- [10] 国土交通省海事局監修：英和対訳 IMO 標準海事通信用語集（成山堂書店）
- [11] 船員災害防止協会：タンカー安全担当者講習教本
- [12] 海上保安協会編：国際航空海上捜索救助マニュアル 第 6 版（海文堂出版）
- [13] 坂本欣二著：基本船舶載貨法（海文堂出版）
- [14] 関西造船協会編：造船設計便覧 第 4 版（海文堂出版）
- [15] IMO：RESOLUTION MSC.137(76), (adopted on 4 December 2002), STANDARDS FOR SHIP MANOEUVRABILITY
- [16] IMO：Ref. T1/2.04 MSC.1/Circ.1228, 11 January 2007, REVISED GUIDANCE TO THE MASTER FOR AVOIDING DANGEROUS SITUATIONS IN ADVERSE WEATHER AND SEA CONDITIONS
- [17] 日本港湾協会：港湾の施設の技術上の基準・同解説
- [18] 海上保安庁交通部安全課：安全な木材輸送のために―木材運搬船の海難防止のためのチェックポイント―

[19] IMO : Code of Safe Practice for Cargo Stowage and Securing, 2011 Edition.
[20] IMO : MSC.1/Circ.1640, 14 May 2021, AMENDMENTS TO THE INTERNATIONAL AERONAUTICAL AND MARITIME SEARCH AND RESCUE (IAMSAR) MANUAL

和文索引

【あ】
ISM コード　118
IMSBC コード　340
IMO 標準海事通信用語集　255
亜鉛板　120
アクリル樹脂塗料　110
アッペンダウン　211
油吸着材　295
油ゲル化剤　295
油処理剤　295
アプリケーターノズル　79
アルキド樹脂塗料　110
アレージ　350
泡消火器　77
アンカー　41
アンカーアウェイ　211
アンカーシャックル　47
アンカーストッパ　49
アンカーチェーン　44
アンカーブイ　50
安全靴　135
安全係数　91
安全使用力　91
安全帯　135
安全データシート　347
安全ベルト　135
安全帽　135
安全率　91

【い】
IAMSAR マニュアル　312
板骨構造　28
一般貨物船　1
一般配置図　128
移動式放水モニター　78
イパーブ　75
イマーション・スーツ　70
引火点　346

【う】
ウイリアムソン・ターン　304
ウインドラス　51
ウェブフレーム　32
ウェル甲板船　6
ウォークバック方式　210
ウォータージェット推進船　5
浮き桟橋　213
浮ドック　122
右舷　9
上塗り塗料　111
運賃建て　321

【え】
エアクッション船　5
エイトロープ　85
液体貨物　321
液体消火器　77
エスケープトランク　13
FIO ターム　319
エポキシ樹脂塗料　110
m-SHEL モデル　245
エロージョン　121
エンジンテレグラフ　169
エンドシャックル　47
エンドリンク　46
縁板　34
エンラージドリンク　46

【お】
オイルフェンス　295
横圧力　153, 154
扇形捜索　314
応急舵　295
起錨　211
オープンフロア　32, 38, 39
オープン・ムア　205
音響信号　248

【か】
外車船　5
海水密度修正　390
回頭惰力　170
外板　33
外板展開図　129
海錨　268
カウンタスターン　9
化学物質等安全データシート　347
貨客船　1
角編索　85
拡大方形捜索　314
拡大リンク　46
隔壁甲板　33
可航半円　271
カーゴオイルタンク　347
カーゴフォール　335
カーゴフック　335
カーゴライン　348
火災制御図　283
火災探知装置　81
かさ高貨物　321
ガジョン　60
ガス検知　137
火せん　74
型喫水　16
型式承認制度　82
型幅　14
型深さ　15
滑車　97
カテナリー曲線部　180
可燃性ガス検定器　82
可変ピッチプロペラ　4, 163
貨物固縛マニュアル　331
貨物船　1
貨物積付図　330
絡み錨　211
絡み錨鎖　207
仮舵　295
乾舷　17
乾舷甲板　17, 33
乾舷用長さ　14
乾舷用深さ　15
完成図　127

完成図書目録　128
慣性モーメント　357
乾ドック　121
顔料　107

【き】
機械式ポンプ制御操舵機　63
機関室局所消火装置　79
危険貨物　321
危険半円　271
危険物船舶運送及び貯蔵規則　342
艤装数　41
キック　146
喫水　16
喫水鑑定　341
喫水標　22
喫水標喫水　16
揮発乾燥　109
逆スパイラル試験　176
客船　1
キャンバ　7
球状船首　8
救助艇　69
急速停止距離　171
吸入流　153
救命いかだ　68
救命いかだ支援艇　71
救命索発射器　70
救命艇　66
救命胴衣　70
救命胴衣灯　76
救命浮環　70
救命浮器　69
強力甲板　32
局部強度　28
漁船　1
漁船特殊規則　3
旗りゅう信号　247
キールプレート　32
キンク　92

【く】
空気自給式救命艇　67
空積　327

クォーター・ミーン・ドラフト　*389*
グーズネック　*334*
組立フロア　*38, 39*
クラウンストックアンカー　*43*
クラッチ　*51*
クリヤアンカー　*211*
クルーザスターン　*9*
グレーン・キャパシティ　*26*
クロスロープ　*85*

【け】
軽荷重量　*25*
軽荷状態　*25*
傾斜試験　*362*
傾斜船首　*8*
傾心　*352*
係船　*41*
係船岸　*212*
係船機　*53*
軽頭船　*367*
警報装置　*76*
係留　*41*
係留索　*216*
係留ブイ　*213, 222*
ケーブルクレンチ　*44, 47*
ケーブルホルダ　*51*
舷弧　*7*
舷側厚板　*34*
ケンタシャックル　*46*
検知器　*138*
検定合格証明書　*134*
検錨　*207*
原油洗浄　*348*
原油タンカー　*347*

【こ】
航海撮要日誌　*244*
航海当直基準　*239*
航海日誌　*243*
高価貨物　*321*
硬化乾燥　*109*
鋼材配置図　*129*
鋼索　*86*
後進双錨泊　*200*

後進投錨法　*198*
鋼船　*1*
甲板　*10, 32*
甲板室　*5*
後部垂線　*14*
公用航海日誌　*243*
航路線捜索　*314*
呼吸用保護具　*136*
国際海事機関　*140*
国際海上危険物規程　*321*
国際航空海上捜索救助マニュアル　*312*
国際信号旗　*234, 247*
国際信号書　*247*
国際総トン数　*25*
国際 VHF　*253*
国際陸上施設連結具　*79*
黒油タンカー　*347*
コスタバルブ　*190*
固体ばら積み貨物　*339*
コックビル　*199*
固定式泡消火装置　*79*
固定式イナート・ガス装置　*80*
固定式加圧水噴霧装置　*79*
固定式甲板泡装置　*80*
固定式高膨脹泡消火装置　*80*
固定式鎮火性ガス消火装置　*80*
固定式粉末消火装置　*81*
固定式水系消火装置　*79*
固定ピッチプロペラ　*4*
コファダム　*13*
コモンアンカー　*43*
コモンリンク　*46*
混合ろっ骨式構造　*29*
コンスタント　*326*
コンテナ船　*1*
コントローラ　*51*

【さ】
載貨係数　*326*
載貨重量トン数　*25*
載貨重量トン数表　*329*
載貨容積図　*330*
載貨容積トン数　*26*
再帰反射材　*76*

最終旋回径　145
最大縦距　145
最短停止距離　171
サイドストリンガ　33
サギング　28, 332
左舷　9
SAR条約　310
錆止め船底塗料　112
左右揺れ　217
酸化乾燥　109
酸素欠乏　138
サンドブラスト　51
桟橋　212

【し】
シーアンカー　268
ジェットフォイル　5
GMDSS　311
シェル　98
色票番号　117
軸室　13
軸馬力　167
軸路　13
自己点火灯　73
自己発煙信号　73
指示馬力　167
指触乾燥　109
シーソーイング　189
下塗り塗料　111
実体フロア　38, 39
自動車専用船　2
自動スプリンクラ装置　79
シーブ　98
ジブクレーン　335
ジプシー　51
シヤー　7
射水消火装置　78
シャーストレイキ　34
ジャスレップ　310
シャックルマーク　48
シャーナウ・ターン　304
捨錨　210
自由降下式救命艇用揚卸装置　73
重合乾燥　109

重心　351
自由水影響　356
重頭船　368
重量貨物　322
重量重心計算　360
重量物　321
重力型ボートダビット　71
出渠　119
手動火災警報装置　82
守錨法　207
巡視船　2
順走　269
純トン数　26
純馬力　167
ジョイスティック　164
ジョイニングシャックル　46
小アンカー　42
上下揺れ　217
商船　1
消防員装具　81
消防員用持運び式双方向無線電話装置　81
常用危険物　343
初期復原力　354
ショートステイ　211
所要横メタセンタ高さ曲線図　366
シリング舵　58
深海投錨法　210
シングルアップ　236
シングル・ターン　303
シングルループ制御操舵機　64
心綱　88
信号火器類　73
信号紅炎　74
新針路試験　177
深水槽　12
シンナー　108
針路安定性　139

【す】
垂線間長　14
水線長さ　14
水線部塗料　113
水線面積係数　16

和文索引　397

スイベル　47
水密隔壁　11
水密区画　11
水密電気灯　76
水密戸　11
推力馬力　167
スエズ運河トン数　26
スコット影響　185
スタッド　46
スタンドローラ　55
ステベドア　349
ストウェージファクター　326
ストウェージ・プラン　330
ストック　42
ストックアンカー　43
ストックレスアンカー　42
ストランド　84
ストランドロープ　84
ストリンガプレート　33
スナップバック　218
スパイラル試験　176
スパンカー　267
スプリットドラム式ムアリングウインチ　54
スラミング　35
スリップウェイ　123
スリップワイヤ　225
スリーブ　59
スリング　338
スロップタンク　348

【せ】
制鎖器　51
静止角　339
製造検査　132
製造検査合格証明書　133
制動馬力　167
整備済証明書　134
静復原力　353
精良貨物　320
Ｚ型プロペラ　5, 194
Ｚ操縦性試験　175
船位通報制度　310
繊維ロープ　83, 84

旋回横距　145
旋回径　145
旋回試験　174, 364
旋回縦距　145
旋回性　139
船級協会　134
船橋楼　6
船型　6
前後揺れ　217
船首水槽　12
船首トリム　23
船首パンチング構造　35
船首尾喫水修正　386
船首尾錨泊　197
船首揺れ　217
船首楼　6
船首楼付平甲板船　6
船上通信装置　76
前進双錨泊　200
前進投錨法　198
浅水影響　185
船側外板　34
船側縦通桁　33
船体抵抗　166
せん断力　331
全長　14
全通船楼甲板船　7
船底外板　34
船底こう配　8
船底塗料　112
船底塗料１号　112
船底塗料２号　112
船底塗料３号　113
センハウススリップ　47
船舶　1
船舶安全法　2
船舶救命設備規則　3
船舶検査証書　133
船舶検査済票　133
船舶検査手帳　133
船舶復原性規則　366
全幅　15
船尾キック　149
船尾水槽　12

船尾トリム　23
船尾パンチング構造　37
船尾楼　6
前部垂線　14
全閉囲型救命艇　67
全没翼型水中翼船　5
船用航海日誌　243
船楼　5

【そ】
粗悪貨物　321
増減速惰力試験　173
捜索救助用位置指示送信装置　75
操縦性指数　148
操縦性能　139
操舵号令　140
総トン数　26
遭難者揚収装置　71
総塗り　113
走錨　179, 209
双錨泊　197
双方向無線電話装置　75
測深表　330
測読喫水　386
側壁影響　187
速力試験　172
ソリッドフロア　32, 38, 39

【た】
大アンカー　41
第1種船　3
第2種船　3
第3種船　3
第4種船　3
耐火救命艇　68
耐暴露服　70
タグ　193
舵針　60
立錨　211
縦強度　27
縦式構造　29
縦メタセンタ高さ　372
縦揺れ　217
縦横混合式構造　29

縦ろっ骨式構造　29
舵頭材　59
ターニング・ベースン　196
ダビット式揚卸装置　71
ダブル・ターン　303
ダムカード　174
ターレットノズル　80
タンカー　1
タンク　12
タンク・テーブル　330
炭酸ガス消火器　77
探照灯　76
ダンネージ　333
単板舵　56
探錨　210
単錨泊　197
タンブルホーム　8
ダンホースアンカー　43
端末リンク　46

【ち】
チェーンコンプレッサ　51
チェーンフック　49
チェーンロッカ　13
近錨　211
ちちゅう　267
チップ船　2
中アンカー　42
中央横断面図　128
中間検査　130
柱形係数　16
長尺貨物　321
長船尾楼船　6
鎮火性ガス消火器　77

【つ】
追従性　139
繕い塗り　113
壺金　60
つり合い舵　57
吊り錨　199
つり舵　57
ツーループ制御操舵機　63

和文索引　399

【て】
出会い群波現象　262
定期検査　130
定期船　319
停止惰力　171
低船尾楼船　7
ディープタンク　12
テークル　100
デタッチドピア　212
デッキクレーン　335
デリック　334
デリックポスト　334
添加剤　108
電気式ポンプ制御操舵機　64
展色剤　107
電食作用　120
転心　146
伝達馬力　167
転錨　209

【と】
等喫水　23
動植物　321
投錨回頭　192
動復原力　358
動揺試験　363
登録長さ　14
特殊貨物　321
特殊貨物船舶運送規則　339
特別検査　132
ドック　121
トッピングリフト　335
トップヘビー　368
塗膜形成主要素　107
塗膜形成助要素　107, 108
塗膜形成副要素　108
塗膜形成要素　107
トランクピストン式操舵機　60
トランサムスターン　9
トリミング曲線　330
トリミング・テーブル　330
トリミング・モーメント　372
トリム　23, 371
トリム修正　387

トリム第一修正　387
トリム第二修正　387
トリムの変化量　371
塗料　106
ドルフィン　213

【な】
内底板　34
長さ　13

【に】
荷敷　333
二重組打ちロープ　85
二重底　12
二重反転プロペラ　190
荷印　323
日光信号鏡　76
二錨泊　197
日本産業規格　118
入渠　119
入渠用図　129

【ね】
燃焼下限界　346
燃焼上限界　345

【の】
乗込装置　73

【は】
排水トン数　25
排水量　25
排水量等曲線図　328
排水量等数値表　328
バイス・バロットの法則　271
倍力　102
破壊強度　91
爆発下限界　345
爆発上限界　345
白油タンカー　347
暴露甲板　33
バース・ターム　319
破断力　91
把駐係数　178

把駐力　177
発煙浮信号　74
発火点　346
発光信号　247
ハッチコーミング　39
発動惰力　170
パナマ運河トン数　26
パナマチョック　55
幅　14
バラストライン　348
ばら積み船　1
ばら荷　320
パラメトリック横揺れ　262
はり　32
バルバスバウ　8
バルブ制御操舵機　62
パレット付き貨物　323
盤木　121
半硬化乾燥　109
パンチング　35
半つり合い舵　57
反転惰力　170
反動舵　58
伴流　153, 155

【ひ】
BRM　244
曳船　193
比重　383
比重量　383
非常脱出用呼吸器　82
非常用位置指示無線標識装置　74
肥せき係数　16
非損傷時復原性　366
引張り強さ　91
ビニル樹脂塗料　110
被覆船　1
ヒーブ・ツー　267
ビーム　32
錨鎖庫　13
錨鎖伸出量　206
漂ちゅう　267
ピラー　34
平甲板船　1

ビルジ外板　34
ビルジキール　34
ヒールブロック　335
ピントル　60

【ふ】
ファイバー　84
ファインネス係数　16
ファウルアンカー　211
VHF 無線電話　253
フィン付舵　190
フェアリーダ　55
フォイト・シュナイダー・プロペラ　193
フォクスル　6
深さ　15
復原性マニュアル　331
復原てこ　354
復原力　353
復原力曲線　355
複板舵　56
不潔貨物　321
浮心　351
フタル酸樹脂塗料　110
普通貨物　320
普通デリック　334
普通より　88
普通よりロープ　85
普通リンク　46
ブッシュ　59
不つり合い舵　57
不定期船　319
プープダウン　262
部分閉囲型救命艇　67
ブーム　334
浮面心　373
プライマー　111
フラップ舵　58
プランジャ式操舵機　60
ブリザーバルブ　348
ブリーチェス・ブイ　305
フリーボード　17
フリーボードマーク　18
フルード数　186
フレア　8

ブレーキバンド　51
プレスリング貨物　323
振れ止め錨　231
振れ回り運動　203
フレーム　32
フレーム番号　32
フロア　32
ブロークン・スペース　327
プロダクトタンカー　347
ブローチング　262
ブロック　97
ブロートアップアンカー　199
プロペラ流　153
粉末消火器　77
分離バラストタンク　347

【へ】
平均喫水　23
平行スイープ捜索　314
平板キール　32
ペイントスケジュール　114
ベケット　98
ヘビーデリック　334
ベール・キャパシティ　26
偏角　146
ベントライン　348

【ほ】
ホイップ　102
防汚船底塗料　112
方形係数　16
放出流　153, 154
防水マット　287
包装貨物　320
保温具　70
ホギング　27, 332
ホグ・サグ修正　389
保護具　135
保護靴　135
保護帽　135
保護眼鏡　136
ホーサドラム　53
ポーターズアンカー　43
ポッド推進システム　59

ボットムヘビー　367
ボートダビット　71
ホーバークラフト　5
ボラード　55
ポリウレタン樹脂塗料　111
ポンツーン　213

【ま】
毎センチトリムモーメント　374
毎センチ排水トン数　374
巻き結び　219
曲げモーメント　331
正錨　211
マージンプレート　34
マスト　334
丸編索　85
満載喫水　16
満載喫水線　17
満載喫水線規則　18
満載喫水線標識　18
満載喫水線を示す線　18
満載排水量　25
マンセル値　117
マンセル表色系　117

【み】
右回り1軸船　153
三島形船　6
水噴霧ランス　78
三つ打ちロープ　84
ミルスケール　111

【む】
ムアリングウインチ　53
ムアリングパイプ　55
無線業務日誌　244
無線電信　248
無線電話　248
六つ打ちロープ　85
無包装貨物　320

【め】
メッセージマーカー　255

【も】
木船　1
木鉄交造船　1
持運び式泡放射器　78
持運び式消火器　77
モニター　80
もやい結び　219

【や】
夜間命令簿　242
八つ打ちロープ　85
ヤーン　84

【ゆ】
有効甲板　32
有効馬力　167
油濁防止緊急措置手引書　292
ユニットロード方式　322

【よ】
溶剤　108
容積貨物　322
揚錨機　51
横強度　28
横式構造　29
横メタセンタ　352
横メタセンタ高さ　355
横揺れ　217
横ろっ骨式構造　29
四つ打ちロープ　85
予備検査　133
予備検査合格証明書　133
予備大アンカー　42
余裕水深　186

【ら】
ライ・ツー　267
ラダーキャリア　59
ラダーチラー　59
落下傘付信号　74
ラプソンスライド式操舵機　60
ラングより　88
ランナー　103

【り】
リーチ　146
梁上側板　33
臨時検査　131
臨時航行許可証　133
臨時航行検査　132
臨時変更証　133

【れ】
冷蔵貨物　321
冷凍・冷蔵運搬船　2
レーシング　262, 266
レーダー・トランスポンダー　75
連結用シャックル　46
練習船　2

【ろ】
ろく板　32
ログブック　243
ロータリーベーン式操舵機　62
ろっ骨　32
ローディング・マニュアル　330

【わ】
ワイヤロープ　83, 86
ワーピングエンド　51

欧文索引

【A】
A/C　*112*
advance　*145*
A/F　*112*
after perpendicular　*14*
afterpeak tank　*12*
AIS-SART　*75*
all painting　*113*
allowable G_0M curves　*366*
anchor aweigh　*211*
anchor buoy　*50*
anchor chain　*44*
anchor stopper　*49*
anchor watch　*207*
anchoring by the head and stern　*197*
angle of repose　*339*
anti-corrosive bottom paint　*112*
anti-exposure suits　*70*
anti-fouling bottom paint　*112*
A.P.　*14*
A.P.T.　*12*
automatic sprinkler　*79*

【B】
balanced rudder　*57*
bale capacity　*26*
ballasting　*341*
beam　*32*
becket　*98*
bending moment　*331*
BHP　*167*
bilge keel　*34*
bilge strake　*34*
birth term　*319*
bitter end　*44*
block　*97*

block coefficient　*16*
boom　*334*
boot topping　*113*
bottom heavy　*367*
bottom shell plating　*34*
bower anchor　*41*
bowline knot　*219*
braided rope　*85*
brake band　*51*
brake horse power　*167*
breadth　*14*
breaking load　*91*
breather valve　*348*
breeches buoy　*305*
bridge　*6*
broaching-to　*263*
broken space　*327*
brought up anchor　*199*
B/T　*113*
bulbous bow　*8*
bulk cargo　*320*
bulker　*1*
bulkhead deck　*33*
bulky cargo　*321*
buoyant apparatus　*69*
buoyant smoke signal　*74*

【C】
cable clench　*47*
cable holder　*51*
camber　*7*
carbon dioxide extinguisher　*77*
cargo boat　*1*
cargo capacity plan　*330*
cargo fall　*335*
cargo hook　*335*

cargo mark   323
Cargo Oil Tank   347
cargo securing manual   331
cargo stowage plan   330
center of floatation   373
chain cable   44
chain compressor   51
chain hook   49
chain locker   13
clean cargo   320
clear anchor   211
clove hitch   219
clutch   51
cock-bill   199
cofferdam   13
collision mat   287
combined system   29
commander's abstract log book   244
common anchor   43
common link   46
complete superstructure vessel   7
composite vessel   1
constant   326
construction profile and deck plan   129
container carrier   1
contra rotating propeller   190
controllable pitch propeller   4, 163
corrosion   119
costa bulb   190
C.O.T.   347
counter stern   9
COW   348
CPP   4, 163
crank ship   368
crash astern   171
cross rope   85
crown stock anchor   43
Crude Oil Washing   348
cruiser stern   9
CSS Code   316

【D】
Danforth anchor   43
dangerous cargo   321
dead weight scale   329
deadweight tonnage   25
deballasting   341
deck   32
deck crane   335
deck house   5
deep anchoring   210
deep tank   12
deflection correction   389
delivered horse power   167
density correction   390
depth   15
depth for freeboard   15
derrick   334
derrick post   334
detached pier   212
DHP   167
dirty cargo   321
discharge current   153
Disp.   25
displacement tonnage   25
dock   121
docking plan   129
dolphin   213
double bottom   12
double braid rope   85
double plate rudder   56
double turn   303
draft on draft mark   16
draft survey   341
dragging anchor   209
dredging round   192
drift angle   146
dry dock   121
dumb card   174
dunnage   333
DWT   25
dynamical stability   358

【E】
EEBD 82
effective deck 32
effective horse power 167
EHP 167
eight rope 85
eight strand plaited rope 85
Emergency Escape Breathing Device 82
Emergency Position-Indicating Radio Beacon 75
end link 46
end shackle 47
engine telegraph 169
enlarged stud link 46
EPIRB 75
equipment number 41
erosion 121
escape trunk 13
even keel 23
expanding square search 314
exposed deck 33
extreme breadth 15

【F】
fiber rope 83
fibre 84
final diameter 145
fine cargo 320
finished plan 127
FIO term 319
fire alarm system 82
fire control plan 283
fire-fighter's outfits 81
fire-protected lifeboat 68
fishing boat 1
fixed deck form system 80
fixed dry chemical powder fire-extinguishing system 81
fixed fire detection and fire alarm system 81

fixed foam fire-extinguishing system 79
fixed gas fire-extinguishing system 80
fixed high-expansion foam fire-extinguishing system 80
fixed local application fire-fighting system 79
fixed pitch propeller 4
fixed pressure water-spraying fire-extinguishing system 79
fixed water-based fire-fighting system 79
flag signaling 247
flapped rudder 58
flare 8
flash point 346
flashing light signaling 247
floating dock 122
floating loading stage 213
floor 32
fluid extinguisher 77
flush decker 6
flush decker with forecastle 6
flying moor 200
foam extinguisher 77
fore perpendicular 14
forecastle 6
forepeak tank 12
foul anchor 211
foul hawse 207
four strand rope 85
F.P. 14
FPP 4
F.P.T. 12
frame 32
free water effect 356
freeboard 17
freeboard deck 17, 33
freeboard mark 18
freight basis 321
full & down 318

full load displacement 25
full load draft 16

[G]
G.A. 128
general arrangement 128
general cargo 320
general cargo carrier 1
Global Maritime Distress and Safety System 311
GM 354
GMDSS 74
GMDSS radio log book 244
goose neck 334
grain capacity 26
gravity type boat davit 71
gross tonnage 26
GT 26
gudgeon 60
gypsy 51
gypsy wheel 51

[H]
hand flare 74
hanging rudder 57
hawser drum 53
heave to 267
heaving 217
heavy cargo 321
heavy derrick 334
heavy lift 321
heel block 335
hog. or sag. correction 389
hogging 27
hoisting 335
holding power 177
holding power coefficient 178
hydrostatic curves 328
hydrostatic table 328

[I]
IAMSAR Manual 312
IBC Code 316
ICS 316
IGC Code 316
ignition point 346
IGS 80, 348
IHP 167
IMDG Code 316, 321
immersion suits 70
IMO 140
IMSBC Code 316
indicate horse power 167
Inert Gas System 80
inflammable gas detector 82
initial stability 354
inner bottom plating 34
intact stability 366
International code flags 247
International code of signals 247
International Grain Code 316
international gross tonnage 25
International Safety Management Code 118
international shore connection 79
ISGOTT 316

[J]
JASREP 310
jib crane 335
JIS 118
joining shackle 46
Jury rudder 295

[K]
kedge anchor 42
keel plate 32
kenter shackle 46
kick 146
kilo ton 322
kilogram ton 322

kink   92

〔L〕
L.E.L.   345
length   13
length between perpendiculars   14
length for freeboard   14
length over all   14
length registered   14
lengthy cargo   321
L.F.L.   346
lie to   267
life jacket   70
lifeboat with a self-contained air support system   67
lifebuoy   70
liferaft   68
light condition   25
light weight   25
liner boat   319
line-throwing appliance   70
liquid cargo   321
list of final drawings   128
live stock & plants   321
load line   17
load water line   17
loading manual   330
local strength   28
log book   243
long poop decker   6
long ton   322
longitudinal metacentric height   372
longitudinal strength   27
longitudinal system   29
luffing   335

〔M〕
manoeuvrability   139
manoeuvrability index   148
margin plate   34
mast   334

Material Safety Data Sheet   347
max. advance   145
mean draft   23
measurement cargo   322
measurement ton   322
measurement tonnage   26
merchant ship   1
metacentric height   355
metric ton   322
midship section   128
mile post   172
mill scale   111
mobile water monitor   78
moment to change trim 1 cm   374
monitor   80
mooring   197
mooring buoy   213
mooring lines   216
mooring winch   53
moulded breadth   14
moulded depth   15
moulded draft   16
MSDS   347
MTC   374

〔N〕
net tonnage   26
night order book   242
nonpacked cargo   320
NT   26

〔O〕
OCIMF   316
official log book   243
open moor   205
ordinary derrick   334
ordinary laid rope   85
ordinary moor   200

〔P〕
packed cargo   320

paddle wheel   5
paint schedule   114
palletaized cargo   323
Panama canal tonnage   26
parallel track search   314
parametric rolling   262
partially enclosed lifeboat   67
passenger boat   1
patrol boat   2
PCTC   2
phthalic resin coating   110
pier   212
pigment   107
pillar   34
pintle   60
pitching   217
pivoting point   146
podded propulsion system   59
polyurethane resin coating   111
pontoon   213
poop   6
pooping down   262
port   9
portable fire extinguisher   77
portable foam applicator   78
Porter's anchor   43
powder extinguisher   77
pre-sling cargo   323
primer   111
priming coat   111
prismatic coefficient   16
pure car and truck carrier   2

[Q]
quarter mean draft   389
quay   212

[R]
racing   266
radiotelegraphy   248
radiotelephony   248

raked stem   8
reach   146
reaction rudder   58
reefer   2
refrigerated cargo   321
rescue boat   69
riding both anchors   197
riding to a single anchor   197
right handed single screw ship   153
righting lever   354
rise of floor   8
rocket parachute flare   74
rocket signal   74
rolling   217
rough cargo   321
rudder carrier   59
rudder head   59
rudder stock   59
rudder tiller   59
rudder with thrusting fin   190
running moor   200

[S]
safe working load   91
Safety Data Sheet   347
safety factor   91
sagging   28
SART   75
S.B.T.   347
Scharnow turn   304
Schilling rudder   58
screw current   153
scudding   269
SDS   347
sea anchor   268
sea water fire extinguishing system   78
Search and Rescue Transmitter   75
Search and Rescue Transponder   75
sector search   314
see-sawing   189
Segregated Ballast Tank   347

self-activating smoke signal   73
self-igniting light   73
semi-balanced rudder   57
semi-cargo boat   1
senhouse slip   47
shaft horse power   167
shaft tunnel   13
shallow water effect   185
shearing force   331
sheathed vessel   1
sheave   98
sheer   7
sheer strake   34
sheet anchor   42
shell   98
shell expansion plan   129
shell plating   33
shift anchor   209
ship   1
Ship classification society   134
ship's log book   243
short stay   211
short stopping distance   171
short ton   322
SHP   167
side shell plating   34
side stringer   33
sidewise pressure   153
sighting anchor   207
single plate rudder   56
single turn   303
single up   236
six strand rope   85
slewing   335
sling   338
slipway   123
slop tank   348
SMCPs   255
snap back   218
SOLAS   316
SOPEP   292

sound signaling   248
spare anchor   42
special cargo   321
square rope   85
squat effect   185
stability   353
stability curve   355
stability manual   331
standing moor   200
starboard   9
statical stability   353
steel vessel   1
steering gear   56
stem & stern correction   386
stiff ship   367
stock anchor   42
stockless anchor   42
stowage factor   326
strand   84
strand rope   84
stream anchor   42
strength deck   32
stringer plate   33
stud link   46
studless link   46
suction current   153
Suez canal tonnage   26
sunken poop vessel   7
superstructure   5
surging   217
swaying   217
swivel   47

【T】

tackle   100
tactical diameter   145
tank   12
tank table   330
tanker   1
tender ship   368
TEU   25

thermal protective aids   70
THP   167
three islander   6
three strand rope   84
thrust horse power   167
Timber Deck Code   316
tons per centimeter immersion   374
top coat   111
top heavy   368
topping lift   335
totally enclosed lifeboat   67
touch up painting   113
TPC   374
track line search   314
training ship   2
tramper   319
transfer   145
transom stern   9
transvers metacenter   352
transverse strength   28
transverse system   29
trim by the head   23
trim by the stern   23
trim correction   387
trimming diagram   330
trimming moment   372
trimming table   330
tug   193
tumble home   8
turning basin   196
turret nozzle   80
twenty footer equivalent units   25
two-way portable radiotelephone apparatus   81
two-way radiotelephone apparatus   75
type   6

〖U〗
U.E.L.   345
U.F.L.   345
UKC   186

ullage   350
unbalanced rudder   57
under keel clearance   186
undercoat   111
unit load system   322
unknown constant   326
unpacked cargo   320
up and down   211

〖V〗
valuable cargo   321
vehicle   107
vessel   1
VSP   193

〖W〗
wake   153
wall effect   187
warping end   51
water jet propulsion   5
water mist lance   78
water plane coffecient   16
watertight bulkhead   11
watertight compartment   11
watertight door   11
weather deck   33
web frame   32
weight cargo   322
well decker   6
wharf   212
Williamson turn   304
windlass   51
wire rope   83
wood chip carrier   2
wooden vessel   1

〖Y〗
yarn   84
yawing   217

著者略歴

本田　啓之輔（ほんだ　けいのすけ）

1948年	高等商船学校航海科3月卒業（清水二期生） 4月に運輸省海技専門学院（現在の海技大学校）運輸教官
1953年	神戸商船大学設立とともに移籍し文部教官 （1961年〜1998年海技大学校非常勤講師）
1973年	神戸商船大学教授（航海学科・操船運用学担当）
1990年	定年退官・神戸商船大学名誉教授，日本航海学会名誉会員
1996年	日本船舶海洋学会終身会員
2007年	11月3日叙勲（瑞寶中綬章）

淺木　健司（あさき　けんじ）

1983年	神戸商船大学航海学科卒
1996年	同大学院商船学研究科修士課程修了
2001年	同博士後期課程修了，博士（商船学）学位取得
1984年	海技大学校助手
1986年	運輸省航海訓練所練習船教官 海技大学校講師，同助教授，教授
現在	海技大学校名誉教授

ISBN978-4-303-21960-4

基本 運用術

1974年12月20日	初版発行
2013年 4月 1日	二訂版発行
2023年10月 6日	二訂7版発行

Ⓒ HONDA Keinosuke ／ ASAKI Kenji　2013

原著者	本田啓之輔
著　者	淺木健司
発行者	岡田雄希
発行所	海文堂出版株式会社

検印省略

本　社　東京都文京区水道2-5-4（〒112-0005）
　　　　電話 03(3815)3291(代)　FAX 03(3815)3953
　　　　http://www.kaibundo.jp/
支　社　神戸市中央区元町通3-5-10（〒650-0022）

日本書籍出版協会会員・工学書協会会員・自然科学書協会会員

PRINTED IN JAPAN　　　印刷　東光整版印刷／製本　ブロケード

JCOPY ＜出版者著作権管理機構 委託出版物＞

本書の無断複製は著作権法上での例外を除き禁じられています。複製される場合は、そのつど事前に、出版者著作権管理機構（電話 03-5244-5088，FAX 03-5244-5089，e-mail: info@jcopy.or.jp）の許諾を得てください。

図 書 案 内

船体関係図面の理解と利用

淺木健司 著
A4・144頁・定価3,960円（税込）

実務において重要であるにも関わらず十分に理解されていない図面や資料について、船体の配置・構造、復原性、貨物の積付け関連を中心にまとめた。高度な予備知識がなくても簡便に学習でき、記憶が曖昧になったときは再確認するための手引き書として使える。

基本 海事法規

福井 淡 原著・淺木健司 改訂
A5・256頁・定価3,300円（税込）

3級〜6級海技士をめざす人を主対象として、受験に必要な海事法規：船員法、海洋汚染等海上災害防止法、国際公法など25法規の要点をわかりやすく解説。多数の練習問題にヒントを付けて収録。

基本 航海法規

福井 淡 原著・淺木健司 改訂
A5・392頁・定価4,180円（税込）

3級〜6級海技士をめざす人を主対象として、海上衝突予防法、海上交通安全法、港則法、の必要事項をわかりやすく簡潔に逐条解説するとともに、海技試験問題にヒントを付けて収録した。

図説 海上衝突予防法

福井 淡 原著・淺木健司 改訂
A5・250頁・定価3,520円（税込）

海上衝突予防法を170余のカラー図面を用いてわかりやすく逐条解説しながら、各条項の関連やポイント、注意点などを具体的に解説。海技試験問題（ヒント付）を巻末に収録。

図説 海上交通安全法

福井 淡 原著・淺木健司 改訂
A5・238頁・定価3,300円（税込）

海上交通安全法を、多数のカラー図面や表を用いてわかりやすく逐条解説。法施行令・施行規則を巻末に掲載。海技試験問題（筆記、口述）もヒント付きで多数収録。

図説 港則法

福井 淡 原著・淺木健司 改訂
A5・210頁・定価3,630円（税込）

港則法を平易に解説するため、カラー図面を用い要点をとらえて解説。港則法・施行令・施行規則を掲げ、特定港は最新の図面を載せた。海技試験問題（筆記、口述）をヒント付きで多数収録。

基本 海上気象

福地 章 著
A5・240頁・定価3,850円（税込）

海上気象の実際を理解できるよう気象＝気象要素・高気圧低気圧・気象観測・天気予報・天気の判断・天気図作成、海象＝台風の避航法・潮せき現象・海流について解説（演習問題つき）。3・4級海技士、学生向け。

定価は2023年8月現在のものです。
最新の情報はホームページ http://www.kaibundo.jp/ をご覧ください。